読むだけでわかる
数学再入門
微分・積分 編

今井　博 著

はじめに

　微分？，積分？，それって？　昔習ったという記憶しかない．なんだっけ？　という読者，仕事や研究で微分や積分について必要になったが，どんな本で勉強したらよいかわからない，という読者のために，また，数学の授業でどうもよく意味が分からないという理工系の学生のために，懇切丁寧に，手取り足取り？，（ただし，宅配のように，お宅まで出張しませんが…（＾÷＾）），分かりやすく説明します．

　さて，微分学や積分学は，主として，高校3年の理数系の学生が学ぶ数Ⅲという分野で詳しく教えられています．議論はあるでしょうけれど，大量の練習問題をやらされながらも，何のためにこんな式変形を習うのか分からないまま，単位をもらうために頑張った高校生がほとんどではないでしょうか．理学系・工学系の大学や学科に入っても，「難しいのだ！」という印象を植え付けるような数学の講義で，うんざりですよね．分かります．というか，実は，これが著者の体験です．そんな高校生や大学生，社会人に読んでもらいたいのです．いろいろ，苦労したから著者は書きたいと思ったのです．

　本書は，本当に読むだけで良いのです．読むだけでわかるように，書いたつもりです．かと言って，低レベルではありません．レベルは，高校生の「数ⅡBか数ⅢC」程度から大学1年（教養の必修）で習うあたりです．当然，本書1冊で，微分学・積分学の全ての分野を詳しく取り上げることは出来ませんし，する気もありませんし，数学科を出ていない著者には数学の知識や能力に限界があります．ですから，本書では，基礎的な知識を中心にやさしく説明しようと思います．

　この本の目的は，理学・工学で用いる数学の微分・積分法に関する基礎の習得です（ただし，複素関数論は含みません）．本書はそのエッセンスを紹介します．もちろん，ある程度の数学を読む知識が必要になります．さらに，読んで分からない部分は調べる意欲が重要です．ここで，何故，英文字などを使うのかという疑問を持っている方に申し上げますと，それは，いろいろな数の代表を英文字で表すためです．コンピュータのプログラムは，定義部分の定数を除けば，全て英文字で代表させて書かれています．後から，必要に応じたケースごとの具体的な数字を英文字に代入すれば，プログラムで設定した方法で答えが簡単に得られます．ですから，考え方によっては，数学で，英文字を用いた数式を書くというのは，コンピュータの「サブルーチン」あるいは「関数」を書いているのと全く同じことなのです．

　さて，一番大事なのは，最後まで読み切ることです．ここで「読む」とは，数式の流れを目で見て納得することです．例題は解答を見ないで解ける必要はありません．読むだけで理解できれば結構です．本書では，式の変形は，目で追えるように，できる限り省略しないようにしています．ふむふむと流れを追ってください．本書を読み，さらに詳しい数学へとステップアップして頂けたらと思います．計算で難しそうな場所は，キャラクターが注意点や説明不足を補ってくれます．さあ，皆さん！　早速，スモールワールドにはいっていきましょう！

平成25年10月
著者

目 次

1. 微分　1

1.1. 微分とは … 2
1.1.1. 極限の定義　3
1.1.2. 数列の極限　6
Short Rest 1.　11

1.2. 関数の微分の基礎 … 12
1.2.1. 関数の極限の基礎　12
1.2.2. 関数の微分の基礎　16
Short Rest 2　17

1.3. 関数の微分 … 18
1.3.1. 関数の微分　18
1.3.2. 冪関数の微分　21
1.3.3. 三角関数　24
1.3.4. 対数関数と指数関数　27
1.3.5. オイラー公式　35
1.3.6. 微分公式のまとめ　38
Short Rest 3　39

1.4. 偏微分 … 40
1.4.1. 偏微分の意味　40
1.4.2. 偏微分　41
1.4.3. ナブラ　43
1.4.4. 極大・極小　44
1.4.5. 複素数の偏微分　45
Short Rest 4　46

1.5. 全微分 … 47
1.5.1. 全微分とは　47
1.5.2. ラグランジュの公式と平均値の定理　48
Short Rest 5　52

1.6. 線形代数における微分 … 53
1.6.1. ベクトルを微分　53
1.6.2. ベクトルで微分　54
1.6.3. 行列で微分　55
1.6.4. 最小二乗法　57
Short Rest 6　62

1.7. 微分に関する捕捉 … 63
1.7.1. 微分の表現方法　63
1.7.2. 微分の別の見方　64
Short Rest 7　65
演習問題　第1章　66

2. 積分　68

2.1. 積分とは … 69
2.1.1. 原始関数　69
2.1.2. 積分の基本　69
2.1.3. 積分定数　70
Short Rest 8　72

2.2. 不定積分 … 73
2.2.1. 不定積分とは　73
2.2.2. 関数の不定積分−1　74
2.2.3. 関数の不定積分−2　74
2.2.4. 置換積分法　77
2.2.5. 部分積分法　78
Short Rest 9　80

2.3. 定積分 … 81
2.3.1. 定積分とは　81
2.3.2. 積分区間　87
2.3.3. 線積分　90
2.3.4. 二重積分　94
2.3.5. デルタ関数　96
Short Rest 10　97

2.4. グリーン関数 … 98
2.4.1. グリーン関数とは　98
2.4.2. 電磁気学での利用　99
2.4.3. ポアソン方程式のグリーン関数　100
2.4.4. 波数フーリエ変換とデルタ関数　103
2.4.5. 波数領域のグリーン関数　104
Short Rest 11　105
演習問題　第2章　106

3. 微分方程式　107

3.1. 一階微分方程式 … 108
3.1.1. 一階線形微分方程式とは　108
3.1.2. 一階微分方程式　109
3.1.3. 等傾線　109
3.1.4. 一階高次微分方程式　111
3.1.5. 変数分離　112
3.1.6. 同次一階線形微分方程式　117
3.1.7. 非同次一階線形微分方程式　118
Short Reast 12　120
3.1.8. 定数変化法　121
3.1.9. 直交曲線　128
3.1.10. ピカールの逐次近似法　130
3.1.11. リカッチの微分方程式　132
3.1.12. ベルヌーイの微分方程式　133

3.1.13. クレローの微分方程式　134
3.1.14. ストゥルム・リュービル型微分方程　35
　Short Rest 13　136
3.2. 二階線形微分方程式 ················ 137
3.2.1. 二階線形微分方程式とは　137
3.2.2. 二階線形微分方程式　137
3.2.3. 特性方程式　139
3.2.4. オイラーの微分方程式　140
3.2.5. 他の微分方程式　144
　Short Rest 15　145
3.3. ナブラ ································ 146
3.3.1. ナブラとは　146
3.3.2. ベクトルの発散・ガウスの定理　149
3.3.3. ベクトルの回転・ストークスの定理　152
3.3.4. ナブラの計算　156
　Short Rest 15　158
3.4. 偏微分方程式 ·························· 159
3.4.1. 偏微分方程式とは　159
3.4.2. 偏微分方程式　160
3.4.3. ラグランジェ法　163
3.4.4. シャルピー法　165
　Short Rest 16　170
　演習問題　第3章　171

4. 応用　172

4.1. 流体力学における分野 ··········· 173
4.1.1. トリチェリの法則の利用　173
4.1.2. ハーゲン・ポアズイユ流　174
4.2. 光・弾性波における分野　175
4.2.1. フェルマーの最小時間の定理　175
4.2.2. 弾性波波線　177
4.2.3. ヘルムホルツ方程式・波動方程式　181
4.2.4. 畳み込み積分　182
4.2.5. デコンボリューション　183
4.2.6. 自己相関関数・相互相関関数　186
　Short Rest 17　187
4.3. 電磁気学における分野 ············ 188
4.3.1. 電磁波の基礎方程式　188
4.3.2. 電磁波の伝播　190
4.3.3. 電磁波の反射と場の直交性　194
4.3.4. 電磁波の反射と透過　196
4.3.5. 電磁波のエネルギー　197
4.3.6. 電磁波速度の補正　199
　Short Rest 18　201
4.4. 力学・熱学の分野 ···················· 202
4.4.1. 質量，重心　202
4.4.2. 慣性モーメント　202
4.4.3. 一次元熱方程式　204
4.4.4. 力学と波動論　207
　Short Rest 19　212
4.5. 幾何学の分野 ·························· 213
4.5.1. 直交曲線群　213
4.5.2. パラボラ・アンテナの問題　216
4.5.3. 球の表面積や体積　218
4.5.4. 曲率半径　220
4.6. スペクトルとフィルター　221
4.6.1. スペクトルの概念　221
4.6.2. 弦の振動　224
4.6.3. フーリエ変換　228
4.6.4. FFT　230
4.6.5. フィルターオペレーション　231
　Short Rest 20　233
　演習問題　第4章　234

5. 数値解析法　235

5.1. オイラー・コーシー法 ·········· 236
5.2. ニュートン法 ·························· 237
　Short Rest 21　238
5.3. ルンゲ・クッタ法 ··················· 239
5.3.1. 2次のルンゲ・クッタ法　239
5.3.2. 3次のルンゲ・クッタ法　240
5.3.3. 4次のルンゲ・クッタ法　241
5.4. FEM と BEM ························ 242
5.5. カルマン・フィルター ··········· 242
　Short Rest 22　243
　演習問題　第5章　244

索　引　245

ここで，本書でコメントなど話を進める上で登場してくれるいろいろなキャラクターを紹介しようと思います．皆さん，仲良くしてください．

本書の著者，博

整理整頓を呼びかけるサトシ君

アイデアやヒントを指摘するかし子さん

アイデアやヒントを指摘するかしお君

グラフを紹介するずしき君

分析結果を紹介するためし君

例題を紹介するレイ子さん

例題を解答するカイト君

内容の重要な部分を指示するめもる君

著者のアシスタントのたすく君

著者のアシスタントのめぐみさん

厄介なことを引き受けるまかし君

　さあ，心の準備はできたでしょうか．それでは，微分・積分の世界を，楽しくサーフィンしましょう．Let's get started！

1. 微分

微分

　分かっているつもりでも分からないのが最も基本的なことです．
　まず，「微分」とは何でしょう．$f(x) = x^2$ を x で微分すれば，皆さんよくご存知のように，答えは即答で $2x$ だとと言えますよね．でも，何故 $2x$ なのですか？「微分」という処理を x^2 に施すと $2x$ になるということを高校数学で覚えたことでしょう．それは，$h \neq 0$ として，

$$\frac{df(x)}{dx} = \lim_{h \to 0} \frac{(x+h)^2 - x^2}{(x+h) - x} = \lim_{h \to 0} \frac{2hx + h^2}{h} = \lim_{h \to 0}(2x + h) = 2x$$

のように，「微分する」と言うことは，上式に示す微分の定義式を用いて計算することだったでしょう．近い過去か，遠い過去か，わかりませんが，思い出しましたでしょうか．
　しかし，この式に何の意味があるのでしょうか．どうしてこの式を使用することが，なぜ「微分」なのでしょうか．そもそも微分とはどういうことでしょうか．
　さあ，始めましょう．

1.1. 微分とは

　本書では，微分（*differentiation*）のことからはじめます．さて，微分って，何でしょう？「微・分」ですから，微小な部分に分けるという意味なのでしょうか．微小な部分に分ける，と言うならば，どの程度微小なのでしょうか？

　「微」とは，広辞苑で，ごく小さいこと，とあり，文学的ですが，「忽（こつ）」は十万分の1で「微」はその10分の1，すなわち，百万分の1とあります．すなわち，「微」はマイクロ，10^{-6} のことです．

　ここまできたら，日本の数の単位について，大数と小数について書かざるを得ませんね．一般的には，1以上を大数，1未満を小数と呼び，

　　大数：一 10^0，十 10^1，百 10^2，千 10^3，万 10^4，億 10^8，兆 10^{12}，京 10^{16}，垓 10^{20}，秭 10^{24}，穣 10^{28}，溝 10^{32}，澗 10^{36}，正 10^{40}，載 10^{44}，極 10^{48}，恒河沙 10^{52}，阿僧祇 10^{58}，那由他 10^{60}，不可思議 10^{64}，無量大数 10^{68}（計21単位）

　　小数：分 10^{-1}，厘 10^{-2}，毛 10^{-3}，糸 10^{-4}，忽 10^{-5}，微 10^{-6}，繊 10^{-7}，沙 10^{-8}，塵 10^{-9}，埃 10^{-10}，渺 10^{-11}，漠 10^{-12}，模糊 10^{-13}，逡巡 10^{-14}，須臾 10^{-15}，瞬息 10^{-16}，弾指 10^{-17}，刹那 10^{-18}，六徳 10^{-19}，虚空 10^{-20}，清浄 10^{-21}，阿頼耶 10^{-22}，阿摩羅 10^{-23}，涅槃寂静 10^{-24}（計24単位）

となっていますが，時代や地域により解釈が異なり，国によって異なる場合があります．読み方は，調べてみてください．

> こんな数表記は今まで見たこと無かったな〜

　さあ，そろそろ本題に入っていきましょう．数学は決め事の上に成り立っているのです．その決め事を「公理（*axios*）」と呼び，公理の上で定義が，また，公理や定義から公式や定理などが作成されていきます．

　さて，「微分」の定義です．定義とは，こうしてする式変形を「微分」である，という決め事です．決め事，すなわち，定義にしたがって，話を進めざるを得ません．そこで，現在定義されている微分の方法を説明していきます．しかし，将来も同じ定義かは保証できません．例えば，通常の線形代数の定義と異なる決め事で体系化されている場合を挙げることができます．ブール代数（*boolean algebra*）です．ブール代数では，公理が，$a+a=a$ だったり，$aa=a$ だったりなどの演算で定義（公理化）されており，例として，電気回路の設計で使用されています．興味のある方は，調べてみてください．

　ちょっと，横道に逸れました．ここで言いたいのは，「数学」は公理などの決め事で体系化され，定義を基盤とし，その上に，定理や公式が構築されている，ということです．

　まあ，ぼちぼち進めましょう．

> ブール代数ってなんだか変な名前だけど，G.Boole というイギリスの数学者の名前なんだ．コンピュータ言語で真（true）と偽（false）あらわす boolean 型でも名前が出てきますね．また，電気回路の設計で論理回路を設計しますが，そこでもブール代数が大活躍です．

1. 微分

1.1.1. 極限の定義

微分も積分も，極意は，まさに極限（*limit*）です．文字通り，非常に小さく分割するという話です．高校時代，極限と言えば，

$$\lim_{n \to \infty} \alpha_n = A$$

などの表現で習ったでしょう．お〜，なんと懐かしいことでしょう！　なんてね．

これは，自然数 n を限りなく大きくするとき，数列 α_n が限りなく A に近づくことを意味するための表現方法です（lim は limit の頭3文字）．例えば，自然数 n について

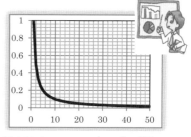

図 **1.1.1-1**　$y = 1/x$　$(x > 0)$ のグラフ

$$\lim_{n \to \infty} \frac{1}{n} = 0 \tag{1.1.1-1}$$

と書きます．「これは本当に正しいでしょうか？」と言う質問が解析学で最初に出てくる定番です．式を眺めていると，0 には近づくが 0 にはならないように見えませんか？　図 **1.1.1-1** は $y = 1/x$ のうち，$1 \leq x \leq 50$ の部分を描いたグラフです．0 には近づきますが，いったいどこまで近づくのでしょう．「鉄道の線路の話」のようですね．つまり，線路は曲がらず平行線となっていると仮定します．人がその真ん中に立って遠くを見ると，線路は交差はしないが，一点に収束しているように見えます．これは，一点で交わっているとしても極限の考え方からすれば正しいのです．それが，美術や工学で使う一点投影法です．

さて，大学生の教科書として指定されている難しい数学の教科書では，有界だの，有名な「$\varepsilon - \delta$ 法」と言うややこしい論法を用いた極限の定義がなされます．理工系大学の教養の数学の講義で習った読者がいらっしゃるかもしれません．数列が収束する，すなわち，「決まった値に近づく」とは，いったい，数学ではどのように定義されているのでしょうか？　数学専門書によれば，「収束（*convergence*）」の定義は，

定義 1.　収束

数列 a_n について，どんなに小さな正の数 ε を任意に選んでも，それに対する適当な大きな N を選んで，

$$n > N \text{ ならば } |a_n - A| < \varepsilon$$

となるようにすることが出来る n が存在するとき，

$$\lim_{n \to \infty} a_n = A$$

と書き，数列 a_n は A に収束する，という．

と書かれています．専門的過ぎて咄嗟には理解できませんよね．なんのこっちゃって，感じしませんか？　このような方法は数学の極限を規定する公理のような表現方法で，実は，理学部学や工学部では何の足しにもなりません．分かるでしょ．数学科にだけ，そして，数学の世界にだけ生きている方法，と著者は言いたいのです．

例を以下の参考 1.1.1-1 および参考 1.1.1-2 に示します．

1.1. 微分とは

> **参考 1.1.1-1**
> n を自然数（$n>0$ である整数）とするとき，正の数 ε について
> 自然数 N を $N > \varepsilon^{-1}$ となるようにするとき，
> $$\left|\frac{1}{n} - 0\right| = \frac{1}{n} < \frac{1}{N} < \varepsilon \quad \left(n > N;\ N > \frac{1}{\varepsilon}\right)$$
> であり，任意に ε に選ぶとき，$n > N$ なる n について，以下である．
> $$\lim_{n\to\infty} \frac{1}{n} = 0$$
>
> よ〜く考えてみてね！
> ε は 0 ではなく，正の数でマイナスにならない非常に小さな有理数だから，$1/\varepsilon$ はかなり大きいのよ．

また，ん?! って感じですよね．はじめから，答えが分かっているようで，腑に落ちませんよね．とは言いつつも，説明を続けると，上記で，ε は任意の正数ですから，どんな小さな正数（正の実数）でも良く，ゆえに，N は際限なく大きな数になります．このとき，n^{-1} と 0 が限りなく近づく，と言う意味です．数列 $\{a_n\}$ が，ある値 α について，

$$\lim_{n\to\infty} a_n = \alpha \tag{1.1.1-2}$$

となる場合，数列 $\{a_n\}$ は「収束（*convergence*）」すると言います．これに対して，

$$\lim_{n\to\infty} a_n = +\infty, \quad \text{あるいは，} \quad \lim_{n\to\infty} a_n = -\infty \tag{1.1.1-3}$$

となる場合，数列 $\{a_n\}$ は「発散（*divergence*）」すると言います．すなわち，数列 $\{a_n\}$ の絶対値がある一定値に収束しないで，限りなく大きくなることを意味します．さあ，このことを参考 1.1.1-1 に習って考えると参考 1.1.1-2 のようになります．発散の定義は，

> **定義 2.　発散**
> 数列 a_n について，どんなに大きな正の数 M を選んでも，適当な大きな自然数 N を選んで，n が，
> $$n > N \quad \text{ならば，} \quad |a_n| > M$$
> となるようにすることができるとき，
> $$\lim_{n\to\infty} |a_n| = \infty$$
> と書き，数列 a_n は発散する，という．

です．ここで，$\lim_{n\to\infty} a_n = +\infty$ はプラス無限大に発散する，$\lim_{n\to\infty} a_n = -\infty$ はマイナス無限大に発散するといいます．$y = 1/x$ はその例です．すなわち，$x \to +0$，あるいは，$x \to -0$ のように，すなわち，プラス側，あるいは，マイナス側から 0 に近づく場合，

$$\lim_{x\to +0} x^{-1} = \infty, \quad \lim_{x\to -0} x^{-1} = -\infty \tag{1.1.1-4}$$

と書きます．すなわち，上記のように，ある値に近づく方向によって，発散の仕方が異なります．階段関数も近づく方向で収束の仕方が違います．上記例では，$y = 1/x$ は $x = 0$ で連続（*continuous*）でない，または，$x = 0$ で不連続（*discontinuous*）である，と言います．

では，x^n の極限を求める方法を参考 1.1.1-2 に示します．実は，二項定理を用いるだけです．ここで，$x = 0$ の場合は常に $x^n = 0$ は自明であり，もし，$x < 0$ であれば，n が奇数の場合と偶数の場合で場合わけをすれば良いので，ここでは，$x > 0$ について考えます．

まあ，ご存じでしょうけれど．我慢して，読んでください．二項定理をご存じない読者はご自身で調べてください．

1. 微分

参考 1.1.1-2
(1) $x>1$ の場合, $x=1+\delta\ (\delta>0)$ とおけば, 二項定理により, 明らかに,
$$x^n = (1+\delta)^n = 1 + n\delta + \underbrace{\frac{n(n-1)}{2!}\delta^2 + \cdots + \delta^n}_{>0} \geq 1 + n\delta \tag{1.1.1-5}$$
です. ここで, 任意の大きな整数 M に対して, 自然数 N を
$$N > \frac{M-1}{\delta} \quad \therefore \quad N\delta + 1 > M$$
となるようにすれば, $n>N$ である n に対して, $x^n \geq 1+n\delta > 1+N\delta > M$ となり, したがって,
$$x>1 \text{ の場合, } \lim_{n\to\infty} x^n = +\infty$$
である.

(2) $x=1$ の場合 $\lim x^n = 1$ は自明.

(3) $0<x<1$ の場合, $y=1/x$ と置けば, $y>1$ となり, 本例 (1) と同じ扱いができる. すなわち, 任意に大きな正の数 M について, 自然数 N を適当に選ぶとき,
$$n>N \text{ ならば } y^n > M$$
となるような n を与えることができる. $M=1/\varepsilon$ となる正の数 ε に対して, 自然数 N を適当に選ぶとき,
$$n>N \text{ ならば } y^n > 1/\varepsilon \quad \left(x^n = 1/y^n < \varepsilon\right)$$
となる n を与えることができる. ここで,
$$n>N \text{ ならば, } |x^n - 0| = x^n = 1/y^n < \varepsilon$$
となる. したがって,
$$0<x<1 \text{ の場合,} \quad \lim_{n\to\infty} x^n = 0$$
である.

では, まとめておきましょう.

まとめ $x>0$ なる実数 x について,		
1. $0<x<1$ の場合	$\lim_{n\to\infty} x^n = 0$	(1.1.1-6)
2. $x=1$ の場合	$\lim_{n\to\infty} x^n = 1$	(1.1.1-7)
3. $1<x$ の場合	$\lim_{n\to\infty} x^n = \infty$	(1.1.1-8)

となります. 内容は分かっていても, 数学としての説明となると面倒である場合があります. まあ, 結果は読者は十分ご存知でしょうけれど…, いかがでしたか？「証明」の難しさは, 証明の醍醐味でもあります. 頑張ってください.

1.1. 微分とは

1.1.2. 数列の極限

数列で「有界である (*bounded*)」という言葉を聞いたことがあるでしょうか？ 集合論の言葉を借りれば，

> ある数列 $\{a_n\}$ が下方に有界である場合，最大の「下界 (*lower bound*) α」があるとき，それを数列 $\{a_n\}$ の「下限 (*lower limit*)」と呼び，$\alpha \leq \inf a_n$ で表す．
> ある数列 $\{a_n\}$ が上方に有界である場合，最小の「上界 (*upper bound*) β」があるとき，それを数列 $\{a_n\}$ の「上限 (*upper limit*)」と呼び，$\sup a_n \leq \beta$ で表す．

となりますかね．ここで注意です．α は数列 $\{a_n\}$ の最小値でない場合があります．また，同様に，β は数列 $\{a_n\}$ の最大値でない場合があります．簡単な例は，$x > 0$ について，$1/x$ は下に有界で，$0 < \inf(1/x)$ ですが，最小値が定義できません．もちろん，$x \to +0$ では発散しますから，上には有界ではありませんね．

ここで，有界に関する定理を見てみましょう．

定理 1. 数列 $\{a_n\}$ が収束するならば有界である

上記の有界の話から考えると，一見，当たり前のようですよね．そこで，どのように数学的に表現すればよいかを考えます．仮定により，数列 $\{a_n\}$ が収束するならば，それを ϕ としましょう．この場合，定義により，適当な正数 $\varepsilon(>0)$ を選ぶとき，任意の m があって，$n > m$ である n について，

$$|a_n - \phi| < \varepsilon \quad \text{すなわち} \quad \phi - \varepsilon < a_n < \phi + \varepsilon$$

と書くことができます．また，a_n のうち，m 個を選ぶとき，その中には，必ず，最小値 $a_{\min}$ および最大値 $a_{\max}$ があり，$\phi - \varepsilon$ と $a_{\min}$ を比べて小さいほうを $A_{\min}$，$\phi + \varepsilon$ と $a_{\max}$ の大きいほうを $A_{\max}$ とすれば，$A_{\min} \leq a_n \leq A_{\max}$ と書くことができます．これで，a_n は上方に有界，下方にも有界であり，すなわち，「数列 $\{a_n\}$ は有界である」と言えます．

このように，以下の定理がえられます．

定理 2. 数列 $\{a_n\}$ があって，上方に有界ならば，上限が存在し，下方に有界ならば，下限が存在する．

この定理は，数の集合論では，「Weierstrass の定理」と呼びます．ある条件の元（要素）に，2次元以上のデータ（点集合）$\Sigma(x_1, x_2, \cdots, x_n)$ があって，そのデータの集合 Σ の各座標 $x_i (i = 1, 2, \cdots, n)$ が有界であるとき，その点集合 Σ は有界である，といいます．なにやら不可思議な数学用語ばかりで申し訳ありません．しかし，著者のせいではないことに注意しましょう．一生，使わない言葉でしょうから…．疲れましたでしょう！ ここまで，大丈夫でしょうか？ 皆さんの疲れを無視して，次に進みましょう．

同じような内容の定理があります．ウンザリでしょうけど，我慢！我慢！

定理 3. 数列 $\{a_n\}$ があって，p に収束するならば $|a_n| < M$ なる定数 M が存在し，このとき，$|p| \leq M$ である．

具体的に考えてみましょう．

ある正数 ε があって，定義により，$n > m$ なる n に対して，$|p - a_n| < \varepsilon$ という場合，すなわち，$p - \varepsilon < a_n < p + \varepsilon$ となる整数があります．ここで，

$|a_1|, |a_2|, \cdots, |a_m|, |p-\varepsilon|, |p+\varepsilon|$

の $m+2$ 個のどれよりも大きな整数を M とすれば，明らかに，$|a_n| < M$ となります．

次に，数列 $\{a_n\}$ は p に収束し，どんな n に対しても $|a_n| < M$ である，とします．ここで，仮に，$|p| > M$ であるならば，$|p| > M' > M$ となる M' が存在することになり，したがって，数列 $\{a_n\}$ が p に収束するということに矛盾します．ゆえに，$|p| \leqq M$ であると言えます．ちなみに，これ方法を背理法（*reductive absurdity*）と呼びます．

さあ，これを踏まえて，極限値に関する定理を見てみます．ただし，
$\lim_{n \to \infty}(b_n) = \beta$ の場合は，$\lim_{n \to \infty}(-b_n) = -\beta$ である，
としましょう．ここで，以下のように，和（*sum*）と差（*difference*）を考えます．

定理 4. $\lim_{n \to \infty} a_n = p$, $\lim_{n \to \infty} b_n = q$ のとき，

$$\lim_{n \to \infty}(a_n \pm b_n) = \lim_{n \to \infty} a_n \pm \lim_{n \to \infty} b_n = p \pm q \qquad (1.1.2\text{-}1)$$

この場合，当たり前のように見えますが…．まあ，見ててください．

仮定から，適当な m_a と m_b があって，

$n > m_a$ ならば $|a_n - p| < \varepsilon_a$

$n > m_b$ ならば $|b_n - q| < \varepsilon_b$

となる，ε_a および ε_b なる正の数が選べるような，m_a と m_b より大きな n があります．そこで，ε_a と ε_b の大きいほうを $\varepsilon/2$ とするとき，適当な m_a と m_b があって，

$n > m_a$ ならば，$|a_n - p| < \varepsilon/2$

$n > m_b$ ならば，$|b_n - q| < \varepsilon/2$

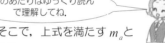

とすることができる n を必ず探すことができます．そこで，上式を満たす m_a と m_b の大きいほうを m とすれば，$n > m$ となる n が存在し，

$|(a_n + b_n) - (p + q)| = |(a_n - p) + (b_n - q)| \leqq |a_n - p| + |b_n - q| < \varepsilon_a + \varepsilon_b$

というように計算ができます．ここで，一般に，$|a+b| \leqq |a| + |b|$ で，等号は $a = b$ のときです．ここで，$\varepsilon_a + \varepsilon_b \leqq \varepsilon/2 + \varepsilon/2 = \varepsilon$ ですから，$|(a_n + b_n) - (p + q)| \leqq \varepsilon$ であり，

$\lim_{n \to \infty}(a_n + b_n) = p + q$

とかくことができ，すなわち，数列 $\{a_n + b_n\}$ は $p+q$ に収束することが分かりました．また，数列 $\{a_n - b_n\}$ については，仮定の式を用いると，

$\lim_{n \to \infty}(a_n - b_n) = \lim_{n \to \infty} a_n + \lim_{n \to \infty}(-b_n) = \lim_{n \to \infty} a_n - \lim_{n \to \infty} b_n = p - q$

です．期待していた証明ではなかったかもしれませんね．

今度は，積（*multiplication*）と商（*division*）ですが，少々ややこしいです．2 つの数列 $\{a_n\}$ と $\{b_n\}$ 積の極限値は，各数列の極限値の積になることを見てみましょう．

定理 5. $\lim_{n \to \infty} a_n = p$, $\lim_{n \to \infty} b_n = q$ のとき

$$\lim_{n \to \infty}(a_n \cdot b_n) = \left(\lim_{n \to \infty} a_n\right) \cdot \left(\lim_{n \to \infty} b_n\right) = p \cdot q \qquad (1.1.2\text{-}2)$$

この定理 5 は，当たり前でしょうか？ 内容は簡単でも，証明は難しいです．例によって，ε を用いた証明を用います．

1.1. 微分とは

　　定理 3 の説明のように，仮定から，適当な m_a と m_b があって，
　　　　$n > m_a$ ならば，$|a_n - p| < \varepsilon_a$
　　　　$n > m_b$ ならば，$|b_n - q| < \varepsilon_b$
となる，ε_a および ε_b なる正の数が選べるために，m_a と m_b より大きな m あって，$n>m$ となる n があります．ここで，ε_a および ε_b のうち大きなほうを ε_m とするとき，当然，$\varepsilon_a \ll 1$ および $\varepsilon_b \ll 1$ なので，明らかに，$\varepsilon_m \leq 1$
　　　　$n > m$ ならば，$|a_n - p| < \varepsilon_m$
　　　　$n > m$ ならば，$|b_n - q| < \varepsilon_m$
となります．一般的に，$|a+b| \leq |a|+|b|$ ですから，

ここで，0 を使います．

$$|a_n b_n - pq| = |a_n b_n - pb_n + pb_n - pq|$$
$$= |b_n(a_n - p) + p(b_n - q)| \leq |b_n||a_n - p| + |p||b_n - q|$$

ここで，b_n は収束するので，$0 < |b_n| < Q$ である Q があるはずです．したがって，
$$|a_n b_n - pq| \leq |b_n||a_n - p| + |p||b_n - q| < (Q + |p|)\varepsilon_m$$
このとき，$Q + |p|$ は定数で一定であり，n を大きくしていくことで，ε_m により，右辺は限りなく小さくすることができます．したがって，数列 $\{a_n b_n\}$ の極限値は pq となります．

定理 6. $\lim_{n \to \infty} a_n = p$，$\lim_{n \to \infty} b_n = q$ のとき，
$$\lim_{n \to \infty} \frac{a_n}{b_n} = \frac{\lim_{n \to \infty} a_n}{\lim_{n \to \infty} b_n} = \frac{p}{q} \qquad (1.1.2\text{-}3)$$

　　今度は，2 つの数列 a_n，b_n の商の極限値は，各数列の極限値の商になることを見てみましょう．これは，いかがで商か？　洒落を言っている場合か！　仮定の下に，
$$\lim_{n \to \infty} \frac{1}{b_n} = \frac{1}{q}$$
となることが言えれば，定理 5 が使えますね．そこで，以下のように進めます．ここで，定理 4 の説明のように，仮定から，適当な m_a と m_b があって，
　　　　$n > m_a$ ならば，$|a_n - p| < \varepsilon_a$
　　　　$n > m_b$ ならば，$|b_n - q| < \varepsilon_b$
となる，ε_a および ε_b なる正の数が選べるために，m_a と m_b より大きな m があって，$n>m$ となる n があります．ここで，ε_a および ε_b のうち大きなほうを ε_m とするとき，当然，$\varepsilon_a \ll 1$ および $\varepsilon_b \ll 1$ なので，明らかに，$\varepsilon_m \leq 1$ であり，
　　　　$n > m$ ならば，$|a_n - p| < \varepsilon_m$
　　　　$n > m$ ならば，$|b_n - q| < \varepsilon_m$
となります．ここで，どんな n についても，$b_n \neq 0$ とし，$\lim_{n \to \infty} b_n = q \neq 0$ であるとすると $|q| > 0$ であり，仮定から n を大きくしていくと $0 < |q| \leq |b_n|$ であることに注意すれば，

$|q| \leq |b_n|$ ですから

$$\left|\frac{1}{b_n} - \frac{1}{q}\right| = \left|\frac{q - b_n}{b_n q}\right| = \frac{|b_n - q|}{|b_n||q|} \leq \frac{|b_n - q|}{|q||q|} < \frac{\varepsilon_m}{q^2} \qquad (1.1.2\text{-}4)$$

と書けます．ここで，$|q^2|$ は定数であり，$\varepsilon_m < \varepsilon |q^2|$ を満足する ε を勝手に選べば，
$$\left|\frac{1}{b_n} - \frac{1}{q}\right| < \frac{\varepsilon_m}{|q^2|} < \frac{1}{|q^2|} \cdot \varepsilon |q^2| = \varepsilon$$
とすることができます．n を大きくしていくと，それに対して任意に小さい ε_m が見つかり，したがって，任意に小さい $\varepsilon(>0)$ を選ぶことができます．したがって，
$$\lim_{n \to \infty} \frac{1}{b_n} = \frac{1}{q}$$
であり，したがって，
$$\lim_{n \to \infty} \frac{a_n}{b_n} = \lim_{n \to \infty} a_n \cdot \lim_{n \to \infty} \frac{1}{b_n} = p \cdot \frac{1}{q} = \frac{p}{q} = \frac{\lim_{n \to \infty} a_n}{\lim_{n \to \infty} b_n}$$
となることが分かります．

では，例題を見てみましょう．

例題 1.1.2-1　次の数列の極限を求めよ．
(1) $\displaystyle \lim_{n \to \infty} \frac{2n-9}{3+6n}$　(2) $\displaystyle \lim_{n \to \infty} \frac{2n-9n^2}{3n^2+6n}$

ここで解答をかくまでもないと思いますが，念のためにかいておきましょう．

例題 1.1.2-1 解答
(1) $\displaystyle \lim_{n \to \infty} \frac{2n-9}{3+6n} = \lim_{n \to \infty} \frac{2-9(1/n)}{3(1/n)+6} = \frac{2}{6} = \frac{1}{3}$　(2) $\displaystyle \lim_{n \to \infty} \frac{2n-9n^2}{3n^2+6n} = \lim_{n \to \infty} \frac{2(1/n)-9}{3+6(1/n)} = -\frac{9}{3} = -3$

全く，紙面汚しで，すいません．もうちょっと大学数学らしい例題をしましょう．

例題 1.1.2-2　次の集合の，最大値，最少値，sup, inf，有界性，について述べよ（ただし，$p<q$）．
(1) $[p, q]$　(2) (p, q)　(3) $1/s \ (s<0)$

例題 1.1.2-2 解答
解答を表にまとめた．

	最大値	最小値	sup	inf	有界性
(1)	q	p	q	p	有界
(2)	定義不能	定義不能	q	p	有界
(3)	定義不能	定義不能	0	定義不能	上に有界

例題 1.1.2-2 解答では，区間が閉区間なのか開区間なのかに注意をしてください．

さて，正弦波 $y = \sin x$ のように，振動だけしている系は収束しませんが，**図 1.1.2-1** に，振動しながら収束する数列の例を示しています．工学系の実験などでよく見られるような数列です．ここで，どんな式でこのようになるか示そうと思います．

図 1.1.2-1 に示す振幅 A は，正弦波の項と減衰項の和で作成できます．例えば，$y = \sin t$ は，x 軸を中心に振動する関数で．振幅は，ご存知のように，$-1 \leqq y \leqq 1$ で，それ以上にはなりません．そこで，まず，**図 1.1.2-1** を見ると，振幅 A は 1 以上ですから，$y = \sin t + 1$ という形式が考えられます．この場合，$0 \leqq y \leqq 2$ で振動することになります．

1.1. 微分とは

　時間が経過するにつれて振幅が減衰するには，振幅に e^{-pt} を乗ずるか，$1/t\,(t>0)$ のような関数を使って減衰を表現する場合があります．ここでは，指数関数を利用してみましょう．したがって，これに減衰項をかけると，

$$y = e^{-px}(\sin x + 1) \geq 0 \tag{1.1.2-5}$$

という形式となりますが，$x=0$ で，$y=1$ であり，$0 \leq y \leq 2$ で時間の経過とともに減衰し，$y=1$ に収束していくことになります．

　図 **1.1.2-1** のような図を得るには，これに，指数関数を加える必要があります．その関数は，例えば，$Be^{-t/50}$ のような関数です．最終的には，振幅 A は

$$A = \left(e^{-0.03t} \cdot 5\sin(2\pi t/20) + p\right) + \left(Be^{-t/50}\right) \tag{1.1.2-6}$$

という形式であることが分かります．ちなみに，正弦波

$$\varphi(t) = \sin(2\pi t/20) \tag{1.1.2-7}$$

の $2\pi t/20$ は，周期を表す部分です．$\varphi(0)=0$，$0<t<10$ で増加・減衰し，$\varphi(10)=0$，$10<t<20$ で減衰・増加し，$\varphi(20)=0$ となり，これで一周期です．すなわち，$\varphi(t)$ は 20 が周期となっています．見づらいかも知れませんが，関数はグラフから読みとると，y 軸上で，$A(t=0)=21$ です．

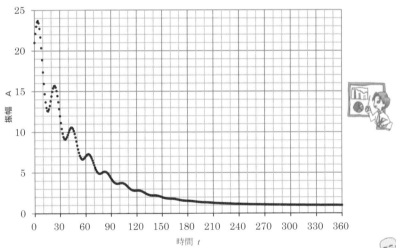

図 **1.1.2-1** 指数関数と正弦関数の複合波形

　数列の極限の話は，これぐらいにしておきましょう．今度は関数の極限について考えて見ましょう．極限の問題は，微分や積分の基礎概念です．すなわち，解析学の根幹にあたる部分と考えても良いでしょう．高校の教科書の極限の部分はあまり面白くないですね．もし良かったら，高校の教科書をお持ちの読者は懐かしさに浸ってください．

Short Rest 1.
「0（ゼロ）の犯罪人と助っ人の両面」

　コンピュータ・ソフトウェアを開発していらっしゃる読者はもちろん御存知でしょうが，定義されない変数で割り算を行う場合は，または，たまたま，割る変数が 0 になってしまう場合は，そのプログラムが実行できず，画面がフリーズ（ハングアップ，あるいは，単にハング，ともいう）して，マウスも作動しなくなったりします．ちなみに，Windows では，そんな時は，[Ctrl]と[Alt]キーを同時に押しながら[Delete]を押して，プログラムの Process を消す方法があります．その時，入力中に消えた Word ファイルは，運が良ければ，リアルタイムのバックアップファイル（隠しファイル）が C:/Documents and Settings/お客様/Application Data/Microsoft/Word にあって，ダブルクリックすると，ハングする直前のファイルをリカバーできる場合があります．

　さて，話を戻して，コンピュータ・ソフトウェアを作成する場合は，必ずこの「0 割り」が起こらないようにしなければなりません．また，例えば，ファイル中の短いデータ（*short*）を長いデータ（*long*）だと思って読みに行くと，だんだん読みに行くアドレスの位置がずれ，最終的にはメモリ上のどのアドレスからデータを読むのかが分らなくなります．そのデータを用いた割り算で起こるハング現象もこの類と言えます．このように，「0」は厄介者で犯罪人です．

　また一方で，0 は小さいながら，大きな助っ人になります．中学でしたか，高校でしたか，記憶がありませんが，二次方程式：

$$ax^2 + bx + c = 0 \quad (a \neq 0)$$

の解法で「平方完成」を覚えていますか？ $(x-p)^2$ のような形式を式内に作ることです．さて，上の式では，$a \neq 0$ ですので，

$$x^2 + \frac{b}{a}x + \frac{c}{a} = 0$$

$$x^2 + \frac{b}{a}x + \frac{c}{a} = 0 \Rightarrow x^2 + 2\left(\frac{b}{2a}\right)x + \frac{c}{a} = 0$$

$$\Rightarrow x^2 + 2\left(\frac{b}{2a}\right)x + \underline{\left(\frac{b}{2a}\right)^2} - \underline{\left(\frac{b}{2a}\right)^2} + \frac{c}{a} = 0$$

$$\Rightarrow \left(x + \frac{b}{2a}\right)^2 = \left(\frac{b}{2a}\right)^2 - \frac{c}{a} \Rightarrow \left(x + \frac{b}{2a}\right)^2 = \frac{b^2 - 4ac}{4a^2}$$

$$\therefore x = \frac{-b \pm \sqrt{b^2 - 4ac}}{2a}$$

（ここでも 0 を使います）

となります．下線部が「0」を加える，という意味です．すなわち，同じ式を加えてさらに減ずることで，平方完成をしています．「0」を加えるという方法は，すでに 1 回現れ，本書の中で，これから，何回か出現します．数学では欠かせないテクニックの 1 つです．同様に，「1」をかけるというテクニックもあります．本書でも使用しています．探してみてください．お分かりのように，「0」を加えることも，「1」をかけることも等式に関しては片方の辺だけに作用できる唯一の方法で，これは公理によって保証されています．

1.2. 関数の微分の基礎

1.2.1. 関数の極限の基礎

数列のように離散的ではなく，連続な関数についての極限を考えて見ましょう．と言いましたが，いきなり，ここで，ちょっと寄り道をします．ご存知でしょうが，老婆心，おっと，もとい，老爺心ながら（笑），申し上げたいのは，陽関数（explicit function）と陰関数（implicit function）です．従属変数を y，独立変数を x とするとき，陽関数とは y に対する x の関係が明確に表される表現式で，$y = f(x)$ と書き，例を挙げれば，$y = ax + b$ です．陽関数とは $f(x, y) = 0$ などのように書き，このとき，独立変数 x から従属変数 y を陰に決める，という言い方をします．例を挙げれば，$f(x, y) = ax + by + c$ です．ここでは，陽関数と陰関数は紹介だけにしておきます．さて，話をもどします．

例えば，$y = \tan\theta$ は，$\theta = (1/2 \pm n)\pi$（n は自然数）に対する θ の近づき方で発散の仕方が異なります．これは値域 θ 全体では，不連続と言います．しかし，$-\pi/2 < \theta < \pi/2$ のように，適当な定義区間を選んだとき，あらゆる位置では「飛び」が無く，その区間で $y = \tan\theta$ は「滑らかな関数」であると言います．

さて，世の中の微分学の本で定番になっている，グラフ的（幾何的）に微分を考えると，図 **1.2.1-1** のように表せます．関数 $y = f(x)$ について，ある値 $x = x_0$ から $x = x_0 + h$ の鎖線の傾き p は，

$$p(x_0, h) = \frac{f(x_0 + h) - f(x_0)}{(x_0 + h) - x_0}$$

ですよね．このとき，$x = x_0 + h$ から $x = x_0$ に限りなく近づくこと，すなわち，$h \to 0$ の場合，この傾き p で h が限りなく 0 に近づいたときの鎖線（図 **1.2.1-1**）の傾きになります．このときの状況を表す式が

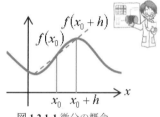

図 **1.2.1-1** 微分の概念

$$f'(x_0) = \lim_{h \to 0} \frac{f(x_0 + h) - f(x)}{(x_0 + h) - x_0} = \left.\frac{df(x)}{dx}\right|_{x = x_0} = \lim_{h \to 0} p(x_0, h) \quad (1.2.1\text{-}1)$$

などと色々な書き方があるのです．ちょっと，思い出しましたでしょうか？

このあたりまで，よろしいでしょうか．あれ～，数列の極限で出てきた ε や δ は，と何かが頭を過りませんでしたでしょうか？　ありますよ！　そうゆうの．愈々，やる気になってきたようですね．

関数 $y = f(x)$ があって，変数 x が一定の数 x_0 に限りなく近づくとき，$f(x)$ が $f(x_0)$ に限りなく近づくならば，あるいはまた，y が y_0 に限りなく近づくならば，

$$\lim_{x \to x_0} f(x) = f(x_0) \quad , \quad \lim_{x \to x_0} f(x) = y_0 \quad (1.2.1\text{-}2)$$

と書いて，関数 $f(x)$ が収束する，と言います．

ここで，大学で習う数学で用いる「$\varepsilon - \delta$ 法」の定義をします．「$\varepsilon - \delta$ 法」を用いて式 1.2.1-2 を述べるならば，以下の，定理 3 のように書けます．

> **定理 7.** 関数 $y = f(x)$ があって，どんなに小さな正の数 ε を与えてもそれに対して適当な δ によって，$0 < |x - x_0| < \delta$ とできるとき，かつ，x が関数 $y = f(x)$ の定義域であり，$|f(x) - f(x_0)| < \varepsilon$ または $|y - y_0| < \varepsilon$ とすることができる．

これを関数の極限というのですが，分かったようで分からない面倒な定義ですが，とりあえず，我慢しましょう．厳密には，関数の連続性の議論が重要です．すなわち，階段のようなステップ関数（バスや電車などの距離と料金のような関係）の場合，ステップする位置で微分が定義できないのです．ですから，本書のこれ以降，関数は連続で，滑らかであることとします．

さて，今，関数が「滑らかである」という表現を用いましたが，「滑らか」とは，いったいどんなことでしょうか．ここで，簡単に述べておくことにしましょう．

関数 $y = f(x)$ があって，幾何的には，この関数は，xy 軸で構成する座標軸の上で，連続に繋がった点 (x,y) により曲線で表されます．この曲線の任意の点で接線を考えた場合，その関数上の接点群に対して，連続的に変化するただ 1 つの法線を持つ場合，「滑らかな」曲線と呼びます．ややこしいですね．

例えば，簡単な例は，円です．円周上の任意の点 (x,y) における接線は，常に円の中心を通る，連続的に変化するただ 1 つの法線を持ちます．

しかし．関数が 2 価関数であったり，ステップ状に変化したり，連続でない曲線であっても，部分的に，連続的に変化するただ 1 つの法線を持つ場合は，「区分的に滑らか」という場合があります．

例えば，分母に変数 x が含まれる分数関数は，区分的に滑らかとなる例として挙げることができます．最も簡単な分数関数は $y = 1/x$ ですね．$x = 0$ では不連続ですが，開区間 $(-\infty < x < 0)$ および $(0 < x < +\infty)$ では滑らかな曲線ですので，「区分的に滑らか」であるといえます．また，ステップ状に変化する関数として，ヘビサイド関数（*heaviside function*）：

$$H_0 = \begin{cases} 0 & (x<0) \\ 1 & (x>0) \end{cases} \quad , \quad H_a = \begin{cases} 0 & (x<a) \\ 1 & (x>a) \end{cases} \tag{1.2.1-3}$$

や単位ステップ関数（*unit step function*）：

$$E(x) = \begin{cases} 0 & (x<0) \\ 1 & (x \geq 0) \end{cases} \tag{1.2.1-4}$$

があります．

> ヘビサイド関数は，イギリスの数学者 Oliver Heaviside の名に由来するんだ．彼は電磁気学では欠かせないインピーダンスの概念を導入したんだけど，実は，彼は大学にも行かず，独学で功績を残したんだって．

唐突ですが，ちなみに，単位ステップ関数をラプラス変換してみましょう．ラプラス変換では，α を定数とし，0 から $p(>0)$ に $x = 0$ でステップアップするヘビサイド関数：

$$H_0 = \begin{cases} 0 & (x<0) \\ p & (x>0) \end{cases} \tag{1.2.1-5}$$

を用いると，

> 早々とラプラス変換ですか？勉強が追いつかないぞ！

$$L(\alpha) = \int_0^\infty p e^{-\alpha s} ds = p \int_0^\infty e^{-\alpha s} ds = p \left[\frac{e^{-\alpha s}}{-\alpha} \right]_0^\infty = \frac{p}{-\alpha} \left[\frac{1}{e^{\alpha s}} \right]_0^\infty = \frac{p}{\alpha}$$

が得られ，p が α 分の 1 になる，単位ステップ関数への変換となります．

1.2. 関数の微分の基礎

陰関数 $z = f(x, y)$ について，極限の定義をしておきます，などと話を分けることもなく，実は，陽関数 $y = f(x)$ での極限と収束の議論と同様です．一応書いておきましょう．
$z = f(x, y)$ が点 (x, y) の極近傍の点 (a, b) に限りなく近づく場合，その経路に関係なく，関数 $z = f(x, y)$ の値が ξ に近づくとき，$z = f(x, y)$ は点 (a, b) で連続であり，

$$\lim_{(x,y)\to(a,b)} f(x, y) = \xi \text{ , あるいは, } \lim_{\substack{x\to a \\ y\to b}} f(x, y) = \xi$$

と書きます．ここで，「$\varepsilon - \delta$ 法」で述べてみましょう．

定理8. 関数 $z = f(x, y)$ について，点 (a, b) の半径 δ の近傍に関数の点 (x, y) があって，
$0 < |(x, y) - (a, b)| < \delta$，あるいは，
$0 < |x - a| < \delta_a < \delta$ および $0 < |y - b| < \delta_b < \delta$
とできる適当な $\delta(>0)$ があり，かつ，点 (x, y) が関数 $z = f(x, y)$ の定義域内の
点であるとき，任意に与えられたどんな小さな正の数 ε に対しても，
$0 < |f(x, y) - \xi| < \varepsilon$
とすることができる．

てな，感じですかね．まあ，我慢，我慢．

もちろん，関数 $z = f(x, y)$ が経路の違う場合，同じ値に近づかないことがあります．例えば，次のような式，

$$z = \frac{x-y}{x+y}$$

を考えますと．

zのグラフを描いて見たらいかがでしょうか？
きっと，なるほどと思いますよ．

$$\lim_{(x,y)\to(0,0)} \frac{x-y}{x+y} = \lim_{x\to 0}\left(\lim_{y\to 0} \frac{x-y}{x+y}\right) = 1$$

$$\lim_{(x,y)\to(0,0)} \frac{x-y}{x+y} = \lim_{y\to 0}\left(\lim_{x\to 0} \frac{x-y}{x+y}\right) = -1$$

(1.2.1-6)

です．面白いですね．したがって，$z = f(x, y)$ は $z = f(0, 0)$ で定義できず，$(x, y) = (0, 0)$ で不連続で，$(x, y) \to (0, 0)$ で，極限値は2つあります．

ちなみに，同様な不連続で，極限値を2つ持つ簡単な例は

$$y = \frac{1}{x}$$

ですよね（**図 1.2.1-2**）．定義域 $-3 \leqq x \leqq 3$ $x \neq 0$ に対してグラフを書いてみます．読者は，ご存じでしょうけれど，

$$\lim_{x\to \pm 0} \frac{1}{x} = \begin{cases} \infty & (x \to +0) \\ -\infty & (x \to -0) \end{cases}$$

ですね．確認です．因みに，$x \to +0$ および $x \to -0$ は

$$\lim_{x=0, 0<\varepsilon \to 0}(x+\varepsilon) \text{ および } \lim_{x=0, 0<\varepsilon \to 0}(x-\varepsilon) \text{ という意味です．}$$

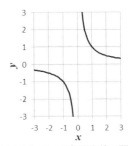

図 **1.2.1-2**　2つの極限を持つ関数

ここで，関数の極限をまとめておきましょう．

定理 9. $\lim_{x \to a} f(x) = \alpha$，$\lim_{x \to a} g(x) = \beta$ である場合，

(1) $\lim_{x \to a}(f(x) \pm g(x)) = \lim_{x \to a} f(x) \pm \lim_{x \to a} g(x) = \alpha \pm \beta$ \hfill (1.2.1-6)

(2) $\lim_{x \to a} pf(x) = p \lim_{x \to a} f(x) = p\alpha$，$(p : 定数)$ \hfill (1.2.1-7)

(3) $\lim_{x \to a}(f(x) \cdot g(x)) = \lim_{x \to a} f(x) \cdot \lim_{x \to a} g(x) = \alpha \cdot \beta$ \hfill (1.2.1-8)

(4) $\lim_{x \to a}(f(x)/g(x)) = \lim_{x \to a} f(x) / \lim_{x \to a} g(x) = \alpha/\beta$，$(\beta \neq 0)$ \hfill (1.2.1-9)

(5) $\lim_{x \to a} f(x) \geqq \lim_{x \to a} g(x) \Rightarrow \alpha \geqq \beta$ \hfill (1.2.1-10)

定理は，本来，証明しないと，使用できない．言い換えると，証明されて初めて定理として利用できることに注意してください．例題を見てみましょう．

例題 1.2.1-1 以下の式を $\varepsilon - \delta$ 法で証明せよ．
$$\lim_{x \to a} x^2 = \alpha^2$$

当たり前のように思いますが，$\varepsilon - \delta$ 法で証明しようとすると，ちょっと厄介ですよ．

例題 1.2.1-1 解答
$0 < |x - \alpha| < \delta$ である正の数 δ を考える．このとき，
$$|x^2 - \alpha^2| = |(x + \alpha)(x - \alpha)| = |(x - \alpha + 2\alpha)(x - \alpha)|$$
$$\leqq (|x - \alpha| + 2|\alpha|)|x - \alpha| < (\delta + 2|\alpha|)\delta$$
任意に与えられる正の数 ε に対して，
$$0 < \delta < 1, \quad \delta < \frac{\varepsilon}{\delta + 2|\alpha|}$$
となるようにした δ を用いれば，
$$|x^2 - \alpha^2| < (\delta + 2|\alpha|)\delta < \varepsilon$$
となる．したがって，題意が証明できた．

いかがだったでしょうか．確かに，なんか，分かんなかった，この解答で良いんかね，って感じですよね．復習してみてください．

「任意に与えられる正の数 ε に対して」という行（くだり）は重要ですね．また，$|x - \alpha| < \delta$ として現れる δ を「0 でない正の数」とすることで証明が成立していることを読み取ってもらえればと思います．

前述しましたように，$\varepsilon - \delta$ 法は数学科など厳密な数学の専門的表式で，ここでは紹介にとどめました．というか，著者はこれでいっぱいです．理学・工学関係の学生では，おそらく，もうお目にかからないと思います．読者は，このような，「表式があるんだ」と心の奥底にしまっておくだけで十分でしょう．趣味で解析概論的な本を読む場合は，あっ，これこれ！，となるでしょう．だって，ここで，この表式に触れているからです．これが「知」というものです．知らないより知っていたほうがずっと良い，ということです．読者は，本書の「ShortRest」を読んだり（笑），調べるなりして，ご自分の「知」をどんどん増やしましょう．読んだこともないロシア語の教科書で見たり，・・・楽しいですよ．

15

1.2. 関数の微分の基礎

1.2.2. 関数の微分の基礎

さて，具体的な微分の仕方を練習してみましょう．少なくとも一般的な話をするための前段階として，2次関数の一般形

$$F(x) = ax^2 + bx + c \quad (a \neq 0) \tag{1.2.2-1}$$

を考えます．そこで，

$$f(x) = \frac{F(x+h) - F(x)}{h} \tag{1.2.2-2}$$

である $f(x)$ について考えます．実際，やってみましょう．
$f(x)$ は，分母に h があり，$h = 0$ では定義できませんが，h を限りなく 0 に近づけることができます．そこで，まず，式 (1.2.2-2) に式 (1.2.2-1) を代入して，整理します．

$$\begin{aligned} f(x) &= \frac{a(x+h)^2 + b(x+h) + c - (ax^2 + bx + c)}{h} \\ &= \frac{ax^2 + 2ahx + ah^2 + bx + bh + c - (ax^2 + bx + c)}{h} \\ &= \frac{2ahx + ah^2 + bh}{h} = 2ax + b + ah \end{aligned}$$

ですから，$|f(x) - (2ax+b)| = |ah|$ となります．

ここから，高校のやり方とちがうのよ．

ここで，ある $\varepsilon(>0)$ が与えられたとき，$\delta = \varepsilon/|a|$ である正の数を選べば，$0 < |h - 0| < \delta$ であるどんな h に対しても（h を限りなく 0 に近づけるとき），

$$|f(x) - (2ax+b)| = |ah| = |a||h| < |a|\delta = |a|(\varepsilon/|a|) = \varepsilon$$

が成り立つ，すなわち，

$$|f(x) - (2ax+b)| < \varepsilon$$

ふ～むん！？

となります．したがって，式(1.2.1-2)で示したように，これを，

$$f(x) = \lim_{h \to 0} \frac{F(x+h) - F(x)}{h} = F'(x) = \frac{dF(x)}{dx} \tag{1.2.2-3}$$

と，書くのです．これが関数の微分です．すなわち，関数が連続とは，

定義 3. 関数の連続

$y = \varphi(x)$ が，$x = a$ の極近傍で定義されているとき，関数が連続であるというのは，ある正の数 ε があって，$a - \varepsilon < x < a + \varepsilon$，すなわち，$0 < |x - a| < \varepsilon$ で

$$\lim_{h \to 0} \frac{\varphi(x+h) - \varphi(x)}{h} = \varphi'(x) \tag{1.2.2-4}$$

が存在することである．

これはよく分かるね．数 IIB 程度でしょうか？

ここで，上式の極限値を導関数（*derivative*）あるいは微分係数と呼びます．そして，この導関数あるいは微分係数を求めることを「微分する（*differentiate*）」と言います．この辺までは，如何ですか．何の問題もないでしょうけれど，もし，引っ掛かっている部分があれば，再度確認してください．えっ！引っ掛かりはないですと！　優秀ですね．さて，次の ShortRest はマニャックな内容です．音楽をやっている人はご存知でしょうけど…音階は15°ってことなんすけど．ン？！

16

ここで，関数の極限をまとめておきましょう．

定理 9. $\lim_{x \to a} f(x) = \alpha$，$\lim_{x \to a} g(x) = \beta$ である場合，

(1) $\lim_{x \to a}(f(x) \pm g(x)) = \lim_{x \to a} f(x) \pm \lim_{x \to a} g(x) = \alpha \pm \beta$ (1.2.1-6)

(2) $\lim_{x \to a} pf(x) = p \lim_{x \to a} f(x) = p\alpha$, $(p：定数)$ (1.2.1-7)

(3) $\lim_{x \to a}(f(x) \cdot g(x)) = \lim_{x \to a} f(x) \cdot \lim_{x \to a} g(x) = \alpha \cdot \beta$ (1.2.1-8)

(4) $\lim_{x \to a}(f(x)/g(x)) = \lim_{x \to a} f(x) / \lim_{x \to a} g(x) = \alpha/\beta$, $(\beta \neq 0)$ (1.2.1-9)

(5) $\lim_{x \to a} f(x) \geqq \lim_{x \to a} g(x) \Rightarrow \alpha \geqq \beta$ (1.2.1-10)

定理は，本来，証明しないと，使用できない．言い換えると，証明されて初めて定理として利用できることに注意してください．例題を見てみましょう．

例題 1.2.1-1 以下の式を $\varepsilon - \delta$ 法で証明せよ．
$$\lim_{x \to a} x^2 = \alpha^2$$

当たり前のように思いますが，$\varepsilon - \delta$ 法で証明しようとすると，ちょっと厄介ですよ．

例題 1.2.1-1 解答
$0 < |x - \alpha| < \delta$ である正の数 δ を考える．このとき，
$$|x^2 - \alpha^2| = |(x + \alpha)(x - \alpha)| = |(x - \alpha + 2\alpha)(x - \alpha)|$$
$$\leqq (|x - \alpha| + 2|\alpha|)|x - \alpha| < (\delta + 2|\alpha|)\delta$$

任意に与えられる正の数 ε に対して，
$$0 < \delta < 1, \quad \delta < \frac{\varepsilon}{\delta + 2|\alpha|}$$
となるようにした δ を用いれば，
$$|x^2 - \alpha^2| < (\delta + 2|\alpha|)\delta < \varepsilon$$
となる．したがって，題意が証明できた．

いかがだったでしょうか．確かに，なんか，分かんなかった，この解答で良いんかね，って感じですよね．復習してみてください．

「任意に与えられる正の数 ε に対して」という行（くだり）は重要ですね．また，$|x - \alpha| < \delta$ として現れる δ を「0 でない正の数」とすることで証明が成立していることを読み取ってもらえればと思います．

前述しましたように，$\varepsilon - \delta$ 法は数学科など厳密な数学の専門的表式で，ここでは紹介にとどめました．というか，著者はこれでいっぱいです．理学・工学関係の学生では，おそらく，もうお目にかからないと思います．読者は，このような，「表式があるんだ」と心の奥底にしまっておくだけで十分でしょう．趣味で解析概論的な本を読む場合は，あっ，これこれ！，となるでしょう．だって，ここで，この表式に触れているからです．これが「知」というものです．知らないより知っていたほうがずっと良い，ということです．読者は，本書の「ShortRest」を読んだり（笑），調べるなりして，ご自分の「知」をどんどん増やしましょう．読んだこともないロシア語の教科書で見たり，・・・楽しいですよ．

1.2.2. 関数の微分の基礎

さて，具体的な微分の仕方を練習してみましょう．少なくとも一般的な話をするための前段階として，2次関数の一般形

$$F(x) = ax^2 + bx + c \quad (a \neq 0) \tag{1.2.2-1}$$

を考えます．そこで，

$$f(x) = \frac{F(x+h) - F(x)}{h} \tag{1.2.2-2}$$

である$f(x)$について考えます．実際，やってみましょう．

$f(x)$は，分母にhがあり，$h = 0$では定義できませんが，hを限りなく0に近づけることができます．そこで，まず，式(1.2.2-2)に式(1.2.2-1)を代入して，整理します．

$$f(x) = \frac{a(x+h)^2 + b(x+h) + c - (ax^2 + bx + c)}{h}$$
$$= \frac{ax^2 + 2ahx + ah^2 + bx + bh + c - (ax^2 + bx + c)}{h}$$
$$= \frac{2ahx + ah^2 + bh}{h} = 2ax + b + ah$$

ですから，$|f(x) - (2ax + b)| = |ah|$となります．

ここで，ある$\varepsilon (> 0)$が与えられたとき，$\delta = \varepsilon/|a|$である正の数を選べば，$0 < |h - 0| < \delta$であるどんなhに対しても（hを限りなく0に近づけるとき），

$$|f(x) - (2ax + b)| = |ah| = |a||h| < |a|\delta = |a|(\varepsilon/|a|) = \varepsilon$$

が成り立つ，すなわち，

$$|f(x) - (2ax + b)| < \varepsilon$$

となります．したがって，式(1.2.1-2)で示したように，これを，

$$f(x) = \lim_{h \to 0} \frac{F(x+h) - F(x)}{h} = F'(x) = \frac{dF(x)}{dx} \tag{1.2.2-3}$$

と，書くのです．これが関数の微分です．すなわち，関数が連続とは，

定義 3. 関数の連続

$y = \varphi(x)$が，$x = a$の極近傍で定義されているとき，関数が連続であるというのは，ある正の数εがあって，$a - \varepsilon < x < a + \varepsilon$，すなわち，$0 < |x - a| < \varepsilon$で

$$\lim_{h \to 0} \frac{\varphi(x+h) - \varphi(x)}{h} = \varphi'(x) \tag{1.2.2-4}$$

が存在することである．

ここで，上式の極限値を導関数（*derivative*）あるいは微分係数と呼びます．そして，この導関数あるいは微分係数を求めることを「微分する（*differentiate*）」と言います．この辺までは，如何ですか．何の問題もないでしょうけれど，もし，引っ掛かっている部分があれば，再度確認してください．えっ！引っ掛かりはないですと！　優秀ですね．さて，次のShortRestはマニアックな内容です．音楽をやっている人はご存知でしょうけど…　音階は15°ってことなんすけど．ン？！

1. 微分

Short Rest 2.
「音楽：簡便な変調のテクニック」

　音楽を作曲したり編曲したりする場合，譜面では変調がなかなか難しい場合があります．しかし，電気的あるいは機械的に，音程（周波数）を調整できます．例えば，6 弦あるギターの場合，「カポタスト」と言うのがあって，6 弦全てを押さえて，基本のフレットを変えることで変調が簡単にできます．例えば，カポタスト無しでは，通常，デフォルトが「第 5 弦の第 3 フレット（第 2 弦に第 1 フレット）が C ポジションですが，カポタストを第 2 フレットにつけて，そこを基本フレットとして C ポジションを押さえると，音程が 2 度上昇し，絶対音階の D ポジションになります．この変調は，指揮者の見るスコアにもあります．C 弦のバイオリンと Bb 管のトランペットとあわせて演奏する場合，C 弦の楽譜がハ長調で演奏する場合は Bb 管は二長調で演奏しなければ，同じ階名で音程が合わないのです．すなわち，C 弦の「ド」のポジションの音は，Bb 管の［レ］の音と一致する，と言うわけです．

　ギターの楽譜が Eb である場合，素人の指のポジション（コード）は取りづらいですよね．この場合，カポタストを第 3 フレットにつけ，C ポジションで演奏すればよいのです．さあ，このまま，F ポジションで弾くと，楽譜では，Ab に対応します．楽譜全部をこのように変換しておけば，やさしいポジション進行で演奏ができます．ちなみに，演歌のコードは，そのほとんどが Am，Dm(7)，E7，Em，たまには，C，F，A7 も入ります．これらの簡単なポジションを押さえられれば，ほとんどの演歌の伴奏ができてしまいます．Cdim や Caug7 あるいは C7sus4 などおしゃれなコードなど，楽譜についているコードが難しいコードポジションである場合はカポタストで調整してみましょう．

　ここで，楽譜全部の全ポジションを簡便なコードに変換する良い方法があります．以下の図を見てください．円の中身は，各ポジションの C, C#(Db), D, D#(Eb), E, F, F#(Gb), G, G#(Bb), B を書いています．面白いもので角度がぴったり 30 度ごとで区分けができます．

　例えば，楽譜が E で書かれている場合，外側の C に内側の E をあわせるように，4 ポジション分，反時計回りに回転しますと，カポタストを第 4 フレットにつけることと同じであり，ギターの C ポジションは楽譜の E に対応します．同様に，ギターの F ポジションは楽譜の A に対応する，ギターの Gmaj7 ポジションは楽譜の Bmaj7 に対応する，という具合です．いかがですか，便利でしょう．早速作ってみませんか？　段ボールで円板を 2 枚作成し，同心円でピン止します．後は，15 度ごと区切ってコードを書きます．

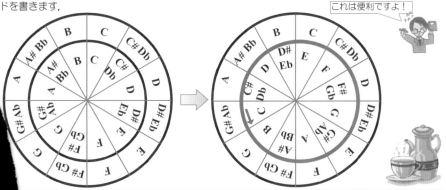

17

1.3. 関数の微分

1.3.1. 関数の微分

高校レベルの微分公式をさくっと見てみましょう．

(1) $\{k_f f(x) \pm k_g g(x)\}' = k_f f'(x) \pm k_g g'(x)$

(2) $\{f(x) \cdot g(x)\}' = f'(x) \cdot g(x) + f(x) \cdot g'(x)$

(3) $\left(\dfrac{f(x)}{g(x)}\right)' = \dfrac{f'(x)g(x) - f(x)g'(x)}{\{g(x)\}^2}$

(4) $\{f(g(x))\}' = f'(g(x))g'(x)$

(5) $\dfrac{dy}{dx} = \dfrac{1}{\frac{dx}{dy}}$

(1.3.1-1)

これらの微分公式は公式集などで紹介されています．証明できますか？ できない？ 困りましたですねえ．では，この証明をだらだらと（ん？）書きますので参考にしてください．ただし，(1)は，(2)の公式で $\{kf(x)\}' = k'f(x) + kf'(x) = kf'(x)$ $(\because k' = 0)$ を考えると自明ですから，証明を省きます．また，ここで扱う関数は考えている定義域の区間で連続であり，かつ，微分可能であると仮定します．ここで，この「仮定」は重要です．この「仮定」が成立しない場所では，そもそも「微分」ができませんから．

(2) は以下のようになります：

$$\lim_{h \to 0} \frac{\{f(x+h) \cdot g(x+h)\} - \{f(x) \cdot g(x)\}}{h}$$

ここでも0を使います

$$= \lim_{h \to 0} \frac{\{f(x+h) \cdot g(x+h)\} + f(x) \cdot g(x+h) - f(x) \cdot g(x+h) - \{f(x) \cdot g(x)\}}{h}$$

$$= \lim_{h \to 0} \frac{\{f(x+h) - f(x)\}g(x+h) + f(x) \cdot \{g(x+h) - g(x)\}}{h}$$

$$= \lim_{h \to 0} \frac{\{f(x+h) - f(x)\}}{h} g(x+h) + f(x) \lim_{h \to 0} \frac{\{g(x+h) - g(x)\}}{h}$$

$$= f'(x)g(x) + f(x)g'(x)$$

$\therefore \{f(x) \cdot g(x)\}' = f'(x)g(x) + f(x)g'(x)$

(1.3.1-2)

(3) は以下のようになります：

$$\left\{\frac{f(x)}{g(x)}\right\}' = \lim_{h \to 0} \left\{\frac{1}{h}\left(\frac{f(x+h)}{g(x+h)} - \frac{f(x)}{g(x)}\right)\right\}$$

$$= \lim_{h \to 0} \left\{\frac{1}{h}\left(\frac{f(x+h)g(x) - f(x)g(x+h)}{g(x+h)g(x)}\right)\right\}$$

次式でも0を使います

$$= \lim_{h \to 0}\left\{\frac{1}{h}\left(\frac{f(x+h)g(x)+f(x)g(x)-f(x)g(x)-f(x)g(x+h)}{g(x+h)g(x)}\right)\right\}$$

$$= \lim_{h \to 0}\left\{\frac{1}{g(x+h)g(x)}\left(\frac{f(x+h)g(x)-f(x)g(x)}{h}-\frac{f(x)g(x+h)-f(x)g(x)}{h}\right)\right\}$$

$$= \lim_{h \to 0}\left\{\frac{1}{g(x+h)g(x)}\left(\frac{f(x+h)-f(x)}{h}g(x)-f(x)\frac{g(x+h)-g(x)}{h}\right)\right\}$$

$$= \frac{1}{g^2(x)}\left\{\left(\lim_{h \to 0}\frac{f(x+h)-f(x)}{h}\right)g(x)-f(x)\left(\lim_{h \to 0}\frac{g(x+h)-g(x)}{h}\right)\right\}$$

$$\therefore \left\{\frac{f(x)}{g(x)}\right\}' = \frac{f'(x)g(x)-f(x)g'(x)}{g^2(x)} \tag{1.3.1-3}$$

(4) は以下のようになります：

　$y = f(g(x))$のような形式の関数を「合成関数」と呼びます．この場合の説明はほんのちょっと厄介です．合成関数は，2つの関数$p = g(x)$と$y = f(p)$があって，関数の$g(x)$出力pが関数fの入力になっているのです．つまり，線形系であり，世の中にはたくさんあります．線形というのは，例えば，工場で，Aを作り，Bを加え，Cをひく，といった順番が決まっているような作業工程に似ています．話を戻しましょう．

　関数$y = f(x)$の増分Δyの独立変数（関数ではなく，単独に変化する変数）の増分hを用いると関数yの変化率の極限y'を

$$y' = \lim_{h \to 0}\frac{\Delta y}{h} \quad;\quad \Delta y = f(x+h)-f(x)$$

と書くことをこれまで説明してきました．さて，ここで，考える関数を$y(x) = f(g(x))$とします．合成関数です．ここで，関数yの増分Δyは

$$\Delta y = \Delta f = f(g(x+h))-f(g(x))$$

となります．また，関数gの増分Δgは，

$$\Delta g = g(x+h)-g(x)$$

となります．このとき，$h \to 0$ならば$\Delta g \to 0$であることは自明ですから，

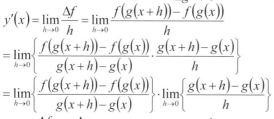

$$y'(x) = \lim_{h \to 0}\frac{\Delta f}{h} = \lim_{h \to 0}\frac{f(g(x+h))-f(g(x))}{h}$$

$$= \lim_{h \to 0}\left\{\frac{f(g(x+h))-f(g(x))}{g(x+h)-g(x)}\cdot\frac{g(x+h)-g(x)}{h}\right\}$$

$$= \lim_{h \to 0}\left\{\frac{f(g(x+h))-f(g(x))}{g(x+h)-g(x)}\right\}\cdot\lim_{h \to 0}\left\{\frac{g(x+h)-g(x)}{h}\right\}$$

$$= \lim_{\Delta g \to 0}\frac{\Delta f}{\Delta g}\lim_{h \to 0}\frac{\Delta g}{h} \quad\therefore\quad y'(x) = \{f(g(x))\}' = f'(g(x))\cdot g'(x) \tag{1.3.1-4}$$

1.3. 関数の微分

ということです.

(5) は以下のようになります：

この場合は，逆関数を用います．$y=f(x)$の逆関数は$x=f^{-1}(y)$となります．ここで，$x=f^{-1}(y)=g(y)$とおきます．

$$\frac{d}{dx}x = 1 = \frac{d}{dx}g(y) = \frac{dg(y)}{dy}\frac{dy}{dx} = \frac{dx}{dy}\frac{dy}{dx} \quad \therefore \quad \frac{dy}{dx} = \frac{1}{\frac{dx}{dy}} \qquad (1.3.1\text{-}5)$$

ということです．ここまで，いかがでしたでしょうか．さらに，具体的な関数の微分の話に入っていきましょう．だいじょうぶですか？ では，例題を見てみましょう．あまり簡単すぎて，と言わないでください．

例題 1.3.1-1
定義に従って，次の関数を微分しなさい．
(1) $y(x) = 3x - 1$ (2) $y(x) = 2 - 7x$

例題 1.3.1-1 解答
(1) $y'(x) = \lim_{h \to 0} \dfrac{(3(x+h)-1)-(3x-1)}{h} = \lim_{h \to 0} \dfrac{3h}{h} = 3 \quad \therefore \quad y'(x) = 3$

(2) $y'(x) = \lim_{h \to 0} \dfrac{(2-7(x+h))-(2-7x)}{h} = \lim_{h \to 0} \dfrac{-7h}{h} = -7 \quad \therefore \quad y'(x) = -7$

例題 1.3.1-2
つぎの関数$y(x)$の逆関数$x=f^{-1}(y)$を求め，xとyを入れかえて微分しなさい．
(1) $y = 3x - 1$ (2) $y(x) = 2 - 7x$

例題 1.3.1-2 解答
(1) $y = f(x) = 3x - 1$として，逆関数を求めると，
$$3x = y + 1 \quad \therefore \quad x = f^{-1}(y) = \frac{1}{3}(y+1)$$
したがって，逆関数は
$$y = \frac{1}{3}(x+1)$$

ゆえに $y'(x) = \lim_{h \to 0} \dfrac{\left(\frac{1}{3}(x+h+1)\right) - \frac{1}{3}(x+1)}{h} = \lim_{h \to 0} \dfrac{1}{h}\dfrac{h}{3} = \dfrac{1}{3} \quad \therefore \quad y'(x) = \dfrac{1}{3}$

(2) $y = f(x) = 2 - 7x$として，逆関数を求めると，
したがって，逆関数は
$$7x = 2 - y \quad \therefore \quad x = f^{-1}(y) = \frac{1}{7}(2-y) \Rightarrow y = \frac{1}{7}(2-x)$$
ゆえに，

$y'(x) = \lim_{h \to 0} \dfrac{\left(\frac{1}{7}(2-(x+h))\right) - \frac{1}{7}(2-x)}{h} = \lim_{h \to 0} \dfrac{1}{h}\dfrac{(-h)}{7} = -\dfrac{1}{7} \quad \therefore \quad y'(x) = -\dfrac{1}{7}$

因みに，元の関数の傾きと逆関数の傾きは互いに逆数になっていることが分かります．

答えは，超，簡単でしたが，基本です．しっかり読んで理解してください．

1.3.2. 冪関数の微分

代表的な冪（べき）関数といえば，$y = x^n$ ですね．ちなみに冪乗は累乗とも言います．では，微分してみましょう．ここで，n は整数としておきます．さて，

$$\lim_{h \to 0} \frac{(x+h)^n - x^n}{h}$$

ここでは，二項定理で展開しています．覚えていますか？

$$= \lim_{h \to 0} \frac{({}_nC_0 x^n + {}_nC_1 x^{n-1} h^1 + {}_nC_2 x^{n-2} h^2 + \cdots + {}_nC_{n-1} x^1 h^{n-1} + {}_nC_n h^n) - x^n}{h}$$

$$= \lim_{h \to 0} ({}_nC_1 x^{n-1}) = n x^{n-1} \quad , \quad (\because {}_nC_0 = {}_nC_n = 1)$$

となりますから，

$$y' = \frac{d(x^n)}{dx} = n x^{n-1} \tag{1.3.2-1}$$

であることが分かります．ここで，確認ですが，

定理 10. 二項定理

整数 $n(\geq 0)$ に対して，次式が成り立つ：

$$(x+y)^n = {}_nC_0 x^n + {}_nC_1 x^{n-1} y + \cdots + {}_nC_i x^{n-i} y^i + \cdots + {}_nC_{n-1} x y^{n-1} + {}_nC_n y^n$$

ですね．ここでは，証明はしませんが，数学的帰納法での証明が定番です．すなわち，

$$(x+y)^n = \sum_{i=0}^{n} {}_nC_i x^{n-i} y^i$$

のとき成り立つとすると，

$${}_{n-1}C_i + {}_{n-1}C_{i-1} = {}_nC_i = \frac{n!}{i!(n-i)!} \quad , \quad {}_nC_0 = {}_{n+1}C_0 = {}_{n+1}C_{n+1} = 1$$

なる公式によれば，

$$(x+y)^{n+1} = (x+y)^n (x+y)$$
$$= {}_nC_0 x^{n+1} + {}_nC_1 x^n y + \cdots + {}_nC_i x^{n-i+1} y^i + {}_nC_{i+1} x^{n-i} y^{i+1} + \cdots + {}_nC_{n-1} x^2 y^{n-1} + {}_nC_n x y^n$$
$$+ {}_nC_0 x^n y + {}_nC_1 x^{n-1} y^2 + \cdots + {}_nC_{i-1} x^{n-i+1} y^i + {}_nC_i x^{n-i} y^{i+1} + \cdots + {}_nC_{n-1} x y^n + {}_nC_n y^{n+1}$$
$$= {}_nC_0 x^{n+1} + \cdots + ({}_nC_i + {}_nC_{i-1}) x^{n-i+1} y^i + \cdots + ({}_nC_n + {}_nC_{n-1}) x y^n + {}_nC_n y^{n+1}$$
$$= {}_{n+1}C_0 x^{n+1} + \cdots + {}_{n+1}C_i x^{n+1-i} y^i + \cdots + {}_{n+1}C_n x y^n + {}_{n+1}C_{n+1} y^{n+1} = \sum_{i=0}^{n+1} {}_{n+1}C_i x^{n+1-i} y^i$$

のように証明できればよいのです．高校の教科書に載っているかもしれません．

では，冪乗は整数 n ではなく，p/n（p は自然数，n は整数）なる有理数である場合はどうなるでしょうか？　すなわち，

$$\frac{d}{dx}\left(x^{\frac{p}{n}}\right) = \left(\frac{p}{n} - 1\right) x^{\frac{p}{n} - 1}$$

が成り立つことが証明できるか，と言うことです．ちょっと頭をひねってみましょう．

ところで，これまでにやってきたことから，

$$y = x^{\frac{1}{n}}$$

21

1.3. 関数の微分

は，$x = y^n$ と書けることを用いると，

$$\frac{d}{dx}\left(x^{\frac{1}{n}}\right) = \frac{dy}{dx} = \frac{1}{\frac{dx}{dy}} = \frac{1}{ny^{n-1}} = \frac{1}{n}y^{-n+1} = \frac{1}{n}\left(x^{\frac{1}{n}}\right)^{-n+1} = \frac{1}{n}x^{\frac{-n+1}{n}} = \frac{1}{n}x^{\frac{1}{n}-1}$$

ん〜，面白い展開だ！

と書けるでしょ．ですから，冪数が p/n の場合は，

$$\frac{d}{dx}\left(x^{\frac{p}{n}}\right) = \frac{d}{dx}\left(\left(x^{\frac{1}{n}}\right)^p\right) = p\left(x^{\frac{1}{n}}\right)^{p-1}\left(x^{\frac{1}{n}}\right)'$$

$\{f(g(x))\}' = f'(g(x))g'(x)$
を利用する

$$= p\left(x^{\frac{1}{n}}\right)^{p-1}\frac{1}{n}x^{\frac{1}{n}-1} = \frac{p}{n}x^{\left(\frac{p-1}{n}+\left(\frac{1}{n}-1\right)\right)} = \frac{p}{n}x^{\frac{p}{n}-1}$$

p は自然数ですから
そのまま微分できます

ということになります．このことは厳密ではありませんが，全ての有理数 α について，

$$\frac{d}{dx}\left(x^\alpha\right) = \alpha x^{\alpha-1} \tag{1.3.2-2}$$

と書けることを意味します．これで，指数が有理数であるという一般的な α 次式の微分ができるようになりました．ここで，指数が有理数で，実数全体といえないのは，無理数について，式 1.3.2-2 が成り立つことを証明していないという理由からです．

ふ〜．ちょっと疲れましたね．…，グ〜グ〜，…，あ，眠っている場合ではありません．さあ，例題を見てみましょう．

例題 1.3.2-1
　定義にしたがって，次の関数を微分しなさい．
(1) 　$y = ax^2 + bx + c \quad (a \neq 0)$
(2) 　$y = \dfrac{x}{x-1}$

やさしすぎて，失礼かも知れませんが横目で見てやってください．

例題 1.3.2-1 解答
(1) 微分の定義より，

$$y' = \lim_{h \to 0}\frac{1}{h}\left(\left(a(x+h)^2 + b(x+h) + c\right) - \left(ax^2 + bx + c\right)\right)$$

$$= \lim_{h \to 0}\frac{1}{h}\left(\left(ax^2 + 2ahx + ah^2 + bx + hb + c\right) - \left(ax^2 + bx + c\right)\right)$$

$$= \lim_{h \to 0}\frac{1}{h}\left(2ahx + ah^2 + hb\right) = \lim_{h \to 0}(2ax + ah + b) = 2ax + b$$

$\therefore \quad y' = 2ax + b$

(2) 微分の定義より，

$$y' = \lim_{h \to 0}\frac{1}{h}\left(\frac{(x+h)}{(x+h)-1} - \frac{x}{x-1}\right) = \lim_{h \to 0}\frac{1}{h}\frac{(x+h)(x-1) - x((x+h)-1)}{((x+h)-1)(x-1)}$$

$$= \lim_{h \to 0} \frac{1}{h} \frac{x^2 - x + hx - h - (x^2 + hx - x)}{((x+h)-1)(x-1)} = \lim_{h \to 0} \frac{1}{h} \frac{-h}{((x+h)-1)(x-1)}$$
$$= \lim_{h \to 0} \frac{-1}{((x+h)-1)(x-1)} = -\frac{1}{(x-1)^2}$$
$$\therefore y' = -\frac{1}{(x-1)^2} a$$

このように,微分公式を覚えなくても基本式から導出できることが分かりましたか?

よく,公式を忘れちゃったので解けませんでした,という学生がいますが,公式は全て基本式から導出できるのです.泣き言は言わないようにしましょう.しかし,超関数などの公式は覚え

なんちゃない問題ですが,符号など,うっかりミスをしないことです.答えはご存知でしょうけれど,定義にしたがって微分を実行する気分はどうでしたか? なんか,数学してるって感じで,いいでしょ.

きらないこともあり,導出も難しく,そんな場合,市販の公式集あるいはインターネット(無料公式集)等を利用してみてください.試験では,短時間での公式導出が困難な場合,「教科書持ち込み可」である場合が多いですね.

簡単と思われる微分でも,n回微分する場合,すなわち,一般形を計算するのは難しいです.例えば,$f(x) = 1/\sqrt{x}$ は,$f'(x) = -(1/2)x^{3/2}$ ですよね.では,$f^{(n)}(x)$は,

$$f^{(n)}(x) = (-1)^n \frac{(2n-1)!!}{2^n} \frac{1}{x^{(2n-1)/2}} \quad ; \{(2n-1)!! = 1 \cdot 3 \cdot 5 \cdots (2n-3)(2n-1)\}$$

となります.なんとなく,予想ができますね.たとえば,$f(x) = 1/(x^2 + a^2)$ については,

$$f'(x) = -\frac{2x}{(x^2 + a^2)}$$

で納得です.ところが,n回微分では,

$$f^{(n)}(x) = \frac{(-1)^n n!}{a(x^2+a^2)^{(n+1)/2}} \sin\left\{(n+1) \operatorname{arccot} \frac{x}{a}\right\}$$

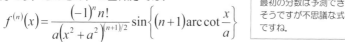

最初の分数は予測できそうですが不思議な式ですね.

となるようです.どうして,こんな形になるかは著者の能力を超えますのでこれ以上言及しません.言いたいのは,n回微分するという一般式は複雑であると」いうことです.このような式の導出は数学者に任せて,本書は,基本的には,$f'(x)$ や $f''(x)$ 程度を考えます.

次は代表的な関数である三角関数についてです.「三角関数」と聞いただけで,蕁麻疹が出る読者がいらっしゃるかも知れませんが,この本で,トラウマを克服して頂ければと思います.

理学・工学問わず,三角関数の熟知は必須であり,さまざまな場面で出会います.ここが,正念場,とまでは言いませんが,理解できるまで,繰り返し読んでください.そうすれば,読者は,三角関数の専門家?です.まあ,そこまでしなくとも,三角関数にどこかで出合ったら,三角関数の公式とか計算方法が書かれている本をそばに置いておくと便利な場合があります.

1.3. 関数の微分

1.3.3. 三角関数

今度は，三角関数について考えて見ましょう．まずは，最初にやっておかなければならない式の証明があります．それは，
$$\lim_{x \to 0} \frac{\sin x}{x} = 1$$
です．この式は，高校数学 III で非常に丁寧に書いてあります．ここでは，補足的な部分も加えてみたいと思います．

図 **1.3.3-1** に示す三角形の頂点Oにおける，適当な角度 x の範囲を
$$0 < x < \frac{\pi}{2}$$
とした場合の以下に示す面積を考えます．

△OPS＜扇形 OPR＜△OQR

は明らかですから，$\overline{OP} = \overline{OR} = 1$ に注意して，扇型の面積を計算しますと，

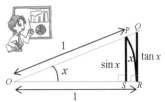

図 **1.3.3-1** 扇形と三角関数

$$\frac{1}{2} \cdot 1 \cdot \sin x < \frac{1}{2} \cdot 1 \cdot (1 \cdot x) < \frac{1}{2} \cdot 1 \cdot \tan x$$

となり，$\sin x \neq 0$ ですので，$0 < x < \pi/2$ において，

$$1 < \frac{x}{\sin x} < \frac{\tan x}{\sin x} = \frac{1}{\cos x}$$

となります．したがって，各項の逆数は不等号が逆向きになりますから

$$0 < \cos x < \frac{\sin x}{x} < 1 \text{ であり，} 0 < \lim_{x \to 0} \cos x < \lim_{x \to 0} \frac{\sin x}{x} < 1$$

ですが，明らかに，$\lim_{x \to 0} \cos x = 1$ ですから，という訳で，極限では重要なような次の定理が導けました．すなわち，sinc 関数と呼ばれる関数の定理で，

> **定理 11.** sinc 関数の極限
> $$\lim_{x \to 0} \frac{\sin x}{x} = 1 \tag{1.3.3-1}$$

> この式は，基本です．証明方法も，収束させて同じ値で挟むという方法で，ある意味で定番です．覚えておこう！

です．この証明は有名です．記憶にありますか？

お浚いすると，$A(x) \leq P(x) \leq B(x)$ あるいは $A(x) < P(x) < B(x)$ の場合，例えば，
$$\lim_{x \to a-0} A(x) = p \text{ かつ } \lim_{x \to a+0} B(x) = p \text{ ならば，} \lim_{x \to a} P(x) = \lim_{x \to a} P(x) = p$$
である，という論理です．ただし，この論理は，この場合，$x = a$ では連続であることが必要です．例えば，$y = 1/x$ の場合は $x = 0$ で成立しません．ご注意ください．釈迦に説法でした．

ここで，話を戻しますと，これ以降，式 1.3.3-1 を用いて，やっと，$\sin x$ の微分公式の証明ができます．ふ～．さて，思いっきりやりましょう．

定義によれば，

$$(\sin x)' = \lim_{h \to 0} \frac{\sin(x+h) - \sin x}{h}$$

$$= \lim_{h \to 0} \frac{2\cos\left(x + \frac{h}{2}\right)\sin\left(\frac{h}{2}\right)}{h} = \lim_{h \to 0} \cos\left(x + \frac{h}{2}\right) \frac{\sin\left(\frac{h}{2}\right)}{\frac{h}{2}}$$

> 三角関数の和積公式を利用しています．

> 式 1.3.3-1 が利用できます．

です．ここで，$h \to 0$ のとき，当然，$h/2 \to 0$ ですから，

$$(\sin x)' = (\cos x) \cdot 1 = \cos x \tag{1.3.3-2}$$

となります．同様に，

$$(\cos x)' = \lim_{h \to 0} \frac{\cos(x+h) - \cos x}{h}$$

$$= \lim_{h \to 0} \frac{-\sin\left(x + \frac{h}{2}\right)\sin\left(\frac{h}{2}\right)}{h}$$

$$= \lim_{h \to 0} \left\{-\sin\left(x + \frac{h}{2}\right)\right\} \left\{\frac{\sin\left(\frac{h}{2}\right)}{\frac{h}{2}}\right\} = -\sin x \tag{1.3.3-3}$$

となります．定義ではなく，別の方法として，$(\sin f(x))' = f'(x)\cos f(x)$ を用いると，

$$(\cos x)' = \left\{\sin\left(x + \frac{\pi}{2}\right)\right\}' = \left(x + \frac{\pi}{2}\right)'\cos\left(x + \frac{\pi}{2}\right) = -\sin x$$

でも宜しいかと思います．

最後に $\tan x$ の微分です．ここで，

$$(\sin x)' = \cos x \quad , \quad (\cos x)' = -\sin x$$

を用いれば簡単ですね．

$$(\tan x)' = \left(\frac{\sin x}{\cos x}\right)' = \frac{(\sin x)'(\cos x) - (\sin x)(\cos x)'}{\cos^2 x}$$

$$= \frac{\cos^2 x + \sin^2 x}{\cos^2 x} = \frac{1}{\cos^2 x} \tag{1.3.3-4}$$

となります．

三角関数の微分では，式 1.3.3-1 を基本とし，三角関数の公式を使って微分公式が導出できました．式 1.3.3-2 および式 1.3.3-3 から，さらに，面白い公式を紹介しましょう．

式 1.3.3-2 で述べた式：

$$(\sin x)' = \cos x = \sin\left(x + \frac{\pi}{2}\right)$$

は，$\sin x$ を1回微分した結果です．次式は，上式をさらに微分した結果です．それを順に使います．

1.3. 関数の微分

$$\sin\left(x+\frac{\pi}{2}\right)' = \cos\left(x+\frac{\pi}{2}\right) = \sin\left(\left(x+\frac{\pi}{2}\right)+\frac{\pi}{2}\right) = \sin\left(x+2\frac{\pi}{2}\right)$$

したがって，この最後の式は，$\sin x$ を2回微分した結果です．したがって，$\sin x$ を k 回微分した結果をさらに微分することは，$\sin x$ を $k+1$ 回微分した結果を表し，

$$\sin\left(x+\frac{k\pi}{2}\right)' = \cos\left(x+\frac{k\pi}{2}\right) = \sin\left(\left(x+\frac{k\pi}{2}\right)+\frac{\pi}{2}\right) = \sin\left(x+\frac{(k+1)\pi}{2}\right)$$

となりますので，数学的帰納法により，$\sin x$ を n 回微分した結果は

$$(\sin x)^{(n)} = \sin\left(x+\frac{n\pi}{2}\right) \tag{1.3.3-5}$$

であることが分かります．$\cos x$ の微分はいかがでしょう？察しがつきますよね．したがって，$\sin x$ や $\cos x$ は，微分するごとに，位相が $\pi/2$ だけ増えます．したがって，三角関数のグラフでは微分するごとに，波形（位相）は $\pi/2$ ずつ後進します．

　補足です．ここで，三角関数の和積公式を以下に示しておきましょう．

$$\sin\alpha \pm \sin\beta = 2\sin\frac{\alpha\pm\beta}{2}\cos\frac{\alpha\mp\beta}{2} \tag{1.3.3-6}$$

$$\cos\alpha + \cos\beta = 2\cos\left(\frac{\alpha+\beta}{2}\right)\cos\left(\frac{\alpha-\beta}{2}\right) \tag{1.3.3-7}$$

$$\cos\alpha - \cos\beta = -2\sin\left(\frac{\alpha+\beta}{2}\right)\sin\left(\frac{\alpha-\beta}{2}\right) \tag{1.3.3-8}$$

です．また，和積公式から直ちに積和公式が導出できて，

$$\sin\alpha\sin\beta = \{\cos(\alpha-\beta)-\cos(\alpha+\beta)\}/2 \tag{1.3.3-9}$$

$$\cos\alpha\cos\beta = \{\cos(\alpha-\beta)+\cos(\alpha+\beta)\}/2 \tag{1.3.3-10}$$

$$\sin\alpha\cos\beta = \{\sin(\alpha+\beta)+\sin(\alpha-\beta)\}/2 \tag{1.3.3-11}$$

$$\cos\alpha\sin\beta = \{\sin(\alpha+\beta)-\sin(\alpha-\beta)\}/2 \tag{1.3.3-12}$$

であり，逆に，積和公式から和積公式の導出ができます．ですよね！　加法定理は

$$\sin(\alpha\pm\beta) = \sin\alpha\cos\beta \pm \cos\alpha\sin\beta \tag{1.3.3-13}$$

$$\cos(\alpha\pm\beta) = \cos\alpha\cos\beta \mp \sin\alpha\sin \tag{1.3.3-14}$$

$$\tan(\alpha\pm\beta) = (\tan\alpha\pm\tan\beta)/(1\mp\tan\alpha\tan\beta) \tag{1.3.3-15}$$

は定番ですね．この式から，倍角公式は簡単に，分かります．

$$\sin(2\alpha) = 2\sin\alpha\cos\beta \tag{1.3.3-16}$$

$$\cos(2\alpha) = 2\cos^2\alpha - 1 = 1 - 2\sin^2\alpha \tag{1.3.3-17}$$

$$\tan(2\alpha) = (2\tan\alpha)/(1-\tan^2\alpha) \tag{1.3.3-18}$$

でしょ．でしょ．

> 和積・積和の公式は，三角関数の加法定理を用いて証明ができます．どうか筆を執って，証明してみてください！

1. 微分

1.3.4. 対数関数と指数関数

この節の最後に対数関数や指数関数の微分を考えます．ところで，三角関数などは日常の生活ではめったに出会いませんが，さらに，ご無沙汰しているのが対数関数や指数関数ではないでしょうか．全く根拠はないのですが，高校卒業後，80％以上の方には馴染みのない関数ですよね．

しかし，私たちをとりまく自然現象は，ある意味で，対数関数や指数関数が普通かも知れません．例えば，地震のエネルギーは指数的に変化します．

さて，対数関数や指数関数について，少々約束ごとがあり，底だの真数だの，三角関数には出てこない数を定義する必要があります．計算についても特徴があります．それを以下にまとめましょう．

(1) 対数関数や指数関数とは

対数関数の一般形は，

$$y = \log_a x \tag{1.3.4-1}$$

と書きます．このくらいはご存知ですよね．しかし，上式で，a を底，x を真数と呼ぶことは覚えていらっしゃいますか？ 制限は，$x, a > 0$，$a \neq 1$ です．

以下に表示した式は，対数関数の基本公式であり，性質を表しています．

$\log_a a = 1$ ：真数と底が同じのとき，値は 1 である．
$\log_a x \cdot y = \log_a x + \log_a y$ ：真数の掛け算は和に変換できる．
$\log_a x / y = \log_a x - \log_a y$ ：真数の割り算は引き算に変換できる．
$\log_a x^b = b \log_a x$ ：真数の冪乗は係数に変換できる．
$\log_a x = \log_b x / \log_b a$ ：底を任意に変更できる．

です．思い出しましたか．ここで，底が 10 のときは「常用対数」とよび，$\log_{10}$ と書き，それに対して，「自然対数」があって，底は無理数の e (=2.71828182845904……)で，$\log_e x$ あるいは $\ln x$ と書きます．ここで，ln の n は「*natural*」の意味で，ln x は「*natural log x*」と呼びます．

一方，指数関数の一般形は，冪乗の指数 x を関数とし，

$$y = a^x \tag{1.3.4-2}$$

と書きます．以下に表示した式は，指数関数の基本公式で，

$a^x \cdot a^y = a^{x+y}$ ：指数関数の掛け算は指数の和に変換できる．
$a^x / a^y = a^{x-y}$ ：指数関数の割り算は指数の差に変換できる．
$(a^x)^y = a^{x \cdot y}$ ：指数関数の冪乗は指数の積に変換できる．
$\sqrt[y]{a^x} = a^{x/y}$ ：指数関数の冪根は指数の商に変換できる．

です．今度は思い出しましたか．

それは，良かった．式 1.3.4-1 と 1.3.4-2 は夫婦みたいな関係で，お互い，同じことですから．なぜなら，$y = a^x \Leftrightarrow \log_a y = \log_a a^x \Leftrightarrow \log_a y = x \log_a a \Leftrightarrow \log_a y = x$ なのですから（ちょっと，論理に無理があるかな？）．

1.3. 関数の微分

(2) 自然対数の底 e の定義

いきなりで恐縮ですが，数列 $a_n = \left(1+\dfrac{1}{n}\right)^n$ について，二項定理を用いて展開すると

$$a_n = {}_nC_0 + {}_nC_1\left(\dfrac{1}{n}\right) + {}_nC_2\left(\dfrac{1}{n}\right)^2 + \cdots + {}_nC_{n-1}\left(\dfrac{1}{n}\right)^{n-1} + {}_nC_n\left(\dfrac{1}{n}\right)^n$$

$$= 1 + \dfrac{n}{1!}\dfrac{1}{n} + \dfrac{n(n-1)}{2!}\dfrac{1}{n^2} + \dfrac{n(n-1)(n-2)}{3!}\dfrac{1}{n^3} + \cdots + \dfrac{n(n-1)(n-2)\cdots 2\cdot 1}{n!}\dfrac{1}{n^n}$$

$$= 1 + \dfrac{1}{1!} + \dfrac{1}{2!}\left(1-\dfrac{1}{n}\right) + \dfrac{1}{3!}\left(1-\dfrac{1}{n}\right)\left(1-\dfrac{2}{n}\right) + \cdots + \dfrac{1}{n!}\left(1-\dfrac{1}{n}\right)\cdots\left(1-\dfrac{n-1}{n}\right) \quad (1.3.4\text{-}3)$$

となりますね．ここで，上式で，n を $n+1$ として，a_{n+1} を b_n に置き換えると，

$$a_{n+1} = b_n = 1 + \dfrac{1}{1!} + \dfrac{1}{2!}\left(1-\dfrac{1}{n+1}\right) + \dfrac{1}{3!}\left(1-\dfrac{1}{n+1}\right)\left(1-\dfrac{2}{n+1}\right) + \cdots$$

$$+ \dfrac{1}{n!}\left(1-\dfrac{1}{n+1}\right)\left(1-\dfrac{2}{n+1}\right)\cdots\left(1-\dfrac{n-1}{n+1}\right)$$

$$+ \dfrac{1}{(n+1)!}\left(1-\dfrac{1}{n+1}\right)\left(1-\dfrac{2}{n+1}\right)\cdots\left(1-\dfrac{n}{n+1}\right)$$

> n を $n+1$ として利用するこのテクニックは面白い．

であることは当然ですが，第 i 番目の項 a_i および b_i を比べると，

$$a_i = \dfrac{1}{i!}\left(1-\dfrac{1}{i}\right)\left(1-\dfrac{2}{i}\right)\cdots\left(1-\dfrac{i-1}{i}\right) < \dfrac{1}{i!}\left(1-\dfrac{1}{i+1}\right)\left(1-\dfrac{2}{i+1}\right)\cdots\left(1-\dfrac{i-1}{i+1}\right) = b_i$$

です．なぜなら，$k > 0$ なる整数 k について，

$$\dfrac{1}{k} > \dfrac{1}{k+1} \Leftrightarrow \dfrac{k-1}{k} > \dfrac{k-1}{k+1} \quad \therefore \quad 1 - \dfrac{k-1}{k} < 1 - \dfrac{k-1}{k+1}$$

だからです．したがって，

$$a_n < b_n = a_{n+1}$$

> a_n が，単調増加であることが重要です．

であり，数列 a_n は単調増加，すなわち，常に増加することが分かります．ここが重要．

さて，式 1.3.4-3 の第 1 項は 1 で，第 2 項も 1 で，数列 a_n は単調増加であることから，間違いなく，$2 < a_n$ です．

一方，式 1.3.4-3 について，$n \to \infty$ の場合を考えますと，

$$a_n < 1 + \dfrac{1}{1!} + \dfrac{1}{2!} + \dfrac{1}{3!} + \cdots + \dfrac{1}{n!} = 1 + \dfrac{1}{1} + \dfrac{1}{1\cdot 2} + \dfrac{1}{1\cdot 2\cdot 3} + \cdots + \dfrac{1}{1\cdot 2\cdot 3\cdot 4\cdots n}$$

$$< 1 + \left(\dfrac{1}{2^0} + \dfrac{1}{2^1} + \dfrac{1}{2^2} + \dfrac{1}{2^3} + \cdots + \dfrac{1}{2^{n-1}}\right) = 1 + 2\left(1 - \dfrac{1}{2^n}\right) < 3$$

> $a_n < 3$ が重要です．

であることが分かります．数列 a_n は，単調増加であり且つ有界であることが証明でき，

$$2 < a_n < 3$$

であることが分かりました．ここでは，厳密であるかは別として，数学的に難しい言葉を用いるならば，「数列 a_n は単調増加であり且つ有界であるから収束する」といえます．そこで，その収束する値（極限値）を $e > 0$ として．整数値 n について，

> 「有界」という言葉は本書の冒頭ですでに説明しましたが，覚えていますか？

$$e = \lim_{n \to \infty}\left(1+\frac{1}{n}\right)^n \tag{1.3.4-4}$$

と，ベルヌーイにより，実は，利率や複利計算との関連で定義されました．

しかし，整数nから実数xについて考えなければなりません．ここから，ちょっと厄介ですが，読み進めていくうちに，そうだったのかと思うようになると思います．

では，次式のように，極限値（$=e$）を持つことを，すなわち，

定義 4. ネイピアの数 e

$$e = \lim_{x \to \infty}\left(1+\frac{1}{x}\right)^x$$

e の定義式です

(1.3.4-5)

を証明します．まず，xを超えない最大の整数$n>0$とすると，

$$n \leq x < n+1 \tag{1.3.4-6}$$

ということです．これを，ガウス記号 [ ] を用いて表現する場合があります．[x]は，integral part of x，あるいは，integer part of x とも呼ばれ，つまり，小数点以下をカットした値を表します．すなわち，

$$n = [x] \leq x < [x]+1 = n+1 \tag{1.3.4-7}$$

です．ちなみに，[-1.2] は-1ではなく，-2です．少々寄り道をしました．式 1.3.4-6 に戻りましょう．

式 1.3.4-6 で，整数nを$+\infty$とすれば，xも$+\infty$となることは明らかです．そこで，ちょっと小細工します．すなわち，

$$\frac{1}{n+1} < \frac{1}{x} < \frac{1}{n}$$

と書けます．ここで，式 1.3.4-5 を念頭に，上式に，1 を加えますと，

$$1+\frac{1}{n+1} < 1+\frac{1}{x} \leq 1+\frac{1}{n}$$

となります．そうです．仕組んでいます．さらに，n乗しますと，

$$\left(1+\frac{1}{n+1}\right)^n < \left(1+\frac{1}{x}\right)^n \leq \left(1+\frac{1}{n}\right)^n < \left(1+\frac{1}{n}\right)^n\left(1+\frac{1}{n}\right) = \left(1+\frac{1}{n}\right)^{n+1}$$

すなわち，

$$\left(1+\frac{1}{n+1}\right)^n < \left(1+\frac{1}{x}\right)^n < \left(1+\frac{1}{n}\right)^{n+1} \tag{1.3.4-8}$$

が得られます．ここで，中央の項を評価するために，左右の項を評価します．

まず，式 1.3.4-8 の左の項について，小細工をして極限を考えましょう．整数$m = n+1$とするとき，整数$n \to \infty$の場合は，整数$m \to \infty$であり，定理 5（式 1.1.2-2）により，

$$\lim_{n \to \infty}\left(1+\frac{1}{n+1}\right)^{n+1} = \lim_{n \to \infty}\left(1+\frac{1}{n+1}\right)^n\left(1+\frac{1}{n+1}\right) = \lim_{n \to \infty}\left(1+\frac{1}{n+1}\right)^n \lim_{n \to \infty}\left(1+\frac{1}{n+1}\right)$$

です．ここで，ふと頭に浮かぶ定理を思いつきます．もう，お分りでしょうけれど，そうです，定理 6（式 1.1.2-3）を使えば，面白いことができます．

1.3. 関数の微分

$$\lim_{n\to\infty}\left(1+\frac{1}{n+1}\right)^n = \lim_{n\to\infty}\frac{\left(1+\frac{1}{n+1}\right)^{n+1}}{\left(1+\frac{1}{n+1}\right)} = \lim_{m\to\infty}\frac{\left(1+\frac{1}{m}\right)^m}{\left(1+\frac{1}{m}\right)} = \frac{\lim_{m\to\infty}\left(1+\frac{1}{m}\right)^m}{\lim_{m\to\infty}\left(1+\frac{1}{m}\right)} = \frac{e}{1} = e$$

となります．また，定理 6 により，式 1.3.4-8 の右端の式について，式 1.3.4-4 から，

$$\lim_{n\to\infty}\left(1+\frac{1}{n}\right)^{n+1} = \lim_{n\to\infty}\left(1+\frac{1}{n}\right)^n\left(1+\frac{1}{n}\right) = \lim_{n\to\infty}\left(1+\frac{1}{n}\right)^n \lim_{n\to\infty}\left(1+\frac{1}{n}\right) = e\cdot 1 = e$$

となります．したがって，式 1.3.4-8 の左右の項はともに式 1.3.4-4 から e に収束するので，

$$e = \lim_{n\to\infty}\left(1+\frac{1}{n}\right)^n = \lim_{n\to\infty}\left(1+\frac{1}{x}\right)^n \quad (n=[x]\leq x<[x]+1=n+1) \tag{1.3.4-9}$$

ここで，式 1.3.4-7 から，$n=[x]$ ですから，$n\to\infty$ のとき $x\to\infty$ になりますので，

$$e = \lim_{n\to\infty}\left(1+\frac{1}{n}\right)^n = \lim_{n\to\infty}\left(1+\frac{1}{x}\right)^n = \lim_{x\to\infty}\left(1+\frac{1}{x}\right)^x \tag{1.3.4-10}$$

ほらね．また，出ましたね．収束させて同じ値で挟むという方法ですね．

と書くことができることが分かりました．

さて，この e にどんな意味があるのでしょうか？式 1.3.4-5 が収束して，その極限値はいったいどのくらいなのでしょうか？ では，実際に，式 1.3.4-10 を具体的に計算してみましょう．エクセルで x を 1000000000 とすると，e は 2.7182820308145100 となります．x をこれ以上大きくしても，最初の 6 桁は同じで，2.71828 です．

しかし，実は，式 1.32.4-10 だけでは，まだ不十分ですね．そうです．負の x についての証明ができていません．ここで，$x=-y-1$ とおくと，

$$y=-x-1$$

です．このとき，$x\to-\infty$ のとき $y\to+\infty$ であることは明らかです．ここで，「1」が曲者（くせもの）です．式 1.3.4-10 で $x\to-\infty$ とし，変数変換しましょう．

$$\lim_{x\to-\infty}\left(1+\frac{1}{x}\right)^x \Rightarrow \lim_{y\to\infty}\left(1+\frac{1}{-y-1}\right)^{-y-1} = \lim_{y\to\infty}\left(1+\frac{1}{-y-1}\right)^{-y-1}$$
$$= \lim_{y\to\infty}\left(\frac{(-y-1)+1}{-y-1}\right)^{-y-1} = \lim_{y\to\infty}\left(\frac{-y}{-y-1}\right)^{-y-1} = \lim_{y\to\infty}\left(\frac{y+1}{y}\right)^{y+1}$$
$$= \lim_{y\to\infty}\left(1+\frac{1}{y}\right)^{y+1} = \lim_{y\to\infty}\left(1+\frac{1}{y}\right)^y\left(1+\frac{1}{y}\right) = e\cdot 1 = e$$

「1」が良い味を出しているのが分かりますか？

となりました．「1」がいい味を出しているでしょう！

ちなみに，

$$y=\left(1+\frac{1}{x}\right)^x$$

のグラフを描いてみると，図 **1.3.4-1** のように，

$$y = 2.71828 - \frac{1}{x} \tag{1.3.4-11}$$

のような形になっています．結果は，$-x$ 方向でも，最初の 6 桁は同じで，2.71828 です．

したがって，

$$e = \lim_{\substack{x \to -\infty \\ x \to +\infty}} \left(1 + \frac{1}{x}\right)^x \tag{1.3.4-12}$$

です．これを簡単に式 1.3.4-5 のように書きます．ここで，気がついていたと思いますが $1/x$ が式の中にあり，したがって，$x \neq 0$ で定義されています．

(3) 微分

さて，本題に入りましょう．対数関数の微分を例のやり方で計算しましょう．ここで，底を e とするとき，

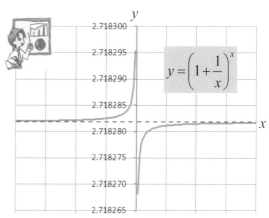

図 **1.3.4-1** グラフ内の式の図

$$(\log_e x)' = \lim_{h \to 0} \frac{\log_e(x+h) - \log_e x}{h} = \lim_{h \to 0} \frac{1}{h} \log_e \left(1 + \frac{h}{x}\right) \quad (\because \quad x > 0)$$

となります．ここで，真数 $x > 0$ は議論で暗黙の了解であり，同様に，$x + h > 0$ と考えます．ここで，$0 < p = h/x$ とおくと，$h \to 0$ のとき，$p \to 0$ です．したがって，

$$(\log_e x)' = \lim_{h \to 0} \frac{1}{h} \log_e \left(1 + \frac{h}{x}\right) = \lim_{p \to 0} \frac{1}{xp} \log_e (1 + p) = \frac{1}{x} \lim_{p \to 0} \log_e (1 + p)^{\frac{1}{p}} \tag{1.3.4-13}$$

という式になりました．ここで，

$$e = \lim_{p \to +0} (1 + p)^{\frac{1}{p}} \tag{1.3.4-14}$$

を使うと，

$$(\log_e x)' = \frac{1}{x} \lim_{p \to +0} \log_e (1 + p)^{\frac{1}{p}} = \frac{1}{x} \log_e \left(\lim_{p \to +0} (1 + p)^{\frac{1}{p}}\right) = \frac{1}{x} \log_e e = \frac{1}{x}$$

と言うように皆さんがご存知の公式が得られます．実は，式 1.3.4-14 は「自然対数の底 e」の定義（式 1.3.4-5）と同義なのです．すなわち，$p = 1/x$ とおけば，$p \to +0$ のとき $x \to +\infty$ と同義であり，また，$p \to -0$ のとき $x \to -\infty$ と同義であり，したがって，

$$\lim_{p \to \pm 0} (1 + p)^{\frac{1}{p}} = \lim_{x \to \pm\infty} \left(1 + \frac{1}{x}\right)^x = e$$

高校数学だっちゃ！

と言えます（式 1.3.4-12）．したがって，底が a である対数関数の微分は，以下のように，少々，ややこしいですが，式変形をします．大丈夫ですね．よく見ると，大したことをしているわけではありません．

1.3. 関数の微分

$$(\log_a x)' = \frac{1}{x}\lim_{p\to+0}\log_a(1+p)^{\frac{1}{p}} = \frac{1}{x}\log_a\left(\lim_{p\to+0}(1+p)^{\frac{1}{p}}\right)$$
$$= \frac{1}{x}\log_a e = \frac{\log_e e}{x\log_e a} = \frac{1}{x\log_e a}\left(=\frac{1}{x\ln a}\right)$$

となります．「$p \to +0$」は「正の数 p が 0 に限りなく近づく」と解釈してください．

本書では，便利さも考え，底が e である場合は特に底は書かずに，$\log x$ と書くことにします．特に，底が重要な場合は，例えば，$\log_a x$ と書くことにします．ちなみに，$\log_e x$ を，$\ln x$ と書く場合もあります．ここで，$\ln$ は *Natural Log* の意味です．

式 1.3.1-1 や式 1.3.1-3 を用いると，真数が関数である場合
$$f(x) = \log\{g(x)\}$$
の対数関数の微分 $f'(x)$ は，
$$f'(x) = \frac{g'(x)}{g(x)}$$
で，合成関数として扱われます．最も簡単な例を挙げると，真数が ax の場合，$ax \neq 0$，すなわち，$a \neq 0, x \neq 0$ であるから，$ax \neq 0$ であり，したがって，
$$(\log ax)' = \frac{1}{ax}(ax)' = \frac{a}{ax} = \frac{1}{x}$$
となります．もっと簡単に，
$$(\log ax)' = (\log a + \log x)' = \frac{1}{x}$$
としても確かめられます．これは，上記の意にそぐわないですが・・・（笑）

いかがで消化，えっ，「いかがでしょうか？」でしょう．著者は変なことをすぐ言っちゃいます．それが著者の悪い癖！　もう分かってますって！．そう言わず，お付き合いください．それでは，本題に戻しましょうか．

ここで，練習をして見ましょう．

例題 1.3.4-1　微分の定義を用いて微分せよ．
(1) $y = \sqrt{x}$
(2) $y = a^x$

問題の(1)は容易です．(2)はすんなり微分できません．以下のような解答がありますが，おそらく，もっとすっきりした方法があるでしょう．

例題 1.3.4-1 解答
(1) 微分の定義より，

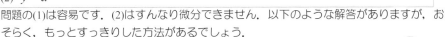

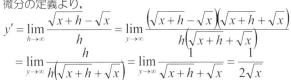

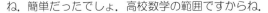

ね．簡単だったでしょ．高校数学の範囲ですからね．

(2) 微分の定義より，
$$y' = \left(a^x\right)' = \lim_{h \to 0} \frac{a^{x+h} - a^x}{h} = \lim_{h \to 0} \frac{a^x\left(a^h - 1\right)}{h} = a^x \lim_{h \to 0} \frac{a^h - 1}{h}$$
ここで，
$$a^h - 1 = 1/p \quad \therefore \quad a^h = 1 + 1/p$$
とおくと，左辺で $h \to 0$ の場合，$(a^h - 1) \to 0$ である．このとき，右辺で0に近づくということは，$p \to \pm\infty$（は，$p \to +\infty$，$p \to -\infty$ の両方という意味）とすれば矛盾が無い．
さて，
$$\log_a a^h = h \log_a a = h = \log_a(1 + 1/p)$$
であるから，
$$\lim_{h \to 0} \frac{a^h - 1}{h} = \lim_{p \to \pm\infty} \frac{1/p}{\log_a(1 + 1/p)} = \lim_{p \to \pm\infty} \frac{1}{p \log_a(1 + 1/p)}$$
$$= \lim_{p \to \pm\infty} \frac{1}{\log_a(1 + 1/p)^p} = \frac{1}{\log_a\left(\lim_{p \to \pm\infty}(1 + 1/p)^p\right)}$$
$$= \frac{1}{\log_a e} = \frac{1}{\dfrac{\log e}{\log a}} = \log a$$
$$\therefore \quad y' = (a^x)' = a^x \lim_{h \to 0} \frac{a^h - 1}{h} = a^x \log a$$

ここで，e の定義式である式 1.3.4-12 を利用しています．さあ，ちょっと，ややこしい解答でした．もっと，簡単な方法がありそうですよね．

同じような，例題です．

例題 1.3.4-2 a, b が定数のとき，以下の関数を対数関数の微分方法を用いて計算せよ．
(1) $y = a^x \quad (a > 0, a \neq 1)$
(2) $y = x^a \quad (x > 0, x \neq 1)$
(3) $y = a\sqrt{bx} \quad (x > 0, a > 0)$

いずれの問題も他の方法を用いることができますが，ここでは，対数関数の微分方法を用いて行ってみましょう．特に，問題の(1)は，例題 1.3.4-1 の解答で微分の定義を用いた計算を行いました．比較してみてください．

では，解答をみてみましょう．

例題 1.3.4-2 解答
（1）$y = a^x$ の両辺の対数をとると，$\log y = x \log a$ であるから，両辺を微分すると，
$$\frac{y'}{y} = \log a \quad \Rightarrow \quad y' = y \log a = a^x \log a$$

1.3. 関数の微分

(2) $y = x^a$ の両辺の対数をとると，$\log y = a \log x$ であるから，両辺を微分すると，
$$\frac{y'}{y} = a\frac{1}{x} \Rightarrow y' = x^a \cdot \frac{a}{x} = ax^{a-1}$$

(3) $y = a\sqrt{bx}$ の両辺の対数をとると，$\log y = \log a\sqrt{b} + \log \sqrt{x}$ であり，両辺を微分すると，
$$\frac{y'}{y} = \frac{1}{\sqrt{x}} \cdot \frac{1}{2\sqrt{x}} = \frac{1}{2x} \Rightarrow y' = a\sqrt{bx} \cdot \frac{1}{2x} = \frac{a\sqrt{b}}{2\sqrt{x}}$$

上記（1）や（3）のように，両辺の対数をとる微分法は，特に，対数微分法と呼ばれています．そのままですね（笑）．また，上記（3）で，はじめから，
$$y' = \left(a\sqrt{bx}\right)' = a\sqrt{b}\left(\sqrt{x}\right)' = a\sqrt{b} \cdot \frac{1}{2\sqrt{x}}$$
としても良かったのですが，ここは練習ということで，敢えて回りくどい方法で計算してみました．ここで，振り返ってみますと，すでに，実数 p に対して，$\left(x^p\right)' = px^{p-1}$ であることを説明しています．ここで，微分したのは1回です．n 回微分時の表現形式は，関数 f について，
$$f^{(n)}, \frac{d^n f}{dx^n}$$
と書いたりします．ちなみに，$f = x^n$ を n 回微分すると，以下のように表現します．
$$f^{(1)} = nx^{n-1},\ f^{(2)} = n(n-1)x^{n-2},\ \cdots,\ f^{(n)} = n(n-1)\cdots 2 \cdot 1 = n!$$

自然対数の e について，もう少し補足しておきます．例題 1.3.4-2 の(1)で $(a^x)' = a^x \log a$ であることが分かりました．ここで，a を e に置き換えると，
$$(e^x)' = e^x \log e = e^x \cdot 1 = e^x$$
ですから，指数関数 e^x は何回微分しても変わらない，すなわち，
$$(e^x)^{(n)} = e^x$$
なのです．超おもしろいですねえ．式 1.3.4-12 あるいは式 1.3.4-14 で表される定義式が，e に，このような，何回微分しても変わらないという性質を持たせているのです．自然科学では，この e の性質が非常に重要な性質なのです．自然の現象は e を対数の底として整理するとうまくいく場合が多いのです．この自然対数の底 e は，特に，ネイピアの数（*Napier's constant*）とも呼ばれ，超越数（*transcendental number*）に分類され，自然科学では最も重要な定数と言っても過言ではありません．

ここで，疑問を持った読者がいるのではないでしょうか？ なんのことって？ ネイピアの数は e は，$y = e^x$ などと書くとき，
$$\log_e y = \log_e e^x \Rightarrow \log_e y = x \log_e e = x$$
と書きますよね．$y = e^x = \exp(x)$ とも書きますね．ということは，e は数であり関数なのでしょうか？ 次項ではオイラー公式ででも出てきます．正直言って，本書の著者はこの明確な答えは知りません．

1.3.5. オイラー公式

またまた，突然ですが，テーラー級数展開やマクローリン級数展開というのがあります．これは，コーシーやダランベールの収束判定法をもとに考えられた，いわば，関数の微分係数を用いた冪級数表現です．果たして，その実体は，

$$Taylor\ Series: \quad f(x) = f(a) + (x-a)\frac{f'(a)}{1!} + \cdots + (x-a)^n \frac{f^{(n)}(a)}{n!} + \cdots$$

$$Maclaurin\ Series: \quad f(x) = f(0) + x\frac{f'(0)}{1!} + \cdots + x^n \frac{f^{(n)}(0)}{n!} + \cdots$$

(1.3.5-1)

この証明は，専門書にお任せすることにして，何故，これらの式か？と言いますと，将来，と〜っても大事になることを説明したいからです．ここで，テーラー級数展開で a を 0 とすればよさそうですが，余剰項などを含めて，数学的に厳密に正しいかどうかは疑問です．ここでは，これ以上，上記の余剰項などのややこしい議論はしないことにします．

さて，ここで，e^x のマクローリン級数展開をして見ましょう．式 1.3.5-1 に従えば，

$$e^x = 1 + x\frac{1}{1!} + x^2\frac{1}{2!} + x^3\frac{1}{3!} + \cdots + x^n\frac{1}{n!} + \cdots = \sum_n^\infty \left(x^n \frac{1}{n!} \right)$$

(1.3.5-2)

と表されます．非常にきれいな形をしていますね．次に，式 1.3.5-1 に従って，sin 関数や cos 関数のマクローリン級数展開をして見ましょう．

$$\sin x = x - \frac{x^3}{3!} + \frac{x^5}{5!} - \frac{x^7}{7!} + \cdots + (-1)^n \frac{x^{2n+1}}{(2n+1)!} + \cdots$$

$$\cos x = 1 - \frac{x^2}{2!} + \frac{x^4}{4!} - \frac{x^6}{6!} + \cdots + (-1)^n \frac{x^{2n}}{(2n)!} + \cdots$$

(1.3.5-3)

となります．あらら，式 1.3.5-2 と見比べると何か関係がありそうですよ．−1による負号の変化からヒントを得て，e^{ix} のマクローリン級数展開をして見ましょう．

$$e^{ix} = 1 + \frac{(ix)}{1!} + \frac{(ix)^2}{2!} + \frac{(ix)^3}{3!} + \cdots + \frac{(ix)^n}{n!} + \cdots = \sum_n^\infty \left(\frac{(ix)^n}{n!} \right)$$

$$= \left\{ 1 + \frac{(ix)^2}{2!} + \frac{(ix)^4}{4!} + \frac{(ix)^6}{6!} + \cdots \right\} + i\left\{ \frac{x}{1!} + \frac{i^2 x^3}{3!} + \frac{i^4 x^5}{5!} + \frac{i^6 x^7}{7!} + \cdots \right\}$$

$$= \left\{ 1 - \frac{x^2}{2!} + \frac{x^4}{4!} - \frac{x^6}{6!} + \cdots \right\} + i\left\{ x - \frac{x^3}{3!} + \frac{x^5}{5!} - \frac{x^7}{7!} + \cdots \right\}$$

(1.3.5-4)

何か，見えてきたぞ！
X の偶数乗と奇数乗で分けてみると…

となります．おっと，驚きですね．式 1.3.5-3 と式 1.3.5-4 を比べると，

$$e^{ix} = \cos x + i\sin x$$

(1.3.5-5)

と書けます．この式をオイラー公式[注1]と呼びます． 重要な公式だよ

注1：オイラー公式の名前はスイス生まれの18世紀の数学者・天体物理学者であるレオンハルト・オイラー (*Leonhard Euler*)（1707〜1783）に因むが，最初の発見者は，アイザック・ニュートンと密接に協力して研究したロジャー・コーツ (*Roger Cotes*)（1682〜1716）とされています．

1.3. 関数の微分

ちなみに，式 1.3.5-2 から e を計算する式が簡単になって，$x=1$ とすれば，

$$e = 1 + \frac{1}{1!} + \frac{1}{2!} + \frac{1}{3!} + \cdots + \frac{1}{n!} + \cdots = \sum_{n}^{\infty}\left(\frac{1}{n!}\right) \tag{1.3.5-6}$$

となります．式 1.3.4-10 から計算した値 2.7182820308145100 と比較してみてください．
ちなみに，式 1.3.5-6 によれば，

$$e \cong \sum_{n=1}^{13}\left(\frac{1}{n!}\right) = 2.71828182845905 \cong 2.718282$$

です．やはり，最初の6桁は同じで，2.71828 です．

　話を戻しましょう．オイラー公式が分かったでしょうから，式 1.3.3-5 の sin 関数の微分公式と cos 関数の微分公式を，数学的帰納法でまとめて証明してみましょう．
　さて，オイラー公式 1.3.5-5 について，

$$(e^{ix})' = (\cos x + i\sin x)' = (\cos x)' + i(\sin x)' \tag{1.3.5-7}$$

となることは容易にわかりますでしょう．一方，

$$i = \cos\frac{\pi}{2} + i\sin\frac{\pi}{2} = e^{i\frac{\pi}{2}}$$

ですから，

$$(e^{ix})' = i(e^{ix}) = \left(\cos\frac{\pi}{2} + i\sin\frac{\pi}{2}\right)e^{ix} = \exp\left(i\frac{\pi}{2}\right)\exp(ix)$$

$$= \exp\left(i\left(x + \frac{\pi}{2}\right)\right) = \cos\left(x + \frac{\pi}{2}\right) + i\sin\left(x + \frac{\pi}{2}\right)$$

したがって，$n=1$ のとき題意が証明されました．k 回微分することを，$(e^{ix})^{(k)}$ と表すならば，$n=k$ で，

$$(e^{ix})^{(k)} = \cos\left(x + \frac{k\pi}{2}\right) + i\sin\left(x + \frac{k\pi}{2}\right) = \exp\left\{i\left(x + \frac{k\pi}{2}\right)\right\}$$

が成立すると仮定すると，$k+1$ 回微分する場合，すなわち，$n=k+1$ の場合は，

$$(e^{ix})^{(k+1)} = \left[\exp\left\{i\left(x + \frac{k\pi}{2}\right)\right\}\right]' = i\left[\exp\left\{i\left(x + \frac{k\pi}{2}\right)\right\}\right]$$

$$= \exp\left(i\frac{\pi}{2}\right)\left[\exp\left\{i\left(x + \frac{k\pi}{2}\right)\right\}\right] = \exp\left\{i\left(x + \frac{(k+1)\pi}{2}\right)\right\}$$

$$= \cos\left(x + \frac{(k+1)\pi}{2}\right) + i\sin\left(x + \frac{(k+1)\pi}{2}\right)$$

ですから，$n=k+1$ のときも成立することが分かります．ゆえに，数学的帰納法により，

$$(e^{ix})^{(n)} = \cos\left(x + \frac{n\pi}{2}\right) + i\sin\left(x + \frac{n\pi}{2}\right)$$

が証明されました．一方，

$$(e^{ix})^{(n)} = \{\cos(x) + i\sin(x)\}^{(n)} = \cos^{(n)}(x) + i\sin^{(n)}(x)$$

ですから

$$\cos^{(n)}(x) = \cos\left(x + \frac{n\pi}{2}\right) \quad, \quad \sin^{(n)}(x) = \sin\left(x + \frac{n\pi}{2}\right) \tag{1.3.5-8}$$

であることが，再び分かりました．

　もう1つ，三角関数の加法定理について考えて見ましょう．

$$e^{i(x \pm y)} = \cos(x \pm y) + i\sin(x \pm y)$$
$$= e^{ix} \cdot e^{\pm iy} = \{\cos x + i\sin x\}\{\cos y \pm i\sin y\}$$
$$= \cos x \cos y \mp \sin x \sin y + i(\sin x \cos y \pm \cos x \sin y)$$

となりますから，

$$\cos(x \pm y) = \cos x \cos y \mp \sin x \sin y$$
$$\sin(x \pm y) = \sin x \cos y \pm \cos x \sin y \tag{1.3.5-9}$$

というように，皆さん良くご存知の加法定理が，座標変換などを用いる面倒な仕方よりもずっとスマートに証明できました．読者はオイラー公式を便利と思いませんか？

　数学では，1つの定理を，あるいは公式を証明する方法は，一般的に，複数通りあります．例えば，ご興味があれば，三角関数の加法定理の証明を座標軸の回転の概念を用いて証明してみてはいかがでしょう．高校でやったと思います．

　数学を難しいと思う読者は，定義や定理を使った前の証明を今の証明に使う，というところではないでしょうか？　換言すれば，前の証明した定理を覚えていないと，今の証明ができない，という場合が多いことになりますね．ですから，読むことを途中でやめないでください．そして，頭の隅の引き出しにどんどん知識（その知識を調べる知識）を溜めてください．溜めても溢れることはないので心配ご無用です（笑）さて，例題です．

例題 1.3.5-1　オイラー公式でド・モアブルの定理を証明せよ．

　ド・モアブルの定理って何？って言う読者がいると思いますので，ここに記します．

$$(\cos\theta + i\sin\theta)^n = \cos n\theta + i\sin n\theta$$

という公式です．高校で習っていない方もいますね．懐かしい！　ここで，勿論，$i = \sqrt{-1}$です．オイラー公式を用いると，まあ，当然ですが・・・

例題 1.3.5-1　解答

　オイラー公式から，$(e^{i\theta})^n = (\cos\theta + i\sin\theta)^n$　であり，
　$(e^{i\theta})^n = e^{i(n\theta)} = \cos n\theta + i\sin n\theta$
　$\therefore \quad (e^{i\theta})^n = (\cos\theta + i\sin\theta)^n = \cos n\theta + i\sin n\theta \quad$ Q.E.D.

例題 1.3.5-2　$\cos\theta = (e^{i\theta} + e^{-i\theta})/2$, $\sin\theta = (e^{i\theta} - e^{-i\theta})/(2i)$　を証明せよ．

例題 1.3.5-2 解答

　オイラー公式により，$e^{i\theta} = \cos\theta + i\sin\theta$; $e^{-i\theta} = \cos\theta - i\sin\theta$　したがって
　$e^{i\theta} + e^{-i\theta} = 2\cos\theta \quad \therefore \quad \cos\theta = (e^{i\theta} + e^{-i\theta})/2$
　$e^{i\theta} - e^{-i\theta} = 2i\sin\theta \quad \therefore \quad \sin\theta = (e^{i\theta} - e^{-i\theta})/(2i)$

なんてことなんですけど，何か？　え！　馬鹿にすんな，ってか～．

1.3. 関数の微分

1.3.6. 微分公式のまとめ

ここで，主な微分をまとめておきましょう．

1) $\left(\prod_{i=1}^{n} y_i\right)' = \sum_{j=1}^{n}\left(y_j' \prod_{i=1, i \neq j}^{n} y_i\right)$, $\left(\sum_{i=1}^{n} c_i y\right)' = \sum_{i=1}^{n} c_i y'$
2) $(x^p)' = p x^{p-1}$, $(x^n)^{(n)} = n!$
3) $(e^{ax})' = a e^{ax}$, $(a^x)' = a^x \log a$, $(\log_a x)' = 1/(x \log a)$
4) $(\sin x)' = \cos x = \sin(x + \pi/2)$, $(\sin x)^{(n)} = \sin(x + n\pi/2)$
5) $(\cos x)' = -\sin x = \cos(x + \pi/2)$, $(\cos x)^{(n)} = \cos(x + n\pi/2)$
6) $(\tan x)' = 1/\cos^2 x$, $(1/\tan x)' = (\cot x)' = -1/\sin^2 x$
7) $(\arcsin x)' = (\sin^{-1} x)' = 1/\sqrt{1-x^2}$, (i.e. $y = \sin^{-1} x \Leftrightarrow x = \sin y$)
8) $(\arccos x)' = (\cos^{-1} x)' = -1/\sqrt{1-x^2}$, (i.e. $y = \cos^{-1} x \Leftrightarrow x = \cos y$)
9) $(\arctan x)' = (\tan^{-1} x)' = 1/(1+x^2)$, (i.e. $y = \tan^{-1} x \Leftrightarrow x = \tan y$)
10) $(\text{arccot}\, x)' = (\cot^{-1} x)' = -1/(1+x^2)$, (i.e. $y = \cot^{-1} x \Leftrightarrow x = \cot y$)
11) $(u^v)' = v u^{v-1} u' + u^v \log u \cdot v'$
12) $dy(x)/dx = (dy(u)/du)(du/dx)$
13) $x'(y) = 1/y'(x)$

(1.3.6-1)

心配しないでください．これら全部を覚えなくても，調べることができれば良いのです．簡単に調べられるなら態々証明しません．特に，特殊関数などの微分については，覚えられないので，数学公式集や数学辞典などをご覧ください（勿論，覚えた方が良いに決まってますが... ^_^）．著者も数学公式集や数学辞典などは重宝しています．また，インターネットでウィキペディアなどでほとんどのことが分かります．

ここで，ご存知とは思いますが，Π 記号について，説明しますと，

$$\prod_{i=1}^{n} a_i = a_1 \times a_2 \times \cdots \times a_{n-1} \times a_n \tag{1.3.6-2}$$

を示す記号で，順に積を行うための記号です．したがって，

$$\prod_{i=1}^{n} i = 1 \times 2 \times \cdots \times (n-1) \times n = n! \quad , \quad \prod_{i=1}^{n} a = a^n \tag{1.3.6-3}$$

となることがすぐに気が付きます．記号 Σ を総和記号（*total summation notation*）と呼ぶのに対して，記号 Π は総乗記号あるいは総積記号（*total product notation*）と呼ぶ場合があります．えっ！n!を知らないですと？ 海上でなく，階上でなく，ん～っと，なんだっけ？ そうそう，階乗ですよ！．自然数を 1 から順に n まで掛け算するとした数学記号です．単なる，びっくりマークではありませんよ．老婆心，もとい，老爺心ながら，心配してしまいました．さあ，愈々，大学で学ぶ偏微分です．変微分ではないことに注意してください．

ちなみに，老爺心は辞書に無いそうで，言うなら，小言爺だそうですよ．でも，小言を言っている訳ではないので，著者は老爺心で良いと思います．

Short Rest 3.
「フェルマーの小定理」

フェルマーの定理は大と小があります．大とは，フェルマーの最終定理で，あの有名な定理を意味します．すなわち，自然数 n について，$n>2$ では，$x^n + y^n = z^n$ を満たす自然数の組 (x,y,z) は存在しない，というものです．この証明は難解です．そこで，ここでは，フェルマーの小定理の証明を紹介しましょう．

さて，フェルマーの小定理とは，

フェルマーの小定理
「p を素数，n を自然数とするとき，$n^p - n$ は p で割り切れる（$n^p \equiv n \bmod p$）」

という定理です．フェルマーの最終定理より，証明は，超簡単です．数学的帰納法を用いて証明を書きます．ただし，$p>0$ としておきましょう．

証明）
1) $n=1$ のとき
$$1^p - 1 = 0$$
ですから明らかに $n^p \equiv n \bmod p$ が成り立つ．
2) $n=k$ のときに成り立つと仮定する．すなわち，
$$k^p \equiv k \bmod p$$
が成り立つと仮定する．
3) このとき，$n=k+1$ について，二項定理を用いて，
$$(k+1)^p - (k+1)$$
$$= \left(k^p + {}_pC_1 k^{p-1} + {}_pC_2 k^{p-2} + \cdots + {}_pC_{p-1} k^1 + 1\right) - (k+1)$$
$$= (k^p - k) + \left({}_pC_1 k^{p-1} + {}_pC_2 k^{p-2} + \cdots + {}_pC_{p-1} k^1\right)$$
と展開する．ここで，第一式が仮定 2) より p で割り切れる．
また，第 2 式の二項係数は，その定義から
$$_pC_i = \frac{p!}{(p-i)!i!} = p\frac{(p-1)!}{(p-i)!i!}$$
であるから，やはり，p で割り切れる．
4) したがって，数学的帰納法によって題意は証明された．　Q.E.D.[注2]

ということで，そう難しくない定理でした．

さて，$a \equiv b$ は合同（*congruence*）式と呼び，$n^p \equiv n \bmod p$ は n^p と n を p で割ると余りが同じであることを意味します．数学科で数論を扱うときは頻繁出てきそうですね．

ちなみに，Excel での mod 関数(modular)は，セルに「=mod(11,4)」とすると，セルに「3」が表示されます．すなわち，11÷4=2 あまり 3 の 3 です．ちょっと意味合いが違うように見えます．

注2：Q.E.D.（Quod Erat Demonstrandum，（*quod erat demonstrandum =which was to be proved*）ラテン語で「かく示された」，すなわち「証明終わり」を意味するの略記号です．

1.4. 偏微分

1.4.1. 偏微分の意味

偏微分（*partial differentiation*）とは，*partial*（部分的）となっているように，変数を部分的に微分する方法です．ここで，「部分的に」とはどういう意味なのでしょうか？

突然ですが（いつも突然ですが，笑），2次元ベクトルは，x座標とy座標で2つの要素で表しますね．3次元ベクトルはz座標を加え，3つの要素で表すことを高校で習いました．大学生，特に，数学科では，n個の要素を持つn次元ベクトルを扱います．ここで，理学・工学での現実的な話をするために，3次元ベクトルを例にとりましょう．

3次元ベクトル$\mathbf{r}$は座標(x, y, z)および互いに直交する3つの単位ベクトル：

$$\mathbf{e}_x, \mathbf{e}_y, \mathbf{e}_z \quad \left(|\mathbf{e}_x| = |\mathbf{e}_y| = |\mathbf{e}_z|, \quad \mathbf{e}_x \cdot \mathbf{e}_y = \mathbf{e}_y \cdot \mathbf{e}_z = \mathbf{e}_z \cdot \mathbf{e}_x = 0\right) \tag{1.4.1-1}$$

を用いて，

$$\mathbf{r} = x\mathbf{e}_x + y\mathbf{e}_y + z\mathbf{e}_z \tag{1.4.1-2}$$

のように書くことができます．そして，このベクトル$\mathbf{r}$を変数とする関数$f(\mathbf{r})$が考えられます．この例は，空間関数であり，あるいはまた，それに時間を加えた時空間関数です．身近な例は，天気予報の気圧配置や雨雪情報でしょうか．時々刻々と変化する気圧配置や雨雪分布は3次元座標（位置ベクトル$\mathbf{r}$）におけるある時刻の気圧値や雨雪状況です．これらの値は時間とともに変化するので，時間的な変化率は時間微分（速度$\mathbf{v}$）であり，その変化率の時間変化（加速度$\mathbf{a}$）は時間で微分を2度して得られます．書き方は，

$$\mathbf{v} = \dot{\mathbf{r}} = \frac{d\mathbf{r}}{dt}, \quad \mathbf{a} = \dot{\mathbf{v}} = \frac{d\mathbf{v}}{dt} = \frac{d\dot{\mathbf{r}}}{dt} = \ddot{\mathbf{r}} = \frac{d^2\mathbf{r}}{dt^2}$$

のように，変数（ベクトル）の上にある点・が1こならば，時間で1回微分，点が2こならば，時間で2回微分，と，特に，物理学では決めています．

さて，関数$f(\mathbf{r})$の位置が微かにずれた場合，すなわち，$(x + \Delta x, y, z)$，$(x, y + \Delta y, z)$，や$(x, y, z + \Delta z)$ではどのような変化があるでしょうか．換言すれば，x座標，y座標，z座標に沿う変化$f(\mathbf{r} + \Delta \mathbf{r})$はどのように表すのでしょうか．

このように，「解析学」とは，何かテーマがあり，微小な時・空間的変化について調べる（解析する）のが微分学・積分学であり，まとめて，「解析学」と呼ぶ所以であると認識しています．そして，偏微分は，各個別の変数$(t, \mathbf{r})$に関わる個々の，数学では関数の変化，科学的には物理量の変化を調べるのに有効であることを覚えておいてほしいと思います．ここで，$\mathbf{r}$がn次元直交空間系$\mathbf{R}^n$の元である場合…などと言う専門の数学者の机上の空論ではなく，現実の空間，書くならば，3次元直交空間系$\mathbf{R}^3$，あるいは，それに時間軸を加えた理学・工学的な話に絞っていこうと思います．でも，説明はn次元の方がしやすい場合がある，すなわち，大は小を兼ねる，ということで，その場合はご容赦ください．

さて，コンピュータの普及に伴い，文章内の漢字の誤使用も目につきます．ここで，申し上げておきますが，「偏微分」を「変微分」と書かないようにしてください．実は，著者もたまに「変微分」と書いたことがありますが（＾～＾）

1.4.2. 偏微分

では，本題に入っていきましょう．

関数 $f(\mathbf{r})$ は，時間 t の関数ではなく，位置 $\mathbf{r}$ の関数であり，位置 $\mathbf{r}$ は3つの x, y, z の独立変数で表現される，としましょう．このとき，関数 $f(\mathbf{r})$ の空間的な変化は，3つの独立変数 x, y, z を用いて，$f(x, y, z)$ であり，以下の定義

定義 5. 偏微分
$$f_x = \frac{\partial f}{\partial x} = \lim_{h \to 0} \frac{f(x+h, y, z) - f(x, y, z)}{h}$$
$$f_y = \frac{\partial f}{\partial x} = \lim_{h \to 0} \frac{f(x, y+h, z) - f(x, y, z)}{h} \quad (1.4.2\text{-}1)$$
$$f_z = \frac{\partial f}{\partial z} = \lim_{h \to 0} \frac{f(x, y, z+h) - f(x, y, z)}{h}$$

で表します．このように，例えば，多変数の1つの変数に注目して微分をするのが偏微分です．その記号は，今まで使ってきた df/dx ではなく，上式のように，d の代わりに丸まった文字 ∂ を用いて，$\partial f/\partial x$ と書きます．偏微分の書き方を示します．以下のように，

$$\frac{\partial f}{\partial x} \;,\; f_x \;,\; f_x(x, y, z) \;,\; \frac{\partial^2 f}{\partial x \partial y} \;,\; f_{xy} \;,\; \frac{\partial^3 f(x, y, z)}{\partial x \partial y \partial z} \;,\; f_{xyz} \;,\; \partial_x f$$

など様々です．読み方について申しますと，df/dx はデーエフ・デーエクスですが，$\partial f/\partial x$ はデルタエフ・デルタエクスとか，ラウンドエフ・ラウンドエクスなどと呼ばれます．

さあ，図 1.4.2-1 を見てください．面 Σ' は面 Σ を xy 平面上への正射影です．面 δ_1 および面 δ_2 は面 Σ に切り取られた断面です．さて，面 δ_1 および面 δ_2 の切り口の下端の曲線 $z_1 = f_1(x, y)$ および $z_2 = f_2(x, y)$ 上の，任意の点 P および Q における接線の傾きはそれぞれ $\partial z_1/\partial x$ および $\partial z_2/\partial y$ になります．

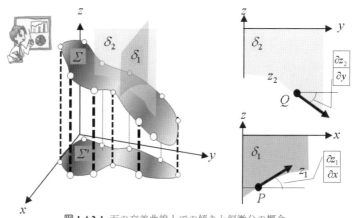

図 **1.4.2-1** 面の交差曲線上での傾きと偏微分の概念

1.4. 偏微分

例えば,
$$z_1 = f_1(x,y) = \sqrt{x} - c_x \quad , \quad z_2 = f_2(x,y) = -y^2 - c_y$$
としましょう。このとき, c_x および c_y は定数です。

$$\frac{\partial z_1}{\partial x} = \lim_{h \to 0} \frac{\left(\sqrt{x+h} - c_x\right) - \left(\sqrt{x} - c_x\right)}{h} = \lim_{h \to 0} \frac{\left(\sqrt{x+h} - \sqrt{x}\right)\left(\sqrt{x+h} + \sqrt{x}\right)}{h\left(\sqrt{x+h} + \sqrt{x}\right)}$$

$$= \lim_{h \to 0} \frac{x+h-x}{h\left(\sqrt{x+h} + \sqrt{x}\right)} = \lim_{h \to 0} \frac{1}{\sqrt{x+h} + \sqrt{x}} = \frac{1}{2\sqrt{x}}$$

であり (例題 1.3.4-1 参照), もちろん,

$$\frac{\partial z_1}{\partial x} = \left(\sqrt{x}\right)' = \left(x^{\frac{1}{2}}\right)' = \frac{1}{2} x^{-\frac{1}{2}} = \frac{1}{2\sqrt{x}} \tag{1.4.2-2}$$

また,

$$\frac{\partial z_2}{\partial x} = \lim_{h \to 0} \frac{\left(-(y+h)^2 - c_y\right) - \left(-y^2 - c_y\right)}{h} = \lim_{h \to 0} \frac{2hy - h^2}{h} = \lim_{h \to 0}(2y - h) = 2y$$

となります。もっと簡単な例は, $u(x,y,z) = ax + by + cz$ のような場合で,

$$\partial u/\partial x = a \quad , \quad \partial u/\partial y = b \quad , \quad \partial u/\partial z = c \tag{1.4.2-3}$$

であり,

$$\partial u/\partial a = x \quad , \quad \partial u/\partial b = y \quad , \quad \partial u/\partial c = z \tag{1.4.2-4}$$

と書けます。合成関数の微分よりずっと簡単ですね.

補足しますと, **図 1.4.2-1** で, 点 P および点 Q おける接線の傾きを α および β とすれば,

$$\left.\frac{\partial z_1}{\partial x}\right|_{x=x_P} = \tan\alpha \quad , \quad \left.\frac{\partial z_2}{\partial y}\right|_{y=y_Q} = \tan\beta$$

となります。上記表記は, 例えば, 式 1.4.2-2 で $\partial z_1/\partial x = 1/2\sqrt{x}$ ですから, $\partial z_1/\partial x$ に点 P の x 座標 $x = x_P$ を入力した値で, なわち,

$$\left.\frac{\partial z_1}{\partial x}\right|_{x=x_P} = \frac{1}{2\sqrt{x_P}} = \tan\alpha \quad \therefore \quad \alpha(\text{rad}) = \tan^{-1}\left(\frac{1}{2\sqrt{x_P}}\right)$$

rad : radian という角度の単位

のように, アークタンジェント ($\tan^{-1}$) で計算すれば, 傾きが求まります。

老婆心, いや, 老爺心ながら, 敢えて書きますが, rad はラジアンという単位で, 例えば, 比で書くと, $2\pi : 360° = \text{rad} : \theta$ で, $\text{rad} = \pi\theta/180°$ と書けます。エクセルで sin に角度を入れても正しい答えは得られません。π を 3.141592 くらいにして, 30°の sin を計算する場合は, $\sin(3.141592*30/180)$ とすれば 0.5 となります。え！ 知ってるって！（*〜*!）. 失礼しました。

さあ, ここで, まとめとして申し上げますと, 偏微分とは, その位置での各軸方向の接線の傾き求めることです.

さて, 例題を見ていただきましょう.

1. 微分

例題 1.4.2-1
(1) 関数 $f = x^2y + y^2z + z^2x$ について，以下の式を証明せよ．
$$\left(\frac{\partial}{\partial x} + \frac{\partial}{\partial y} + \frac{\partial}{\partial z}\right)f = (x+y+z)^2$$
(2) 関数 $f(x,y) = xy\exp(x^2+y^2)$ について，以下の式を計算せよ．
$$f_x + f_y$$

まあ，簡単！気を抜かなければ正解を得ることができます．ちょっと，頭の中で解答の方針を立ててみてはいかがでしょうか．

例題 1.4.2-1 解答
(1) の左辺を考えると，
$$\left(\frac{\partial}{\partial x} + \frac{\partial}{\partial y} + \frac{\partial}{\partial z}\right)f = \left(\frac{\partial}{\partial x} + \frac{\partial}{\partial y} + \frac{\partial}{\partial z}\right)(x^2y + y^2z + z^2x)$$
$$= \frac{\partial}{\partial x}(x^2y + y^2z + z^2x) + \frac{\partial}{\partial y}(x^2y + y^2z + z^2x) + \frac{\partial}{\partial z}(x^2y + y^2z + z^2x)$$
$$= (2xy + z^2) + (x^2 + 2yz) + (y^2 + 2zx) = x^2 + (2xy + 2zx) + y^2 + 2yz + z^2$$
$$= x^2 + 2(y+z)x + (y+z)^2 = (x+y+z)^2 \quad Q.E.D.$$

(2) f_x と f_y は同じ形式であるから，まず f_x を計算し，f_y は f_x と同様であるとし，以下のように計算する：
$$f_x = \frac{\partial}{\partial x}\left(xye^{x^2+y^2}\right) = \left(\frac{\partial}{\partial x}(xy)\right)e^{x^2+y^2} + (xy)\frac{\partial}{\partial x}e^{x^2+y^2}$$
$$= ye^{x^2+y^2} + (xy)\cdot(2x)e^{x^2+y^2} = (2x^2+1)ye^{x^2+y^2}$$

同様に，
$$f_y = \frac{\partial}{\partial y}\left(xye^{x^2+y^2}\right) = (2y^2+1)xe^{x^2+y^2}$$

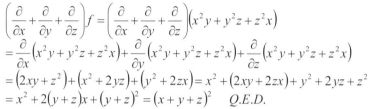

$\partial f(x,y,\cdots)/\partial x$ は，x 以外は定数と思えば，超簡単ですわよ．

したがって，
$$f_x + f_y = (2x^2+1)ye^{x^2+y^2} + (2y^2+1)xe^{x^2+y^2}$$
$$= (2x^2y + y + 2xy^2 + x)e^{x^2+y^2} = (x(2xy+1) + y(2xy+1))e^{x^2+y^2}$$
$$\therefore \ f_x + f_y = (x+y)(2xy+1)e^{x^2+y^2}$$

まあ，皆さんにとっては簡単な例題でしたよね．(1) は後述するナブラ∇の形式であり，ここで触れさせて頂きました．また，(2) は合成関数の微分のただの計算練習でした．

1.4.3. ナブラ

さて，ここで，3.3 節で詳しくご紹介する「ナブラ」ついて，3.3 節までたびたび出てくるので，少々述べます．ナブラは，∇ という記号を用います．果たして，その表式は，
$$\nabla = \left(\frac{\partial}{dx}, \frac{\partial}{dy}, \frac{\partial}{dz}\right) = \mathbf{e}_x\frac{\partial}{dx} + \mathbf{e}_y\frac{\partial}{dy} + \mathbf{e}_z\frac{\partial}{dz} \tag{1.4.3-1}$$
です．ここで，$\mathbf{e}_x, \mathbf{e}_y, \mathbf{e}_z$ は，それぞれ，x 軸，y 軸，z 軸方向の単位ベクトルです．

1.4.4. 極大・極小

微分可能な $y = f(x)$ について微小な $\alpha(>0)$ があって，
① $y' = f'(x_0 - \alpha) > 0$　$y' = f'(x_0) = 0$　$y' = f'(x_0 + \alpha) < 0$　　　(1.4.4-1)
② $y' = f'(x_0 - \alpha) < 0$　$y' = f'(x_0) = 0$　$y' = f'(x_0 + \alpha) > 0$　　　(1.4.4-2)

という場合があります．$x = x_0$ で，①の場合は極大値，②の場合は極小値，を持ちます．

図 **1.4.4-1** に最大値，最小値，極大値，極小値の違いを示します．ただし，関数全体なのか，あるいは，ある決まった区間だけなのか，ご注意ください．これを間違えると解答は間違いとなる場合があります．これは釈迦に説法でしたでしょうか．また，やっちゃいましたね．

偏微分の場合も同じです．偏微分可能な関数 $z = f(x, y)$ があって，点 (a, b) で極値を撮るならば，

$$\left.\frac{\partial f}{\partial x}\right|_{\substack{x=a \\ y=b}} = \left.\frac{\partial f}{\partial y}\right|_{\substack{x=a \\ y=b}} = 0$$

図 **1.4.4-1** 最大値・最小値，極大値・極小値

となります．この場合，関数 $z_x = f(x, b)$ および $z_y = f(a, y)$ とするとき，

$$\frac{\partial z_x}{\partial x} = f_x(x_P, b) = 0 \text{ となる } x_P,\text{ および } \frac{\partial z_y}{\partial y} = f_y(a, y_Q) = 0 \text{ となる } y_Q$$

があります．それぞれ極値をとるからです．ところが，この逆は，成り立ちません．その良い例は，$z = f(x, y) = x^2 - y^2$ で，$f(0, 0)$ のとき，

$$f_x(0,0) = f_y(0,0) = 0$$

ですが，極小値と極大値が同時に起こります．この関数を 3D グラフ表示すると，馬の背に乗せる鞍（くら）のような形になります．沢や峠にもありそうですよね．頭が，くらくらしてきたのでは？　すいません，たびたびのおやじギャグでした．

注 3　ナブラの名の由来は，似た形のヘブライの竪琴（逆三角形）のギリシャ語名 $\nu\alpha\beta\lambda\alpha$ です．数学記号としてこれを用いたのは，1837 年アイルランド生まれの数学・物理学者ハミルトン（1805～1865）です．彼は，また，ケーリー・ハミルトンの定理を示しました．

1.4.5. 複素数の偏微分

将来お目にかからないとは思いますが，複素数の偏微分を少々触れておきましょう．複素数は，著者はあまり得意じゃないので，そこそこで切り上げるとします（笑）．

複素数とは，実数 $a, b \in \Re$ があって，虚数単位 $i\left(=\sqrt{-1}\right)$，すなわち，$i^2 = -1$ である i を導入し，$z = a + ib$ のように，複素数 $z \in C$ を表現します．**図 1.4.5-1** に示すように，

1) 点 $P(z): z = a + ib$ と点 $Q(z): z = -a + ib$ は虚軸に関して線対称
2) 点 $P(z): z = a + ib$ と点 $S(z): z = a - ib$ とは実軸に関して線対称
3) 点 $P(z): z = a + ib$ と点 $T(z): z = -a - ib$ とは原点に関して点対称

などになります．ここまでは，高校生レベルです．

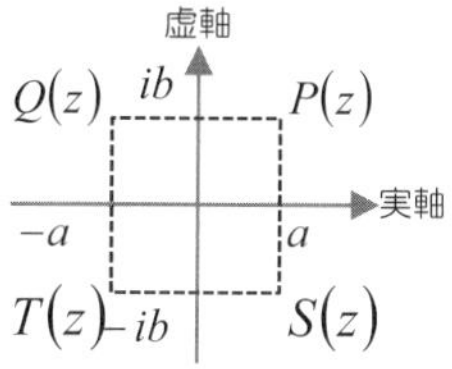

さて，複素関数 $f(z)$ が，実関数 $u(x, y), v(x, y)$ によって，
$$f(z) = u(x, y) + iv(x, y)$$
と書くとき，偏微分はどう書けるでしょうか．

実は，$\Delta z = \Delta x + i\Delta y$ とし，
$$f'(z) = \lim_{\Delta z \to 0} \frac{\Delta f(z)}{\Delta z} = \lim_{\Delta z \to 0} \frac{f(z + \Delta z) - f(z)}{\Delta z}$$

図 1.4.5-1 複素平面内の実軸と虚軸

を計算することになります．このとき，実関数 u, v は，x, y の関数ですから，具体的には，

$$\frac{\partial f(z)}{\partial x} = \lim_{\Delta x \to 0} \frac{u(x + \Delta x, y) + iv(x + \Delta x, y) - \{u(x, y) + iv(x, y)\}}{[(x + \Delta x) + iy] - (x + iy)}$$

$$= \lim_{\Delta x \to 0} \frac{u(x + \Delta x, y) - u(x, y)}{\Delta x} + i \lim_{\Delta x \to 0} \frac{v(x + \Delta x, y) - v(x, y)}{\Delta x}$$

$$\therefore \quad \frac{\partial f(z)}{\partial x} = \frac{\partial u}{\partial x} + i\frac{\partial v}{\partial x} \tag{1.4.5-1}$$

であり，また，

$$\frac{\partial f(z)}{\partial y} = \lim_{\Delta y \to 0} \frac{u(x, y + \Delta y) + iv(x, y + \Delta y) - \{u(x, y) + iv(x, y)\}}{[x + i(y + \Delta y)] - (x + iy)}$$

$$= \lim_{\Delta y \to 0} \frac{u(x, y + \Delta y) - u(x, y)}{i\Delta y} + i \lim_{\Delta y \to 0} \frac{v(x, y + \Delta y) - v(x, y)}{i\Delta y}$$

$$\therefore \quad \frac{\partial f(z)}{\partial y} = -i\frac{\partial u}{\partial y} + \frac{\partial v}{\partial y} \quad \left(\because \frac{1}{i} = \frac{i}{i \cdot i} = \frac{i}{-1} = -i\right) \tag{1.4.5-2}$$

となります．式 1.4.5-1 と式 1.4.5-2 の実部と虚部とを比べて，

$$\frac{\partial u}{\partial x} = \frac{\partial v}{\partial y}, \quad \frac{\partial v}{\partial x} = -\frac{\partial u}{\partial y} \tag{1.4.5-3}$$

が得られます．この式は，コーシー・リーマンの微分方程式と呼ばれています．複素解析と呼ばれる分野で有名な式です．

十分な説明になっていませんが，式の流れは見ておいてほしいので，複素関数の微分をご紹介しました．

1.4. 偏微分

Short Rest 4.
「低気圧と高気圧」

　北半球では，低気圧（**L** *cyclone, low-pressure*）の渦巻きは時計と反対回り，一方，高気圧（**H** *anticyclone, high-pressure*）の渦巻きは時計回りで渦を巻きます．南半球では，この逆になります．この渦巻きが，ある程度の時間存在するのは，大気が動く速さに比例する「コリオリ力（*Coriolis force*）」という，回転する丸い地球ならではの力に関係します．コリオリ力は大気圏だけでなく，水圏，すなわち，海流にも関係します．その原理の体験は，お風呂などで栓を抜いて水を排出する際にできる渦で出来ます．

　さて，同様の原理を確認できます．それは，気象現象に見られます．気象は，低気圧と高気圧の気圧配置とその気圧差で決まります．典型的な気圧配置は，

　① 西高東低の気圧配置（西に高気圧 **H**，東に低気圧 **L**）
　　　日本付近から見て西が高く東が低い気圧配置
　　　冬期にに典型的に現れる気圧配置
　② 南高北低の気圧配置（南に高気圧 **H**，北に低気圧 **L**）
　　　日本付近から見て南が高く北が低い気圧配置
　　　夏期に典型的に現れる気圧配置

です．暖かい風が来るのか，あるいは，冷たい風が来るのか，を決めるのは風の吹く方向です．すなわち，低気圧 **L** と高気圧 **H** の間では，高気圧を右に見て，高気圧-低気圧方向を過る方向に風が吹きます．図の→を見てください．**H**と**L**の間は相乗効果があります．

　ちなみに，台風は低気圧の極端な場合で，通常の低気圧と同様，大気を時計と反対周り引き込みます．

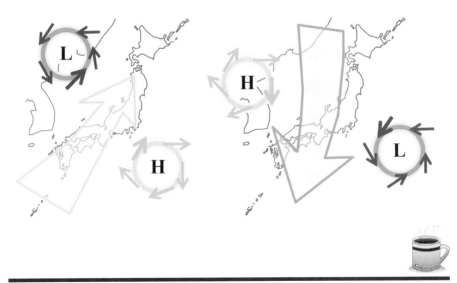

1.5. 全微分

1.5.1. 全微分とは

ここから，全微分（*total differential*）について若干説明しようと思います．さて，n 個の関数 $f_1, f_2, \cdots, f_n$ があり，個々の関数が n 個の変数の関数 $x_1, x_2, \cdots, x_n$ である場合，

$$\sum_{i=1}^{n} f_i dx_i = 0 \tag{1.5.1-1}$$

を全微分方程式と呼びます．最も簡単な全微分方程式は，

$$f(x)dx = 0$$

でしょう．ここで，関数 P が存在して，式 1.5.1-1 の右辺が

$$\sum_{i=1}^{n} f_i dx_i = dP \tag{1.5.1-2}$$

である場合は，これを完全微分方程式と呼びます．このときの解は $P=$ 定数です．

まず，$u = f(x, y)$ という陰関数を考えます．ここで，x と y とは独立な変数とします．例えば，地球の緯度 x と経度 y はお互いに関連のない数で，その緯度・経度での標高を関数 u という例を挙げることができます．このとき，x および y ともに独立に微小な変化をしたとします．ここで，関数 u は微小変化した「全増分」を Δu と書きますと，

$$\Delta u = f(x+\Delta x, y+\Delta y) - f(x, y) \tag{1.5.1-3}$$

です．ここで，いつもの通り，「0」の出番です．式 1.5.1-3 に $f(x, y+\Delta y)$ を加えて差し引きますと，

$$\Delta u = f(x+\Delta x, y+\Delta y) - f(x, y+\Delta y) + f(x, y+\Delta y) - f(x, y)$$
$$= \{f(x+\Delta x, y+\Delta y) - f(x, y+\Delta y)\} + \{f(x, y+\Delta y) - f(x, y)\} \tag{1.5.1-4}$$

となります．ここで，式 1.5.1-4 下の右辺の {} で囲む第 1 項は変数 y を一定にした場合の関数 u の増分であり，同様に，式 1.5.1-4 下の右辺の {} で囲む第 2 項は変数 x を一定にした場合の関数 u の増分を表していることになり，全増分は，上記 2 つの増分の和として表されます．

さて，ここからが，少々厄介なのです．しっかり，読んでください．

> **定理 12.** 全微分方程式が完全微分方程式である必要十分条件は，次式で与えられる．
> $$\frac{\partial f_i}{\partial x_j} = \frac{\partial f_j}{\partial x_i} \quad (i, j = 1, 2, \cdots, n)$$

式 1.5.1-1 で表す全微分方程式で，例えば，関数 $\phi(\neq 0)$ により完全微分方程式が得れる場合，全微分方程式は積分可能といいます（例を後述します）．

> **定理 13.** 全微分方程式
> $$f_1(x, y, z)dx + f_2(x, y, z)dy + f_3(x, y, z)dz = 0$$
> が積分可能である必要十分条件は次式である．
> $$f_1\left(\frac{\partial f_2}{\partial z} - \frac{\partial f_3}{\partial y}\right) + f_2\left(\frac{\partial f_3}{\partial x} - \frac{\partial f_1}{\partial z}\right) + f_3\left(\frac{\partial f_1}{\partial y} - \frac{\partial f_2}{\partial z}\right) = 0$$

1.5. 全微分

1.5.2. ラグランジュの公式と平均値の定理

関数 u を定義する x および y で関数 u が微分可能である，すなわち，導関数を持つものとして，微分に関するラグランジュの公式を用いますと

$$\Delta u = f_x(x + \varepsilon_x \Delta x,\ y + \Delta y)\Delta x + f_y(x,\ y + \varepsilon_y \Delta y)\Delta y \tag{1.5.2-1}$$

と書き直すことができます．いきなり，「微分に関するラグランジュの公式」と言われても…ですよね．お聞きになったことはあるかもしれませんが．

ここで，若干，話が脇道に逸れますが，微分に関するラグランジュの公式をちょっと書いてみます．実際は，数学的に厳密な証明が必要ですが，ここでは，突っ込んだ話はせず（実際，著者は詳しく書けないので），概要を書きます．

実は，式 1.5.1-4 は，すでに，ラグランジュの公式であり，「有限増分の公式」とか「平均値の定理」と言われ，関数の変化量に対する正確な表現となっています．

定理 14. 平均値の定理

関数 $y = f(x)$ に関して，区間 $\{a,\ b\}$ で微分可能なとき，$a < c < b$ である c について，
$$f(b) - f(a) = (b - a)f'(c) \tag{1.5.2-2}$$
が成り立つ c が存在する．

ここで，

$$0 < \frac{c - a}{b - a} = \varepsilon < 1$$

なる ε を定義しますと，$c = a + \varepsilon(b - a)$ と書け，さらに，$h = b - a$ としますと

$$f(a + h) - f(a) = hf'(a + \varepsilon h),\quad 0 < \varepsilon < 1 \tag{1.5.2-3}$$

のように，式 1.5.2-2 は式 1.5.2-3 と変形でき，式 1.5.1-4 の前半部と後半部に適用できます．しかし，式 1.5.2-3 は，1 つの変数に対する式であり，

$$df/dx \Rightarrow \partial f/\partial x\ \text{または}\ f_x$$
$$df/dy \Rightarrow \partial f/\partial y\ \text{または}\ f_y$$

などと書き換え，h を Δx や Δy として，式 1.5.1-4 を式 1.5.2-1 に変形することができるのです．さて，式 1.5.2-1 で，$0 < \varepsilon_x < 1$ および，$0 < \varepsilon_y < 1$ です．

ここで，$\Delta x \to dx$，$\Delta y \to dy$ で，$\Delta u \to du$ であり，$\Delta x \to 0$ および $\Delta y \to 0$ とすれば，式 1.5.2-1 は，

$$du = f_x(x,\ y)dx + f_y(x,\ y)dy \tag{1.5.2-4}$$

となります．これが全微分の実体です．全微分可能とは，式 1.5.2-4 が求まることであり，du を変動 $(dx,\ dy)$ に対する関数 u の全微分と言います．，そして，合成関数の偏微分は，この全微分可能であるときに定義されます．例えば，

（1）変数 x および y がともに t の関数であり，関数 $f(x, y)$ が全微分可能であって，$x(t)$ および $y(t)$ が変数 t に対して微分可能であれば，

$$\frac{df}{dt} = \frac{\partial f}{\partial x}\frac{dx}{dt} + \frac{\partial f}{\partial y}\frac{dy}{dt},\ \text{または，}\ \frac{d}{dt}f(x(t),\ y(t)) = f_x\frac{dx}{dt} + f_y\frac{dy}{dt} \tag{1.5.2-5}$$

と書きます．

(2) 関数が $z = f(x, y)$ 全微分可能であって，$x = x(u, v)$ および $y = y(u, v)$，すなわち，変数 x および変数 y がともに u および v の関数となっている場合は，

$$\frac{\partial z}{\partial u} = \frac{\partial f}{\partial x}\frac{\partial x}{\partial u} + \frac{\partial f}{\partial y}\frac{\partial y}{\partial u} \quad \text{，または，} \quad \frac{\partial z}{\partial u} = f_x\frac{\partial x}{\partial u} + f_y\frac{\partial y}{\partial u}$$

および，

$$\frac{\partial z}{\partial v} = \frac{\partial f}{\partial x}\frac{\partial x}{\partial v} + \frac{\partial f}{\partial y}\frac{\partial y}{\partial v} \quad \text{，または，} \quad \frac{\partial z}{\partial v} = f_x\frac{\partial x}{\partial v} + f_y\frac{\partial y}{\partial v} \qquad (1.5.2\text{-}6)$$

と書きます．

(3) 関数 $z = f(x, y)$ が全微分可能であって，$x = x(u, v)$ および $y = y(u, v)$，すなわち，変数 x および y がともに u および v の関数となっている場合は，変動 (du, dv) に対する変数 x，y の全微分を dx, dy としますと，

$$dz = \frac{\partial z}{\partial u}du + \frac{\partial z}{\partial v}dv = \frac{\partial z}{\partial x}dx + \frac{\partial z}{\partial y}dy \qquad (1.5.2\text{-}7)$$

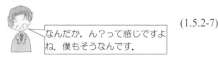

なんだか，ん？って感じですよね．僕もそうなんです．

と書きます．

それでは，具体的な例を見ましょう．

例題 1.5.2-1

$f(x, y) = x^2 + y^2$ であり，$x(t) = t$ および $y(t) = (1/2)t^2$ である場合，$f(x, y)$ の全微分 df を求めよ．

全微分を理解できていますでしょうか？

例題 1.5.2-1 解答

$$df = f_x\frac{\partial x}{\partial t} + f_y\frac{dy}{dt}$$
$$= \frac{\partial}{\partial x}(x^2 + y^2)\cdot\frac{\partial}{\partial t}(t) + \frac{\partial f}{\partial y}(x^2 + y^2)\cdot\frac{d}{dt}\left(\frac{1}{2}t^2\right)$$
$$= 2x\cdot 1 + 2y\cdot t = 2(x + yt)$$

素直に，やってみてはいかがでしょうか，口頭で解答出来ますか？

例題 1.5.2-2 $f(p)$ が微分可能で，$p = y/x$ とおけば，$x(\partial f/\partial x) + y(\partial f/\partial y) = 0$ であることを示せ．

解答は，テクニックですかね～．いえ，そのまんまです．

例題 1.5.2-2 解答

$$\frac{\partial f}{\partial x} = f'\cdot\left(-\frac{y}{x^2}\right), \quad \text{および，} \quad \frac{\partial f}{\partial y} = f'\cdot\left(\frac{1}{x}\right), \quad \text{であるから，}$$

$$\therefore \quad x\left(\frac{\partial f}{\partial x}\right) + y\left(\frac{\partial f}{\partial y}\right) = xf'\cdot\left(-\frac{y}{x^2}\right) + yf'\cdot\left(\frac{1}{x}\right) = -f'\left(\frac{y}{x}\right) + f'\left(\frac{y}{x}\right) = 0$$

ということになります．次に，良く使う公式の証明です．もう1つ，例題を見てみましょう．ちょっと考えてからね．というのは，将棋の先読みと同じです．数学でも，解き方は，先先を読む習慣をつけると良いと思います．では，どうぞ．

1.5. 全微分

例題 1.5.2-3 以下の（1）および（2）を計算せよ。
（1）関数 $z = f(x, y)$ が全微分可能であって，$x = r\cos\theta$，$y = r\sin\theta$ とするとき，次式を証明せよ。
$$\left(\frac{\partial z}{\partial x}\right)^2 + \left(\frac{\partial z}{\partial y}\right)^2 = \left(\frac{\partial z}{\partial r}\right)^2 + \frac{1}{r^2}\left(\frac{\partial z}{\partial \theta}\right)^2$$
（2）関数 $z = f(x, y)$ で，$x = r\cos\theta$，$y = r\sin\theta$ とするとき，次式を証明せよ。
① $z = f(x, y)$ が r だけの関数であるならば，$y\dfrac{\partial z}{\partial x} - x\dfrac{\partial z}{\partial y} = 0$
② $z = f(x, y)$ が θ だけの関数であるならば，$x\dfrac{\partial z}{\partial x} + y\dfrac{\partial z}{\partial y} = 0$

まあ，標準的というか，基礎的という例題ですね。

上記の例は，式 1.5.2-6 の例だけではなく，実は，直交座標系（xy 座標系）と極座標系（$r\theta$ 座標系）の関係を示しているもので，工学系では良く使用されます。ここで，ちょっとだけ，（ずっとでも良いのですが…）図を見てもらいましょう。

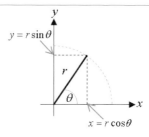

図 1.5.3-1 のように，半径 r の円弧を描くと，角度 θ で半径 r の直交座標系に対する座標が，極座標系での座標

図 1.5.3-1 直交座標と極座標の関係

$$x = r\cos\theta, \quad y = r\sin\theta$$

で変換できます。すなわち，$f(x, y) \Leftrightarrow f(r, \theta)$ で表す座標変換です。まあ，ご存知でしょうけれど，それでは，例題 1.5.3-2 の解答を見ましょう。

例題 1.5.2-3 解答
（1）定義に従うと，
$$\frac{\partial z}{\partial r} = \frac{\partial z}{\partial x}\frac{\partial x}{\partial r} + \frac{\partial z}{\partial y}\frac{\partial y}{\partial r} = \frac{\partial z}{\partial x}\frac{\partial}{\partial r}(r\cos\theta) + \frac{\partial z}{\partial y}\frac{\partial}{\partial r}(r\sin\theta) = \cos\theta\frac{\partial z}{\partial x} + \sin\theta\frac{\partial z}{\partial y}$$
$$\frac{\partial z}{\partial \theta} = \frac{\partial z}{\partial x}\frac{\partial x}{\partial \theta} + \frac{\partial z}{\partial y}\frac{\partial y}{\partial \theta} = \frac{\partial z}{\partial x}\frac{\partial}{\partial \theta}(r\cos\theta) + \frac{\partial z}{\partial y}\frac{\partial}{\partial \theta}(r\sin\theta) = r\left(-\sin\theta\frac{\partial z}{\partial x} + \cos\theta\frac{\partial z}{\partial y}\right)$$
$$\therefore \left(\frac{\partial z}{\partial r}\right)^2 + \frac{1}{r^2}\left(\frac{\partial z}{\partial \theta}\right)^2 = \left(\cos\theta\frac{\partial z}{\partial x} + \sin\theta\frac{\partial z}{\partial y}\right)^2 + \left(-\sin\theta\frac{\partial z}{\partial x} + \cos\theta\frac{\partial z}{\partial y}\right)^2$$
$$= \left(\cos^2\theta + \sin^2\theta\right)\left(\frac{\partial z}{\partial x}\right)^2 + \left(\cos^2\theta + \sin^2\theta\right)\left(\frac{\partial z}{\partial y}\right)^2$$
$$\therefore \left(\frac{\partial z}{\partial r}\right)^2 + \frac{1}{r^2}\left(\frac{\partial z}{\partial \theta}\right)^2 = \left(\frac{\partial z}{\partial x}\right)^2 + \left(\frac{\partial z}{\partial y}\right)^2 \quad Q.E.D.$$

なんと，$\sin\theta\cos\theta$ の項が相殺されます。しかも，皆さんお得意の $\sin^2\theta + \cos^2\theta = 1$ が出てきました。これで証明が完璧ですわよ。

（2）仮定により，

① $z = f(x, y)$ が r だけの関数であるならば，$\partial z/\partial \theta = 0$ である．したがって，
$$\frac{\partial z}{\partial \theta} = \frac{\partial z}{\partial x}\frac{\partial x}{\partial \theta} + \frac{\partial z}{\partial y}\frac{\partial y}{\partial \theta} = -r\sin\theta\frac{\partial z}{\partial x} + r\cos\theta\frac{\partial z}{\partial y} = -y\frac{\partial z}{\partial x} + x\frac{\partial z}{\partial y} = 0$$
$$\therefore \quad y\frac{\partial z}{\partial x} - x\frac{\partial z}{\partial y} = 0 \qquad Q.E.D.$$

② $z = f(x, y)$ が θ だけの関数であるならば，$\partial z/\partial r = 0$ である．ただし，$r \neq 0$．
$$\frac{\partial z}{\partial r} = \frac{\partial z}{\partial x}\frac{\partial x}{\partial r} + \frac{\partial z}{\partial y}\frac{\partial y}{\partial r} = \frac{1}{r}\left(r\cos\theta\frac{\partial z}{\partial x} + r\sin\theta\frac{\partial z}{\partial y}\right) = \frac{1}{r}\left(x\frac{\partial z}{\partial x} + y\frac{\partial z}{\partial y}\right) = 0$$
$$\therefore \quad x\frac{\partial z}{\partial x} + y\frac{\partial z}{\partial y} = 0 \qquad Q.E.D.$$

というわけですが，どうです．これがまず基本です．

例題 1.5.2-4　　$x = r\cos\theta$, $y = r\sin\theta$ とするとき，$xdy - ydx$ を求めよ．

簡単な例題ですね．

例題 1.5.2-4 解答
$$xdy - ydx = r\cos\theta(dr\sin\theta + r\cos\theta\, d\theta) - r\sin\theta(dr\cos\theta - r\sin\theta\, d\theta)$$
$$= \cos\theta\sin\theta\, rdr + r^2\cos^2\theta\, d\theta - \sin\theta\cos\theta\, rdr + r^2\sin^2\theta\, d\theta$$
$$= r^2\cos^2\theta\, d\theta + r^2\sin^2\theta\, d\theta = r^2(\cos^2 + \sin^2\theta)d\theta = r^2 d\theta$$
$$\therefore \quad xdy - ydx = r^2 d\theta$$

簡単でしたでしょ．

例題 1.5.2-5　次式の全微分を求めよ．
（1）$u = x^2 + y^2 + z^2$　　（2）$u = \sqrt{x^2 + y^2 + z^2}$

さらに，簡単な例題です．

例題 1.5.2-5 解答
（1）$u_x = 2x$, $u_y = 2y$, $u_z = 2z$, なので，$du = 2(xdx + ydy + zdz)$

（2）$u_x = \dfrac{x}{\sqrt{x^2 + y^2 + z^2}}$, $u_y = \dfrac{y}{\sqrt{x^2 + y^2 + z^2}}$, $u_z = \dfrac{z}{\sqrt{x^2 + y^2 + z^2}}$

なので
$$du = \frac{xdx}{\sqrt{x^2 + y^2 + z^2}} + \frac{ydy}{\sqrt{x^2 + y^2 + z^2}} + \frac{zdz}{\sqrt{x^2 + y^2 + z^2}}$$
$$\therefore \quad du = \frac{xdx + ydy + zdz}{\sqrt{x^2 + y^2 + z^2}}$$

というわけで，偏微分について簡単に説明してきました．この計算方法は物理学のほとんどで利用できます．高校数学では扱いませんので馴染みが無いですが，どれが変数で，依存性はどうか，定数はどれかを明確に示しているので，工学や理学，特に，物理学には欠かせない計算方法です．

1.5. 全微分

Short Rest 5.
「VR: Virtual Reality」

　近年，VR（*Virtual Reality*）は，様々な場面でポピュラーな技術になってきました．ご存知ないかたもいらっしゃるかと思いますが，VR は日本語で「仮想現実」という文言を使うのは間違いで，「擬似現実」あるいは「実質現実」と呼ぶのが良かろうと思います．Virtual Reality 空間は，現実と同じ景観，同じ接触反応，同じ温度や湿度，などが必須です．Virtual Reality を拡張する空間があります．AR（*Augmented Reality*）や AVR（*Augmented Virtual Reality*）で，日本語では，それぞれ「拡張現実」，「拡張擬似現実」と呼べるでしょう．

　AR は，実画像に Virtual 画像をはめ込んで表示する方法で，アメリカン・フットボールでコート内にファースト・ダウンのラインが見えたり，水泳競技で移動する世界記録ラインが実画像の上に表示されることを例として挙げることができます．また，AVR は，AR とは逆で，実画像を Virtual 画像にはめ込んで表示する方法で，テレビで現実的ではない派手な部屋（スタジオ）で，複数の人間が動いたり，座ったりするシーンを例として挙げることができます．

　このほか，RR（*Real-Real*）というのがあって，実画像の中に別の実画像をはめ込む技術です．映画の中でこれと同じような手法を用いる場合が多く，巨大な猫がいて，猫よりかなり小さい人間が同時に映っていたり，実際の町並みの中を溶岩流が通過していく場面などを例として挙げることができます．

　遠隔の 3D 実画像を用いた Virtual Reality 空間を構築し，その中に身を置くと，恰も自分がそこに居るのだと錯覚します．この画像処理をテレイグジスタンス（*telexistance*）と言います．また，遠隔のロボットに自分が入り込んだ錯覚を起こさせる，あるいは，実際は様々な場所に居るメンバーが，コンピュータの中に VR 会議室を構築し，メンバーは，恰もそこ居て，会議するをする，などを例として挙げることができます．

　右上の図は AR 画像で，手前のベッドルームは VR 画像であり，一方，窓の外は実画像です．左下の図は，さら地があって，そこに杭を打つ位置を HMD（*head mounted display*）に VR 画像で表示しているイメージを示しています．右の図は VR 会議室のへのテレイグジスタンスをイメージしています．

　VR，AR，AVR，RR そしてテレイグジスタンスは，知らないうちに，我々の生活に浸透し，将来に向けて飛躍的に，発展していくことは間違いないでしょう．

1.6. 線形代数における微分

いよいよ，大学教養の数学程度に置ける分野に入ります．

1.6.1. ベクトルを微分

ベクトル $\mathbf{a}$ について，
$$\mathbf{a}(u) = a_x(u)\mathbf{e}_x + a_y(u)\mathbf{e}_y + a_z(u)\mathbf{e}_z \tag{1.6.1-1}$$
と書くとき，$\mathbf{a}(u)$ を，特に，ベクトル関数（*vector function*）と呼ぶことにします．ベクトル関数 $\mathbf{a}(u)$ が連続である場合，微分可能ですが，「ベクトル関数 $\mathbf{a}(u)$ が連続である」とは，各要素
$$a_x(u),\ a_y(u),\ a_z(u)$$
が，連続であることが必要十分条件になります．このとき，例によって，増分 Δu により，
$$\frac{d\mathbf{a}}{du} = \lim_{\Delta u \to 0} \frac{\Delta \mathbf{a}}{\Delta u} = \lim_{\Delta u \to 0} \frac{\mathbf{a}(u + \Delta u) - \mathbf{a}(u)}{\Delta u} \tag{1.6.1-2}$$
とおくとき，この極限が存在する場合，このベクトル関数を $\mathbf{a}(u)$ の微分と呼び，
$$\mathbf{a}' = \frac{d\mathbf{a}}{du} = \frac{da_x(u)}{du}\mathbf{e}_x + \frac{da_y(u)}{du}\mathbf{e}_y + \frac{da_z(u)}{du}\mathbf{e}_z \tag{1.6.1-3}$$
で表すことにします．ここで，ベクトル $\mathbf{a}$，$\mathbf{b}$，$\mathbf{c}$ は u の関数ベクトル，すなわち，$\mathbf{a}(u)$，$\mathbf{b}(u)$，$\mathbf{c}(u)$，f を u のスカラー関数，すなわち，$f = f(u)$ とします．このとき，以下の微分公式が書けます．

$$\frac{d}{du}(\mathbf{a} + \mathbf{b} + \mathbf{c}) = \frac{d\mathbf{a}}{du} + \frac{d\mathbf{b}}{du} + \frac{d\mathbf{c}}{du} \tag{1.6.1-4}$$

$$\frac{d}{du}(f\mathbf{a}) = \frac{df}{du}\mathbf{a} + f\frac{d\mathbf{a}}{du} \tag{1.6.1-5}$$

$$\frac{d}{du}(\mathbf{a} \cdot \mathbf{b}) = \frac{d\mathbf{a}}{du}\mathbf{b} + \mathbf{a}\frac{d\mathbf{b}}{du} \tag{1.6.1-6}$$

（行列式の列ベクトル表現ですよ！）

$$\frac{d}{du}(\mathbf{a} \times \mathbf{b}) = \frac{d\mathbf{a}}{du} \times \mathbf{b} + \mathbf{a} \times \frac{d\mathbf{b}}{du} \tag{1.6.1-7}$$

$$\frac{d}{du}(\mathbf{a} \cdot \mathbf{b} \times \mathbf{c}) = \left|\frac{d\mathbf{a}}{du}\ \mathbf{b}\ \mathbf{c}\right| + \left|\mathbf{a}\ \frac{d\mathbf{b}}{du}\ \mathbf{c}\right| + \left|\mathbf{a}\ \mathbf{b}\ \frac{d\mathbf{c}}{du}\right| \tag{1.6.1-8}$$

$$\frac{d}{du}(\mathbf{a} \times \mathbf{b} \times \mathbf{c}) = \frac{d\mathbf{a}}{du} \times \mathbf{b} \times \mathbf{c} + \mathbf{a} \times \frac{d\mathbf{b}}{du} \times \mathbf{c} + \mathbf{a} \times \mathbf{b} \times \frac{d\mathbf{c}}{du} \tag{1.6.1-9}$$

いかがでしょうか？ 時間があったら，是非，証明してみてください．ここまでが，ベクトルの微分に関する基礎計算とでもいいましょうか．これから，この計算方法を断りなしに使うことになります．このページに付箋を貼っておくと便利かも．

ご注意ください．式 1.6.1-8 右辺の縦棒は絶対値ではなく，はベクトルの行列式での表式を用いています．線形代数の本でご確認されると良いでしょう．ベクトルの絶対値（長さ）は，本書では，ノルム $\|\mathbf{a}\|$ のような形式をできるだけ使用し，行列式と区別しています．

1.6. 線形代数における微分

1.6.2. ベクトルで微分

「ベクトルで微分する」というのは，一体どういうことでしょう．前項ではベクトルを微分する，ということを紹介しました．その逆とは…

ベクトルで微分するとは，縦ベクトル $\mathbf{x}$ を

$$\mathbf{x} = (x_1, x_2, \cdots, x_n)^T \quad \text{と書く場合は，} \quad \frac{\partial}{\partial \mathbf{x}} = \left(\frac{\partial}{\partial x_1}, \frac{\partial}{\partial x_2}, \cdots, \frac{\partial}{\partial x_n}\right)^T \tag{1.6.2-1}$$

とすればよいのです．ここで，ベクトルの肩にある「T」は，転置（transverse）の意味です．通常，縦ベクトルは要素を縦に並ぶ表式ですので，縦ベクトルの要素を横に示す場合は上記のように文字肩に「T」をつけて横に要素を書き，横ベクトルではなく縦ベクトルであることを表します．

例えば，速度ベクトル $\mathbf{v} = (v_x, v_y, v_z)^T$ に対して，時間で微分すれば，

$$\frac{\partial \mathbf{v}}{\partial t} = \frac{\partial}{\partial t}(v_x, v_y, v_z)^T = \left(\frac{\partial v_x}{\partial t}, \frac{\partial v_y}{\partial t}, \frac{\partial v_z}{\partial t}\right)^T = (a_x, a_y, a_z)^T = \mathbf{a} \tag{1.6.2-2}$$

となります．ここで，$\mathbf{a}$ は加速度ベクトルです．時間 t を位置ベクトル $\mathbf{x}$ で微分すると，

$$\frac{\partial t}{\partial \mathbf{x}} = \left(\frac{\partial t}{\partial x}, \frac{\partial t}{\partial y}, \frac{\partial t}{\partial z}\right)^T = \left(\frac{1}{v_x}, \frac{1}{v_y}, \frac{1}{v_z}\right)^T = (s_x, s_y, s_z)^T = \mathbf{s} \tag{1.6.2-3}$$

のように速度の逆数のベクトル（スローネス：*slowness*）になります．ここで，式1.6.2-3の $\mathbf{s}$ をスローネス・ベクトルと呼ぶことにします．スローネスは，単位長さあたりを波が伝播するのにかかる時間ですから，加算・減算ができます（重要）．

例題 1.6.3-1　ベクトル $\mathbf{a} = (a_1, a_2, \cdots, a_{n-1}, a_n)^T$ について，次式を計算しなさい．

(1) $\dfrac{\partial(\mathbf{a} \cdot \mathbf{a})}{\partial \mathbf{a}}$　(2) $\dfrac{\partial \mathbf{a}}{\partial \mathbf{a}}$

解答の中の式で，$\mathbf{e}_i \cdot \mathbf{e}_j = \delta_{ij}$ であることに注意してください．ここで, δ_{ij} はクロネッカー・デルタ（*Kronecker delta*）と呼びます．クロネッカー・デルタは，物理学でよく使われます．$i = j$ の場合は1であり，$i \neq j$ の場合は0となる便利な記号で，その表現方法は，

$$\delta_{ij} = \begin{cases} 0 & : i \neq j \\ 1 & : i = j \end{cases} \tag{1.6.2-4}$$

です．第2章で現れるデルタ関数 $\delta(t)$ に似ています．お楽しみに．では，解答です．ここはよ～く見ていただかないと，ちょっと分かりづらい解答かもしれません．読者は難なくクリアですよね．

例題 1.6.3-1 解答

互いに直交する単位ベクトルを，$\mathbf{e}_1, \mathbf{e}_2, \cdots, \mathbf{e}_{n-1}, \mathbf{e}_n$ とする．

(1) $\mathbf{a} \cdot \mathbf{a} = \sum_i a_i^2$ である．したがって，

$$\frac{\partial(\mathbf{a} \cdot \mathbf{a})}{\partial \mathbf{a}} = \frac{\partial(a_1^2 + a_2^2 + \cdots + a_n^2)}{\partial \mathbf{a}}$$

$$= \frac{\partial(a_i^2 + a_2^2 + \cdots + a_n^2)}{\partial a_1}\mathbf{e}_1 + \frac{\partial(a_i^2 + a_2^2 + \cdots + a_n^2)}{\partial a_2}\mathbf{e}_2 + \cdots + \frac{\partial(a_i^2 + a_2^2 + \cdots + a_n^2)}{\partial a_n}\mathbf{e}_n$$
$$= 2a_1\mathbf{e}_1 + 2a_2\mathbf{e}_2 + \cdots + 2a_n\mathbf{e}_n = 2(a_1\mathbf{e}_1 + a_2\mathbf{e}_2 + \cdots + a_n\mathbf{e}_n) = 2\mathbf{a}$$

である.

(2) $\mathbf{a} = \sum_i a_i\mathbf{e}_i$ である. したがって,

$$\frac{\partial \mathbf{a}}{\partial \mathbf{a}} = \frac{\partial}{\partial \mathbf{a}} \cdot \mathbf{a} = \frac{\partial}{\partial a_1}\mathbf{e}_1 \cdot (a_1\mathbf{e}_1 + a_2\mathbf{e}_2 + \cdots + a_n\mathbf{e}_n) + \cdots + \frac{\partial}{\partial a_n}\mathbf{e}_n \cdot (a_1\mathbf{e}_1 + a_2\mathbf{e}_2 + \cdots + a_n\mathbf{e}_n)$$
$$= \frac{\partial a_1}{\partial a_1} + \frac{\partial a_2}{\partial a_2} + \cdots + \frac{\partial a_n}{\partial a_n} = \underbrace{1 + 1 + \cdots + 1}_{n} = n$$

である.

という解答になりますが, もっとスマートに式を書こうとするならば, 以下のようにすれば良いでしょう.

例題 1.6.3-1 別解

(1) $\dfrac{\partial(\mathbf{a} \cdot \mathbf{a})}{\partial \mathbf{a}} = \dfrac{\partial}{\partial \mathbf{a}}\left(\sum_{i=1}^{n} a_i^2\right) = \sum_{j=1}^{n}\left(\sum_{i=1}^{n}\left(\delta_{ij}\dfrac{\partial a_i^2}{\partial a_j}\mathbf{e}_j\right)\right) = \sum_{j=1}^{n}(2a_j\mathbf{e}_j) = 2\mathbf{a}$

(2) $\dfrac{\partial \mathbf{a}}{\partial \mathbf{a}} = \dfrac{\partial}{\partial \mathbf{a}} \cdot \mathbf{a} = \left(\sum_j \left(\dfrac{\partial}{\partial a_j}\mathbf{e}_j\right)\right) \cdot \left(\sum_i a_i\mathbf{e}_i\right)$

$\qquad = \sum_j\left(\sum_i\left(\dfrac{\partial a_i}{\partial a_j}\mathbf{e}_j \cdot \mathbf{e}_i\right)\right) = \sum_j\left(\sum_i \delta_{ij}\right) = \sum_j(1) = n$

ということで, 如何でしょうか？(1) の展開で 3 番目の式では, δ_{ij} は本質的には要らないですが, 理解のために敢て書きました. ここで, 重要なのは, ベクトルで①<u>スカラーを微分</u>するとベクトルになり, ②<u>ベクトルを微分</u>するとスカラーになる, ということです.

ベクトルで微分するという計算方法の 1 つは, ナブラ ∇ の計算です. ナブラについては第 3.3 節で詳しくご説明します. お楽しみに！

1.6.3. 行列で微分

さあ,「行列で微分する」というのは, 一体どういうことでしょう. 基本的は式 1.6.2-1 と同様です. 果たして, その実際は. ・・・

行列 $\mathbf{A}$ を

$$\mathbf{A} = \begin{pmatrix} a_{11} & a_{12} & \cdots & a_{1n} \\ a_{21} & a_{22} & \cdots & a_{2n} \\ \vdots & \vdots & \ddots & \vdots \\ a_{n1} & a_{n2} & \cdots & a_{nn} \end{pmatrix} = \begin{pmatrix} \vdots \\ \mathbf{a}_i \\ \vdots \end{pmatrix} = \begin{pmatrix} \cdots & \cdots & \mathbf{a}_j & \cdots \end{pmatrix}$$

とするとき,

<u>縦に並ぶ</u> $\mathbf{a}_i$ は横ベクトル表現, <u>横に並ぶ</u> $\mathbf{a}_j$ は縦ベクトル表現です. 勘違いしないようにしてください.

1.6. 線形代数における微分

ここで,「行列で微分する」というのは,以下のように,行列の要素でそれぞれ偏微分することになります.すなわち,

$$\frac{\partial}{\partial \mathbf{A}} = \begin{pmatrix} \frac{\partial}{\partial a_{11}} & \frac{\partial}{\partial a_{12}} & \cdots & \frac{\partial}{\partial a_{1n}} \\ \frac{\partial}{\partial a_{21}} & \frac{\partial}{\partial a_{22}} & \cdots & \frac{\partial}{\partial a_{2n}} \\ \vdots & \vdots & \ddots & \vdots \\ \frac{\partial}{\partial a_{n1}} & \frac{\partial}{\partial a_{n2}} & \cdots & \frac{\partial}{\partial a_{nn}} \end{pmatrix} = \begin{pmatrix} \vdots \\ \frac{\partial}{\partial \mathbf{a}_i} \\ \vdots \end{pmatrix} = \begin{pmatrix} \cdots & \cdots & \frac{\partial}{\partial \mathbf{a}_j} & \cdots \end{pmatrix} \quad (1.6.3\text{-}1)$$

とすれば良いのです.まあ,あまりお目にかかりませんが,紹介だけはしておきます.

でも,簡単な例題くらいは見たほうがよさそうなので書きましょう.

例題 1.6.3-1

スカラー関数 $f(x, y, z, w) = p_{11}x + p_{12}y + p_{21}z + p_{22}w$ に関して,

$$\mathbf{A} = \begin{pmatrix} x & y \\ z & w \end{pmatrix}$$

なる行列で,要素がとする行列であるとき,関数 f を行列 $\mathbf{A}$ で微分せよ.

簡単な問題ですが,例としては分かり易いでしょう.

例題 1.6.3-1 解答

$$\frac{\partial f}{\partial \mathbf{A}} = \begin{pmatrix} \frac{\partial (p_{11}x + p_{12}y + p_{21}z + p_{22}w)}{\partial x} & \frac{\partial (p_{11}x + p_{12}y + p_{21}z + p_{22}w)}{\partial y} \\ \frac{\partial (p_{11}x + p_{12}y + p_{21}z + p_{22}w)}{\partial z} & \frac{\partial (p_{11}x + p_{12}y + p_{21}z + p_{22}w)}{\partial w} \end{pmatrix}$$

$$\therefore \frac{\partial f}{\partial \mathbf{A}} = \begin{pmatrix} p_{11} & p_{12} \\ p_{21} & p_{22} \end{pmatrix}$$

ということです.チョー簡単でしたでしょ.例題 1.6.3-1 はスカラー関数を行列で微分する問題でした.行列でベクトルを微分する方法も同様にすれば良いのです.

そのような場合に出会うことは希でしょうが,例えば,行列でも同じですが,ベクトル $\mathbf{p}$ を行列 $\mathbf{A} = \{a_{ij}\}$ で微分する場合は,式 1.6.3-1 を用いることになります.すなわち,

$$\frac{\partial \mathbf{p}}{\partial \mathbf{A}} = \left\{ \frac{\partial \mathbf{p}}{\partial a_{ij}} \right\} = \begin{pmatrix} \frac{\partial \mathbf{p}}{\partial a_{11}} & \cdots & \cdots & \cdots & \frac{\partial \mathbf{p}}{\partial a_{1n}} \\ \vdots & \ddots & & & \vdots \\ \vdots & \cdots & \frac{\partial \mathbf{p}}{\partial a_{ij}} & \cdots & \vdots \\ \vdots & & & \ddots & \vdots \\ \frac{\partial \mathbf{p}}{\partial a_{n1}} & \cdots & \cdots & \cdots & \frac{\partial \mathbf{p}}{\partial a_{nn}} \end{pmatrix} \quad (1.6.3\text{-}2)$$

とすれば良いのです.ベクトルや行列を微分する方法はすでに説明済です.

1.6.4. 最小二乗法

最小二乗法（least squares method）は，線形代数では定番の近似解の解析法で，多方面でよく使用される．少々ばらつきますが，近似解を与える曲線や曲面（回帰直線（regression line）や回帰平面（regression plane）あるいはスプライン曲線（spline line）など）を求める良い方法です．ここでは，最小二乗法の解である正規方程式の形状を紹介します．

ここに，n 個のデータ (x_i, y_i) があって，そのデータに最も近似する直線 $y = ax + b$ の未知数 (a, b) を求めること，すなわち，係数 a と y 切片 b を決めることを考えましょう．(は？)この場合，当然，データ (x_i, y_i) は直線 $y = ax + b$ 上には存在しない訳であり，その誤差を ε_i とすると，n 本の 1 次方程式は，

$$y_i = (ax_i + b) + \varepsilon_i$$

で表すことができます．この個々の誤差 ε_i を最小にすることで最適な係数 a と y 切片 b を求めることができます．じゃ，どうすればよいか．その定番の方法は，式 1.6.4-1 を

$$\varepsilon_i = y_i - (ax_i + b)$$

と変形し，

$$\sum_{i=1}^{n} \varepsilon_i^2 = \sum_{i=1}^{n} (y_i - (ax_i + b))^2 \Rightarrow 最小 \tag{1.6.4-2}$$

となるようにする方法です．これを最小二乗法と言うのです．最小といえば，極小点が思い付きます．式 1.6.4-2 は下に凸の二次曲線であり，したがって，極小点は最小点ですから，a および b で微分して最小点こになる場合を考えればよいのです．こからは，加算は $i = 1, 2, \cdots, n$ と分かっているので，省略して単に Σ とだけ書くことにします．

さて，以下の式

$$\Phi = \frac{\partial}{\partial a}\left(\sum_{i=1}^{n} \varepsilon_i^2\right) = \frac{\partial}{\partial a}\left\{\sum_{i=1}^{n} (y_i - (ax_i + b))^2\right\} = 0 \tag{1.6.4-3}$$

$$\Psi = \frac{\partial}{\partial b}\left(\sum_{i=1}^{n} \varepsilon_i^2\right) = \frac{\partial}{\partial b}\left\{\sum_{i=1}^{n} (y_i - (ax_i + b))^2\right\} = 0 \tag{1.6.4-4}$$

を計算して，最適な a および b を求めましょう．式 1.6.4-3（Φ）については，

$$\Phi = \frac{\partial}{\partial a}\left\{\sum (y_i - (ax_i + b))^2\right\} = \frac{\partial}{\partial a}\left\{\sum (ax_i + b)^2 - 2\sum (ax_i + b)y_i + \sum y_i^2\right\}$$

$$= \frac{\partial}{\partial a}\sum (ax_i + b)^2 - 2\frac{\partial}{\partial a}\sum (ax_i + b)y_i$$

$$= 2a\sum x_i^2 + 2b\sum x_i - 2\sum x_i y_i = 0$$

> ここで式 1.6.4-3 や式 1.6.6-4 について，a や b で偏微分するのは，a や b に関する極小点を探すためです．このように，偏微分は微分する変数を特定できるので便利でしょう！

となります．一方，式 1.6.4-4（Ψ）については，同様に，

$$\Psi = \frac{\partial}{\partial b}\left\{\sum (ax_i + b)^2 - 2\sum (ax_i + b)y_i + \sum y_i^2\right\}$$

$$= \frac{\partial}{\partial b}\sum (ax_i + b)^2 - 2\frac{\partial}{\partial b}\sum (ax_i + b)y_i = 2b\sum x_i + 2\sum b - 2\sum y_i = 0$$

となります．したがって，$\Phi/2$ および $\Psi/2$ により

1.6. 線形代数における微分

$$\Phi/2 = a\sum x_i^2 + b\sum x_i - \sum x_i y_i = 0$$
$$\Psi/2 = a\sum x_i + b\sum 1 - \sum y_i = a\sum x_i + bn - \sum y_i = 0$$

すなわち,
$$a\sum x_i^2 + b\sum x_i = \sum x_i y_i$$
$$a\sum x_i + bn = \sum y_i$$

となります。この式を行列で表わすと,

$$\begin{pmatrix} \sum x_i^2 & \sum x_i \\ \sum x_i & n \end{pmatrix} \begin{pmatrix} a \\ b \end{pmatrix} = \begin{pmatrix} \sum x_i y_i \\ \sum y_i \end{pmatrix} \quad (1.6.4\text{-}5)$$

を満たします。ここで, a と b を求めるのにクラーメル公式を用います．すなわち,

$$a = \frac{\begin{vmatrix} \sum x_i y_i & \sum x_i \\ \sum y_i & n \end{vmatrix}}{\begin{vmatrix} \sum x_i^2 & \sum x_i \\ \sum x_i & n \end{vmatrix}} = \frac{n\sum x_i y_i - (\sum x_i)(\sum y_i)}{n\sum x_i^2 - (\sum x_i)^2}$$

ここで, $\sum_{i=1}^{n} \Leftrightarrow \sum$ の意味ですよ。式が簡単になりますね。

(1.6.4-6)

$$b = \frac{\begin{vmatrix} \sum x_i^2 & \sum x_i y_i \\ \sum x_i & \sum y_i \end{vmatrix}}{\begin{vmatrix} \sum x_i^2 & \sum x_i \\ \sum x_i & n \end{vmatrix}} = \frac{(\sum x_i^2)(\sum y_i) - (\sum x_i)(\sum x_i y_i)}{n\sum x_i^2 - (\sum x_i)^2}$$

と求まります。ここで, | | は行列式を表します。この a を A, b を B において, 個々のデータ (x_i, y_i) に統計的に最も近い直線の方程式が, $y = Ax + B$ となります。この直線を回帰直線 (*regression line*) と呼びます。ここで, 回帰係数 (*regression coefficient*) と呼ばれる r は, 統計学でよく目にする, 相加平均 (*arithmetic mean*) $\bar{x}$ および $\bar{y}$, 標準偏差 (*standard deviation*), すなわち, σ_x および σ_y により,

$$r = \frac{\frac{1}{n}\sum_i (x_i - \bar{x})(y_i - \bar{y})}{\sigma_x \sigma_y}, \quad \text{ここで,} \quad \bar{x} = \frac{1}{n}\sum_i x_i, \quad \bar{y} = \frac{1}{n}\sum_i y_i \quad (1.6.4\text{-}7)$$

また, 標準偏差, σ_x および σ_y の実体は,

$$\sigma_x = \sqrt{\frac{1}{n}\sum_i (x_i - \bar{x})^2}, \quad \sigma_y = \sqrt{\frac{1}{n}\sum_i (y_i - \bar{y})^2} \quad (1.6.4\text{-}8)$$

で表されます。このとき, 回帰直線の傾き A は $A = r(\sigma_y / \sigma_x)$ となります。

さて, 回帰係数 r の表現方法を変えてみますと,

$$r = \frac{\frac{1}{n}\sum_i (x_i - \bar{x})(y_i - \bar{y})}{\sigma_x \sigma_y} = \frac{\frac{1}{n}\sum_i (x_i - \bar{x})(y_i - \bar{y})}{\sqrt{\frac{1}{n}\sum_i (x_i - \bar{x})^2}\sqrt{\frac{1}{n}\sum_i (y_i - \bar{y})^2}} = \frac{\sum_i (x_i - \bar{x})(y_i - \bar{y})}{\sqrt{\sum_i (x_i - \bar{x})^2}\sqrt{\sum_i (y_i - \bar{y})^2}}$$

となります。

ここで，ベクトル **x** および **y** を
$$\mathbf{x} = (x_1 - \bar{x},\ x_2 - \bar{x},\ \cdots,\ x_n - \bar{x})$$
$$\mathbf{y} = (y_1 - \bar{y},\ y_2 - \bar{y},\ \cdots,\ y_n - \bar{y})$$
(1.6.4-9)

で定義すれば，回帰係数 r は，ベクトルの内積の定義により，
$$r = \frac{\mathbf{x} \cdot \mathbf{y}}{\|\mathbf{x}\| \cdot \|\mathbf{y}\|} = \cos\theta \tag{1.6.4-10}$$

と書けるのです．ここで，θ は，内積の定義から，ベクトル **x** および **y** のなす角です．微分・積分で，ベクトルの内積が出てくるは，実に，面白いですね．

さて，データ (x_i, y_i) が回帰直線上にある場合を具体的に書くと，
$$ax_1 + b = y_1$$
$$ax_2 + b = y_2$$
$$\vdots \qquad \vdots$$
$$ax_n + b = y_n$$
(1.6.4-11)

であり，これを行列で書くため，
$$\mathbf{A} = \begin{pmatrix} x_1 & 1 \\ x_2 & 1 \\ \vdots & \vdots \\ x_n & 1 \end{pmatrix},\quad \mathbf{x} = \begin{pmatrix} a \\ b \end{pmatrix},\quad \mathbf{b} = \begin{pmatrix} y_1 \\ y_2 \\ \vdots \\ y_n \end{pmatrix} \tag{1.6.4-12}$$

とすれば，式 1.6.4-11 は，簡単に，$\mathbf{A}\mathbf{x} = \mathbf{b}$ と書けます．ここで，式 1.6.4-2 とは符号が逆ですが（結局，2 乗するので同じです），$\boldsymbol{\varepsilon} = \mathbf{A}\mathbf{x} - \mathbf{b}$ とおいて $\boldsymbol{\varepsilon}$ を最小にすればよいことになります．ここでは，式 1.6.4-3 および式 1.6.4-4 を一度にできる式です．

ところで，ベクトル **p** が $\mathbf{p} = (p_1, p_2, \cdots, p_n)$ ならば，二乗は，
$$\|\mathbf{p}\|^2 = \|\mathbf{p}\| \cdot \|\mathbf{p}\| = \mathbf{p} \cdot \mathbf{p} = p_1^2 + p_2^2 + \cdots + p_n^2 \tag{1.6.4-13}$$

と書きますが，**p** を $(1 \times n)$ の行列と考える場合は，**p** の転置行列 $\mathbf{p}^T$ ($n \times 1$) の行列を考えて，$\mathbf{p}^T\mathbf{p}$ と書けばよいので，式 1.6.4-3 および式 1.6.4-4 の両方に対応する式は，

$$\begin{aligned}
\frac{\partial \boldsymbol{\varepsilon}^T \boldsymbol{\varepsilon}}{\partial \mathbf{x}} &= \frac{\partial}{\partial \mathbf{x}}\left\{(\mathbf{A}\mathbf{x} - \mathbf{b})^T(\mathbf{A}\mathbf{x} - \mathbf{b})\right\} = \frac{\partial}{\partial \mathbf{x}}\left\{\left(\mathbf{x}^T\mathbf{A}^T - \mathbf{b}^T\right)(\mathbf{A}\mathbf{x} - \mathbf{b})\right\} \\
&= \frac{\partial}{\partial \mathbf{x}}\left(\mathbf{x}^T\mathbf{A}^T\mathbf{A}\mathbf{x} - \mathbf{x}^T\mathbf{A}^T\mathbf{b} - \mathbf{b}^T\mathbf{A}\mathbf{x} + \mathbf{b}^T\mathbf{b}\right) \\
&= \frac{\partial}{\partial \mathbf{x}}\left(\mathbf{x}^T\mathbf{A}^T\mathbf{A}\mathbf{x} - \mathbf{x}^T\mathbf{A}^T\mathbf{b} - \mathbf{x}^T\left(\mathbf{b}^T\mathbf{A}\right)^T + \mathbf{b}^T\mathbf{b}\right) = 2\mathbf{A}^T\mathbf{A}\mathbf{x} - 2\mathbf{A}^T\mathbf{b}
\end{aligned} \tag{1.6.4-14}$$

$$\therefore\ \frac{\partial \boldsymbol{\varepsilon}^T \boldsymbol{\varepsilon}}{\partial \mathbf{x}} = 0 \ \Rightarrow\ \mathbf{A}^T\mathbf{A}\mathbf{x} = \mathbf{A}^T\mathbf{b}$$

となります．

1.6. 線形代数における微分

この場合，微分はベクトル $\mathbf{x}$ で行います．ここで，式 1.6.4-15 を式 1.6.4-11 の回帰式を求める式でして 回帰式は，次の正規方程式（*normal equation*）により一意的に決まることが分かります．

$$\mathbf{A}^T \mathbf{A} \mathbf{x} = \mathbf{A}^T \mathbf{b} \tag{1.6.4-15}$$

正規方程式は，最小二乗法の結果です．上記の証明では，行列計算で，

$$\mathbf{AB} = \left\{(\mathbf{AB})^T\right\}^T = \left\{\mathbf{B}^T \mathbf{A}^T\right\}^T$$

という性質を用いています．

したがって，答えは，正規方程式から，

$$\mathbf{x} = (\mathbf{A}^T \mathbf{A})^{-1} (\mathbf{A}^T \mathbf{b}) \tag{1.6.4-16}$$

です．簡単ですね．さて，式 1.6.4-11 を式 1.6.4-12 として定義する場合，

$$\mathbf{A}\mathbf{x} = \mathbf{b}$$

と書けることはすでに書きましたが，式 1.6.4-14 と比較すると，$\mathbf{A}$ の転置行列 $\mathbf{A}^T$ を左からかけているだけで，そのことが，最小二乗法の解，すなわち，式 1.6.4-16 になっています．式 1.6.4-14 のような面倒なベクトルの微分を用いなくてよいことが分かります．

ここで，式 1.6.4-15 を式 1.6.4-12 を用いて，具体的に書いてみましょう．

$$\begin{pmatrix} x_1 & x_2 & \cdots & x_n \\ 1 & 1 & \cdots & 1 \end{pmatrix} \begin{pmatrix} x_1 & 1 \\ x_2 & 1 \\ \vdots & \vdots \\ x_n & 1 \end{pmatrix} \begin{pmatrix} a \\ b \end{pmatrix} = \begin{pmatrix} x_1 & x_2 & \cdots & x_n \\ 1 & 1 & \cdots & 1 \end{pmatrix} \begin{pmatrix} y_1 \\ y_2 \\ \vdots \\ y_n \end{pmatrix}$$

すなわち，未知数 a, b を除く部分を計算すると，

$$\begin{pmatrix} \sum x_i^2 & \sum x_i \\ \sum x_i & n \end{pmatrix} \begin{pmatrix} a \\ b \end{pmatrix} = \begin{pmatrix} \sum x_i y_i \\ \sum y_i \end{pmatrix} \tag{1.6.4-17}$$

となり，式 1.6.4-5 と完全に一致します．したがって，式 1.6.4-15 を具体的に計算すれば，式 1.6.4-5 と完全に一致することが分かりました．式 1.6.4-17 の a および b を求めるには，式 1.6.4-6 のように，クラーメルの公式を使うのも良いでしょう．

ここで，念のため（失礼ですかね？）に，式 1.6.4-14 の中の式変形：

$$\frac{\partial}{\partial \mathbf{x}} \left(\mathbf{x}^T \mathbf{A}^T \mathbf{A} \mathbf{x} \right) = 2 \mathbf{A}^T \mathbf{A} \mathbf{x} \tag{1.6.4-18}$$

を証明しておきましょう．ただし，ここで，式 1.6.4-12 に注意して，

$$\frac{\partial}{\partial \mathbf{x}} \text{ とは，} \begin{pmatrix} \frac{\partial}{\partial a} \\ \frac{\partial}{\partial b} \end{pmatrix} \text{ で，例えば，} \frac{\partial}{\partial \mathbf{x}} f(\mathbf{p}) = \begin{pmatrix} \frac{\partial}{\partial a} f(\mathbf{p}) & \frac{\partial}{\partial b} f(\mathbf{p}) \end{pmatrix}^T \tag{1.6.4-19}$$

です．さて，式 1.6.4-18 の証明を以下に書きます．ゆっくりと，順を追って，眺めると，おう！そうか，となり，そして，読者はベクトルで微分する方法の専門家となるのです．

では，証明をどうぞご覧ください．

1. 微分

$$\frac{\partial}{\partial \mathbf{x}}\left(\mathbf{x}^T \mathbf{A}^T \mathbf{A}\mathbf{x}\right) = \frac{\partial}{\partial \mathbf{x}}\left\{\mathbf{x}^T \begin{pmatrix} x_1 & x_2 & \cdots & x_n \\ 1 & 1 & \cdots & 1 \end{pmatrix} \begin{pmatrix} x_1 & 1 \\ x_2 & 1 \\ \vdots & \vdots \\ x_n & 1 \end{pmatrix} \mathbf{x}\right\}$$

$$= \frac{\partial}{\partial \mathbf{x}}\left\{\begin{pmatrix} a & b \end{pmatrix} \underbrace{\begin{pmatrix} \sum x_i^2 & \sum x_i \\ \sum x_i & (\sum 1) = n \end{pmatrix}}_{\mathbf{A}^T\mathbf{A}} \begin{pmatrix} a \\ b \end{pmatrix}\right\}$$

$$= \frac{\partial}{\partial \mathbf{x}}\left\{\begin{pmatrix} a\sum x_i^2 + b\sum x_i & a\sum x_i + nb \end{pmatrix} \begin{pmatrix} a \\ b \end{pmatrix}\right\}$$

$$= \frac{\partial}{\partial \mathbf{x}}\left\{a^2 \sum x_i^2 + 2ab \sum x_i + nb^2\right\} \quad (1.6.4\text{-}20)$$

$$= \begin{pmatrix} \frac{\partial}{\partial a}\left(a^2 \sum x_i^2 + 2ab \sum x_i + nb^2\right) \\ \frac{\partial}{\partial b}\left(a^2 \sum x_i^2 + 2ab \sum x_i + nb^2\right) \end{pmatrix} = \begin{pmatrix} 2a\sum x_i^2 + 2b\sum x_i \\ 2a\sum x_i + 2nb \end{pmatrix}$$

$$= \begin{pmatrix} 2\sum x_i^2 & 2\sum x_i \\ 2\sum x_i & 2n \end{pmatrix} \begin{pmatrix} a \\ b \end{pmatrix} = 2 \underbrace{\begin{pmatrix} \sum x_i^2 & \sum x_i \\ \sum x_i & (\sum 1) = n \end{pmatrix}}_{\mathbf{A}^T\mathbf{A}} \begin{pmatrix} a \\ b \end{pmatrix}$$

$$\therefore \quad \frac{\partial}{\partial \mathbf{x}}\left(\mathbf{x}^T \mathbf{A}^T \mathbf{A}\mathbf{x}\right) = 2\mathbf{A}^T \mathbf{A}\mathbf{x} \quad (Q.E.D.) \quad (1.6.4\text{-}21)$$

ということです．良く見れば，そんなに難しいことではなく，定義通りの計算です．

どうですか？ 「ベクトル $\mathbf{x}$ で微分する」という意味は分かりましたでしょうか．ベクトル $\mathbf{x}$ の要素は (a,b) ですから式 1.6.4-19 のように，偏微分を計算することになります．諄いようですが，注意すべきことは，ベクトルで微分すると答えはベクトルの同じ要素を持つベクトルになります．例えば，ベクトル $\mathbf{x} = (x_1, \ x_2, \ \cdots, \ x_n)^T$ でスカラー関数 f：

$$f = f(x_1, \ x_2, \ \cdots, \ x_n)$$

を偏微分する場合，答えは，

$$\frac{\partial f}{\partial \mathbf{x}} = \left(\frac{\partial f}{\partial x_1}, \ \frac{\partial f}{\partial x_2}, \ \cdots, \ \frac{\partial f}{\partial x_n}\right)^T$$

となります．

式 1.6.4-20 も然りです．すなわち，スカラーをベクトルで偏微分しています．答えはベクトルです．間違っていますでしょか？

> 正規方程式はウィキペディアでも書かれているのですが，実に，分かりにくい．数学的には完璧な書き方なんでしょうが？ ったく～．なんで，もっと平易に，高校生でも分かるように書けないのでしょうかね～．この本のようにね．
> 数学者は数式を態と一般人が読めないように分かりにくくする天才ですね．われわれ，一般人にしてみれば天災ですか～？ なんちゃって．

1.6. 線形代数における微分

Short Rest 6.
「ピタゴラス数」

ピタゴラスの定理（*Pythagorean theorem*）とは，三平方の定理あるいは鉤股弦（こうこげん）の定理とも呼ばれ，直角三角形の直角の対辺を z とし，直角を作る2辺を x および y であるとき，
$$x^2 + y^2 = z^2 \tag{1}$$
が成り立つというものです．ここで，x, y, z は実数でいくらでもあることは察しが付きます．三角形の辺ですから，$x > 0, y > 0, z > 0$ であり，仮定から，$z > x, z > y$ です．この場合，
$$y = \sqrt{z^2 - x^2} \quad z > x \quad , \quad x = \sqrt{z^2 - y^2} \quad z > y$$
ですから，ある x を与えたとき，x より大きなどんな z に対しても実数 y が存在します．同様に，ある y を与えたとき，y より大きなどんな z に対しても実数 x が存在します．また，$z > x, z > y$ であるどんな x および y を与えても，
$$z = \sqrt{x^2 + y^2}$$
として z が存在します．ちなみに，第2余弦定理，
$$\cos\theta = \frac{x^2 + y^2 - z^2}{2xy}$$
で，直角三角形であるから，$\theta = 90°$ であり，したがって，$x^2 + y^2 = z^2$ となります．

しかし，x, y, z が全て自然数である場合に，$x^2 + y^2 = z^2$ を満たす x, y, z はなかなか探すのは難しいです．計算機は年々に速くなっているので，自然数 x, y, z をそれぞれ，1から入れかえて式1が満足する3つの数の組を求めればよいのです．しかし，この方法では，全ての解を得ることができません．

式1を満たす自然数 x, y, z をピタゴラス数と呼びます．このピタゴラス数を求める方法は，実は，紀元前16～18世紀のころには，バビロニアですでに知られていたということで，全く驚嘆に値します．

フェルマーの最終定理は，
$$x^k + y^k = z^k \tag{2}$$
において，自然数 $k > 2$ では，式2を満たす自然数の組 (x, y, z) は無いという定理ですが，式1は式2で $k = 2$ の場合に相当します．

さて，式1を満たす整数は，というと，
$$x = m^2 - n^2 , \quad y = 2mn , \quad z = m^2 + n^2 \tag{3}$$
で与えられます．ここで，l, m, n は自然数です．

例えば，m, n を 2, 1 とすれば，皆さん良くご存知の (3, 4, 5) が得られます．他の場合も成り立つかやってみてください．面白いですよ．では，式(3)が式(1)を満たしているか，簡単ですから，確かめてみましょう．
$$x^2 + y^2 = (m^2 - n^2)^2 + (2mn)^2 = (m^2)^2 - 2m^2n^2 + (n^2)^2 + 4m^2n^2$$
$$\therefore \quad x^2 + y^2 = (m^2 + n^2)^2 = z^2$$

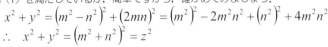

というわけです．

整数論は数学科に任せて，微分・積分を堪能しましょう．読者で興味があれば，「数論」的な本を探してみてください．ただし，初心者向けのお選びになることをお勧めします．

1. 微分

1.7. 微分に関する補足

1.7.1. 微分の表現方法

微分を表現する方法を式 1.3.1-1 で紹介しました．$y = f(x)$ のとき

$$y' = \frac{d}{dx}f(x) \text{，および，} \frac{dy}{dx} = f'(x) \tag{1.7.1-1}$$

という表現が通常使用されます．

このとき，全微分のところでも出てきました．思い出してください．微小な区間を Δx と表現して増分（*increment*）と呼び，さらに，区間を短くして dx を微分と呼ぶ表式を使う場合があります．すなわち，式 1.7.1-1 を，

$$dy = f'(x)dx \text{，あるいは，} y = \int dy = \int f'(x)dx = f(x) \tag{1.7.1-2}$$

などとかく場合があります．

この表式で，微分公式を書いてみましょう（ただし，c は定数．

1) $dc = (c)' = 0$ \hfill (1.7.1-3)
2) $d(cf) = dc \cdot f + c \cdot df = cdf \quad (\because \ 1))$ \hfill (1.7.1-4)
3) $d(fg) = df \cdot g + f \cdot dg$ \hfill (1.7.1-5)
4) $d\left(\dfrac{f}{g}\right) = \dfrac{df \cdot g - f \cdot dg}{g^2}$ \hfill (1.7.1-6)

いかがでしょうか．簡略化した表式は，複雑な計算の場合便利です．さらに，簡易な表現方法は，偏微分で

$$f_x = \frac{\partial}{\partial x}, \ f_y = \frac{\partial}{\partial y}, \ f_z = \frac{\partial}{\partial z}$$

$$\nabla_x = \frac{\partial}{\partial x}, \ \nabla_y = \frac{\partial}{\partial y}, \ \nabla_z = \frac{\partial}{\partial z}$$

が良く使われます（∇_x については，第 3 章第 3 節で説明します）．

では，f_{xx} や f_{xy} 等はどうでしょう？

$$f_{xx} = \frac{\partial}{\partial x}\frac{\partial}{\partial x} = \frac{\partial^2}{\partial x^2}, \ f_{xy} = \frac{\partial}{\partial x}\frac{\partial}{\partial y} = \frac{\partial^2}{\partial x \partial y}$$

です．よくお分かりです．

たとえば，$f = ax + aby + cz$ であるとき，

$\quad f_x = a$ ，$f_y = ab$ ，$f_z = c$
$\quad f_a = x + by$ ，$f_{ab} = y$ ，$f_b = ay$ ，$f_c = z$

と」書けばよいのです．

え！　こんなに簡単に微分できるんですね！　これからが楽しみですって！　とても嬉しく思います．

1.7. 微分に関する捕捉

1.7.2. 微分の別の見方

式 1.3.5-9 に微分公式をまとめたわけですが，ちょっと毛色が変わった微分公式の証明方法を，ここで，ご紹介使用と思います．この表現は，積分で積分変数の変換でよく用いられますので，覚えておいてください．

以下，三角関数の微分を例としてご紹介しましょう．

（1） $y = \sin x$ の場合は，微小な dx について， $\sin dx = dx$ ， $\cos dx = 1$ ですから，

$$dy = \sin(x+dx) - \sin(x)$$
$$= \sin x \cos dx + \cos x \sin dx - \sin x$$
$$= \underline{\sin x} + \cos x dx - \underline{\sin x}$$
$$\therefore \quad dy = \cos dx \qquad \therefore d\sin x = \cos x dx \qquad (1.7.2\text{-}1)$$

となります．

（2） $y = \cos x$ の場合は，

$$dy = \cos(x+dx) - \cos x$$
$$= \cos x \cos dx - \sin x \sin dx - \cos x$$
$$= \underline{\cos x} - \sin x dx - \underline{\cos x}$$
$$\therefore \quad dy = -\sin dx \qquad \therefore d\cos x = -\sin dx \qquad (1.7.2\text{-}2)$$

となります．

（3） $y = \tan x$ の場合は， $p = \sin x$ ， $q = \cos x$ とおけば，

$$y = \frac{p}{q}, \quad p^2 + q^2 = 1, \quad dp = \cos x dx = q dx, \quad dq = -\sin x dx = -p dx$$

ですから，

$$dy = d\left(\frac{p}{q}\right) = \frac{dp \cdot q - p \cdot dq}{q^2} = \frac{(q dx) \cdot q - p \cdot (-p dx)}{q^2} = \frac{(p^2 + q^2) dx}{q^2}$$
$$\therefore \quad dy = \frac{dx}{q^2} \qquad \therefore d\tan x = \frac{dx}{\cos^2 x} \qquad (1.7.2\text{-}3)$$

となります．

分かりますか？　分かりますよね．ね〜．ちょっと変わった公式証明方法でしょう！でも，慣れると，こちらの表式のほうが良いという読者がいるかもしれませんね．

では， $y = e^{ax}$ ならば， dy どうでしょう？　もう分かりますね．

$$dy = d(e^{ax}) = e^{ax} d(ax) = ae^{ax} dx$$

です．こ〜んな易しい例は，もう結構，コケッコウ！なんていわれそうですね．失礼いたしました．

「微分」の基礎を説明した本章はここまでです．読者のみなさん，お疲れ様でした．次の第2章は「積分」の説明です．途中でやめないで，どんどん，読み続けてください．いつかきっと，「おう！そういうことか！」　「なんだ，そんなことだったのか．」などと，口にひょっと出てきますよ．でも「ここ，ちょっと違うんじゃない？」というときは出版社にご連絡を．(-_-)

1. 微分

Short Rest 7.
「現実」をどうかんがえますか？

　突然,「現実」をどう考えますか？　と聞かれたときなんと答えたらよいか分かりませんですよね.例えば, こういうことです. 電磁波, 特に, 光はおよそ秒速 30 万 km, すなわち, 1 ナノ秒で 30cm 進むのです. 言い換えると, 光が 30cm 進むのに 1 ナノ秒もかかってしまう, ということです. このことが意味することは, 遠くを見るほど, 現実ではなくなる, と言うことです.「現実（Real Time）」と思って見ている目に映る像が, 必ず, 物理的には「過去」であり,「現実」は物理的には絶対認識できない, ということです. 星の観測で「光年」という単位を使います. 1 光年は 9 460 730 472 580 800 m , 1 光日は 25 902 068 371 200 m, 1 光時は 1 079 252 848 800 m, 1 光分は 17 987 547 480 m, 1 光秒は 299 792 458 m と書かれています. したがって, 10 光年の距離にある星は, 地球では「現実」から 10 年前の過去の姿を見ているだけで,「現実」では, その星は無いかも知れません. 逆に 130 億光年からの映像を見ることができれば, ビッグバーンが確認できるかもしれません. 問題は, そのとき, そもそも, 光があるか, そして, 伝播する宇宙空間があるのか, です. 光があったとして, その速度は, アインシュタインの相対性原理とどのように関わってくるのか, など, 挙げれば切が無いほどです.

　話が大きくなりすぎましたが, 言いたいことは, 目の前にあるりんごを取ろうと手を差しのべても, そこにりんごがその時あるかどうかは, 保証できない, と言うことです. もっと言えば, 差しのべた指先の位置も, そこなのか分からないのです. このように,「現実を見る」ことは, 常に, 時間的に遅れた疑似リアルタイムなのです (^÷^).

　余談ですが, みなさんは, こんなことを考えたことはありませんか？　すなわち, 映画を見るとき, 2 次元の画像を短時間（1 秒間で 18 コマくらい）で見せているので, 視神経が騙されて, 人間の目に映っているものが恰も, 動いていると見えているわけです. しかし, あまりたくさんの画像を見せられても, 人間はいくつかのコマは見逃していることに気がつきません. ですから, りんごの問題はさらに深刻です. ここに至って, 考えが膨らみます. 3 次元空間も時間の流れに沿って, 多くのコマ数の連続的な表示が 3 次元映像となって見ていると考えられます. そこで, その 3 次元の画像と画像の間に入り込めれば, 時間の無い 3 次元の世界を見ることができるかも知れません. タイムマシンやタイムスリップの話です. ただし, 画像と画像の間の時間の長さは定義できません. そこでは, 時間が止まっているので, 自分の目も脳も動いておらず, 光も進まず, したがって, 反射光がないので, ただの真っ暗闇を認識, いや, それもさえも認識できていないかもしれませんね. (￣_￣)

左の写真は, 夕暮れ時の写真で景色が時々刻々変化しており, その一連の変化の中にさらに変化があるのです

65

演習問題　第1章

1.1　実数 $p(>0)$ について，$n \to \infty$ のとき $\sqrt[n]{p} \to 1$ を証明せよ．（ヒント：p で場合分け）
1.2　図 **1.1.2-1** のグラフを書く数式を考察せよ．（ヒント：式 1.1.2-6 の p と B は？）
1.3　数列 $a_{n+1} = a_n + a_{n+1}$ $(a_0 = 0, a_1 = 1)$ であらわされるフィボナッチ数列の一般項を求めよ．また，黄金比（*golden ratio*）との関連を述べよ．
1.4　半径 $r(>0)$ の円に内接するおよび外接する正 $n(\geq 3)$ 多角形の面積 $^{in}S_n$ および $^{out}S_n$ を求めよ．その場合，$n \to \infty$ としたときは，面積 $^{in}S_n$ および $^{out}S_n$ はどのように収束するか述べよ．（ヒント：題意は円の面積が両方 πr^2 に収束することを示唆している．以下の2つの方法である．三角形の斜辺の長さを r とする場合（左1図）と第2の辺の長さを r とする場合（右2図）で，後者は正多角形が半径 r の円に外接する場合である．

1.5　虚数単位 i について，$i^2 = -1$ となることをオイラー公式で示せ．
1.6　複素平面上で，例えば，$z = a + ib$ に $i(=\sqrt{-1})$ を掛けると z の位置がどうなるかを，実数-虚数座標軸における幾何的な説明をせよ．同様に，$-i$ をかけた場合を述べよ．
1.7　自然対数の底 e の定義について，式 1.3.4-4 と式 1.3.5-6 を比較して議論せよ．
1.8　次式を（x で）微分しなさい

(1) $y = a^x$　(2) $y = x \log x$　$(x > 0)$　(3) $y = \dfrac{x-1}{x+1}$　(4) $y = \dfrac{\sqrt{x}-1}{\sqrt{x}+1}$

(5) $y = A \sin(\omega t - kx)$　(6) $y = \cos^{-1} x$　(7) $y = \cos^{-1}(\sin x)$

(8) $y = e^{\sin x}$　(9) $y = x^x$　(10) $y = \sin^{-1}(\cos x)$

（ヒント：$(\sin^{-1} x)' = 1/\sqrt{1-x^2}$ ）

1.9　式 1.3.5-8 の2式

$$\cos^{(n)}(x) = \cos\left(x + \dfrac{n\pi}{2}\right), \quad \sin^{(n)}(x) = \sin\left(x + \dfrac{n\pi}{2}\right)$$

について，を数学的帰納法で，それぞれ，証明せよ．

1.10 $d(\arcsin x)/dx = 1/\sqrt{1-x^2}$ を証明せよ
1.11 $d(\arccos x)/dx = -1/\sqrt{1-x^2}$ を証明せよ
1.12 $d(\arctan x)/dx = 1/(1+x^2)$ を証明せよ．
1.13 $d(\text{arccot}\, x)/dx = -1/(1+x^2)$ を証明せよ．
1.14 $d(u^v)/dx = vu^{v-1}u' + u^v \log u \cdot v'$ を証明せよ．（ヒント：例題 1.3.4-1 (2)）
1.15 直交座標から極座標への変換は，$x = \cos\theta, u = \sin\theta$ としたとき，$r = \sqrt{x^2 + y^2}$ および $\theta = \tan^{-1}(y/x)$ であることを証明せよ．また，dr/dx および $d\theta/dx$ を求めよ．．
1.16 $u = u(x,y)$ に関するラプラシアン $\nabla^2 u$ を極座標で表すと，次式となることを示せ．
$$\nabla^2 u = \frac{\partial^2 u}{\partial r^2} + \frac{1}{r}\frac{\partial u}{\partial r} + \frac{1}{r^2}\frac{\partial^2 u}{\partial \theta^2}$$
1.17 $\sqrt{x}$ をマクローリン級数展開で4項目まで求めよ．ただし，5項目からは「…」とする．
1.18 $y = e^x$ のグラフを区間 $[0, 10]$（x は 0.2 ごと 51 ポイント）で描き，$x = 2$ での接線を描け．
1.19 単振り子（長さ l の紐の先に錘がついているだけの振り子）の周期 T は，重力加速を g とする場合，$T = 2\pi\sqrt{l/g}$ で与えられる．紐の長さを 1%セントずつ 0%から 100%まで増加させた場合，紐の伸びに対する周期 T の変化をグラフで示せ．
1.20 ベクトル $\mathbf{a} = (a_x, a_y, a_z), \mathbf{b} = (b_x, b_y, b_z)$，行列 $\mathbf{A} = \{a_{ij}\}$ $(i, j = 1, \cdots, n)$ とするとき次式を証明せよ．
1) $\mathbf{b}^T \mathbf{A} \mathbf{x} = \mathbf{x}^T (\mathbf{b}^T \mathbf{A})^T$
2) $d(\mathbf{a} \cdot \mathbf{b})/d\mathbf{a} = d(\mathbf{b} \cdot \mathbf{a})/d\mathbf{a} = d(\mathbf{a}^T \mathbf{b})/d\mathbf{a} = d(\mathbf{b}^T \mathbf{a})/d\mathbf{a} = \mathbf{b}$
3) $d(\mathbf{A}\mathbf{a})/d\mathbf{a} = \mathbf{A}$
4) $d(\mathbf{a}^T \mathbf{A} \mathbf{b})/d\mathbf{a} = \mathbf{A}\mathbf{b}$, $d(\mathbf{a}^T \mathbf{A} \mathbf{b})/d\mathbf{b} = \mathbf{A}^T \mathbf{a}$
5) $d(\mathbf{a}^T \mathbf{A} \mathbf{b})/d\mathbf{A} = \mathbf{a}\mathbf{b}^T$
1.20 式 1.6.4-5 の解と式 1.6.4-15 から得られる式 1.6.4-16 の解が同じであることを示せ．
1.21 $y = ax^2 + bx + c$ $(a \neq 0)$ について，$x = -1$ での接線の傾きが -2 になるときの接線と $x = 1$ での接線の傾きが 2 になるときの接線との交点の座標を求めよ．
1.23 つぎの関数 $z = f(x^2 + y^2)$ について，x および y で偏微分せよ
① $x^2 y^2$　② $\log_y x$　③ $x^y y^x$
1.24 $z = f(x^2 + y^2)$ について，z を x および y で偏微分し，．関数 f を消去しなさい．
（ヒント：$u = x^2 + y^2$ $\Rightarrow$ $u_x = 2x$ $\Rightarrow$ $z_x = 2xf'(u)$）

2. 積分

積分

　分かっているつもりでも分からないのが最も基本的なことです．
　従来使われてきた簡単な表現を用いると，積分は微分の逆である，ということです．自然界は，微分と積分で表現できると考えます．例えば，微分は何某かの時間・空間変化を表現し，積分は，その変化の量を積算する，というイメージがあります．

$$\int \left(\sum_{i=1}^{n} C_i f_i \right) dx = \sum_{i=1}^{n} C_i \left(\int f_i dx \right)$$

まさに，定積分はその積算を具体的に行う方法で，不定積分は，

$$\int \frac{dx}{\tan^2 x} = -\cot x - x + C$$

というように，定積分で利用する式，すなわち，原始関数を提供する，あるいは，一般的な積算表式を提供する，と位置付けられないでしょうか？
　ここでは，積分の基礎的な概念，不定積分，定積分の順に，微分との係わり合いにおいて話を進めることにします．

2. 積分

2.1. 積分とは

2.1.1. 原始関数

原始関数（primitive function）ですが，上述しましたように，積分法の第一の目的は，微分された関数型 $f(x)$ から微分される前の関数型 $F(x)\{F'(x)=f(x)\}$（原始関数）を求めることです．さて，ここで，未知の関数 $F(x)$ の導関数 $f(x)$ が与えられている，としましょう．例えば，関数 $f(x)$ が $f(x)=x^2$ の場合，原始関数 $F(x)$ の1つは，容易に，$F(x)=(1/3)x^3$ であり，明白です．なぜなら，

$$F'(x)=\left(\left(\frac{1}{3}\right)x^3\right)'=\left(\frac{1}{3}\right)(x^3)'=\left(\frac{1}{3}\right)(3x^2)=x^2=f(x) \tag{2.1.2-1}$$

であるからです．先に，「原始関数 $F(x)$ の1つは…」と書きましたが，実は，原始関数 $F(x)$ は無限にあるのです（**図 2.1.3-1** 参照）．

練習問題 2.1.2-1 任意の定数は考えず，以下の問いに答えよ．
（1）関数 x^3 を微分すると $3x^2$ である．このとき原始関数は何か
（2）関数 e^x を微分すると e^x である．このとき原始関数は何か

練習問題 2.1.2-1 解答
（1）$F'(x)=(x^3)'=3x^2=f(x)$ であるから，原始関数は x^3 である．
（2）$F'(x)=(e^x)'=e^x=f(x)$ であるから，原始関数は e^x である．

確認しました．

2.1.2. 積分の基本

さて，「積分 integration」の定義です．積分とは何でしょう．微分の場合には，「微・分」ですから，微小な部分に分けるという意味なのでしょうか，などと書きました．となれば，積分は，「積・分」ですから，分けた部分を積みあげる，と言う書き方になるでしょうか？ ちょっとこじつけですかね．

関数の微分の意味は，導関数を求めることであり，また，幾何学的な意味では，グラフに描かれた関数のある1点における接線の傾きを求めることでした．同様に，積分も2種類の意味があります．1つは，微分の逆演算で，微分された後の関数型 $f(x)$ から微分される前の関数型 $F(x)$（すなわち，$F'(x)=f(x)$ となる関数）を求めることです．これを，不定積分 indefinite integral と呼びます．幾何学的な意味は，例えば，指定した区間における連続関数 $f(x)$ と x 軸の間に挟まれた領域の面積を求めること（定積分 definite integral）です．

すなわち，微分は，切り刻むことや傾きを計算すること，積分は，集めることや和（これをリーマン和と呼びます．2.3節参照）をとること，のような意味合いがあります．

まず，唐突ですが，

$$I=\int_a^b f(x)dx=F(b)-F(a)\ ;\ F'(x)=\frac{d}{dx}F(x)=f(x) \tag{2.1.1-1}$$

2.1. 積分とは

と書くとき，I を閉区間 $[a, b]$ における $f(x)$ の定積分と呼び，$f(x)$ を被積分関数と呼びます．また，$f(x)$ が閉区間 $[a, b]$（あるいは，$a \leq x \leq b$）において連続で，積分可能である場合，微分積分学の基本定理があります．

ここで，さらに唐突ですが，

$$\frac{d}{dx}F(x) = f(x) \; ; \; \int f(x)dx = F(x) + C$$

であるとします．ここで，C は定数です．このとき，閉区間 $[a, b]$ で連続な $f(x)$ を，変数 x について，$f(x)$ を積分しますと，

$$\frac{d}{dx}\int_a^x f(t)dt = \frac{d}{dx}[F(x)]_a^x = \frac{d}{dx}\{F(x) - F(a)\} = \frac{d}{dx}F(x) = f(x)$$

となります．したがって，微分積分学の基本定理があり，

定理 13　積分の微分　被積分関数 $f(x)$ について，

$$\frac{d}{dx}\int_a^x f(t)dt = f(x) \; , \quad a < x < b \tag{2.1.1-2}$$

が成立する．

という定理です．積分は，世の中にいくつか定義がありまして，実関数のみならず，本書では述べませんが複素関数を被積分関数とするものや，区間が複素数である複素積分の場合は，留数定理，などがあります．さらに，ルベーグ積分，スティルチェス積分，など高度な積分を挙げることができます．上記の基本定理については，後節でも述べます．

高度な積分については，これ以上，手を出さないことにします．著者の能力を超えますから（笑）．積分に関する前置きを終わり，ここから，やや詳細な説明をしていきます．さあ，まず，原始関数から始めましょう．

2.1.3. 積分定数

積分の際に，微分すると 0 になる「定数」の項を考慮しなければなりません．例えば，

$$F(x) = \frac{1}{3}x^3 + C \qquad (C は定数) \quad (2.1.3-1)$$

は，$f(x) = x^2$ の原始関数となります．このとき，C を積分定数（*integration constant*）と呼びます．例えば，図 **2.1.3-1** に示すように，この C は n 個の関数があって，

$$F_i(x) = \frac{1}{3}x^3 + C_i \quad (i = 1, 2, , n) \; (2.1.3-2)$$

のように，グラフ上での y 軸方向へのズレを意味します．式 2.1.3-2 で示した関数を例にとると，原始関数 $F_i(x)$ 導関数 $f_i(x)$ について，任意の位置，例えば，$x = a$ で，

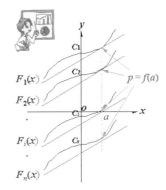

図 **2.1.3-1** 不定積分の積分定数の意味

$$F_i'(a) = p = f_i(a) = a^2 \geq 0$$

であり，定数 C_i に依存しません．ここで，$a = 0$ の場合は，関数 $F_i(x)$ の接線は x 軸と平行になりますが，$a \neq 0$ の場合は，導関数 $F_i'(a)$ が正と言うことは，関数 $F_i(x)$ の $x = a$ における接線が必ず右上がりの直線になり，傾きは $f_i(a)$ となります．

このように，不定積分は定数部分が決まらず（不定），書き方として

$$F(x) = \int f(x)dx + C \tag{2.1.3-3}$$

と書く決まりになっています．このように書いた時，関数 $f(x)$ を被積分関数（*integrand*）と言います．再度繰り返しですが，積分定数は，不定積分の場合，微分すると定数の情報がなくなることに起因します．例えば，関数 $f(x) = ax + b$ について微分すると $f'(x) = a$ となりますが，その時，定数 b についての情報がなくなります．このとき，積分して原始関数を求めようとしても，微分して 0 になる定数は，あきらかに無限にあることに気が付くでしょう．そこで，$f'(x) = a$ を積分すると，

$$\int f'(x) = \int a\,dx \Rightarrow f(x) = ax + C \tag{2.1.3-4}$$

と書き，C という積分定数が必要です．C は，初期値など，ある $x = p$ を与え，

$$f(p) = ap + C$$

から，

$$C = f(p) - ap$$

となるので，

$$f(x) = ax + \{f(p) - ap\} \Rightarrow \therefore f(x) = a(x - p) + f(p)$$

ように決まります．

練習問題を見ましょう．

練習問題 2.1.3-1

（1）関数 $f(x) = 3x^2$ を積分し $F(x)$ とするとき，$F(0) = 0$ の場合の積分定数を求めよ．
（2）関数 e^x を積分し $F(x)$ とするとき，$F(a) = a$ の場合の積分定数を求めよ．
（3）関数 e^x を積分し $F(x)$ とするとき，$F(\log a) = a$ の場合の積分定数を求めよ．

練習問題 2.1.3-1 解答

ここでは，求める積分定数を C とする．

(1) $F(x) = \int 3x^2 dx = x^3 + C$ であり，仮定 $F(0) = 0$ を用いると，
　$F(0) = 0 = 0^3 + C \therefore C = 0$
(2) $F(x) = \int e^x dx = e^x + C$ であり，
　$F(a) = a = e^a + C \therefore C = a - e^a$
(3) $F(x) = \int e^x dx = e^x + C$ であり，
　$F(\log a) = a = e^{\log a} + C = a + C \therefore C = 0$

上記解答(3)で，$e^{\log a} = a$ です．なぜなら，

$$k = e^{\log a} \Rightarrow \log k = \log e^{\log a} = \log a \cdot \log e = \log a \therefore e^{\log a} = a$$

ですから．念のため書いておきます．でも，$\log$ 関数って面白いですね．面白くないですか？ 著者は，面白いと思いますがね．

2.1. 積分とは

Short Rest 8.
「日本の火山とその特徴」

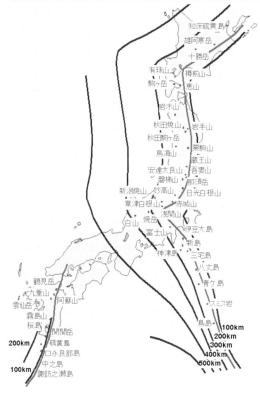

日本の活火山に指定されているのは2012年現在で110火山です．その前は108火山でした．現在の活火山の定義は，「概ね1万年前から現在まで噴火した火山および噴気活動がある火山」としています．定義が変われば，活火山の数は変わるでしょう．（以前は，死火山とか休火山という言葉がありましたが，現在は死語となりました．）

変わらないのは，火山の配置の特徴です．火山の配置はランダムではありません．火山は，ある線を境に海溝側には存在しません．この線を「火山フロント（*Volcanic Front*）」と呼びます．火山フロントは，海洋プレート（スラブ，Slub）が潜り込む過程や地下の物理条件に関係が有りそうです．マグマが生成される位置は深度100～200kmで，岩盤（プレート）が溶融する位置である，すなわち，マグマ生成位置と考えられています．

一方，火山フロントと同様に，地震発生位置について「地震フロント（*Seismic Front*）」があり，これも，同様に，スラブの潜り込みに関係が有りそうです．

世界でも同じような変動帯，すなわち，海洋プレートが潜り込む海溝を持つ島弧系では，同じような現象が見られます．例えば，チリです．チリ沖は大地震の起きやすい場所です．

2.2. 不定積分

2.2.1. 不定積分とは

前節でご説明を致しましたように，不定積分は，被積分関数から原始関数を積分定数の曖昧さ付きで求めることことになります．ここでは，不定積分の性質を列挙し，改めて，基本式を認識しましょう．不定積分の性質は以下の項目です．

（1）2つの関数が全く一致する $f(x)=g(x)$ 場合は，それらの不定積分 F, G は定数の差で異なるだけである．したがって，

$$F\left(=\int f(x)dx\right) - G\left(=\int g(x)dx\right) = C \qquad (2.2.1\text{-}1)$$

であり，その逆も成り立つ．

（2）不定積分の導関数は被積分関数に等しく，以下のように書ける：

$$\frac{d}{dx}\left\{\int f(x)dx\right\} = f(x) \qquad d\left\{\int f(x)dx\right\} = f(x)dx \qquad (2.2.1\text{-}2)$$

（3）被積分関数が同じならば，不定積分は定数分だけ異なるだけであり，

$$\int F'(x)dx = F(x) + C \qquad \int dF(x) = F(x) + C \qquad (2.2.1\text{-}3)$$

（4）積分内の定数は積分の外に置いて良い：

$$\int Cf(x)dx = C\int f(x)dx \qquad (2.2.1\text{-}4)$$

（5）被積分関数が関数の和や差（またその混合）である場合，ここの関数の積分の和や差（またその混合）に等しい：

$$\int Cf(x)dx = C\int f(x)dx \qquad \int\left(\pm\sum_i C_i f_i(x)\right)dx = \sum_i C_i\left(\pm\int f_i(x)dx\right) \qquad (2.2.1\text{-}5)$$

あるいは，

$$\int\pm(C_1 f_1 + C_2 f_2 + \cdots + C_n f_n)dx = \pm C_1\int f_1 dx \pm C_2\int f_2 dx \pm \cdots \pm C_n\int f_n dx \qquad (2.2.1\text{-}6)$$

（6）被積分関数が関数の積や商の形である場合，微分公式を考えて，

$$\int f(x)g'(x)dx = f(x)g(x)dx - \int f'(x)g(x)dx \qquad (2.2.1\text{-}7)$$

$$\int f(x)dx = xf(x) - \int xf'(x)dx \qquad (2.2.1\text{-}8)$$

$$\int \frac{f'(x)}{f(x)}dx = \log|f(x)| \qquad (2.2.1\text{-}9)$$

です．(6)の式のの第3式の最も簡単な例は，

$$\int \frac{1}{x}dx = \int \frac{x'}{x}dx = \log|x| \qquad (2.2.1\text{-}10)$$

ですね．

さらに，次節に不定積分の計算例をご紹介致しますが，微分公式を逆に書けば良いだけで，さらに多くの公式が必要であれば，読者自身で計算するか，市販されている数学公式集を参照して下さい．公式は通常積分定数を書かないので，同様に，次節のように示しました．もし，時間があったら，自分で原始関数を微分してみてください．その答えが被積分関数になっていなければ，読者の計算間違いです．

さあ，どうでしょう？　もう一度．　*Let's try.*　でないとは思いますが・・・．

2.2. 不定積分

2.2.2. 関数の不定積分－1

以下に良く使うと思われ，面白い関数である冪関数，指数関数，対数関数の不定積分をまとめます．ただし，積分定数は省略します．証明は公式集などで見ておいてください．

(1) 冪関数

$$\int x^n dx = \frac{1}{n+1} x^{n+1} \quad (n \neq -1) \quad , \quad \int dx = x \quad (\because \quad n = 0) \tag{2.2.2-1}$$

$$\int x^{-1} dx = \int \frac{1}{x} dx = \log|x| \quad (x \neq 0) \tag{2.2.2-2}$$

$$\int \frac{1}{ax+b} dx = \frac{1}{a} \log|ax+b| \quad (a \neq 0, \quad ax+b \neq 0) \tag{2.2.2-3}$$

(2) 指数関数

$$\int e^x dx = e^x \quad , \quad \int e^{ax} dx = \frac{1}{a} e^{ax} \quad , \quad \int x e^{ax} dx = \frac{e^{ax}}{a}\left(x - \frac{1}{a}\right) \quad (a \neq 0) \tag{2.2.2-4}$$

$$\int a^x dx = \frac{a^x}{\log a} \quad (a > 0, \quad a \neq 1) \tag{2.2.2-5}$$

(3) 対数関数

$$\int \log x dx = x(\log x - 1) \quad (x > 0) \tag{2.2.2-6}$$

2.2.3. 関数の不定積分－2

三角関数の不定積分をまとめます．ただし．積分定数は省略します．

$$\int \sin x dx = -\cos x \quad , \quad \int \cos x dx = \sin x \quad , \quad \int \tan x dx = -\log|\cos x| \tag{2.2.3-1}$$

$$\int \frac{dx}{\sin^2 x} = -\cot x \quad , \quad \int \frac{dx}{\cos^2 x} = \tan x \quad , \quad \int \frac{dx}{\tan^2 x} = -\cot x - x \tag{2.2.3-2}$$

ここで，いくつかの公式を，ちょっとテクニック使って証明してみましょう．

例題 2.2.2-1

以下の不定積分の公式を証明せよ．ただし，積分定数は省略する．

(1) $\int \dfrac{dx}{1-\cos x} = -\cot \dfrac{x}{2}$ (2.2.3-3)

(2) $\int \dfrac{dx}{1+\cos x} = \tan \dfrac{x}{2}$ (2.2.3-4)

(3) $\int \dfrac{dx}{1-\sin x} = \tan\left(\dfrac{x}{2} + \dfrac{\pi}{4}\right)$ (2.2.3-5)

(4) $\int \dfrac{dx}{1+\sin x} = \tan\left(\dfrac{x}{2} - \dfrac{\pi}{4}\right)$ (2.2.3-6)

ヒントは，(1) および (2) の被積分関数の分母が三角関数の公式：

$$\sin^2 \frac{\theta}{2} = \frac{1-\cos\theta}{2} \quad , \quad \cos^2 \frac{\theta}{2} = \frac{1+\cos\theta}{2} \tag{2.2.3-7}$$

を用いることでしょう．この公式の証明は cos の加法定理を使用すれば,簡単です．思い出してください．

$$\cos\theta = \cos\left(\frac{\theta}{2}+\frac{\theta}{2}\right) = \cos^2\frac{\theta}{2} - \sin^2\frac{\theta}{2} = \cos^2\frac{\theta}{2} - \left(1-\cos^2\frac{\theta}{2}\right) = 2\cos^2\frac{\theta}{2} - 1$$

$$\cos\theta = \cos\left(\frac{\theta}{2}+\frac{\theta}{2}\right) = \cos^2\frac{\theta}{2} - \sin^2\frac{\theta}{2} = \left(1-\sin^2\frac{\theta}{2}\right) - \sin^2\frac{\theta}{2} = 1 - 2\sin^2\frac{\theta}{2}$$

となりますから，後は簡単ですね．では，例題 2.2.2-1 の解答です．

例題 2.2.2-1 解答
（1）まずは
$$\int\frac{dx}{1-\cos x} = \int\frac{dx}{2\sin^2\frac{x}{2}} = \frac{1}{2}\int\frac{dx}{\sin^2\frac{x}{2}}$$

と変形する．そこで，
$$\left(\cot\frac{x}{2}\right)' = \left(\frac{\cos\frac{x}{2}}{\sin\frac{x}{2}}\right)' = \frac{\left(\cos\frac{x}{2}\right)'\sin\frac{x}{2} - \cos\frac{x}{2}\left(\sin\frac{x}{2}\right)'}{\sin^2\frac{x}{2}}$$

$$= \frac{-\frac{1}{2}\left(\sin\frac{x}{2}\sin\frac{x}{2} + \cos\frac{x}{2}\cos\frac{x}{2}\right)}{\sin^2\frac{x}{2}} = -\frac{1}{2}\frac{1}{\sin^2\frac{x}{2}}$$

したがって，
$$\therefore \int\frac{dx}{1-\cos x} = \frac{1}{2}\int\frac{dx}{\sin^2\frac{x}{2}} = \frac{1}{2}\int\frac{d}{dx}2\left(-\cot\frac{x}{2}\right)dx = -\cot\frac{x}{2} \qquad Q.E.D$$

（2）解答（1）に準じて行うと，まずは，
$$\int\frac{dx}{1+\cos x} = \int\frac{dx}{2\cos^2\frac{x}{2}} = \frac{1}{2}\int\frac{dx}{\cos^2\frac{x}{2}}$$

と変形する．そこで，
$$\left(\tan\frac{x}{2}\right)' = \left(\frac{\sin\frac{x}{2}}{\cos\frac{x}{2}}\right)' = \frac{\left(\sin\frac{x}{2}\right)'\cos\frac{x}{2} - \sin\frac{x}{2}\left(\cos\frac{x}{2}\right)'}{\cos^2\frac{x}{2}}$$

$$= \frac{\frac{1}{2}\left(\sin\frac{x}{2}\sin\frac{x}{2} + \sin\frac{x}{2}\sin\frac{x}{2}\right)}{\cos^2\frac{x}{2}} = -\frac{1}{2}\frac{1}{\cos^2\frac{x}{2}}$$

2.2. 不定積分

したがって,

$$\therefore \int \frac{dx}{1+\cos x} = \frac{1}{2}\int \frac{dx}{\cos^2 \frac{x}{2}} = \frac{1}{2}\int \frac{d}{dx} 2\left(\tan \frac{x}{2}\right)' dx = \tan \frac{x}{2} \quad Q.E.D$$

さて,残りをやってみましょう.しかしながら,(3)および(4)は簡単です.なぜでしょう? 三角関数の性質を利用しましょう.

$$\sin x = \cos\left(x - \frac{\pi}{2}\right) \quad , \quad -\sin x = \cos\left(x + \frac{\pi}{2}\right) \tag{2.2.3-8}$$

を使えば良いのです.想像つきますよね.想像は閃きであり,それは,数学基礎知識からくるものです.上式の証明は,読者自身でやってみてください.右辺を加法定理で展開するだけの単純作業ですから,簡単です.残りの(3)および(4)の解答を見てみましょう.

例題 2.2.2-1 解答(続き)

(3) 解答(2)を利用すれば,

$$\int \frac{dx}{1-\sin x} = \int \frac{dx}{1+\cos\left(x+\frac{\pi}{2}\right)} = \tan\left\{\frac{1}{2}\left(x+\frac{\pi}{2}\right)\right\} = \tan\left\{\frac{x}{2}+\frac{\pi}{4}\right\} \quad Q.E.D.$$

(4) 同様に,解答(2)を利用すれば,

$$\int \frac{dx}{1+\sin x} = \int \frac{dx}{1+\cos\left(x-\frac{\pi}{2}\right)} = \tan\left\{\frac{1}{2}\left(x-\frac{\pi}{2}\right)\right\} = \tan\left\{\frac{x}{2}-\frac{\pi}{4}\right\} \quad Q.E.D.$$

ここで,ちょっと横道ですが,三角関数の逆数と逆関数についてまとめておきましょう.

参考 2.1.2-1　三角関数の逆数と逆関数

1) 逆数

$$\frac{1}{\sin x} = \operatorname{cosec} x \quad , \quad \frac{1}{\cos x} = \sec x \quad , \quad \frac{1}{\tan x} = \cot x \tag{2.2.3-9}$$

$$\sinh x = \frac{e^x - e^{-x}}{2} \Leftrightarrow \frac{1}{\sinh x} = \frac{2}{e^x - e^{-x}} = \operatorname{cosech} x \tag{2.2.3-10}$$

$$\cosh x = \frac{e^x + e^{-x}}{2} \Leftrightarrow \frac{1}{\cosh x} = \frac{2}{e^x + e^{-x}} = \operatorname{sech} x \tag{2.2.3-11}$$

$$\tanh x = \frac{\sinh x}{\cosh x} = \frac{e^x - e^{-x}}{e^x + e^{-x}} \Leftrightarrow \frac{1}{\tanh x} = \frac{e^x + e^{-x}}{e^x - e^{-x}} = \coth x \tag{2.2.3-12}$$

2) 逆関数

$$y = \sin x \Leftrightarrow x = \sin^{-1} y \quad , \quad y = \operatorname{cosec} x \Leftrightarrow x = \operatorname{arccosec} y \tag{2.2.3-13}$$

$$y = \cos x \Leftrightarrow x = \cos^{-1} y \quad , \quad y = \sec x \Leftrightarrow x = \operatorname{arcsec} y \tag{2.2.3-14}$$

$$y = \tan x \Leftrightarrow x = \tan^{-1} y \quad , \quad y = \cot x \Leftrightarrow x = \operatorname{arc cot} y \tag{2.2.3-15}$$

$$y = \sinh x \Leftrightarrow x = \sinh^{-1} y \quad , \quad y = \operatorname{cosech} x \Leftrightarrow x = \operatorname{cosech}^{-1} y \tag{2.2.3-16}$$

$$y = \cosh x \Leftrightarrow x = \cosh^{-1} y \quad , \quad y = \operatorname{sech} x \Leftrightarrow x = \operatorname{sech}^{-1} y \tag{2.2.3-17}$$

$$y = \tanh x \Leftrightarrow x = \tanh^{-1} y \quad , \quad y = \coth x \Leftrightarrow x = \coth^{-1} x \tag{2.2.3-18}$$

老婆心ながら，いや，老爺心（でしょうか？）ながら，三角関数の逆数と逆関数をご紹介しました．両者は「似て非なるもの」とご理解できましたでしょうか．

2.2.4. 置換積分法

積分変数を置換して積分することを置換積分法（integration by substitution）といいます．これは，高校の積分を学習されたとき，すでに習っています．数学的に書くと，

定理 14　置換積分法

$x = \phi(t)$ とおくとき，$dx = \phi'(t)dt$ であり，したがって，

$$\int f(x)dx = \int f(\phi(t))\phi'(t)dt \tag{2.2.4-1}$$

と書けます．簡単な例を挙げれば，

$$\int (2ax + b)dx \quad (a \neq 0) \tag{2.2.4-2}$$

を考えてみると，積分定数を C とすれば，簡単ですよね．そう！

$$\int (2ax + b)dx = ax^2 + bx + C \tag{2.2.4-3}$$

となります．これを，敢えて，置換積分法を使ってみます．$p = 2ax + b$ とおくと $dp = 2a\,dx$ ですから，$dx = dp/2a$，したがって，

$$\int (2ax + b)dx = \int p \frac{dp}{2a} = \frac{1}{2a} \int p\,dp = \frac{1}{2a} \cdot \frac{1}{2} p^2 + c$$

$$= \frac{1}{4a} p^2 + c = \frac{1}{4a}(2ax + b)^2 + c = ax^2 + bx + C$$

となり，同じ答えになります（当たり前ですが…）．ただし，この場合，積分定数は，$C = b^2/4a + c$ です．簡単な積分が，かえってややこしくしているように見えますが，これが，強力な威力を持っているのです．例を見てみましょう．

例題 2.2.4-1

$\int \sin(ax + b)dx$　を置換積分法を用いて不定積分を求めよ

置換積分法は $ax + b$ を p とおけばすぐにできますね．

例題 2.2.4-1 解答

$p = ax + b$ とおくと，$dp = a\,dx$ であり，したがって，

$$\int \sin(ax + b)dx = \int \sin(p) \frac{dp}{a} = \frac{1}{a} \int \sin(p)dp = -\frac{1}{a} \cos p + C$$

であるから，$p = ax + b$ を戻して，求める不定積分は

$$\int \sin(ax + b)dx = -\frac{1}{a} \cos(ax + b) + C$$

というわけです．簡単ですね！

2.2. 不定積分

2.2.5. 部分積分法

部分積分法では，関数が積の形なった場合の微分法を利用します．部分積分法では，連続な関数 $f(x)$ および関数 $g(x)$ が積の形になっている場合，

$$\{f(x) \cdot g(x)\}' = f'(x) \cdot g(x) + f(x) \cdot g'(x)$$

のように微分を行うことはすでに書きました．そこで，関数 $f(x)$ および関数 $g(x)$ が原始関数と考えれば，

$$\int f'(x)dx = f(x) \quad , \quad \int g'(x)dx = g(x) \quad , \quad \int \{f(x) \cdot g(x)\}' dx = f(x) \cdot g(x)$$

です．上式の第 3 式を用いると

$$\int \{f(x)g(x)\}' dx = \int f'(x) \cdot g(x)dx + \int f(x) \cdot g'(x)dx \quad (2.2.5\text{-}1)$$

$$f(x)g(x) = \int f'(x) \cdot g(x)dx + \int f(x) \cdot g'(x)dx \quad (2.2.5\text{-}2)$$

と書けます．したがって，部分積分法を数学的に書くと，

定理 15 部分積分法

$$\int f'(x) \cdot g(x)dx = f(x)g(x) - \int f(x) \cdot g'(x)dx \quad (2.2.5\text{-}3)$$

$$\int f(x) \cdot g'(x)dx = f(x)g(x) - \int f'(x) \cdot g(x)dx \quad (2.2.5\text{-}4)$$

と書くことができます．この方法を部分積分法（*integration by parts*）と呼びます．

例えば，

$$\int x^2 \log x \, dx$$

を計算する場合，式 2.2.5-1 と比べて，$f(x) = \log x$，$g'(x) = x^2$ とするならば，

$$f'(x) = \frac{1}{x} \quad \text{および} \quad \int g'(x)dx = \int x^2 dx = \frac{1}{3}x^3 + C$$

というわけですから，

$$\int x^2 \log x \, dx = \frac{1}{3}x^3 \log x - \int \left(\frac{1}{3}x^3 \cdot \frac{1}{x}\right)dx + c$$

$$= \frac{1}{3}x^3 \log x - \frac{1}{3}\int x^2 dx + c = \frac{1}{3}x^3 \log x - \frac{1}{3} \cdot \frac{1}{3}x^3 + C$$

$$\therefore \int x^2 \log x \, dx = \frac{1}{3}x^3 \left(\log x - \frac{1}{3}\right) + C$$

ここで，C は適当な積分定数です．実際に，上式の右辺を微分してみましょう．

$$\frac{d}{dx}\left\{\frac{1}{3}x^3\left(\log x - \frac{1}{3}\right)\right\} = \frac{1}{3} \cdot 3x^2\left(\log x - \frac{1}{3}\right) + \frac{1}{3}x^3\left(\frac{1}{x}\right) = x^2 \log x$$

ということで，確かめられます．では，例題を見ましょう．

例題 2.2.5-1

つぎの不定積分を求めよ．

(1) $\int x \sin x \, dx$ (2) $\int x \cos x \, dx$

まあ，どの教科書にもこの類の問題が出ています．解は察しがつくかもしれませんが，数学的に解が書ければよいということです．まあ，例題ですから答えはあるわけで，1 つの解だけではないわけです．ん？ 変な言い方でですね．別解もあるよ，ということです．

$$y = \sinh x \Leftrightarrow x = \sinh^{-1} y \quad , \quad y = \operatorname{cosech} x \Leftrightarrow x = \operatorname{cosech}^{-1} y \tag{2.2.3-16}$$

$$y = \cosh x \Leftrightarrow x = \cosh^{-1} y \quad , \quad y = \operatorname{sech} x \Leftrightarrow x = \operatorname{sech}^{-1} y \tag{2.2.3-17}$$

$$y = \tanh x \Leftrightarrow x = \tanh^{-1} y \quad , \quad y = \coth x \Leftrightarrow x = \coth^{-1} x \tag{2.2.3-18}$$

老婆心ながら、いや、老爺心（でしょうか？）ながら、三角関数の逆数と逆関数をご紹介しました．両者は「似て非なるもの」とご理解できましたでしょうか．

2.2.4. 置換積分法

積分変数を置換して積分することを置換積分法（integration by substitution）といいます．これは、高校の積分を学習されたとき、すでに習っています．数学的に書くと、

> **定理 14 置換積分法**
> $x = \phi(t)$ とおくとき、$dx = \phi'(t)dt$ であり、したがって、
> $$\int f(x)dx = \int f(\phi(t))\phi'(t)dt \tag{2.2.4-1}$$

と書けます．簡単な例を挙げれば、
$$\int (2ax+b)dx \quad (a \neq 0) \tag{2.2.4-2}$$
を考えてみると、積分定数を C とすれば、簡単ですよね．そう！
$$\int (2ax+b)dx = ax^2 + bx + C \tag{2.2.4-3}$$
となります．これを、敢えて、置換積分法を使ってみます．$p = 2ax + b$ とおくと $dp = 2a\,dx$ ですから、$dx = dp/2a$．したがって、

$$\int (2ax+b)dx = \int p \frac{dp}{2a} = \frac{1}{2a} \int p\,dp = \frac{1}{2a} \cdot \frac{1}{2} p^2 + c$$
$$= \frac{1}{4a} p^2 + c = \frac{1}{4a} (2ax+b)^2 + c = ax^2 + bx + C$$

となり、同じ答えになります（当たり前ですが…）．ただし、この場合、積分定数は、$C = b^2/4a + c$ です．簡単な積分が、かえってややこしくしているように見えますが、これが、強力な威力を持っているのです．例を見てみましょう．

> **例題 2.2.4-1**
> $\int \sin(ax+b)dx$ を置換積分法を用いて不定積分を求めよ

置換積分法は $ax+b$ を p とおけばすぐにできますね．

> **例題 2.2.4-1 解答**
> $p = ax + b$ とおくと、$dp = adx$ であり、したがって、
> $$\int \sin(ax+b)dx = \int \sin(p) \frac{dp}{a} = \frac{1}{a} \int \sin(p)dp = -\frac{1}{a} \cos p + C$$
> であるから、$p = ax + b$ を戻して、求める不定積分は
> $$\int \sin(ax+b)dx = -\frac{1}{a} \cos(ax+b) + C$$

というわけです．簡単ですね！

2.2. 不定積分

2.2.5. 部分積分法

部分積分法では，関数が積の形なった場合の微分法を利用します．部分積分法では，連続な関数 $f(x)$ および関数 $g(x)$ が積の形になっている場合，
$$\{f(x) \cdot g(x)\}' = f'(x) \cdot g(x) + f(x) \cdot g'(x)$$
のように微分を行うことはすでに書きました．そこで，関数 $f(x)$ および関数 $g(x)$ が原始関数と考えれば，
$$\int f'(x)dx = f(x) \quad , \quad \int g'(x)dx = g(x) \quad , \quad \int \{f(x) \cdot g(x)\}'dx = f(x) \cdot g(x)$$
です．上式の第 3 式を用いると
$$\int \{f(x)g(x)\}'dx = \int f'(x) \cdot g(x)dx + \int f(x) \cdot g'(x)dx \tag{2.2.5-1}$$
$$f(x)g(x) = \int f'(x) \cdot g(x)dx + \int f(x) \cdot g'(x)dx \tag{2.2.5-2}$$
と書けます．したがって，部分積分法を数学的に書くと，

定理 15　部分積分法
$$\int f'(x) \cdot g(x)dx = f(x)g(x) - \int f(x) \cdot g'(x)dx \tag{2.2.5-3}$$
$$\int f(x) \cdot g'(x)dx = f(x)g(x) - \int f'(x) \cdot g(x)dx \tag{2.2.5-4}$$

と書くことができます．この方法を部分積分法（*integration by parts*）と呼びます．

例えば，
$$\int x^2 \log x \, dx$$
を計算する場合，式 2.2.5-1 と比べて，$f(x) = \log x$，$g'(x) = x^2$ とするならば，
$$f'(x) = \frac{1}{x} \quad \text{および} \quad \int g'(x)dx = \int x^2 dx = \frac{1}{3}x^3 + C$$
というわけですから，
$$\int x^2 \log x dx = \frac{1}{3}x^3 \log x - \int \left(\frac{1}{3}x^3 \cdot \frac{1}{x}\right)dx + c$$
$$= \frac{1}{3}x^3 \log x - \frac{1}{3}\int x^2 dx + c = \frac{1}{3}x^3 \log x - \frac{1}{3} \cdot \frac{1}{3}x^3 + C$$
$$\therefore \int x^2 \log x dx = \frac{1}{3}x^3\left(\log x - \frac{1}{3}\right) + C$$
ここで，C は適当な積分定数です．実際に，上式の右辺を微分してみましょう．
$$\frac{d}{dx}\left\{\frac{1}{3}x^3\left(\log x - \frac{1}{3}\right)\right\} = \frac{1}{3} \cdot 3x^2\left(\log x - \frac{1}{3}\right) + \frac{1}{3}x^3\left(\frac{1}{x}\right) = x^2 \log x$$
ということで，確かめられます．では，例題を見ましょう．

例題 2.2.5-1

つぎの不定積分を求めよ．

(1) $\int x \sin x \, dx$ 　(2) $\int x \cos x \, dx$

まあ，どの教科書にもこの類の問題が出ています．解は察しがつくかもしれませんが，数学的に解が書ければよいということです．まあ，例題ですから答えはあるわけで，1 つの解だけではないわけです．ん？　変な言い方でですね．別解もあるよ，ということです．

例題 2.2.5-1 解答

(1)解答

式 2.2.5-4 を考えて，$f(x)=x, g'(x)=\sin x$ とおくと，$f'(x)=1, g(x)=-\cos x$
であり，したがって，
$$\int x\sin x dx = x\cdot(-\cos x)+\int (1\cdot(-\cos x))dx = \sin x - x\cos x + C$$

別解 ここで，ちょっとひねって考えてみましょう

問題に $x\sin x$ があるということは，解に $x\cos x$ が関係するだろうと予測し，$x\cos x$ を微分してみることにします．
$$(x\cos x)' = \cos x - x\sin x$$
このとき，問題(1)の式を導出するため，上式の両辺を積分します．
$$x\cos x = \int\cos x dx - \int x\sin x dx$$
となり，果たして，問題(1)の式が出てきました．右辺第 1 式は，積分でき，故に，
$$\int x\sin x dx = \sin x - x\cos x + C$$
です．確かめのため，上式を微分すると
$$x\sin x = \cos x - (\cos x - x\sin x)$$
で等号が成り立ちます．いかがでしょう．こんな解答もあります．

(2)解答

関数を 2 つにわけ，例えば，$f(x)=x, g'(x)=\cos x$ をおくと，$f'(x)=1, g(x)=\sin x$
であり，したがって，
$$\int x\cos x dx = x\sin x - \int 1\cdot\sin x dx = x\sin x + \cos x + C$$
ここで，確かめのため，上式の両辺を微分すると，
$$\frac{d}{dx}\left(\int x\cos x dx\right) = \frac{d}{dx}(x\sin x + \cos x + C)$$
$$\therefore \quad x\cos x = \sin x + x\cos x - \sin x$$
で等号が成りつ．

ということで，簡単でした．ここで，重要な公式は，式 2.2.1-3 で示した
$$\int \frac{d}{dx}f(x)dx = f(x)+C$$
です．

　覚えておいてください．もちろん，C は積分定数です．一度微分して，積分しても積分定数だけは評価できず，元の関数は得られないことです．微分と不定積分は，この意味で，非可逆な関係と言えます．$f(x)$ が x だけの関数である場合は，初期値を与えることによって，積分定数 C を決めることができます．そうです，換言すれば，特殊解を求めるわけです．具体的に，グラフが描ける表式を求める，と言ってもよいでしょう．

　さあ，定積分です．具体的な形式，とでも言いましょうか？　また，楽しい数式が並びますよ．

2.2. 不定積分

Short Rest 9.
「ガリレオ・ガリレイとは？」

　ガリレオ・ガリレイ（Galileo Galilei）はどこかで名前をお聞きになられた読者も多いと存じます．ガリレオはユリウス暦1564年2月15日7人兄弟の長男としてイタリア中西部のピサで生まれました．呉服商であり，フィレンツェ生まれの音楽家である父ヴィンチェンツォ（Vincenzo Galilei）から音楽の教育を受けました．ガリレオが10歳の時，父の宮廷の音楽の仕事のためにフィレンツェに引っ越し，まもなく，聖マリア修道院で勉強をし始めました．父に言われた「当たりだと思われている常識や理論が真実であると信じてばかりいては本当の真理が見えなくなるぞ」いう言葉を思い出し，アリストテレスの学説「重いものほど速く落下する」ということに疑問を持ちました．しかし，修道院にはこの答えを議論できる先生がいませんでした．

　その後，ガリレオはピサに戻り大学に入ることになりましたが，アリストテレスの学説はそこでも生きていました．しかし，そこで，ガリレオは，天文の問題や物理の問題について考える時に，アリストテレスの説や教会が支持する説など，既存の理論体系や多数派が信じている説に盲目的に従うのではなく，自分自身で実験も行って実際に起こる現象を自分の眼で確かめるという姿勢を貫き，有名な「振り子の等時性」「落体の法則」を発見し，近代科学の父と呼ばれるようになりました．25歳（1589年）でピサ大学の数学講師となったガリレオは，そこで様々な発見をしたのです．

　1592年パドバ大学に移り28歳で数学教授となり，，1610年まで幾何学，数学，天文学を教えました．この時期，彼は多くの画期的発見や改良を成し遂げています．そこで，ブトレマイオスが提唱した「天動説」に疑問を持ち，コペルニクスの「太陽が中心で，地球は太陽の回りを回っている」という地動説に傾いていきました．しかしながら，当時は地動説を唱えるものは，キリスト教にとっては都合が悪く，例えば，地動説を指示するジョルダン・ブルーノはローマ法王により処刑されてしまいました．ガリレオは迂闊に地動説の正しさを公表出来なかったのです．オランダで1608年に発明された望遠鏡（遠眼鏡）を見て，1609年ガリレオはガリレオ式遠眼鏡を作成して天体の観測をするようになりました．

　ピサ大学の教授兼トスカーナ大公付哲学者に任命され，研究を続け，1610年，また，フィレンツェに戻り，太陽の黒点の観察をしましたが，この研究によりガリレオは将来失明してしまいます（1637～1638年ころ）．地動説を認めてもらうために，ローマ法王パウロ5世に望遠鏡で実際に星を見てもらうことで地動説を提言しようとしたり，本を書いたりしましたが，結果として，逆に，法王庁の怒りを買うことになりました．その後執筆した本が法王庁の逆鱗に触れ，地動説の全面的不支持を誓わされたのです．その時言った有名な言葉が，ギリシャ語で「それでも地球は動く」です．1637年ころはすでに目が不自由になっていたので，口述筆記により，アリストテレスの学説の誤りを示した本を執筆しました．本が出版されたときは，両目が完全に失明していました．ガリレオは1642年1月9日に息子と弟子に見守られてこの世を去りました．そして，彼の最も優れた後継者であり，古典物理学の創始者とも言えるアイザック・ニュートンが生まれたのが，この1642年だったのは，果たして，偶然だったのでしょうか？

2. 積分

2.3. 定積分

2.3.1. 定積分とは

定義 8 定積分
定積分は，区間指定の定まった積分であり，
$y = f(x)$ で代表される 2 次元の場合は，
その関数と基準線との間にある範囲の面積を
$z = f(x, y)$ で代表される 3 次元の場合は
その関数と基準面との間にある範囲の体積を
求めることである．

前述したように，不定積分は，被積分関数から原始関数を積分定数つきで求めることでしたから，少々，話が違います．とは言うものの，原始関数を求めなければ定積分ができないのです．さて，ここでは，最も簡単な式：

$$y = px + q \tag{2.3.1-1}$$

を例にとって説明しましょう．定積分の意味を説明いたしましょう．図 **2.3.1-1** に示しますように，長方形のたし算として区間 $[a,b]$ で台形を足し合わせることを考えます．読者もどこかで見たことがあるでしょう．まあ，確認の意味で眺めて下さい．

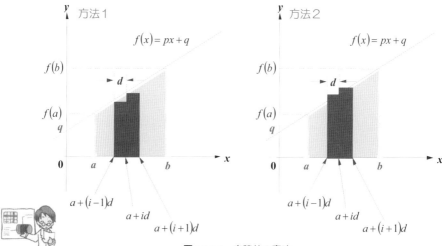

図 **2.3.1-1** 定積分の意味

まず，定積分とは，どのように計算するのでしょうか？定積分は 1 つの原始関数 $F(x)$ がある場合，区間 $[a,b]$ の a を下端，b を上端として，以下のように書きます：

$$\int_a^b f(x)dx = \left[F(x)\right]_a^b = F(b) - F(a) \tag{2.3.1-2}$$

ここで，式 2.3.1-2 の被積分関数 $f(x)$ は，$y = f(x) = px + q$ とすれば，定積分の結果は，

2.3. 定積分

$$\int_a^b y\,dx = \int_a^b f(x)\,dx = \int_a^b (px+q)\,dx = \left[\frac{1}{2}px^2 + qx\right]_a^b$$

となります．なぜなら，言うまでもないでですが，$f(x) = px + q$ の原始関数 $F(x)$ は，

$$F(x) = \frac{1}{2}px^2 + qx + C$$

です．したがって，定積分で求めた面積を S とすると，

$$S = \frac{1}{2}p(b^2 - a^2) + q(b-a) \tag{2.3.1-3}$$

となります．

さあ，今度は図 **2.3.1-1** に示した台形を足し算してみましょう．ここで，図 **2.3.1-1** の左図は右図に比べて少々小さいので，左図で求めた面積を S_n^-，右図求めた面積を S_n^+ とすると，区間 $[a,b]$ での面積は，

$$S_n^- \leqq S \leqq S_n^+ \tag{2.3.1-4}$$

となるのは明白です．え，明白でしょうか？ では，確かめてみましょう．

区間 $[a,b]$ を n 個に分割した場合，区間幅は $d = (b-a)/n$ ですから，方法 1 で求める S_n^- は，i 番目の短冊の面積が，$f(a+(i-1))\cdot d$ です．したがって，

$$\begin{aligned}
S_n^- &= \sum_{i=1}^n \{f(a+(i-1)d)\cdot d\} = \sum_{i=1}^n \{p(a+(i-1)d)+q\}\cdot d \\
&= \sum_{i=1}^n \{(pa+q)d + (i-1)pd^2\} = (pa+q)d\sum_{i=1}^n 1 + pd^2 \sum_{i=1}^n (i-1) \\
&= (pa+q)\frac{(b-a)}{n}n + p\left(\frac{(b-a)}{n}\right)^2 \cdot \frac{1}{2}n(n-1) \\
&= (pa+q)(b-a) + \frac{p(b-a)^2}{2}\cdot 1 \cdot \left(1 - \frac{1}{n}\right) \\
&= (pa+q)(b-a) + \frac{p(b-a)^2}{2}\cdot \left(1 - \frac{1}{n}\right)
\end{aligned} \tag{2.3.1-5}$$

となります．一方，方法 2 で求める S_n^+ は，i 番目の短冊の面積が，$f(a+id)\cdot d$ ですから

$$\begin{aligned}
S_n^+ &= \sum_{i=1}^n \{f(a+id)\cdot d\} = \sum_{i=1}^n \{p(a+id)+q\}\cdot d = \sum_{i=1}^n \{(pa+q)d + ipd^2\} \\
&= (pa+q)d\sum_{i=1}^n 1 + pd^2 \sum_{i=1}^n i = (pa+q)\frac{(b-a)}{n}\cdot n + p\left(\frac{(b-a)}{n}\right)^2 \frac{1}{2}n(n+1) \\
&= (pa+q)(b-a) + \frac{p(b-a)^2}{2}\cdot \left(1 + \frac{1}{n}\right)
\end{aligned} \tag{2.3.1-6}$$

と書けます．

ここで，分割数 n を限りなく大きくすれば，近似値 S_n^- および近似値 S_n^+ は，共に，S に近づくはずです．ここで，明らかに，

$$\lim_{n\to\infty} S_n^- = \lim_{n\to\infty} S_n^+ = (pa+q)(b-a) + \frac{p(b-a)^2}{2} \quad \left(\because \lim_{n\to\infty}\frac{1}{n}=0\right) \tag{2.3.1-7}$$

ですよね．さて，式 2.3.1-3 と比較するために，式 2.3.1-7 を変形します．式 2.3.1-7 を S_n とすれば，

$$\begin{aligned}
S_n &= (pa+q)(b-a) + \frac{p(b-a)^2}{2} = pa(b-a) + q(b-a) + \frac{p(b-a)^2}{2} \\
&= (b-a)\left\{pa + \frac{p(b-a)}{2}\right\} + q(b-a) \\
&= (b-a)\frac{p(a+b)}{2} + q(b-a) \\
\therefore \quad S_n &= \frac{p}{2}(b^2-a^2) + q(b-a)
\end{aligned} \tag{2.3.1-8}$$

> 素直に計算すれば出来ますよ．ただし，式 2.3.1-7 と比較するため，$(b-a)$ をうまく括りだすこと，という方針で式変形をします．

ということになり，式 2.3.1-3 と比較してすなわち，

$$\lim_{n\to\infty} S_n^- = \lim_{n\to\infty} S_n^+ = S_n = S$$

であることが分かりました．どうですか？ こんなの当たり前だと思っていることが，実際にそうであることが確認できました．

別の書き方をするならば，図 2.3.1-1 で $\Delta x_i = x_i - x_{i-1}$ とおき，$x_{i-1} < \alpha_i < x_i$ である α_i について，$\Delta S_i = f(\alpha_i)\Delta x_i$ を $x_0 = a$ から $x_n = b$ まで和をとれば，

$$S = \sum_{i=0}^{n-1} \Delta S_i = \sum_{i=0}^{n-1} f(\alpha_i)\Delta x_i \tag{2.3.1-9}$$

と書けます．ちなみに S をリーマン和[注4]と呼びます．図 2.3.1-1 で定義域 $[a,b]$ で式 2.3.1-9 が収束し，かつ，定義域 $[a,b]$ で $f(x)$ が連続で一価関数であるとき，$f(x)$ が積分可能であると言います．すなわち，分割数 n が無限に大きくなると，$f(a)$ から $f(b)$ まで，関数 $f(x)$ と x 軸との間の面積が精度良く求まることが分かります．このことを，

$$\int_a^b f(x)dx = \lim_{n\to\infty} \sum_{i=0}^{n-1} f(\alpha_i)\Delta x_i \tag{2.3.1-10}$$

と書きます．ここで，式 2.3.1-10 で極限が存在するとき，特に，リーマン可積分（*Riemann integrability*）であると呼びます．ここで，収束の話が出てきます．任意の $\varepsilon(>0)$ に対して適当な分割幅を $\Delta x_i = x_i - x_{i-1}$ とすれば，

$$\left|\sum_{i=0}^{n-1} f(\alpha_i)\Delta x_i - I\right| < \varepsilon \tag{2.3.1-11}$$

というように I に収束すると言い換えても良い訳です．ここで，式 2.3.1-10 の積分あるいは I をリーマン積分（*Riemann integral*）と呼びます．このように，リーマン和は，区分求積法と定積分の橋渡し，と言えます．リーマン積分はただの呼び名ですから驚くなかれ！著者は，単に，高校で習った積分そのものと理解しています．所謂，ふつうの定積分です．さて，ここで，例題を見てもらいましょう．

注4：「リーマン和」，「リーマン可積分」，「リーマン積分」は，いずれも，ドイツの数学者に Georg Friedrich Bernhard Riemann（1826/9/17 – 1866/7/20）に由来している．解析学，幾何学，数論の分野で業績を上げた．アーベル関数に関する研究によって当時の数学者から高く評価された．出展：ウィキペディア

2.3. 定積分

例題 2.3.1-1
半径 r の円の面積 S と周の長さ ℓ を求めなさい．

え！ 円の面積 S は $S = \pi r^2$ で，周の長さ ℓ は $\ell = 2\pi r$ だろう！という読者はいませんか？ 例題 2.3.1-1 は，何故そうなるかを問うています．さあどうしましょう？

例題 2.3.1-1 解答
図 **2.3.1-2** のように，微小角度 $d\theta$ に対する円弧の長さが $rd\theta$ であり，2つの半径 r と円弧で囲まれた微小な扇形の面積は，三角形の面積公式から，$(1/2) \cdot r \cdot rd\theta$ と書けるので，円の $1/4$ の面積を4倍すれば良い．したがって，円の面積は，

$$S = 4\int_0^{\pi/2} \frac{1}{2} r \cdot rd\theta = 2r^2 \int_0^{\pi/2} d\theta = 2r^2 \cdot \frac{\pi}{2} = \pi r^2 \quad (2.3.1\text{-}12)$$

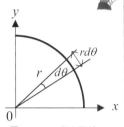

図 **2.3.1-2** 微小面積-1

となる．また，周は $rd\theta$ を円弧分の4倍であり

$$\ell = 4\int_0^{\pi/2} rd\theta = 4r\frac{\pi}{2} = 2\pi r \quad (2.3.1\text{-}13)$$

となる．

さあ，いかがでしょう．ん！？また疑問が…．何故，一般的に中心角が θ である円弧の長さは $r\theta$ なのでしょうか．素人質問の怖いところです．どうしてでしたっけ？

考えてみましょうか？ 右図の三角形を見てください．この三角形の面積は，ある程度 $d\theta$ は小さいとして，dh が r に直角であると近似すれば，$dh = r\sin d\theta \approx r\tan d\theta \approx rd\theta$ としても良いと言えます．

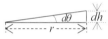

図 **2.3.1-3** 微小面積-2

したがって，中心角 θ の弧の長さ ℓ_θ は，

$$\ell_\theta = \int_0^\theta dh = \int_0^\theta rd\theta = r\int_0^\theta d\theta = r\theta \quad (2.3.1\text{-}13)$$

と書けます（しいて書くならばですが…）．これで，納得したでしょうか？

しかし，高校でやったそのままですね（*〜〜*!）．でも，項 2.3.4 で，もう一度この問題を取り上げ，別解を示しますので，ご容赦ください．行き着くのは，もうすぐです．定積分の性質

以下に，定積分の性質を列挙します．ただし，$a \leqq x \leqq b$ で関数 $f(x)$ および $g(x)$ は連続であり，開区間 $a < c < b$ を満たす c があり，k を定数，とするとき，

まとめとこう．

(性質1) $\displaystyle\int_a^b \{f(x) \pm g(x)\}dx = \int_a^b f(x)dx \pm \int_a^b g(x)dx$ $\quad (2.3.1\text{-}14)$

(性質2) $\displaystyle\int_a^b kf(x)dx = k\int_a^b f(x)dx$ $\quad (2.3.1\text{-}15)$

2. 積分

(性質3)　$a \leqq x \leqq b$ で，$f(x) \geqq 0$ である場合，$\int_a^b f(x) \geqq 0$ 　　　(2.3.1-16)

(性質4)　$a \leqq x \leqq b$ で，$f(x) \geqq g(x)$ ならば，$\int_a^b f(x)dx \geqq \int_a^b g(x)dx$ 　　　(2.3.1-17)

(性質5)　平均値の定理が成り立つ，すなわち，以下の式を満たす c がある：
$$\int_a^b f(x)dx = f(c)(b-a) \qquad (2.3.1\text{-}18)$$

(性質6)　$a < b < c$ を満たす c により，$\int_a^b f(x)dx = \int_a^c f(x)dx + \int_c^b f(x)dx$ 　　　(2.3.1-19)

(性質7)　$\int_a^b f(x)dx = -\int_b^a f(x)dx$ 　　　(2.3.1-20)

(性質8)　$\int_a^a f(x)dx = 0$ 　　　(2.3.1-21)

ここで，性質(5)の証明をする前に，関数の平均値の定理（*mean value theorem*）を紹介します．ここに，連続で滑らかな関数 $f(x)$ があると，区間 $a \leqq x \leqq b$ で，$f(a) < f(b)$，あるいは，$f(a) > f(b)$ である場合，$f(a)$ と $f(b)$ の間に $f(c)$ となる c $(a < c < b)$ が，少なくとも1つは存在する，という定理です．

さて，これを踏まえて，定積分の平均値の定理を見てみましょう．まず，区間 $a \leqq x \leqq b$ で $0 \leqq y \leqq c$ で囲まれた長方形の面積 S を積分で表すと，

$$S = \int_a^b c\, dx = c[x]_a^b = c(b-a) \qquad (2.3.1\text{-}22)$$

です．これは定義通りです．あるいは，

$$S = \int_a^b c\, dx = cx\big|_a^b = c(b-a)$$

と書く場合もありますので，留意しておいてください．

さて，このように，$f(x) = c$（定数）ならば，性質（上記性質5）となります．では，一般的に $f(x)$ が定数でないときは，どのように考えればよいでしょうか？

一般的に，$f(x)$ が連続で滑らかな関数であれば，区間 $a \leqq x \leqq b$ で最大値と最小値を持ちます（$f_{MIN} < f_{MAX}$ とします）．そこで，区間 $a \leqq p \leqq b$ である任意の $x = p$ について，$f_{MAX} \leqq f(p) \leqq f_{MIN}$ であると言えます．

そこで，区間 $a \leqq x \leqq b$ の任意の点 x について，

$$\int_a^b f_{MIN}\, dx \leqq \int_a^b f(x)dx \leqq \int_a^b f_{MAX}\, dx \qquad (2.3.1\text{-}23)$$

$$\Rightarrow\quad f_{MIN}(b-a) \leqq \int_a^b f(x)dx \leqq f_{MAX}(b-a) \qquad (2.3.1\text{-}24)$$

と書けます．したがって，$a \neq b$ である場合，f_{MIN} と f_{MAX} の間にある数を ξ とすると，

2.3. 定積分

$$f_{MIN} \leq \frac{1}{b-a}\int_a^b f(x)dx \leq f_{MAX} \quad , \quad \xi = \frac{1}{b-a}\int_a^b f(x)dx \qquad (2.3.1\text{-}25)$$

となる ξ があります．ここで，$f(x)$ は連続関数ですから，f_{MIN} と f_{MAX} 間の連続した x に対する $f(x)$ について，少なくとも1回は f_{MIN} と f_{MAX} 間で，$\xi = f(c)$ となる c が存在します．このとき，

$$\frac{1}{b-a}\int_a^b f(x)dx = f(c) \quad \therefore \quad \int_a^b f(x)dx = (b-a)f(c) \qquad (2.3.1\text{-}26)$$

となります．少々，ややこしいですが，いかがですか？．
　定積分の平均値の定理は，

$$\int_a^b f(x)dx = (b-a)f(a+\varepsilon(b-a)) \quad (0 < \varepsilon < 1)$$

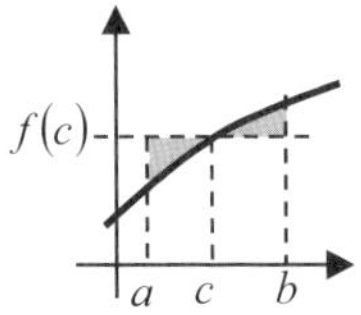

のようにも書けるというのも思い出しましたでしょうか．定積分の平均値の定理の意味は，図 **2.3.1-4** のように，灰色の部分の面積が等しくなる，$a < c < b$ を満たす c が必ずあることを意味します．

図 2.3.1-4　平均値の定理

　性質(6)および性質(7)は，積分の定義から証明できます．また，性質(8)は，性質(7)で $a = b$ の場合を考えれば証明できます．実際やってみますと，

$$\int_a^a f(x)dx = -\int_a^a f(x)dx \qquad (2.3.1\text{-}27)$$

ですから，「2」は 0 ではないことに注意して，

$$2\int_a^a f(x)dx = 0 \quad \therefore \quad \int_a^a f(x)dx = 0 \qquad (2.3.1\text{-}28)$$

となります．
　さあ，練習問題です．お浚いのような超簡単問題です．でも，なめちゃいかんですよ．頭の中でちょっと考えましょう．

練習問題 2.3.1-1　定義域内で $a < b < c$ である定数について，
$\int_a^b f(x)dx = -\int_b^a f(x)dx$ であることを用いて，$\int_a^b f(x)dx = \int_a^c f(x)dx + \int_c^b f(x)dx$ 証明せよ．

練習問題 2.3.1-1 解答
　題意から，

$$\int_a^c f(x)dx = \int_a^b f(x)dx + \int_b^c f(x)dx \quad \therefore \quad \int_a^b f(x)dx = \int_a^c f(x)dx - \int_b^c f(x)dx$$

である．また，仮定から，

$$\int_b^c f(x)dx = -\int_c^b f(x)dx$$

である．したがって，題意が証明された．

　難しいところはなっかたでしょう．当たり前です．高校生の問題ですから．忘れている読者は高校時代，あまり積分とか勉強していなかったんじゃな～い？　なんてね．

2.3.2. 積分区間

積分法では，複数の関数の間の面積が計算できます．例として，4つの関数 $f_1(x)$, $f_2(x)$, $f_3(x)$, $f_4(x)$ の関数を考えます（図 **2.3.2-1**）．$f_1(x)$ と $f_2(x)$ の間の面積を S_1，また，$f_3(x)$ と $f_4(x)$ の間の面積 S_2 の和 S を計算する場合，あるいは，差 S を計算する場合，

$$S = \left(\int_a^b f_1(x)dx - \int_a^b f_2(x)dx\right) \pm \left(\int_a^b f_3(x)dx - \int_a^b f_4(x)dx\right)$$

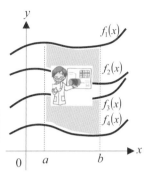

と素直に書きます．しかし，積分区間が同じ場合，

$$S = \int_a^b \{f_1(x) - f_2(x) \pm f_3(x) \mp f_4(x)\}dx$$

図 2.3.2-1 定積分の特徴

と書けるというのは便利な性質です．先に関数の和差を行うのです．定積分を計算するとき，積分区間が同じ場合は，これは，意外と便利な場合があります．一般的に書くと，

$$\int_a^b f_1(x)dx + \int_a^b f_2(x)dx + \cdots + \int_a^b f_n(x)dx = \int_a^b \{f_1(x) + f_2(x) + \cdots + f_n(x)\}dx$$
$$\sum_{i=1}^n \int_a^b f_i(x)dx = \int_a^b \left\{\sum_{i=1}^n f_i(x)\right\}dx \tag{2.3.2-1}$$

と書けます．

上記したのは，積分区間が同一の場合でした．今度は，積分区間の分割についてです．例えば，積分区間 $[a_1, a_n]$ について，

$$a_1 < a_2 < \cdots < a_{n-1} < a_n$$

である $a_1, a_2, \cdots, a_{n-1}, a_n$ を用いると，分割区間は $n-1$ 個あるので，

$$\int_{a_1}^{a_n} f(x)dx = \int_{a_1}^{a_2} f(x)dx + \int_{a_2}^{a_3} f(x)dx + \cdots + \int_{a_{n-1}}^{a_n} f(x)dx = \sum_{i=1}^{n-1}\left(\int_{a_i}^{a_{i+1}} f(x)dx\right) \tag{2.3.2-2}$$

と書くことができます．

ここで，例題を見ましょう．

例題 2.3.2-1

$a > b > 0$ なる定数について，$\displaystyle\int_{-a}^{a} |x^2 - b^2| dx$ を求めよ．

ここで，関数 $y = |x^2 - b^2|$ の例として，$b = 2$ の場合のグラフを図 **2.3.2-2** に示します．$y = 0$ のとき，$x = \pm 2$ で最小となります．

これを参考に，解答を見てください．まず，被積分関数の場合分けをし，積分領域を明確にしましょう．

$$-a \leq x \leq -b,\ -b \leq x \leq b,\ b \leq x \leq a$$

ですね．釈迦に説法ですね．ただ，定積分は，積分領域が重要なので敢て書きました．

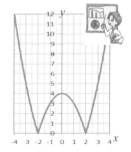

図 2.3.2-2 例題 2.3.4-1 のグラフ

2.3. 定積分

例題 2.3.2-1 解答
関数 $y=|x^2-b^2|$ で，$y=0$ とすると，$x=\pm b$ である．したがって，
1. $-a \leqq x \leqq -b$ および $b \leqq x \leqq a$ の区間　$y=x^2-b^2$
2. $-b \leqq x \leqq b$ の区間　は　$y=b^2-x^2$

に分けて積分 S を実行する．

$$S = \int_{-a}^{-b}(x^2-b^2)dx + \int_{-b}^{b}(b^2-x^2)dx + \int_{b}^{a}(x^2-b^2)dx$$

$$= \left[\frac{1}{3}x^3 - b^2 x\right]_{-a}^{-b} + \left[b^2 x - \frac{1}{3}x^3\right]_{-b}^{b} + \left[\frac{1}{3}x^3 - b^2 x\right]_{b}^{a}$$

$$= \left(\frac{1}{3}(-b)^3 - b^2(-b)\right) - \left(\frac{1}{3}(-a)^3 - b^2(-a)\right)$$

$$\quad + \left(b^2(b) - \frac{1}{3}(b)^3\right) - \left(b^2(-b) - \frac{1}{3}(-b)^3\right)$$

$$\quad + \left(\frac{1}{3}(a)^3 - b^2(a)\right) - \left(\frac{1}{3}(b)^3 - b^2(b)\right)$$

$$= \left(-\frac{1}{3}b^3 + b^3\right) - \left(-\frac{1}{3}a^3 + ab^2\right) + \left(b^3 - \frac{1}{3}b^3\right)$$

$$\quad - \left(-b^3 + \frac{1}{3}b^3\right) + \left(\frac{1}{3}a^3 - ab^2\right) - \left(\frac{1}{3}b^3 - b^3\right)$$

$$= \frac{2}{3}a^3 - 2ab^2 + \left(4 - \frac{4}{3}\right)b^3 = \frac{2}{3}a^3 - 2ab^2 + \frac{8}{3}b^3$$

いかがでしたか．ちなみに，確かめは，最後の式で $a=b$ とすれば，0 となります．積分の性質 8 からも明らかに 0 です．

懐かしい高校生の2年生程度の易しい問題でした．もうひとつ，高校生問題をやって見ましょうか．

例題 2.3.2-2
図 **2.3.2-3** のグラフについて，$S = \int_{1}^{4} f(x)dx$ を求めよ．（灰色の部分の面積）

被積分関数を書くまでも無いのですが，図 **2.3.2-3** から

$1 \leqq x \leqq 2 \quad \Rightarrow \quad y = f(x) = x$

$2 \leqq x \leqq 3 \quad \Rightarrow \quad y = f(x) = 2$

$3 \leqq x \leqq 4 \quad \Rightarrow \quad y = f(x) = x-1$

です．あとは，順に積分をすれば良いのです．簡単ですね．なんせ，高校生レベルですから（笑）．

では，例題の見なくてもよい答えを見ましょう．

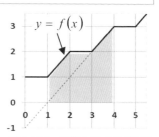

図 **2.3.2-3**　例題 2.3.2-2 のグラフ

例題 2.3.2-2 解答
$$S = \int_1^2 x\,dx + \int_2^3 2\,dx + \int_3^4 (x-1)\,dx$$
$$= \left[\frac{1}{2}x^2\right]_1^2 + 2[x]_2^3 + \left[\frac{1}{2}x^2 - x\right]_3^4 = \frac{3}{2} + 2 + \frac{5}{2} = 6$$

ということで，ここでは，区間によって積分の方法が変わることを説明いたしました．例題は簡単すぎますが，まあ，定積分の意味はお分かりになったと思います．特に，例題 2.3.2-2 は図 **2.3.2-2** のグラフを見ただけで答えが分かります．答えが分かるように，あえて，こんな例題を書きました．

さらに，「積分区間」の例題とは言い難いのですが，ちょっとした例題を見てみましょう．答えが面白いのです．

例題 2.3.2-3
原点が中心であり，半径 $\mathbf{r}\,(|\mathbf{r}| = r \neq 0)$ の球があり，その球の表面を S とする．ここで，空間座標に対する単位ベクトルを $\mathbf{e}_x, \mathbf{e}_y, \mathbf{e}_z$ とし，$\mathbf{r} = x\mathbf{e}_x + y\mathbf{e}_y + z\mathbf{e}_z$ とするとき，
$$\int_S \frac{\mathbf{r}}{r^3} \cdot \mathbf{n}\,dS$$
を計算せよ．ただし，$\mathbf{n}$ は球面 S に垂直で，$\mathbf{n} = (\mathbf{r}/r)$ である．

それほど難しくないと思いますが，いかがでしょう？

例題 2.3.2-3 解答
$\mathbf{r} \cdot \mathbf{r} = r^2$ ですから，
$$\int_S \frac{\mathbf{r}}{r^3} \cdot \mathbf{n}\,dS = \int_S \frac{\mathbf{r}}{r^3} \cdot \frac{\mathbf{r}}{r}\,dS = \int_S \frac{r^2}{r^4} \cdot dS$$
$$= \frac{1}{r^2}\int_S dS = \frac{1}{r^2} \cdot 4\pi r^2 = 4\pi$$

であり，解は，4π である．

球面に垂直な単位ベクトル $\mathbf{n}$ は，半径方向ですから，$\mathbf{r}/r$ であることに気付けば OK です．ここで，特徴的なのは，答えが半径 r に無関係であることです．言い方を変えれば，半径 1 の球の表面積と言っても良いでしょう．面白いですね．えっ，面白くない？ そうですか…．じゃ，次に行きますかね．

念のため申し上げますと，定積分の性質 1（式 2.3.1-14）は覚えておいてください．同じ区間での関数の和・差の定積分（図 **2.3.2-4**）は，同じ区間のそれぞれの関数の定積分の和・差に等しい，という性質です．

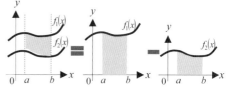

図 **2.3.2-4** 定積分の性質

2.3. 定積分

2.3.3. 線積分

　ここでは，理工系では良く現れる線積分（*line integral*）について説明しましょう．線積分とは，文字通り，線分路に沿って積分する方法です．一般的には，n 次元空間内に曲線 C があって，その曲線上の全ての点で連続な関数 $f_i(x_i)$ $(i = 1, 2, \cdots, n)$ があるとします．その場合，曲線 C 上の点 A を始点，点 B を終点としたとき，線積分 $\Gamma_{A \to B}$ は，

$$\Gamma_{A \to B} = \int_A^B \sum_{i=1}^n (f_i dx_i) \tag{2.3.3-1}$$

と書きます．具体的には，3 次元の場合は，関数

$$f_1 = p_1(x_1, x_2, x_3), \quad f_2 = p_2(x_1, x_2, x_3), \quad f_3 = p_3(x_1, x_2, x_3)$$

があって，

$$\Gamma_{A \to B} = \int_A^B \{p_1(x_1, x_2, x_3)dx_1 + p_2(x_1, x_2, x_3)dx_2 + p_3(x_1, x_2, x_3)dx_3\} \tag{2.3.3-2}$$

ですから，

$$\Gamma_{A \to B} = \int_A^B p_1(x_1, x_2, x_3)dx_1 + \int_A^B p_2(x_1, x_2, x_3)dx_2 + \int_A^B p_3(x_1, x_2, x_3)dx_3 \tag{2.3.3-3}$$

により，

$$\Gamma_{A \to B} = \sum_{i=1}^n \left(\int_A^B f_i dx_i \right) \tag{2.3.3-4}$$

とも書きます．2 次元ならば，もちろん，予想できますように，関数

$$f_1 = p_1(x_1, x_2), \quad f_2 = p_2(x_1, x_2)$$

により

$$\Gamma_{A \to B} = \int_A^B \sum_{i=1}^n (f_i dx_i) = \int_A^B \{p_1(x_1, x_2)dx_1 + p_2(x_1, x_2)dx_2\} \tag{2.3.3-5}$$

です．

　このように，線積分では，積分変数ごとに分割して積分ができます．すなわち，

$$\Gamma_{A \to B} = \int_A^B \sum_{i=1}^n (f_i dx_i) = \sum_{i=1}^n \int_A^B (f_i dx_i) \tag{2.3.3-6}$$

ができます．また，積分路を変えてはいけませんが，積分路を分割して積分ができます．例えば，N 個に分けた積分路では，

$$\Gamma_{A \to B} = \int_A^B \sum_{i=1}^n (f_i dx_i) = \sum_{k=1}^N \int_{A_k}^A \sum_{i=1}^n (f_i dx_i) \tag{2.3.3-7}$$

また，積分路の積分方向を逆にすると，積分値の正負が変わります．すなわち，

$$\Gamma_{A \to B} = \int_A^B \sum_{i=1}^n (f_i dx_i) = -\int_B^A \sum_{i=1}^n (f_i dx_i) = -\Gamma_{B \to A} \tag{2.3.3-8}$$

したがって，

$$\Gamma_{A \to B} + \Gamma_{B \to A} = 0 \tag{2.3.3-9}$$

が成り立ちます．

しかし，こんな説明をされてもさっぱりでしょうか（ ˆ ÷ ˆ ）．例を見てもらえば納得できると思います．そのあと戻って，もう一度，確認してください．

例を示しましょう．積分路 C に沿う微小部分 $d\mathbf{s}$ に力 $\mathbf{F}$ がかかる場合を考えます．微小区間 $d\mathbf{s}$ にかかる $\mathbf{F}$ の実際は，$\mathbf{F} \cdot d\mathbf{s}$ ですから，仕事 dW は，$dW = \mathbf{F} \cdot d\mathbf{s}$ で表されます．

したがって，積分路 C に沿う仕事の全量 W は，

$$W = \int_C dW = \int_C \mathbf{F} \cdot d\mathbf{s} \tag{2.3.3-10}$$

となります．ここで，積分路を反対方向から線積分すると，$d\mathbf{s}$ は $-d\mathbf{s}$ となりますから，その積分路を $\tilde{C}$ とすれば，

$$\int_{\tilde{C}} \mathbf{F} \cdot (-d\mathbf{s}) = -\int_C \mathbf{F} \cdot d\mathbf{s} \quad \text{すなわち，} \quad \int_{\tilde{C}} \mathbf{F} \cdot (-d\mathbf{s}) + \int_C \mathbf{F} \cdot d\mathbf{s} = 0 \tag{2.3.3-11}$$

となります．

この意味は重要で，同区間積分路で正方向と逆方向で線積分を行った結果の和は必ず 0 となります．図 **2.3.3-1** を見てください．任意の領域があって，周 C に沿う線積分を考えるとき，領域を分割した小さな領域 C_i での線積分の全ての和に等しい，ということです．すなわち，

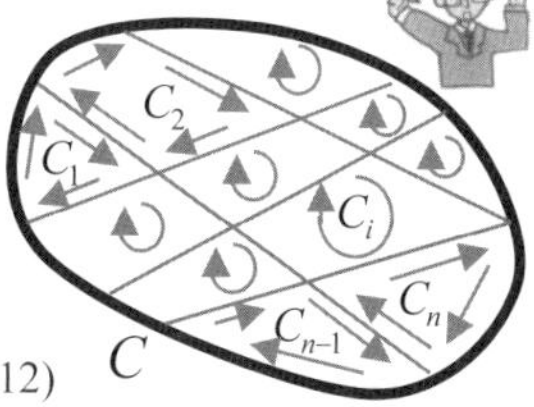

$$\oint_C = \oint_{C_1} + \oint_{C_2} + \cdots + \oint_{C_i} + \cdots + \oint_{C_{n-1}} + \oint_{C_n} = \sum_i \oint_{C_i} \tag{2.3.3-12}$$

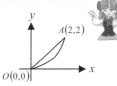

図 **2.3.3-1** 線積分の性質

ということです．例題を見てみましょう．

例題 2.3.3-1

線積分 $\displaystyle\int_C (xy\,dx + y^2\,dy)$

について，図 **2.3.3-2** に示す積分路 $O(0,0)$ から $A(2,2)$ への，(1) 直線の積分路と，(2) 曲線の積分路で計算しなさい．ここで，直線は $y = x$ であり，曲線は $y = (1/2)x^2$ である（図 **2.3.3-2**）．

図 **2.3.3-2** 線積分の積分路

ヒントは積分路の関数から dy，dx を計算することです．

(1) 積分路の関数が $y = x$ の場合は，

$dy = dx$

(2) 積分路の関数が $y = (1/2)x^2$ の場合は，

$dy = x\,dx$

ですよね．問題をもう一度読んで，解答を想像してみてください．

では，解答を見てみましょう．

例題 2.3.3-1 解答

(1) O から A にいたる積分路が $y = x$ の場合

$dy = dx$

であるから，与式の dy に代入すると，

2.3. 定積分

$$\int_0^2 (x \cdot x \cdot dx + x^2 dx) = \int_0^2 (2x^2 dx) = \left[\frac{2}{3}x^3\right]_0^2 = \frac{2}{3} \cdot 8 = \frac{16}{3}$$

(2) O から A にいたる積分路が $y = (1/2)x^2$ の場合

$$dy = xdx$$

であるから，与式の dy に代入すると，

$$\int_0^2 \left(x \cdot \frac{1}{2}x^2 dx + \left(\frac{1}{2}x^2\right)^2 (xdx)\right) = \int_0^2 \left(\frac{1}{2}x^3 + \frac{1}{4}x^5\right) dx$$

$$= \left[\frac{1}{8}x^4 + \frac{1}{24}x^6\right]_0^2 = \frac{3 \times 2^4 + 2^6}{24} = \frac{3 \times 2 + 2^3}{3} = \frac{6+8}{3} = \frac{14}{3}$$

ということで，分かりましたでしょうか．同じ点 O から点 A までの線積分でも積分路が異なると結果は違います．まあ，これは，あまり難しくなかったですから，だいじょうぶですね．

では，線積分が積分路によらない場合とは，どんなときでしょうか？ 積分路 C の上で，始点（固定点）$A(a,b)$ から終点（動点）$X(x,y)$ までの線積分を，

$$\Gamma(x,y) = \int_A^X \{p_1(x,y)dx + p_2(x,y)dy\} \tag{2.3.3-13}$$

と書くことにし，積分は積分路によらないと仮定しましょう．ここで，y には変化を与えず，x に増分 $\Delta x (>0)$ を加えた場合，点 A から点 $X(x,y)$ までの線積分を行った後に，$X^\Delta(x+\Delta x, y)$ までの線積分 $\Gamma^\Delta(x+\Delta x, y)$ を考えます．この場合，全部の積分は，

$$\Gamma^\Delta(x+\Delta x, y) = \int_A^{X^\Delta(x+\Delta x,y)} \{p_1(x,y)dx + p_2(x,y)dy\} \tag{2.3.3-14}$$

と書け，積分路が変えないように，上式 2.3.1-14 の右辺を，

$$\int_A^{X(x,y)} \{p_1(x,y)dx + p_2(x,y)dy\} + \int_{X(x,y)}^{X^\Delta(x+\Delta x,y)} \{p_1(x,y)dx + p_2(x,y)dy\} \tag{2.3.3-15}$$

と変更すると，

$$\Gamma^\Delta(x+\Delta x, y) = \Gamma(x,y) + \int_{X(x,y)}^{X^\Delta(x+\Delta x,y)} \{p_1(x,y)dx + p_2(x,y)dy\} \tag{2.3.3-16}$$

と書けることが分かります．さて，右辺の p_2 の積分は，「y には変化を与えず」という前提がありますので，当然，定積分は

$$\int_{X(x,y)}^{X^\Delta(x+\Delta x,y)} p_2(x,y)dy = 0 \tag{2.3.3-17}$$

となります．ここで，$\Delta x (>0)$ および平均値の定理（式 2.3.1-18）を用いれば，

$$\frac{\Gamma^\Delta(x+\Delta x, y) - \Gamma(x,y)}{\Delta x} = \frac{1}{\Delta x}\int_{X(x,y)}^{X^\Delta(x+\Delta x,y)} p_1(x,y)dx = p_1(x+\varepsilon\Delta x, y) \tag{2.3.4-18}$$

となるような $\varepsilon (0 < \varepsilon < 1)$ が存在します．

ここで，Δx を限りなく 0 に近づけると，どうなるでしょう？ 察しは付きますね

しかし，こんな説明をされてもさっぱりでしょうか（^÷^）．例を見てもらえば納得できると思います．そのあと戻って，もう一度，確認してください．

例を示しましょう．積分路 C に沿う微小部分 $d\mathbf{s}$ に力 $\mathbf{F}$ がかかる場合を考えます．微小区間 $d\mathbf{s}$ にかかる $\mathbf{F}$ の実際は，$\mathbf{F} \cdot d\mathbf{s}$ ですから，仕事 dW は，$dW = \mathbf{F} \cdot d\mathbf{s}$ で表されます．

したがって，積分路 C に沿う仕事の全量 W は，

$$W = \int_C dW = \int_C \mathbf{F} \cdot d\mathbf{s} \tag{2.3.3-10}$$

となります．ここで，積分路を反対方向から線積分すると，$d\mathbf{s}$ は $-d\mathbf{s}$ となりますから，その積分路を $\widetilde{C}$ とすれば，

$$\int_{\widetilde{C}} \mathbf{F} \cdot (-d\mathbf{s}) = -\int_C \mathbf{F} \cdot d\mathbf{s} \quad \text{すなわち，} \quad \int_{\widetilde{C}} \mathbf{F} \cdot (-d\mathbf{s}) + \int_C \mathbf{F} \cdot d\mathbf{s} = 0 \tag{2.3.3-11}$$

となります．

この意味は重要で，同区間積分路で正方向と逆方向で線積分を行った結果の和は必ず0となります．図 **2.3.3-1** を見てください．任意の領域があって，周 C に沿う線積分を考えるとき，領域を分割した小さな領域 C_i での線積分の全ての和に等しい，ということです．すなわち，

$$\oint_C = \oint_{C_1} + \oint_{C_2} + \cdots + \oint_{C_i} + \cdots + \oint_{C_{n-1}} + \oint_{C_n} = \sum_i \oint_{C_i} \tag{2.3.3-12}$$

図 **2.3.3-1** 線積分の性質

ということです．例題を見てみましょう．

例題 2.3.3-1

線積分 $\int_C (xy\,dx + y^2\,dy)$

について，図 **2.3.3-2** に示す積分路 $O(0,0)$ から $A(2,2)$ への，(1)直線の積分路と，(2)曲線の積分路で計算しなさい．ここで，直線は $y = x$ であり，曲線は $y = (1/2)x^2$ である（図 **2.3.3-2**）．

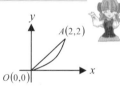

図 **2.3.3-2** 線積分の積分路

ヒントは積分路の関数から dy，dx を計算することです．

(1) 積分路の関数が $y = x$ の場合は，

　　$dy = dx$

(2) 積分路の関数が $y = (1/2)x^2$ の場合は，

　　$dy = x\,dx$

ですよね．問題をもう一度読んで，解答を想像してみてください．

では，解答を見てみましょう．

例題 2.3.3-1 解答

(1) O から A にいたる積分路が $y = x$ の場合

　　$dy = dx$

であるから，与式の dy に代入すると，

2.3. 定積分

$$\int_0^2 (x \cdot x \cdot dx + x^2 dx) = \int_0^2 (2x^2 dx) = \left[\frac{2}{3}x^3\right]_0^2 = \frac{2}{3} \cdot 8 = \frac{16}{3}$$

(2) O から A にいたる積分路が $y = (1/2)x^2$ の場合
$$dy = xdx$$
であるから，与式の dy に代入すると，
$$\int_0^2 \left(x \cdot \frac{1}{2}x^2 dx + \left(\frac{1}{2}x^2\right)^2 (xdx)\right) = \int_0^2 \left(\frac{1}{2}x^3 + \frac{1}{4}x^5\right) dx$$
$$= \left[\frac{1}{8}x^4 + \frac{1}{24}x^6\right]_0^2 = \frac{3 \times 2^4 + 2^6}{24} = \frac{3 \times 2 + 2^3}{3} = \frac{6+8}{3} = \frac{14}{3}$$

ということで，分かりましたでしょうか．同じ点 O から点 A までの線積分でも積分路が異なると結果は違います．まあ，これは，あまり難しくなかったですから，だいじょうぶですね．

では，線積分が積分路によらない場合とは，どんなときでしょうか？　積分路 C の上で，始点（固定点）$A(a,b)$ から終点（動点）$X(x,y)$ までの線積分を，

$$\Gamma(x,y) = \int_A^X \{p_1(x,y)dx + p_2(x,y)dy\} \tag{2.3.3-13}$$

と書くことにし，積分は積分路によらないと仮定しましょう．ここで，y には変化を与えず，x に増分 $\Delta x (>0)$ を加えた場合，点 A から点 $X(x,y)$ までの線積分を行ったの後に，$X^\Delta(x+\Delta x, y)$ までの線積分 $\Gamma^\Delta(x+\Delta x, y)$ を考えます．この場合，全部の積分は，

$$\Gamma^\Delta(x+\Delta x, y) = \int_A^{X^\Delta(x+\Delta x, y)} \{p_1(x,y)dx + p_2(x,y)dy\} \tag{2.3.3-14}$$

と書け，積分路が変えないように，上式 2.3.1-14 の右辺を，

$$\int_A^{X(x,y)} \{p_1(x,y)dx + p_2(x,y)dy\} + \int_{X(x,y)}^{X^\Delta(x+\Delta x, y)} \{p_1(x,y)dx + p_2(x,y)dy\} \tag{2.3.3-15}$$

と変更すると，

$$\Gamma^\Delta(x+\Delta x, y) = \Gamma(x,y) + \int_{X(x,y)}^{X^\Delta(x+\Delta x, y)} \{p_1(x,y)dx + p_2(x,y)dy\} \tag{2.3.3-16}$$

と書けることが分かります．さて，右辺の p_2 の積分は，「y には変化を与えず」という前提がありますので，当然，定積分は

$$\int_{X(x,y)}^{X^\Delta(x+\Delta x, y)} p_2(x,y) dy = 0 \tag{2.3.3-17}$$

となります．ここで，$\Delta x (>0)$ および平均値の定理（式 2.3.1-18）を用いれば，

$$\frac{\Gamma^\Delta(x+\Delta x, y) - \Gamma(x,y)}{\Delta x} = \frac{1}{\Delta x} \int_{X(x,y)}^{X^\Delta(x+\Delta x, y)} p_1(x,y) dx = p_1(x + \varepsilon \Delta x, y) \tag{2.3.4-18}$$

となるような $\varepsilon (0 < \varepsilon < 1)$ が存在します．

ここで，Δx を限りなく 0 に近づけると，どうなるでしょう？　察しは付きますね

2. 積分

$$\frac{\partial \Gamma(x,y)}{\partial x} = p_1(x,y) \tag{2.3.3-19}$$

となります．同様に，x は変化させず，y に増分 $\Delta y(>0)$ を加えた場合は，

$$\frac{\partial \Gamma(x,y)}{\partial y} = p_2(x,y) \tag{2.3.3-20}$$

となります．なんか見えてきましたね．そうです，式 2.3.3-19 および式 2.3.3-20 から，

$$\frac{p_1(x,y)}{\partial x} = \frac{\partial^2 \Gamma(x,y)}{\partial x \partial y} = \frac{p_2(x,y)}{\partial y} \tag{2.3.3-21}$$

であり，また，式 2.3.3-13 からも分かるように，

$$d\Gamma(x,y) = \frac{\partial \Gamma(x,y)}{\partial x}dx + \frac{\partial \Gamma(x,y)}{\partial y}dy = p_1(x,y)dx + p_2(x,y)dy \tag{2.3.3-22}$$

です．このとき，式 2.3.3-13 が経路によらない条件は，

$$\frac{p_1(x,y)}{\partial y} = \frac{p_2(x,y)}{\partial x} \tag{2.3.3-23}$$

です．そのとき，ポテンシャル関数 $\Gamma(x,y)$ が存在する，といいます．では，

$$\Gamma(x,y,z) = \int_A^X \{p_1(x,y,z)dx + p_2(x,y,z)dy + p_3(x,y,z)dz\} \tag{2.3.3-24}$$

が経路によらない条件はといえば，式 2.3.3-23 から推察できるように，次式です．

$$\frac{\partial p_1}{\partial y} = \frac{\partial p_2}{\partial x}, \quad \frac{\partial p_2}{\partial z} = \frac{\partial p_3}{\partial y}, \quad \frac{\partial p_3}{\partial x} = \frac{\partial p_1}{\partial z} \tag{2.3.3-25}$$

さて，円の面積や円周の長さの公式をすでに例題 2.3.1-1 で取り上げています．ここでは，別途，異なる方法で解答してみます．

例題 2.3.3-2 半径 $r(>0)$ の円周の長さ ℓ と円の面積 S を求めなさい．

例題 2.3.3-2 解答

半径 r である円の式は，$x^2 + y^2 = r^2$ であり，その微分は，$xdx + ydy = 0$ である．したがって，$dy = -(x/y)dx$ です．また，円周上の点 $P(x,y)$ における，円周に沿う弧の線素（微小部分の長さ）を ds とすると，

$$ds = \sqrt{(dx)^2 + (dy)^2} = \sqrt{(dx)^2 + ((-x/y)dx)^2}$$
$$= dx\sqrt{1 + (x/y)^2} = dx\sqrt{y^2 + x^2}(1/|y|) = (r/|y|)dx$$

$r = \sqrt{x^2+y^2}$ をうまく使いましょう

となる．ここで，$|y| = \sqrt{r^2 - x^2}$ である．

したがって，y について上式を $-r$ から r までを積分（半円分）して，それを 2 倍すれば円周の長さ ℓ が得られるが，ここままでは，積分ができない．ここでは，$x = r\cos\theta$ 遠く．このとき，$dx = -r\sin\theta d\theta$ であり，$x = -r$ で $\theta = \pi$，$x = r$ で $\theta = 0$ であることに注意して変数変換をすると，円周の長さ ℓ が求められる．

さあ，もう少しです．しかし，答えは，$2\pi r$ と分かっているのに，読者には苦労させます．なんで，ここまでと，お思いでしょうが，我慢して読んでください．続きをどうぞ．

2.3. 定積分

$$\ell = 2r\int_{-r}^{r}\frac{dx}{\sqrt{r^2-x^2}} = 2r\int_{\pi}^{0}\frac{-r\sin\theta\,d\theta}{\sqrt{r^2-x^2}}$$
$$= 2r\int_{\pi}^{0}\frac{-\sin\theta\,d\theta}{\sin\theta} = -2r\int_{\pi}^{0}d\theta = -2r(-\pi) = 2\pi r \quad \therefore \quad \ell = 2\pi r$$

と求まる．次に円の面積を求める．

$0 < r' \leq r$ である r および $r' = r + dr$ $(dr > 0)$ である r' について，中心が同じで，半径 r と r' で作る2つ円を考えると，2つの円の差はドーナツのようになる．それを円環と呼び，その円環の幅は dr である，円周の長さ ℓ は $2\pi r$ であり，差の円環部の面積 dS は

$$dS = \ell dr = 2\pi r\,dr$$

である．したがって，この円環を $0\sim r$ で積分すれば，円の面積 S は

$$S = \int_0^r dS = \int_0^r 2\pi r\,dr = 2\pi\left[\frac{r^2}{2}\right]_0^r = \pi r^2$$

として，半径 r の円の面積 S が求められた．

というわけで，少々諄い説明をしてしまいました．

2.3.4. 二重積分

軸および y 軸で積分する場合で，例えば，積分範囲が有限で，例えば，x 軸：$a \leq x \leq b$；y 軸：$c \leq y \leq d$ なる場合に対して，$y = f(x, y)$ が連続であるとき，

$$\int_a^b\int_c^d f(x,y)dxdy = \int_c^d\left(\int_a^b f(x,y)dx\right)dy = \int_c^d dy\left(\int_a^b f(x,y)dx\right)$$
$$= \int_a^b\left(\int_c^d f(x,y)dy\right)dx = \int_a^b dx\left(\int_c^d f(x,y)dy\right) \quad (2.3.4\text{-}1)$$

として，積分することができます．このように，積分変数が2つある場合を二重積分と呼びます．特に，$y = f(x,y) = \phi(x)\varphi(y)$ である場合は，面白いことですが，

$$\int_a^b\int_c^d f(x,y)dxdy = \int_a^b \phi(x)dx \cdot \int_c^d \varphi(y)dy \quad (2.3.4\text{-}2)$$

とすることができます．ここで，この考えを拡張すると，一般的には，

$$\int_{P_1}\int_{P_2}\cdots\int_{P_n} f(x_1, x_2, \cdots, x_n)dx_1 dx_2 \cdots dx_n = \int_{P_n} dx_n \int_{P_{n-1}} dx_{n-1} \cdots \int_{P_1} f(x_1, x_2, \cdots, x_n)dx_1 \quad (2.3.4\text{-}3)$$

あるいは，

$$\int_{P_1}\int_{P_2}\cdots\int_{P_n} f(x_1, x_2, \cdots, x_n)dx_1 dx_2 \cdots dx_n = \int_{P_n}\left(\cdots\left(\int_{P_2}\left(\int_{P_1} f(x_1, x_2, \cdots, x_n)dx_1\right)dx_2\right)\cdots\right)dx_n$$

のようになります．これを多重積分といいます．$f(x_1, x_2, \cdots, x_n) = \alpha(x_1)\beta(x_2)\cdots\gamma(x_n)$ の場合は，式 2.3.3-3 と同様に，計算できます．

では，やってみましょう．計算を進めると，

$$\iint_{P_1 P_2}\cdots\int_{P_n} f(x_1,x_2,\cdots,x_n)dx_1 dx_2\cdots dx_n = \int_{P_1}\alpha(x_1)dx_1\int_{P_2}\beta(x_2)dx_2\cdots\int_{P_n}\gamma(x_n)dx_n \quad (2.3.4\text{-}4)$$

となります．このように，多数変数の非積分関数が，変数ごとの関数の積として表すことが出来れば積分は簡単になることを示しています．簡単な例を示しましょう．

例題 2.3.4-1　次の二重積分を求めよ．
$$\int_2^4 dx \int_1^x \frac{x}{y^2} dy$$

例題 2.3.4-1 解答
$$\int_2^4 dx\int_1^x \frac{x}{y^2}dy = \int_2^4 x dx \int_1^x \frac{1}{y^2}dy = \int_2^4 x\left[-\frac{1}{y}\right]_1^x dx$$
$$= \int_2^4 x\left(-\frac{1}{x}+1\right)dx = \int_2^4 (x-1)dx = \left[\frac{x^2}{2}-x\right]_2^4 = \frac{12}{2}-2 = 4$$

如何でした．難しくはないでしょう．次も，分離して解きます．

例題 2.3.4-2　次の二重積分を求めよ．
$$\int_a^b dx \int_c^d dy$$

例題 2.3.4-2 解答
$$\int_a^b dx \int_c^d dy = \int_a^b [y]_c^d dx = \int_a^b (d-c)dx = (d-c)[x]_a^b = (d-c)(b-a)$$

ということです．例は簡単すぎましたかね．しかし，本来，そう簡単な多重積分はありません．次の例題はいかがでしょう．

例題 2.3.4-2　領域 $D(0 \le x \le a, 0 \le y \le b)$ で，の二重積分を求めよ．
$$\iint_{D\,D} e^{ax+by} dxdy \quad (ab \ne 0)$$

この問題は難しそうでが，基本です．引掛けもあります．それに気が付けば終わりです．この問題は，式 2.3.4-2 が使えます，というのがヒントです．

例題 2.3.4-2 解答

問題は，以下のように，分離ができる
$$\iint_{D\,D} e^{ax+by}dxdy = \iint_{D\,D} e^{ax}e^{by}dxdy = \int_0^a e^{ax}dx \int_0^b e^{by}dy$$
$$= \int_0^a e^{ax}dx \int_0^b e^{by}dy = \left[\frac{1}{a}e^{ax}\right]_0^a \cdot \left[\frac{1}{b}e^{bx}\right]_0^b$$
$$= \frac{1}{ab}\left(e^{a^2}-1\right)\left(e^{b^2}-1\right)$$

というわけで，二重積分の基礎をご紹介しました．

いかがでしたか，お気に召しましたか

2.3. 定積分

2.3.5. デルタ関数

以下，議論を進めていく上で重要な関数の１つがデルタ関数（delta function）$\delta(x)$です．デルタ関数は，「ディラックの」という接頭語が付く場合や，単に，「ディラックのデルタ」と呼ばれる場合があります．また，一部の工学系で，インパルス関数（*impulse function*）とも呼ばれます．ちなみに，クロネッカーのデルタδ_{ij}とは，似て非なる関数です．また，デルタ関数は，数学的に関数の部類ではないようです．それ自体が$\delta(x) = ax + b$のような定義をして扱うことがないので，超関数に分類されているようです．数学的な分類数学者に任せて，ここでは，デルタ関数の性質の紹介を若干行います．

デルタ関数は，$\delta(x)$と書いて，

$$\delta(x) = \begin{cases} \infty & x = 0 \\ 0 & x \neq 0 \end{cases} \tag{2.3.5-1}$$

という表式です．正則な実関数$f(x)$との積の積分形で表した場合，

$$\int_{-\infty}^{\infty} f(x)\delta(x - x_0)dx = f(x_0) \tag{2.3.5-2}$$

となります．正則な関数とは，実数関数で至る所で微分可能である関数であるとします．ここで，$x_0 = 0$とすれば，

$$\int_{-\infty}^{\infty} f(x)\delta(x)dx = f(0) \tag{2.3.5-3}$$

となります．さらに．$f(x)$を恒等的に$f(x) = 1$の場合は，

$$\int_{-\infty}^{\infty} \delta(x)dx = 1 \tag{2.3.5-4}$$

となります．デルタ関数のフーリエ積分による表現があります．すなわち，

$$\delta(x) = \frac{1}{2\pi}\int_{-\infty}^{\infty} e^{i\omega x}d\omega \quad, \text{あるいは,} \quad \delta(x) = \frac{1}{2\pi}\int_{-\infty}^{\infty} e^{-i\omega x}d\omega \tag{2.3.5-5}$$

です．ちなみに，デルタ関数は偶関数的な性質を持ちます．なぜなら，上式から，$\delta(x) = \delta(-x)$ですから．

また，具体的な関数形としての近似は，Sinc 関数を用いた，

$$\delta(x) = \lim_{p \to \infty} \frac{\sin px}{\pi x} \tag{2.3.5-6}$$

という書き方もあります．なぜでしょう．式 2.3.6-5 を実際に計算すると，

$$\delta(x) = \lim_{p \to \infty} \frac{1}{2\pi}\int_{-p}^{p} e^{i\lambda x}d\lambda = \lim_{p \to \infty} \frac{1}{2\pi}\left[\frac{1}{ix}e^{i\lambda x}\right]_{-p}^{p} = \lim_{p \to \infty} \frac{1}{i2\pi x}\left(e^{ipx} - e^{-ipx}\right) \tag{2.3.5-7}$$

$$= \lim_{p \to \infty} \frac{1}{i2\pi x}(2i)\sin px = \lim_{p \to \infty} \frac{\sin px}{\pi x} \quad \therefore \quad \delta(x) = \lim_{p \to \infty} \frac{\sin px}{\pi x}$$

だからです．さて，クイズです：オイラー公式を使った場所はどこでしょう？いかがでしたか．デルタ関数は，超関数に分類され，様々な性質を持っています．さらに，次節で説明するグリーン関数の説明ではなくてはならない関数なのです．

Short Rest 10.
「重力と引力と人工衛星軌道」

地球の周りを回っている人工衛星は，常に，地球に向かって落ちています．ん！？　と思われるかもしれませんが，逆に，地球に向かって落ちていなければ，ニュートン力学により，等速運動をして宇宙の彼方に飛んでいってしまいます．地球に向かって落ちるという原因は，地球の引力（attraction）$\mathbf{F}$ です．$\mathbf{F}$ は，ベクトルであり，

$$\mathbf{F} = G\frac{Mm}{r^2}\mathbf{e}_r$$

という式で表現されます．ここで，G は万有引力係数で6.67×10^{-11} $m^3 \sec^{-2} kg^{-1}$, Mは地球の質量で 5.96×10^{24} kg，m は人工衛星の質量です．また，$\mathbf{e}_r$ は地球の中心に向かう単位ベクトルです．

ここで，「ひまわり」などの静止衛星の位置を計算してみましょう．静止衛星というのは常に宇宙空間に止まっているように見える衛星のことです．この状態を物理学的に言うと，地球と同じ角速度Vで回転している，と言えます．角速度Vは$V = r\omega$と書けます．ここで，rは中心から回転する物体までの距離，ωは$\omega = 2\pi f$と書かれ，πは円周率，f は物体が一周する周期の逆数です．静止衛星は１日です．このときに，物体にかかる遠心力（centrifugal force）は $\mathbf{F}_C = mr\omega^2$です．遠心力の式から，衛星までの距離$r$が遠いほど移動速度が速くなり，遠心力が大きくなる，ということが分かります．ここで，地球の重力$\mathbf{G}$（gravity）は，$\mathbf{G} = \mathbf{F} + \mathbf{F}_C$の如き引力と遠心力（負数）のベクトル和となります．

さて，静止衛星の位置は，赤道の位置であり，遠心力$\mathbf{F}_C$と万有引力$\mathbf{F}$ が釣り合うことから，地球の中心から衛星まの距離rを求めることができます．すなわち，

$$mr\omega^2 = G(Mm/r^2) \quad \therefore \quad r = \sqrt[3]{GM/\omega^2} \qquad \omega^2 = 2\pi/(24 \times 60 \times 60)^2 = 5.3 \times 10^{-9}$$

ここで，GMは，地球の半径$R = 6371$km，$g = 9.8$ m/s² から，$GM = gR^2 \cong 4.0 \times 10^{14}$ ですから，$r = \sqrt[3]{4.0 \times 10^{14}/5.3 \times 10^{-9}} = 42260 (km)$であることがわかります．$r = 42260$ km から，地球の半径$R = 6371$ km を差し引いて，地表から静止衛星までの距離（高度）はD = 35,889 km と求まります．ほぼ，36,000 km ということになります．月までは約 384,400 km ですから，その一割程度ということになります．

ちなみに，「ひまわり」は，日本の気象観測を行う静止衛星・気象衛星の愛称です．実際の衛星の名前は打ち上げるごとに名前が変わります．「ひまわり」は，世界気象機関（WMO）と国際科学会議（ICSU）が共同で行なった地球大気観測計画（GARP）の一環として計画されたものでして、得られた気象情報は東アジア・太平洋地域の他国にも提供しています。2015 年 7 月 7 日より，「ひまわり 8 号」が気象観測を行っています．「ひまわり 9 号」は，H-IIA ロケット 31 号機により 2016 年 11 月 2 日（水）15 時 20 分に打ち上げ成功し，現在は，軌道上高度約 35,786 km で待機し，2022 年から「ひまわり 8 号」と交代して 2028 年まで運用される予定になっているようです．かかった費用は，同設計の「ひまわり 8 号」と合わせ，衛星製作費用約 340 億円，打上げ費用約 210 億円だそうです．

2.4. グリーン関数

　本書は微分・積分をテーマにした本です．したがって，グリーン関数（*green function*）の説明は避けて通れないと感じました．しかし，著者もあまり使ったことも触れたこともない関数で，参考になる教科書の殆どはここで紹介するレベルではありません．そのため，インターネットに掲載されている割と優しく書かれている説明を参考にし，内容は，より分かりやすく，式展開を示します．グリーン関数は，導入者であるイギリスの数学者であり物理学者であったジョージ・グリーン (George Green) の名に因んだ関数で，微分方程式の解法を与える関数です．

　さて，実際，グリーン関数の説明で多いのが，電磁気学に出てくる静電ポテンシャルですので，静電ポテンシャルをここで扱う主たる例として説明したいと思います．

2.4.1. グリーン関数とは

　上述しましたように，グリーン関数は微分方程式の解法で現れます．表現は，参考書により異なりまが，

$$L(x)f(x) = \lambda(x)，あるいは， \tag{2.4.1-1}$$
$$L(x)f(x) + \lambda(x) = 0 \tag{2.4.1-2}$$

で表されます．もちろん，いずれも微分方程式です．ここでは，式 2.4.1-2 の表式を用いましょう（符号の問題で，どちらでの良いのですが，・・・）．ここで，$L(x)$はxに関する線形演算子と呼びます．なんか▽（ナブラ）に似ていますね．また，$f(x)$および$\lambda(x)$はxの関数です．グリーン関数を用いれば，$L(x)$と$\lambda(x)$が与えられたとき，微分方程式の解$f(x)$を$\lambda(x)$によって，簡単に表すことができます．このことを説明してみましょう．ここで重要なのが項 2.3.5 で紹介しましたデルタ関数$\delta(x)$です．デルタ関数の形状を確認するため，次式のような関数をグラフに描いて見てみましょう．

$$\delta(x - x_0) = \frac{\alpha}{(x - x_0)^2 + \alpha} \tag{2.4.1-3}$$

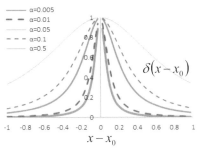

図 2.4.1-1 デルタ関数の性質

ここで，式 2.4.1-3 が表すグラフが**図 2.4.1-1** です．パラメータαによりグラフ内の線の広がり具合が変わります．グラフを見てください．横軸は$x - x_0$です．図から分かるように，αが小さくなると$\delta(x - x_0)$は，$x - x_0 = 0$の極近傍で，すなわち，図の横軸で 0 付近の値が急激に増加します．ここで，αを次第に小さくすると，パルスのような形にどんどん近づいて，$x \neq x_0$の場合は，0 に収束していきます．どうですか，なんとなく，クロネッカーのδなんか似てますね．違うのは，クロネッカーのδは添え字ijの同異で決まりますが，デルタ関数は，関数内のx, x_0の違いが関係し，しかも，次のように，積分形で利用されています．

それでは，グリーン関数の話にもどしましょう．グリーン関数は，原因と結果を結びつける仲介役です．フィルターみたいな感じです．グリーン関数の表式ですが，2通りあって，位置ベクトル $\mathbf{r}, \mathbf{r}_0$ を用いる場合は，
（1） $G(\mathbf{r}|\mathbf{r}_0)$　　（2） $G(\mathbf{r}-\mathbf{r}_0)$
と表し，関数の変数 x, x_0 を用いる場合は，
（1） $G(x|x_0)$　　（2） $G(x-x_0)$
ですが，著者は（1）の表式が好きなので，以下，（1）を用います．

さて，式 2.4.1-2 に示しました微分方程式：
$$L(x)f(x)+\lambda(x)=0 \tag{2.4.1-4}$$
に関して，の解を考えます．このとき，グリーン関数について，
$$L(x)G(x|x_0)+\delta(x-x_0)=0 \tag{2.4.1-5}$$
を満たす $G(x|x_0)$ が求まったとします．このとき，
$$f(x)=\int G(x|x_0)\lambda(x_0)dx_0 \tag{2.4.1-6}$$
が解です．なぜなら，$L(x)$ は線形演算子ですから，
$$L(x)f(x)=\int L(x)G(x|x_0)\lambda(x_0)dx_0 \tag{2.4.1-7}$$
と書けます．したがって，式 2.4.1-5 を代入して，
$$L(x)f(x)=\int\{-\delta(x-x_0)\}\lambda(x_0)dx_0=-\lambda(x) \tag{2.4.1-8}$$
ですから，式 2.4.1-7 は式 2.4.1-4 に一致し，求めたグリーン関数 $G(x|x_0)$ により，式 2.4.1-2 の解を式 2.4.1-6 で表現できました．式 2.4.1-1 についても同様に議論ができます．えっ，って感じですか．これが，グリーン関数の素晴らしさです．ここで安心しないでください．この議論は概念的な式変形です．具体的な微分演算子があって，具体的なグリーン関数が求めなければ，式 2.4.1-2 は解けないのです．

グリーン関数 $G(x|x_0)$ を求めるには，具体的な問題を考える必要があります．そこで，前述しましたように，電磁気学の問題を考えてみることにします．

2.4.2. 電磁気学での利用

電磁気学では，空間の位置 $\mathbf{r}=(x,y,z)$ にある電場強度 $\mathbf{E}(\mathbf{r})$ と静電ポテンシャル $\phi(\mathbf{r})$ の関係は，
$$\mathbf{E}(\mathbf{r})=-\nabla\phi(\mathbf{r}) \tag{2.4.2-1}$$
と表されます．また，電場強度 $\mathbf{E}(\mathbf{r})$ と電荷密度 $\rho(\mathbf{r})$ との関係は，
$$\nabla\cdot\mathbf{E}(\mathbf{r})=\rho(\mathbf{r})/\varepsilon \tag{2.4.2-2}$$
となります．ここで，ε は誘電率で，真空であれば，$\varepsilon_0=10^7/4\pi c^2$ であり，その次元は $[C^2\cdot N^{-1}\cdot m^{-2}]$ であり，c は光速です．ここで，式 2.4.2-1 を式 2.4.2-2 に代入すると，静電ポテンシャル $\phi(\mathbf{r})$ と電荷密度 $\rho(\mathbf{r})$ が満たす式は，
$$\nabla\cdot\nabla\phi(\mathbf{r})+\frac{\rho(\mathbf{r})}{\varepsilon}=0 \Leftrightarrow \nabla^2\phi(\mathbf{r})+\frac{\rho(\mathbf{r})}{\varepsilon}=0 \Leftrightarrow \Delta\phi(\mathbf{r})+\frac{\rho(\mathbf{r})}{\varepsilon}=0 \tag{2.4.2-3}$$
です．

2.4. グリーン関数

　式 2.4.2-3 の第 2, 3 式はポアソン（*Poisson*）方程式と呼ばれます．三次元と一次元の差がありますが，式 2.4.1-1 と式 2.4.2-3 を比較すると，L と Δ，f と ϕ，λ と ρ/ε の対応があって，この 2 式は酷似していることが分かります．さあ，そこで，ポアソン方程式について，

$$L(\mathbf{r})G(\mathbf{r}|\mathbf{r}_0) + \delta(\mathbf{r}-\mathbf{r}_0) = 0$$

により，すなわち，

$$\Delta G(\mathbf{r}|\mathbf{r}_0) + \delta(\mathbf{r}-\mathbf{r}_0) = 0 \tag{2.4.2-4}$$

における $G(\mathbf{r}|\mathbf{r}_0)$ を求めることになります．用いるのは，三次元空間におけるデルタ関数であり，その性質は，三次元空間における，定義域を D とすると，

$$\int_D \delta(\mathbf{r}-\mathbf{r}_0)d\mathbf{r} = \begin{cases} 1 & \mathbf{r}_0 \in D \\ 0 & \mathbf{r}_0 \notin D \end{cases} \tag{2.4.2-5}$$

のもとに，畳み込み積分を用いて，

$$\int_D \delta(\mathbf{r}-\mathbf{r}_0)\lambda(\mathbf{r})d\mathbf{r} = \begin{cases} \lambda(\mathbf{r}_0) & \mathbf{r}_0 \in D \\ 0 & \mathbf{r}_0 \notin D \end{cases} \tag{2.4.2-6}$$

という三次元空間で行う体積積分を考えます．したがって，$d\mathbf{r} = dxdydz$ と考えます．

　さて，式 2.4.2-4 を満足するグリーン関数 $G(x|x_0)$ を用いれば，式 2.4.2-3 の解である静電ポテンシャル $\phi(\mathbf{r})$ は，

$$\phi(\mathbf{r}) = \int_D G(\mathbf{r}|\mathbf{r}_0)\frac{\rho(\mathbf{r}_0)}{\varepsilon}d\mathbf{r}_0 \tag{2.4.2-7}$$

と書けることが分かります．何故でしょうか？　そう，ほんの少し前のマジックが再現できます．式 2.4.2-3 に式 2.4.2-7 を代入してみましょう．そうすると，

$$\Delta\phi(\mathbf{r}) = \Delta\int_D G(\mathbf{r}|\mathbf{r}_0)\frac{\rho(\mathbf{r}_0)}{\varepsilon}d\mathbf{r}_0 = \int_D \Delta G(\mathbf{r}|\mathbf{r}_0)\frac{\rho(\mathbf{r}_0)}{\varepsilon}d\mathbf{r}_0$$

$$= \int_D \{-\delta(\mathbf{r}-\mathbf{r}_0)\}\frac{\rho(\mathbf{r}_0)}{\varepsilon}d\mathbf{r}_0 = -\frac{\rho(\mathbf{r})}{\varepsilon}$$

$$\therefore\quad \Delta\phi(\mathbf{r}) = -\frac{\rho(\mathbf{r})}{\varepsilon} \tag{2.4.2-8}$$

となって，式 2.4.2-7 において積分された静電ポテンシャル $\phi(\mathbf{r})$ は，ポアソン方程式 2.4.2-3 を満たしていることが分かります．どうですか？　でも，まだ，ピント来ませんね．でも，騙してはいませんよ．もう少し，具体的な話を次項で説明します．

2.4.3. ポアソン方程式のグリーン関数

　電磁気学で，空間の位置 $\mathbf{r}_0 = (x_0, y_0, z_0)$ における点電荷 q が位置 $\mathbf{r} = (x, y, z)$ に作る静電ポテンシャル $\phi(\mathbf{r})$ は，

$$\phi(\mathbf{r}) = \frac{q}{4\pi\varepsilon\|\mathbf{r}-\mathbf{r}_0\|} = \frac{q}{4\pi\varepsilon R} \tag{2.4.3-9}$$

で表されることは良く知られています．ここで，ε は例によって誘電率であり，R は

$$R = \|\mathbf{r} - \mathbf{r}_0\| = \sqrt{(x-x_0)^2 + (y-y_0)^2 + (z-z_0)^2} \tag{2.4.3-10}$$

で表されるように，位置 $\mathbf{r}_0$ と位置 $\mathbf{r}$ の距離です．ここで，位置 $\mathbf{r}_0$ における電化密度が $\rho(\mathbf{r}_0)$ のとき，空間内に分布する電荷の作るポテンシャル $\phi(\mathbf{r})$ は，$R \neq 0$ の場合，

$$\phi(\mathbf{r}) = \frac{1}{4\pi\varepsilon} \int \frac{\rho(\mathbf{r}_0)}{R} d\mathbf{r}_0 \tag{2.4.3-4}$$

と書けます．ここで，式 2.4.2-7 と式 2.4.3-4 を比較すれば，グリーン関数 $G(x|x_0)$ は，

$$G(\mathbf{r}|\mathbf{r}_0) = \frac{1}{4\pi\|\mathbf{r}-\mathbf{r}_0\|} = \frac{1}{4\pi R} \tag{2.4.3-5}$$

であることが分かります．ここで，式 2.4.3-4 で表されるグリーン関数 $G(x|x_0)$ が式 2.4.2-4 を満たすことを示すことができます．$R \neq 0$ の場合とは，$\mathbf{r} \neq \mathbf{r}_0$ と仮定することと同じです．このとき，例えば，式 2.4.3-2 から，

$$\frac{\partial}{\partial x}\left(\frac{1}{R}\right) = \frac{\partial}{\partial x}\left\{\left((x-x_0)^2 + (y-y_0)^2 + (z-z_0)^2\right)^{-\frac{1}{2}}\right\}$$

$$= -\frac{1}{2}\left((x-x_0)^2 + (y-y_0)^2 + (z-z_0)^2\right)^{-\frac{3}{2}} \cdot 2(x-x_0)$$

$$= -\frac{1}{2} \cdot \frac{1}{R^3} \cdot 2(x-x_0) = -\frac{(x-x_0)}{R^3} \tag{2.4.3-6}$$

ですから，

$$\frac{\partial^2}{\partial x^2}\left(\frac{1}{R}\right) = \frac{\partial}{\partial x}\left\{\frac{\partial}{\partial x}\left(\frac{1}{R}\right)\right\} = \frac{\partial}{\partial x}\left\{-\frac{(x-x_0)}{R^3}\right\} = -\frac{1}{R^3} - (x-x_0)\frac{\partial}{\partial x}\left(\frac{1}{R^3}\right)$$

$$= -\frac{1}{R^3} - (x-x_0)\frac{\partial}{\partial x}\left\{\left((x-x_0)^2 + (y-y_0)^2 + (z-z_0)^2\right)^{-\frac{3}{2}}\right\}$$

$$= -\frac{1}{R^3} - (x-x_0)\left\{-\frac{3}{2}\left((x-x_0)^2 + (y-y_0)^2 + (z-z_0)^2\right)^{-\frac{5}{2}} \cdot 2(x-x_0)\right\} \tag{2.4.3-7}$$

$$= -\frac{1}{R^3} - (x-x_0)\left\{-\frac{3}{2}\frac{1}{R^5} \cdot 2(x-x_0)\right\} = -\frac{1}{R^3} + \frac{3(x-x_0)^2}{R^5} = \frac{-R^2 + 3(x-x_0)^2}{R^5}$$

となります．ここは，高校生の微分と同じですね．y と z について同様に偏微分すれば，

$$\Delta\left(\frac{1}{R}\right) = \nabla \cdot \nabla\left(\frac{1}{R}\right) = \left(\frac{\partial^2}{\partial x^2} + \frac{\partial^2}{\partial y^2} + \frac{\partial^2}{\partial z^2}\right)\left(\frac{1}{R}\right)$$

$$= \frac{-R^2 + 3(x-x_0)^2}{R^5} + \frac{-R^2 + 3(y-y_0)^2}{R^5} + \frac{-R^2 + 3(z-z_0)^2}{R^5}$$

$$= 3\frac{-R^2 + (x-x_0)^2 + (y-y_0)^2 + (z-z_0)^2}{R^5} = 0 \tag{2.4.3-8}$$

が得られます．したがって，$\mathbf{r} \neq \mathbf{r}_0$ と仮定した場合，式 2.4.3-8 から $\Delta G(x|x_0) = 0$ となり，式 2.3.6-1 を参照すれば，式 2.4.2-4 は満たされていることが分かります．

2.4. グリーン関数

さあ，ここまで来ました．如何でしょう，一緒に来てますか？

残された証明は，そうです！ $\mathbf{r} = \mathbf{r}_0$ の場合，式 2.4.2-4 が成り立つかです．しかし，厄介なことがあります．図 **2.4.1-1** に示しましたように，デルタ関数 $\delta(\mathbf{r} - \mathbf{r}_0)$ は，$\mathbf{r} = \mathbf{r}_0$ の場合，無限大になってしまいます．したがって，方策を練らねばなりません．そんな，仰々しいことではないのですが…．もとい！．すなわち，式 2.4.2-5 を踏まえて，数学でよくやる手を考えます．

$\mathbf{r}_0$ のごく近傍，すなわち，$\|\mathbf{r} - \mathbf{r}_0\| < \varepsilon$ である球 D_ε を考え，その球の表面を S_ε とします．ここで，ε は限りなく 0 に近い小さな正数です．このとき，ガウスの発散定理（第 3 章で記述）

$$\int_S \mathbf{p} \cdot d\mathbf{s} = \int_V \nabla \cdot \mathbf{p} \, dv \quad , \quad \int_S \mathbf{p} \cdot \mathbf{n} \, ds = \int_V \nabla \cdot \mathbf{p} \, dv \tag{2.4.3-9}$$

を用いることにします．ここで，$\mathbf{p}$ は任意の空間ベクトル，S はある領域の表面，V は S で囲まれた領域の体積，dv はこれまでに出てきた $d\mathbf{r}$ や $d\mathbf{r}_0$ あるいは $dxdydz$ を表し，$d\mathbf{s}$ は面 S への微小な法線ベクトルです．さて，式 2.4.3-6 を，グリーン関数 $G(\mathbf{r}|\mathbf{r}_0)$ の式に適用しましょう．D_ε や S_ε の定義から，

$$\int_{D_\varepsilon} \nabla \cdot \{\nabla G(x|x_0)\} dv = \int_{S_\varepsilon} \{\nabla G(x|x_0)\} \cdot \mathbf{n} \, ds \tag{2.4.3-10}$$

と書くことができます．ここで，$\mathbf{n}$ は面素 ds に対する法線単位ベクトルですから，

$$\mathbf{n} = \frac{\mathbf{r} - \mathbf{r}_0}{\|\mathbf{r} - \mathbf{r}_0\|} \tag{2.4.3-11}$$

と表せます．したがって，法線方向の微分 $\partial/\partial n$ を用いれば，

$$\int_{D_\varepsilon} \Delta G(x|x_0) dv = \int_{S_\varepsilon} \frac{\partial}{\partial n} G(x|x_0) ds \tag{2.4.3-12}$$

と書けます．そこで，式 2.4.3-4 に示しましたグリーン関数 $G(\mathbf{r}|\mathbf{r}_0)$ の式を，上式に代入すると，式 2.4.3-5 および式 2.4.5-2（後述）を用いれば，

$$\int_{D_\varepsilon} \Delta G(x|x_0) dv = \frac{1}{4\pi} \int_0^\pi \int_0^{2\pi} \frac{\partial}{\partial R}\left(\frac{1}{R}\right)_{R=\varepsilon} \varepsilon^2 \sin\theta \, d\theta \, d\varphi$$

$$= \frac{1}{4\pi} \int_0^\pi \int_0^{2\pi} (-1) \sin\theta \, d\theta \, d\varphi = \frac{1}{4\pi} \int_0^\pi (-1) 2\pi \sin\theta \, d\theta \tag{2.4.3-13}$$

$$= -\frac{1}{2}[-\cos\theta]_0^\pi = -\frac{1}{2}(2) = -1$$

ここで，θ, φ は，$\mathbf{r}_0$ を中心とする極座標における角度です．一方，式 2.4.2-5 から，積分範囲が，$\mathbf{r}_0 \in D$ である場合，すなわち，$x_0 \in D$ である場合は，

$$\int_{D_\varepsilon} \delta(x - x_0) dv = 1 \tag{2.4.3-14}$$

です（式 2.3.5-4 参照）．

ここで，式 2.4.2.4 を参照すれば

$$\int_{D_\varepsilon} \nabla^2 G(x|x_0) dv = -\int_{D_\varepsilon} \delta(x-x_0) dv \quad \therefore \quad \int_{D_\varepsilon} \{\nabla^2 G(x|x_0) + \delta(x-x_0)\} dv = 0 \quad (2.4.3\text{-}15)$$

と書け，したがって，式 2.4.2-4 が，積分の形で成立していることが分かりました．

ここまで説明してきたグリーン関数 $G(\mathbf{r}|\mathbf{r}_0)$ の物理的意味は，式 2.4.2-7 が，空間のある位置にある電荷 q による，位置 $\mathbf{r}$ での静電ポテンシャル $\phi(\mathbf{r})$ を表現する，ということです．あるいは，グリーン関数 $G(\mathbf{r}|\mathbf{r}_0)$ の物理的意味は，空間の位置 $\mathbf{r}_0$ にある単位電荷 q による位置 $\mathbf{r}$ での静電ポテンシャルを表すための関数，とも言えます．

2.4.4. 波数フーリエ変換とデルタ関数

さて，x の関数 $f(x)$ があって，フーリエ変換で，さらに逆変換すると，

$$f(x) = \frac{1}{2\pi} \int_{-\infty}^{\infty} \left(\int_{-\infty}^{\infty} f(x_0) e^{-ikx_0} dx_0 \right) e^{ikx} dk \quad (2.4.4\text{-}1)$$

となることは，ご存じですね．（ご存じない読者は，信号処理関連の教科書などを参照のこと）．さて，積分の順序をかえて，

$$f(x) = \frac{1}{2\pi} \int_{-\infty}^{\infty} \left(\int_{-\infty}^{\infty} f(x_0) e^{-ikx_0} dx_0 \right) e^{ikx} dk = \int_{-\infty}^{\infty} f(x_0) \left(\frac{1}{2\pi} \int_{-\infty}^{\infty} e^{ik(x-x_0)} dk \right) dx_0 \quad (2.4.4\text{-}2)$$

となります．デルタ関数の基本式である式 2.3.5-2 を参照すると，

$$f(x) = \int_{-\infty}^{\infty} f(x_0) \delta(x-x_0) dx_0 \quad (2.4.4\text{-}3)$$

ですから，式 2.4.4-2 と式 2.4.4-3 によって，デルタ関数 $\delta(x)$ の積分表現

$$\delta(x-x_0) = \frac{1}{2\pi} \int_{-\infty}^{\infty} e^{ik(x-x_0)} dk$$

であり，$x-x_0$ を x として，

$$\delta(x) = \frac{1}{2\pi} \int_{-\infty}^{\infty} e^{ikx} dk \quad (2.4.4\text{-}4)$$

であることが分かります．ここで，以下の式のように，$k' = -k$ とすると，積分は ∞ から $-\infty$ に代わりますが，積分方向を変えると，

$$\delta(x) = -\frac{1}{2\pi} \int_{\infty}^{-\infty} e^{-ik'x} dk' = \frac{1}{2\pi} \int_{-\infty}^{\infty} e^{-ikx} dk \quad (2.4.4\text{-}5)$$

となり，被積分関数の k が負でも同じことが分かります．

式 2.4.4-5 の x を $-x$ に変えると，式 2.4.4-4 から，

$$\delta(x) = \delta(-x) \quad (2.4.4\text{-}6)$$

であることが分かります．このように，デルタ関数は，「関数」という類に入りませんが，偶関数に似た性質を持ち（前出：2.3.5 項），また，理学・工学にかかわらず，良く使われます．

2.4. グリーン関数

したがって,デルタ関数との出会いは避けられないでしょうから,基本的なところは,押さえておきましょう.確信があって申し上げているのではありませんが(笑).

2.4.5. 波数領域のグリーン関数

グリーン関数 $G(\mathbf{r}|\mathbf{r}')$ の波数領域での 3 次元フーリエ変換を $\hat{G}(\mathbf{k}|\mathbf{r}_0)$ とすると

$$G(\mathbf{r}|\mathbf{r}_0) = \frac{1}{(2\pi)^3} \int_{-\infty}^{\infty} \hat{G}(\mathbf{k}|\mathbf{r}_0) e^{i\mathbf{k}\cdot\mathbf{r}} d\mathbf{k} \tag{2.4.5-1}$$

です.ここで,その逆次変換は

$$\hat{G}(\mathbf{k}|\mathbf{r}_0) = \int_{-\infty}^{\infty} G(\mathbf{r}|\mathbf{r}_0) e^{-i\mathbf{k}\cdot\mathbf{r}} d\mathbf{r} \tag{2.4.5-2}$$

と書けます.ここで,球座標と直交座標の座標変換は,$\|\mathbf{k}\| = k$ に対して,以下の式,

$$\mathbf{k} = (k_x, k_y, k_z) = (k\sin\theta\cos\phi, k\sin\theta\sin\phi, k\cos\theta) \tag{2.4.5-3}$$

を用いるので,(**図 2.4.5-1** 参照),

$$\iiint_D f(x,y,z) dx dy dz = \iiint_D f(k\sin\theta\cos\phi, k\sin\theta\sin\phi, k\cos\theta) k^2 \sin\theta\, k d\theta\, d\phi$$

とするとき,ヤコビヤン行列は,

$$J = \begin{vmatrix} x_k & x_\theta & x_\phi \\ y_k & y_\theta & y_\phi \\ z_k & z_\theta & z_\phi \end{vmatrix} = \begin{vmatrix} \sin\theta\cos\phi & k\cos\theta\cos\phi & -k\sin\theta\sin\phi \\ \sin\theta\sin\phi & k\cos\theta\sin\phi & k\sin\theta\cos\phi \\ \cos\theta & -k\sin\theta & 0 \end{vmatrix}$$

$$= \cos\theta \begin{vmatrix} k\cos\theta\cos\phi & -k\sin\theta\sin\phi \\ k\cos\theta\sin\phi & k\sin\theta\cos\phi \end{vmatrix} - k\sin\theta \begin{vmatrix} -k\sin\theta\sin\phi & \sin\theta\cos\phi \\ k\sin\theta\cos\phi & \sin\theta\sin\phi \end{vmatrix}$$

$$= k^2\cos\theta(\cos\theta\cos\phi\sin\theta\cos\phi + k\sin\theta\sin\phi\cos\theta\sin\phi)$$
$$\quad - k^2\sin\theta(-\sin\theta\sin\phi\sin\theta\sin\phi - \sin\theta\cos\phi\sin\theta\cos\phi)$$

$$= k^2\sin\theta\cos^2\theta + k^2\sin\theta\sin^2\theta = k^2\sin\theta \tag{2.4.5-4}$$

となります.このとき,

$$d\mathbf{k} = dk_x dk_y dk_z = k^2 \sin\theta\, dk\, d\theta\, d\phi \tag{2.4.5-5}$$

です.

グリーン関数の紹介については,この程度に留めます.実際に,研究や業務で利用するときに,グリーン関数についてこの本に出てきたなあと思い出して頂ければ幸いです.

詳細な式や流れは,「グリーン関数」などの数ある専門書から 1 冊を選び,参考にしていただければと思います.例えば,岩波全書に「物理とグリーン関数」(今村勤 著)があります.

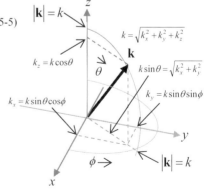

図 **2.4.5-1** 変数変換

Short Rest 11.
「完全数・友愛数・婚約数・社交数」

　ユークリッドは幾何学の「原論」全13巻を集大成したと言います．これが，ユークリッド幾何学（2次元と3次元）です．数論の世界でこの「原論」に匹敵するのが「算術」全13巻を書いたギリシャ数学最後の数学者であるディオファントスということになっています．この「算術」には100以上の問題と詳しい解答が書いてあるそうです．2千年前のピタゴラスを虜にした「完全数，(*perfect number*)」は，その数の約数のうち，自分自身を除いた約数の総和が，その数自身に等しい自然数のことです．最も小さい完全数は6です．6の約数は，1，2，3，6で，6を除く約数の和は，1+2+3=6となります．ちなみに，偶数の完全数 ψ は，2^N-1 が素数であるような正の整数 N を用いて

$$\psi = 2^{N-1}(2^N-1)$$

と表式化できると書いてある文献があります．ここで，2^N-1 は，特に，メルセンヌ数と呼ばれています．上記のように，メルセンヌ数が素数である場合，正の整数 N を，特に，メルセンヌ素数と呼びます．

　この問題に取り組んだのがピエール・ド・フェルマーです．完全数に似た「友愛数(*amicable number*)あるいは親和数」と言う整数群を発見したのは，このフェルマーで，友愛数というのは，一方の数が，他方の数の約数の和となる数のペアです．物の本に掲載されている数字を紹介しますと，220の約数は，1，2，4，5，10，11，20，22，44，55，110でこの和は284であり，一方，284の約数は，1，2，4，71，142でこの和は220となります．したがって，220と284は友愛数ということです．これはピタゴラス教団が発見した友愛数ですが，フェルマーは，17296と18416を発見し，オイラーは62組を発見しました．後に，1184と1210という簡単なペアの見過ごしが16才のイタリア人によって発見されました．

　友愛数とほぼ同じ関係の自然数同士を「婚約数 (*quasiamicable number*) あるいは準友愛数」と呼びます．婚約数は，1と自分を約数から除いた和が，他方の数となるペアです．例えば，48と75です．婚約数は他にもありますが，見つかっているのは偶数と奇数のペアで，偶数同士や奇数同士のペアは見つかっていないそうです．

　「社交数 (*sociable number*)」と言う数があります．最初の数の約数の和が2番目の数になり，2番目の数の約数の和が3番目の数になり，…とうように順々にその関係が存続し，最後の数の約数の和が最初の数になる，という数です．（12496，14288，15472，14536，14264）は社交数です．一番長い社交数は28個の自然数で構成され，最初が14316で最後が17716だそうです．もしご興味があれば，是非やってみて下さい．出来なくても著者を責めないで下さいますようお願い致します．

　でも，こんなこと，昔の数論学者が真剣に取り組んでいたとはね．世の中の何の足しになるのでしょうか？　単なる自己満足か趣味でしょうか．この本のほうが，よっぽど役に立ちそうですが・・・
　（＾÷＾）

演習問題　第2章

2.1　数字1の原子関数を示せ．

2.2　時間tの関数として，位置$x(t)$，速度$v(t)$，加速度$\alpha(t)$が与えられているとき，以下の①および②の物理的意味を述べよ

① $\quad x(t) = \int_0^t v(t)dt$ ，② $\quad v(t) = \int_0^t \alpha(t)dt$

2.3　指数関数a^xの原子関数を示せ．

2.4　不定積分$\int (ax+b)^n dx \ (n \neq -1)$を求めよ．

2.5　不定積分$\int (x+1)^3 dx$を求めよ．（ヒント：$t = x+1$とおく）

2.6　不定積分$\int \dfrac{dx}{x^2 + a^2}$を求めよ．（ヒント：$t = \dfrac{x}{a}$とおく）

2.7　右図の$x = 0 \sim 4$について，上部から
　関数①．$y = 2x + 8$，　　関数②．$y = 0.5x^2 + 5$
　関数③．$y = -0.5x + 3$，　関数④．$y = e^{-0.3x}$
である関数の，関数1と関数2の間の面積，関数③と関数④の間の面積をそれぞれ求め，その和から，式2.3.3-1が成立することを確かめよ．

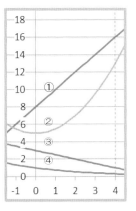

2.8　置換積分法で，定積分$\int_0^r \sqrt{r^2 - x^2}\, dx \ (r > 0)$を求めよ（ヒント：$x = r\cos\theta$とする）

2.9　置換積分法で，$\int \dfrac{dx}{x^2 + c^2}$を解け．（ヒント：$p = \dfrac{1}{c}x$とする）

3.0　不定積分$\int \cos(ax+b)dx$について変数を置換して求めよ．

3.1　底面の半径rで高さhの円錐について，(1)全体積，(2)重心，さらに，(3) Z軸の周りの慣性モーメントI_zをそれぞれ求めよ．（右図を参照）

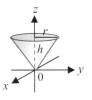

3.2　部分積分法で，定積分$\int_1^e x \ln x\, dx$を求めよ．ここで，$\ln x = \log_e x$である．

3.3　二重積分$\iint e^{px+qy} dxdy \quad (pq \neq 0, a \leq x \leq b, a \leq x \leq b)$を求めよ．

3.4　式$f(x)\delta'(x)$に部分積分法を適用することにより次式を示せ．

$$\int_{-\infty}^{\infty} f(x)\delta'(x)dx = -\int_{-\infty}^{\infty} f'(x)\delta(x)dx \quad \text{および} \quad \int_{-\infty}^{\infty} f(x)\delta'(x)dx = -f'(0)$$

3. 微分方程式

微分方程式

　分かっているつもりでも分からないのが最も基本的なことです．
　まず．「微分」とは何でしょう，「積分」とは何でしょう，今度は「微分方程式」とは何でしょう？　と話を進めましょう．
　微分方程式は，名の通り，方程式の一種です．

$$\frac{\partial^2 \phi}{\partial t^2} = c^2 \frac{\partial^2 \phi}{\partial x^2} \quad , \quad \frac{\partial^2 u}{\partial x^2} + \frac{\partial^2 u}{\partial y^2} + \frac{\partial^2 u}{\partial z^2} = 0$$

　物理学は，様々な変化の状態変数の関係，物と物の位置関係や時間との関係，を微分方程式として導出し，その解法を数学へと委ね，物理的な現象の原因を解き明かすのです．したがって，実際の現象を把握する，という意味で，微分方程式とその解法は，理学はもちろん工学でも，実用上，きわめて重要であり，ここで，そのいくつかを紹介したいと思います．
　そもそも，繰り返しになりますが，微分と名がつく方程式とは，どういうことでしょうか．そんなところからはじめましょう．

3.1. 一階微分方程式

3.1.1. 一階線形微分方程式とは

最初に，微分方程式の基本概念を紹介しましょう．変数 x の関数 y にいくつかの導関数が含まれる式を常微分方程式（*ordinary diffferential equation*）といいます．例えば，

$$y' = x, \quad y' + y'' = 0, \quad y' = \sin x$$

などが簡単な例です．また，k を定数，$p(x)$ をある連続な x の関数とするとき，x の関数である未知関数 y と，その導関数 $y' = dy/dx$ に関して 1 次式である，

$$y' + ky = p(x) \Leftrightarrow dy/dx + ky = p(x) \qquad (3.1.1\text{-}1)$$

のような形で表される微分方程式を，（定数係数）一階線形微分方程式（*first-order linear differential equation*）と呼びます．したがって，y の最高階の導関数が n 階である場合，n 階線形微分方程式（*n-order linear differential equation*）と呼びます．

また，2 つ以上の独立変数の関数の導関数を含む，あるいは，未知関数の偏微分を含む式，を偏微分方程式（*partial diffferential equation*）と呼びます．例えば，

$$\frac{\partial^2 \phi}{\partial t^2} = c^2 \frac{\partial^2 \phi}{\partial x^2}, \quad \frac{\partial^2 u}{\partial x^2} + \frac{\partial^2 u}{\partial y^2} + \frac{\partial^2 u}{\partial z^2} = 0 \qquad (3.1.1\text{-}2)$$

などです．なお，式 3.1.1-2 の第 1 式は波動方程式（*wave equation*），同第 2 式はラプラス方程式（*Laplace equation*）と呼びます．

「微分方程式を解く」とは，式の中の y という関数の導関数 y' を含まない y の式を求めることです．

ここで，解が不定積分の定数分などのような任意定数があって，一意に決まらない場合，その解は，方程式の「一般解（*general solution*）」と呼んでいます．一方，定積分が解を与える場合，あるいは，初期値や境界条件が与えられる場合，その解を「特殊解（*particular solution*）」と呼び，任意定数を含みません，さらに，一般解の任意定数に，どんな値を与えても得られない別の形式の解を「特異解（*singular solution*）」と呼びます．

例えば，$(y')^2 + xy' - y = 0$ の場合，一般解は $y = -cx + c^2$ ですが，$y = -x^2/4$ も解（特異解）なのです．確かめてください．一般解は，任意の c により直線群を表しますが，後者は如何に c を与えても一般解から導出できないのです．

なかなかこんな例は気がつきませんでしょ．私もです．

さて，グラフを描いてみると**図 3.1.1-1** のようになります．どうです．納得しましたでしょうか？ $y = -cx + c^2$ は $y = -x^2/4$ の接線の集合であることが分かります．

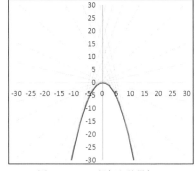

図 **3.1.1-1** 一般解と特異解

大変興味深いなあ！

3. 微分方程式

3.1.2. 一階微分方程式

最も簡単な一階微分方程式は，

$$y' = c \tag{3.1.2-1}$$

でしょうか．ここで，c は定数です．

さて，これは，$dy/dx = c$ ですから，

$$\int \frac{dy}{dx} dx = \int c \, dx = c \int dx \quad \Rightarrow \quad y = x + C \tag{3.1.2-2}$$

ですよね．これは傾き1の直線群を表しています．ここで，C は積分定数です．では，

$$\frac{dy}{dx} + ky = p(x) \tag{3.1.2-3}$$

はどうでしょう．解けますか？ ちょっとテクニックが必要です．このあたりは，少々詳しく後述します．

3.1.3. 等傾線

一階微分方程式の最も簡易な表現式は，

$$\wp(x, y, y') = 0 \tag{3.1.3-1}$$

です．この形式は，式変形で，

$$y' = p(x, y) \tag{3.1.3-2}$$

という形に多くの場合することができます．ここで，$p(x,y)$ が一価関数（single(one)-valued function）である場合，xy 平面上に何某かの曲線を描くことができます．一価関数とは，この場合，(x,y) に対して $p(x,y)$ が1つ決まるという関数です．

さて，等傾線（isocline）とは，$p(x,y)$ が一定値であるような (x,y) の軌跡の総称です．すなわち，接線方程式の傾きが常に一定である曲線群のことです．

例を示しましょう．$y' = -x/y$ という式について，$-x/y = \phi$，すなわち，$y = -x/\phi$ が等傾線であり，傾きが $-1/\phi$ の直線を示します．

後述しますが，クレロー（Clairaut）の方程式というのがあります：

$$y = xy' + f(y') \tag{3.1.3-3}$$

のような形式の方程式です．ここで，y' が一定値 ϕ である場合，

$$y = x\phi + f(\phi) \tag{3.1.3-4}$$

は等傾線の曲線群になります．何故でしょうか？ 式 3.1.3-4 を ϕ について変形すれば式 3.1.3-2 のように書けるからです．

等傾線群が一定であるということは，定数であり，等傾線群はつねに直線群です．等傾線群の ϕ は，式 3.1.3-3 の y' を定数 ϕ でおきかえただけなので，式 3.1.3-4 は式 3.1.3-3 の一般解群に包含されるのは明白です．実は，一般解だけではなく，特異解（3.3.1 節を参照）も導出できます．

さて，式 3.1.3-4 で ϕ を変数 $q(= y' = dy/dx)$ で置き換えると，

$$y = xq + f(q) \tag{3.1.3-5}$$

109

3.1. 一階微分方程式

です．ここで，$dy = y'dx = qdx$ を参照し，式 3.1.3-5 を微分すれば，
$$dy = qdx = d(xq) + df(q) = xdq + qdx + f'(q)dq$$
したがって，
$$\{x + f'(q)\}dq = 0 \tag{3.1.3-6}$$

> このあたりは，見事な式変形でしょう．

となります．お～い！・・・・寝ていませんよね！大丈夫ですか？　続けます．

式 3.1.3-6 から，
$$dq = 0 \quad \text{または} \quad x + f'(q) = 0 \tag{3.1.3-7}$$
となりますが，式 3.1.3-7 の第一式：$dq = 0$ は，当然，q が定数ですから，式 3.1.3-4，すなわち，等傾線の曲線群を導出したことになります．一方，$x + f'(q) = 0$ ならば，式 3.1.3-3 とともに q を消去すれば，そうです，特異解が得られるのです．わくわくしませんか？

もともと，接線の方程式というのは，y' が存在する場合，高校でやったように，
$$y - y_c = (y'|_{x=x_c})(x - x_c), \quad \text{あるいは，} \quad y = (y'|_{x=x_c})x + \{y_c - (y'|_{x=x_c})x_c\}$$
となります．ちょっと表記が違うかもしれないけど，(x_c, y_c) は接点です．ここで，
$$\varphi(y - x_c \cdot y'|_{x=x_c}, y'|_{x=x_c}) = 0$$
すなわち，一般的に
$$\varphi(y - x \cdot y', y') = 0$$
は，その全ての性質を表しているのです．後で，簡単な例で理解を深めましょう．

一般解と特異解について，例えば，
$$y = xy' - (y')^2$$
という式があって，$y' = \phi$ とおけば，$y = x\phi - (\phi)^2$ であり，x で微分すると，
$$y' = \phi = \phi + x\frac{d\phi}{dx} - 2\phi\frac{d\phi}{dx} \quad \therefore \quad (x - 2\phi)\frac{d\phi}{dx} = 0$$

> 微分方程式の基本解法は $p = y'$ と置くことです．

となりますから，$x - 2\phi = 0$，$(d\phi/dx) = 0$ であり，
$$\frac{d\phi}{dx} = 0 \Rightarrow \phi = C_1 \Rightarrow \frac{dy}{dx} = C_1 \Rightarrow y = C_1 x + C_2$$
が一般解で，定数 C_1，C_2 を適当に与えれば特殊解が得られます．さらに，
$$x - 2\phi = 0 \Rightarrow x - 2\frac{dy}{dx} = 0 \Rightarrow \frac{dy}{dx} = \frac{x}{2} \Rightarrow y = \frac{x^2}{4} + C_3$$
が特異解になります．なんと，特異解は係数 1/4 の 2 次関数群でした．

これは，クレロー（$Clairaut$）の方程式と呼び，その一般形が，
$$y = f(y') + y'x$$
ということです．項 3.1.13 で再度説明します．

徐々に，大学の数学だなあ，という感じでしょうか．難しくなってきたなあとお思いの読者さん，大丈夫！　本書は読むだけでわかります．ここまで読み続けて全部とは言わないにしても，ほとんどは分かりましたでしょ．ということで，著者は説明で「失敗しないので．」ん？　どこかで聞いたセリフじゃないですか？

3.1.4. 一階高次微分方程式

微分方程式で，
$$\left(\frac{dy}{dx}\right)^n + A_1(x,y)\left(\frac{dy}{dx}\right)^{n-1} + \cdots + A_{n-1}(x,y)\left(\frac{dy}{dx}\right) + A_n(x,y) = 0 \tag{3.1.4-1}$$

という形になっている場合，一階高次微分方程式と呼びます．こんなのは解けるのでしょうか？ 式3.1.4-1は，dy/dx に関して，n 次方程式と考えれば，高々 n 個の解はあるわけですよね．だったら，解が $p_i(x,y)$ $(i=1,2,\cdots,n)$ だけあると思えばよいのです．ゆえに，

$$\prod_{i=1}^{n}\left(\frac{dy}{dx} - p_i(x,y)\right) = 0 \tag{3.1.4-2}$$

なるほど，大胆なことをしよる

と書けるはずです．したがって，

$$\frac{dy}{dx} - p_i(x,y) = 0 \quad (i=1,2,\cdots,n) \tag{3.1.4-3}$$

を解いた一般解，$\phi_i(x,y,c)$ $(i=1,2,\cdots,n)$ を掛け合わせて0とおいた式

$$\prod_{i=1}^{n}\phi_i(x,y,c) = 0 \tag{3.1.4-4}$$

が求める式になります．

簡単な，そして，基本的な例題を見てみましょう．

例題 3.1.4-1 次の微分方程式を解け．
$$\left(\frac{dy}{dx}\right)^2 + \frac{dy}{dx} = 0$$

すごいシンプルな一階2次微分方程式です．

例題 3.1.4-1 解答
$$\left(\frac{dy}{dx}\right)\left(\frac{dy}{dx} + 1\right) = 0, \quad \text{あるいは,} \quad y'(y'+1) = 0 \tag{1}$$

ですから，
$$\frac{dy}{dx} = 0, \quad \frac{dy}{dx} = -1$$

したがって，一般解は
$$y = C_1, \quad y = -x + C_2 \tag{2}$$

解は2つあるのよ．面白いわね

となります．式3.1.4-4および上式に合わせるなら，
$$(y - C_1)(y + x - C_2) = 0$$

と書いても良いですね．簡単ですから，確かめてみましょう．

y が定数のみの場合，例題3.1.4-1解答1) 式で，第2式 y' が0になり，一方，y が の係数 -1 を持つ1次関数ならば，例題3.1.4-1解答1) 式で，第2式 $y'+1$ が0になります．したがって，例題3.1.4-1解答は，式2) となります．

まあ，こんな解もあるということで・・・．微分方程式がどんどん出てきますが，読むだけで結構です．ふむ，ふむ，なるほど読んでください．諄いですね．

111

3.1. 一階微分方程式

3.1.5. 変数分離

多くの一階線形微分方程式が

$$p(y)y' = q(x) \qquad (3.1.5\text{-}1)$$

と変形できます．$y' = dy/dx$ ですから，

$$p(y)\frac{dy}{dx} = q(x) \qquad (3.1.5\text{-}2)$$

ですが，これを変形して，

$$p(y)dy = q(x)dx \qquad (3.1.5\text{-}3)$$

> これよ，これ！
> 「変数分離」って
> 最終兵器見たい！

と書けます．この形の方程式にすることを「変数分離（separation of variables）する」といいます．変数 x が右辺だけにあり，変数 y が左辺だけにあるからそう呼ばれるのです．一階線形微分方程式は，変数分離ができれば，解くことができます．何故なら，積分定数 C を用いて，

$$\int p(y)dy = \int q(x)dx + C \qquad (3.1.5\text{-}4)$$

のように積分できるからです．例えば，定数 a, b $(a > 0, b > 0, a > b, ab \neq 0)$ により，

$$y' = -\frac{bx}{ay}$$

である場合に，点 (x, y) はどんな曲線を描くでしょう．そう！ 楕円（ellipse）です．よく気が付きましたねぇ（＾_＾）．解いてみましょうか．

$$\frac{dy}{dx} = -\frac{bx}{ay} \Rightarrow \frac{y}{b}dy = -\frac{x}{a}dx \Rightarrow \int \frac{y}{b}dy = -\int \frac{x}{a}dx$$

ですから，積分定数 C を用いると，

$$\left(\frac{x}{\sqrt{a}}\right)^2 + \left(\frac{y}{\sqrt{b}}\right)^2 = C \qquad (3.1.5\text{-}5)$$

となりますので，$a > b$ であることから，長半径 $\sqrt{a}$，短半径 $\sqrt{b}$ の楕円群を表していることが分かります．ここで，敢えて，「楕円群」と書いたのは，定数部分が C で不定のままであるためです．当然ですが，点 (x, y) の１つが，例えば，「a, b はいくらで，点 $(2, 1)$ を通る」などの情報があれば，積分定数 C が完全に決まります．

ここで，例題です．いきなり，非常に一般的で面食らう問題ですが，基本です．

例題 3.1.5-1 a, b, c を定数とする微分方程式 $y' = f(ax + by + c)$
が変数分離形にできることを示せ．

いかがですか？ 解答が頭に浮かびましたか？ では，解答を見てみましょう．まず，右辺は x に関する微分であり，右辺の関数は，x および y の関数となっていますから，右辺の関数の中の y の係数 b について場合分けを考えれば良いことが分かります．

例題 3.1.5-1 解答

与式 $y' = f(ax + by + c)$ について，定数 b による場合分けを行う．簡単な場合は，$b = 0$ のときである．

（１）$b = 0$ の場合

$$y' = \frac{dy}{dx} = f(ax+c) \quad \therefore \quad dy = f(ax+c)dx$$

したがって，この場合は変数分離が可能である．

(2) $b \neq 0$ の場合

$p = ax + by + c$ とおくと，$y = (1/b)(p - ax - c)$ $(\because b \neq 0)$ であり，このとき，

$$y' = f(p)$$
$$= \frac{dy}{dx} = \frac{d}{dx}\left\{\frac{1}{b}(p-ax-c)\right\} = \frac{1}{b}\left(\frac{dp}{dx} - a\right) = \frac{1}{b}(p' - a)$$

$$\therefore f(p) = \frac{1}{b}(p' - a) \Rightarrow p' = \frac{dp}{dx}(bf(p) + a)$$

$$\therefore \frac{dp}{bf(p)+a} = dx$$

したがって，変数 x と p について変数分離することができる．

もう少し具体的な例題を見ましょうか．

例題 3.1.5-2　以下の微分方程式が表す図形は何か．
$$2xyy' - y^2 + x^2 = 0$$

変数分離にするために，変数の置換を考えます．

例題 3.1.5-2 解答

与式を x^2 で割って，$u = y/x$ と置くと，
$$2(y/x)y' - (y/x)^2 + 1 = 0 \Rightarrow 2(u)y' - (u)^2 + 1 = 0$$

であるが，$y' = u'x + u$ であるから，上式の第 2 式は，
$$2(u)(u'x+u) - u^2 + 1 = 0 \Rightarrow 2uu'x + 2u^2 - u^2 + 1 = 0$$

$$\therefore 2xu\left(\frac{du}{dx}\right) + u^2 + 1 = 0$$

となる．ここで，変数分離ができる．すなわち，
$$2xu\left(\frac{du}{dx}\right) = -(u^2+1) \Rightarrow \frac{2udu}{u^2+1} = -\frac{dx}{x} \quad \quad 1)$$

ここで，式 1) の第 2 式の左辺は，自然対数 ln を用いて
$$\frac{2udu}{u^2+1} = d\left(\ln(u^2+1)\right) \quad \quad 2)$$

であるから，適当な積分定数 c, C を用いて，式 1) は，式 2) を用いて，
$$\ln(u^2+1) = -\ln|x| + c$$
$$\ln(u^2+1) = -\ln|x| + c \Rightarrow u^2 + 1 = C/x \Rightarrow (y/x)^2 + 1 = C/x$$
$$y^2 + x^2 - Cx = 0 \quad \therefore \quad \left(x - \frac{C}{2}\right)^2 + y^2 = \left(\frac{C}{2}\right)^2$$

したがって，中心 $(C/2, 0)$，半径 $C/2$ の円である．

以下に，3 つの応用例をご紹介します．

3.1. 一階微分方程式

(1) 冷却問題の例

　ニュートンの冷却法則の例があります．皆さんは，ニュートンの冷却法則（*Newton's law of cooling*）をご存知でしょうか？　この法則はデータ解析などにより経験的に導出された法則なので，媒質と固体との温度差が極端に大きい場合には成立しない場合があります．しかし，日常的な範囲であればほぼ成り立ちます．果たして，その法則とは？　わくわくしませんか？　早速，見てみましょう！

　ここで示す法則は，温度一定（恒温）である媒質Bの中に，高温固体Aがあって，その媒質Bから高温体Aが冷却される状態を微分方程式で表した法則です．媒質の温度を ^LT，固体の温度を ST としますと $^ST > {^LT}$ です．ここで，固体の持つ熱量を Q であるとし，Q の時間的変化が固体の温度 ST の時間的変化に比例していると仮定すれば，比例定数 λ を用いて，以下のように，

$$\frac{dQ}{dt} = \lambda \frac{d(^ST)}{dt} \quad (\lambda \neq 0) \tag{3.1.5-6}$$

と書けます．また，高温固体Aの面積 S と熱伝送率 $k(>0)$（*thermal conductivity*）を用いて，

$$\frac{dQ}{dt} = -kS(^ST - {^LT}) \tag{3.1.5-7}$$

と定義します．そうすると，

$$\lambda \frac{d(^ST)}{dt} = -kS(^ST - {^LT})$$

となります．したがって，

$$\frac{d(^ST)}{dt} = -\frac{kS}{\lambda}(^ST - {^LT})$$

$$\frac{d(^ST)}{^ST - {^LT}} = -\frac{kS}{\lambda} dt \tag{3.1.5-8}$$

と変数分離ができました．したがって，積分できて，

$$\log(^ST - {^LT}) = -\frac{kS}{\lambda} t + c \quad \Rightarrow \quad {^ST} = C\exp\left(-\frac{kS}{\lambda} t\right) + {^LT} \tag{3.1.5-8}$$

となります．C は定数で，積分定数 c の関数で，あえて書くならば $C = e^c$ です．ST は，ここで，$^ST = {^ST}(t)$ と書いて，時間 t の指数関数で表現されることとなります．すなわち，

$$^ST = {^ST}(t) = C\exp\left(-\frac{kS}{\lambda} t\right) + {^LT} \tag{3.1.5-9}$$

この式で，実は，^LT も時間の関数である場合は，さらに，考えなければなりません．

　もし，この冷却過程に遅延時間 t_d があるとしたら，

$$^ST(t, t_d) = C\exp\left(-\frac{kS}{\lambda}(t - t_d)\right) + {^LT} \tag{3.1.5-10}$$

とすれば良いでしょう．

このように，自然界の現象は往々にして指数関数（あるいは，対数関数）で表される場合が多いのです．例えば，地震のマグニチュード M の定義は，経験式として対数関数で表されています．また，M とその地震の持つエネルギー E（単位：ジュール）の関係も指数関数，$\log_{10} E = 4.7 + 1.5M$ と定義されているのです．この定義によれば，地震 M_1 のエネルギーが ^{M1}E であり，マグニチュード 2 だけ大きい地震 M_2 のエネルギーを ^{M2}E とすると，その差は $\log_{10}\left(^{M2}E/^{M1}E\right) = 3$ ですから，10^3 倍＝1000 倍大きいことになります．

（2）放射性物質の半減期の例

自然に見られる指数関数の例はまだ身近（？）にあります．半減期を持つ放射性物質です．福島原発事故のテレビ放映でも何回か耳にしているでしょう．物理的半減期（*half life*）とは，放射性物質が（量 v に比例して）崩壊（分解）して量が半分になる時間のことで，例えば，ラドン（^{220}Rd）は 55.6 秒，塩素（^{38}Cl）は 37 分であるという短い場合から，ウラン 238（^{238}U）の 45 億年という地球の年齢と同じ程度の物凄く長いものもあります．また，プルトニウム 238（^{238}Pu）は 87.8 年です．素粒子物理学においては，半分ではなく自然対数の底の逆数（$1/e$），すなわち，約 0.368 にまで減少する時間を平均寿命と言うそうです．

本題に戻って，崩壊定数（量を減らす係数）が $p(>0)$ である放射性物質があるとしましょう．今，現在，この物質の量が v であるとすると，量 v に比例して減少するので，

$$\frac{dv}{dt} = -pv$$

と書けるでしょう．そうすると，変数分離して，積分し，

$$\frac{dv}{v} = -pdt \Rightarrow \int \frac{dv}{v} = -p \int dt \Rightarrow \log v = -pt + c \Rightarrow v = Ce^{-pt}$$

となります．$C = e^c$ としています．$t = 0$ で v_0（＝初期値）となるので，

$$v = v_0 e^{-pt}$$

です．物理的半減期の意味は $v = (1/2)v_0$ となる時間 t のことですから，

$$\frac{1}{2}v_0 = v_0 e^{-pt} \Rightarrow \log \frac{1}{2} = -pt \quad \therefore \quad t = \frac{1}{p}\log 2$$

で，すなわち，量を減らす係数 $-p$ の $p(>0)$ が大きくなるにしたがって，．物理的半減期の時間 t は短くなるということです．っていうのは，当たり前の事ですよね（笑）．

例題 3.1.5-3

$y'(x-1)^2 + xy = 0$ を変数分離法で解け．

この問題は，$x \neq 1$ の場合と $x = 1$ の場合の分けが必要ですね．

例題 3.1.5-3 解答

まず，$x \neq 1$ として，与式を変形する．

$$dy(x-1)^2 + xy\,dx = 0$$

$x \neq 1$ であるから，

3.1. 一階微分方程式

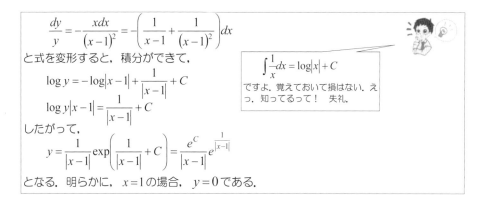

$$\frac{dy}{y} = -\frac{xdx}{(x-1)^2} = -\left(\frac{1}{x-1} + \frac{1}{(x-1)^2}\right)dx$$

と式を変形すると、積分ができて、

$$\log y = -\log|x-1| + \frac{1}{|x-1|} + C$$

$$\log y|x-1| = \frac{1}{|x-1|} + C$$

$\int \frac{1}{x} dx = \log|x| + C$
ですよ。覚えておいて損はない。えっ、知ってるって！ 失礼。

したがって、

$$y = \frac{1}{|x-1|} \exp\left(\frac{1}{|x-1|} + C\right) = \frac{e^C}{|x-1|} e^{\frac{1}{|x-1|}}$$

となる。明らかに、$x=1$の場合、$y=0$である。

（3）法線影の例

次に、法線影 (*normal shadow*) を取り上げます。大学の入試にも出題されている法線影という言葉があります。法線影とは、例えば、関数 f 上の1点 R を通る関数 f の法線が x 軸と交わる点を P とし、点 R から x 軸に落とした垂線が x 軸と交わる点を Q とするとき、線分 $\overline{PQ}$ を言います。

図 **3.1.5.1** に示す関数 f 上の1点 $R(x, y)$ の接線の方程式は、

$$Y - y = y'(X - x)$$

ですから、法線は、

$$Y - y = -\frac{1}{y'}(X - x)$$

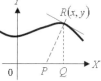

図 **3.1.5-1** 法線影

ですね。簡単すぎますかね。そうすると、点 P の座標は $(x + yy', 0)$ で、Q点の座標は $(x, 0)$ となり、線分 $\overline{PQ}$（法線影）は、yy' であることが分かります。法線影が一定の曲線の場合、定数を K とすれば、

$$yy' = K \quad \Rightarrow \quad y\frac{dy}{dx} = K \quad \Rightarrow \quad ydy = Kdx$$

したがって、積分ができて、積分定数を C として、

$$y^2 = 2Kx + C$$

が得られました。この式は、K が定数ですから、x 軸に平行な対称軸を持つ二次関数ですね。放物線は Parabora です。放物線は2次関数で、上記の式は x 軸方向を向いた二次関数で Parabora です。Parabora の特徴は、その軸に平行線がが入射するとある1点に集まるので Parabora 型のアンテナが使われているのです。

さて、微分方程式の定番の解法の1つである変数分離をひとまず終わりにします。こからは、一階線形微分方程式の一般的な解法を、かいつまんで、見ていくことにします。変数分離もまた出てきます。ちなみに、「かいつまんで」は、漢字では「掻い摘んで」と書き、英語は、"To make a long story short, ..." の「手短に話す」になるそうですが、「pick up some from all」ではないかなあ。間違いかな？

116

3.1.6. 同次一階線形微分方程式

一階線形微分方程式は,

$$\frac{dy}{dx} + f(x)y = g(x) \tag{3.1.6-1}$$

という形式となっている場合は線形である，と言います．この場合，恒等的に，

$$g(x) = 0$$

であるとき，すなわち，全ての x に対して常に 0 であるとき，同次 (*homogeneous*)，そうでないときは，非同次 (*inhomogeneous*)，の微分方程式 (*differential equation*) と言います．

さて，同次方程式の場合は，

$$\frac{dy}{dx} + f(x)y = 0 \tag{3.1.6-2}$$

ですから，変数分離ができて，積分定数 C を用いて，

$$\int \frac{dy}{y} = -\int f(x)dx \;\Rightarrow\; \ln|y| = -\int f(x)dx \;\Rightarrow\; y = Ce^{-\int f(x)dx} \tag{3.1.6-3}$$

というように解くことができます．また，そのままでは変数分離にならない次式

$$\frac{dy}{dx} = f\left(\frac{y}{x}\right) \tag{3.1.6-4}$$

のような形式の微分方程式は，変数変換で変数分離できます．式 3.1.6-3 で，

$$u = \frac{y}{x} \tag{3.1.6-5}$$

とおきます．ここで，x を変数に取れば，y や u は x の関数ですから，

$$y = ux \;\Rightarrow\; \frac{dy}{dx} = u + x\frac{du}{dx} = f\left(\frac{y}{x}\right) = f(u) \tag{3.1.6-6}$$

したがって,

$$\therefore\; u + x\frac{du}{dx} = f(u) \;\Rightarrow\; \frac{du}{f(u) - u} = \frac{dx}{x} \tag{3.1.6-7}$$

ですから,

$$\int \frac{dx}{x} = \log|x| = \int \frac{du}{f(u) - u} + C \tag{3.1.6-8}$$

となります．あとは，式 3.1.6-8 の右辺の積分が具体的に簡単にできて，u に式 3.1.6-5 を代入すれば，式 3.1.6-8 は微分形式のない x と y の式になります．

例えば,

$$\frac{dy}{dx} + y = 0 \;\Rightarrow\; \frac{dy}{y} = -dx \;\Rightarrow\; \ln|y| = -x + C \;\Rightarrow\; y = Ce^{-x}$$

$$\frac{dy}{dx} - ae^x = 0 \;\Rightarrow\; dy = ae^x dx \;\Rightarrow\; y = ae^x + C$$

のようになります．

3.1. 一階微分方程式

3.1.7. 非同次一階線形微分方程式

　非同次の一階線形微分方程式を解く場合の重要な概念を説明する必要があります．それは「積分因数（Integrating Factor）」と言う概念です．そして，この積分因数は，次に説明する完全微分方程式を解くための因数と言えます．では，説明に入ります．
　ここに，一階線形微分方程式

$$P(x,y)dx + Q(x,y)dy = 0 \tag{3.1.7-1}$$

があります．これにある関数 $F(x)$ を乗じて，

$$F(x)P(x,y)dx + F(x)Q(x,y)dy = 0 \tag{3.1.7-2}$$

とします．この式が，$u(x,y)$ の全微分，

$$du = \frac{\partial u}{\partial x}dx + \frac{\partial u}{\partial y}dy \tag{3.1.7-3}$$

のようにのように表されることになる場合，式 3.1.7-1 を「完全である」と言い，式 3.1.7-3 のような形式を完全形と呼びます．このとき，次式の関数 $F(x)$ が積分因数とよばれます．式からして，いかにも「因数」って感じですよね．ここで，

$$M(x,y) = \frac{\partial u}{\partial x} = F(x)P(x,y) \quad , \quad N(x,y) = \frac{\partial u}{\partial y} = F(x)Q(x,y) \tag{3.1.7-4}$$

となるような関数 u があれば，式 3.1.7-2 は完全形になります．そのための必要十分条件が，式 3.1.7-4 から分かりますように，

$$\frac{d}{dy}M(x,y) = \frac{d}{dx}N(x,y) = \frac{d^2u}{dxdy} \tag{3.1.7-5}$$

となることです．ただし，関数 M および関数 N が（数学的な分かりにくい表現で言うと），「その境界が交差せず閉曲面で $x-y$ 平面上のある領域で定義され，連続な導関数を有する」という条件がつきます．何？って感じですよね．簡単に言えば，$y = 1/x$ という双曲線では $x = 0$ では定義できませんよね．ですから，もっと「性質」の良い，例えば，最も簡単な関数としては，$y = x$ や $y = x^2$ などの関数を考えるわけです．
　話をもどしましょう．前項 3.1.6 の式 3.1.6-1 について，$g(x) \equiv 0$ ではない場合，すなわち，非同次微分方程式を解く場合は，次のようにします．前項 3.1.6 の式 3.1.6-1 を

$$\frac{dy}{dx} + f(x)y = g(x) \quad \Rightarrow \quad \{f(x)y - g(x)\}dx + dy = 0$$

のように変形して，x だけの関数である積分因数 $P(x)$ を乗すると，

$$P(x)\{f(x)y - g(x)\}dx + P(x)dy = 0$$

が完全形である必要十分条件は，式 3.1.7-4 に示したように，

$$M(x,y) = P(x)\{f(x)y - g(x)\} \quad , \quad N(x,y) = P(x)$$

とすれば，完全形になる必要十分条件が

$$\frac{\partial}{\partial y}[P(x)\{f(x)y - g(x)\}] = \frac{\partial}{\partial x}[P(x)] \tag{3.1.7-6}$$

となります．

ここで，式 3.1.7-6 の $P(x)$, $f(x)$, $g(x)$ は，x のみの関数ですから，左辺は y で偏微分を実行すると，

$$P(x)f(x) = \frac{\partial P(x)}{\partial x}$$

となります．あら！ なんと！ 変数分離ができているじゃないですか！ したがって，ここで，∂ を d に変えてよく，ここでの積分定数を c として

$$\int f(x)dx = \int \frac{dP(x)}{P(x)} \Rightarrow \int f(x)dx + c = \ln|P(x)|$$

$$\therefore \quad P(x) = Ce^{\int f(x)dx} \quad (C = \pm e^c) \tag{3.1.7-7}$$

ということになり，積分因数 $P(x)$ が決まりました．これを用いて，非同次微分方程式の解を求めましょう．

ここで，前項 3.1.6 の式 3.1.6-1 を参照すると，

$$\frac{d}{dx}\left(ye^{\int f(x)dx}\right) = e^{\int f(x)dx}g(x)$$

よくこんな式変形を見つけたな！．発想がいいのかな，僕みたいに（笑）

$$\begin{pmatrix} \because \quad \dfrac{d}{dx}\left(ye^{\int f(x)dx}\right) = e^{\int f(x)dx} \cdot \dfrac{dy}{dx} + y\dfrac{d}{dx}e^{\int f(x)dx} \\ \qquad\qquad\qquad = e^{\int f(x)dx} \cdot \dfrac{dy}{dx} + ye^{\int f(x)dx}\dfrac{d}{dx}\left(\int f(x)dx\right) \\ \qquad\qquad\qquad = e^{\int f(x)dx} \cdot \dfrac{dy}{dx} + ye^{\int f(x)dx}f(x) \\ \qquad\qquad\qquad = e^{\int f(x)dx}\left\{\dfrac{dy}{dx} + f(x)y\right\} \end{pmatrix}$$

が得られます．したがって，両辺に dx を乗じて積分し，両辺に，

$$e^{-\int f(x)dx}$$

を乗ずれば，一般解，

$$\therefore \quad y = e^{-\int f(x)dx}\left(\int g(x)e^{\int f(x)dx}dx + C\right) \tag{3.1.7-8}$$

が得られます．ただし，例によって，C は積分定数で，初期値などがあれば計算して求めることができます（特殊解）．この答えは，同じ問題を解いた，後項（定数変化法）の式 3.1.8-6 とまったく同じ答えになります．数学には，別解があります．まったく違った方法で答えに行き着くのです．よく御存じのピタゴラスの定理は良い例ですね．いくつかの等積変形法を用いたり，ベクトルを用いたり，様々な別解で楽しむことができます．

ふ～．一息入れましょうか？ いやいや，休まず，頑張って次に行きましょうかね！とは，言いません．なんぼなんでも，疲れました．Short Rest で疲れを取ってください．

Short Rest 12.
「英語のことわざあれこれ」

この本は，なんとためになる本でしょうか， *How instructive and worthwhile this book is !*

(1) *A cat has nine lives.*

猫というものは9つの命がある．すなわち，猫は何度叩いても死なず，執念深いことを言ったもので，ギリシャ人は猫がなんでも生き返られるものとして神性を与えて崇拝しました．そして，このことわざの後ろに，*and a woman has nine cat's lives.* と続けて，女の執念深さを表す場合があるそうです．

(2) *Example is better than precept.*

実行による模範は言うだけの教訓に勝る．*Seeing is believing.*（百聞は一見にしかず）．*One eyewitness is better than ten earwitnesses.*（一人の目撃者は十人のうわさ話に勝る）と同意ことわざです．この2つは一般的ですが，題目は科学者の真髄とでも言いましょうか，技術者の心構えではないでしょうか．

(3) *Charity begins at home.*

慈愛の心(*affection*)は，キリスト教の「隣人愛精神」を解く言葉で，「家庭で幼いころから身近な人を愛することを学んでおけば，成人しても身内以外の人を愛するだろう」と言う意味が込められています．近年，ゲーム感覚での殺人事件が起きたり，戦争などが起きています．この本質は，家庭にあるという指摘であり，幼児期に行わなければならない家庭での精神教育の欠陥が原因と言われています．ご子息がいらっしゃる読者は，いかがでしょうか？仕事ばかりで，ご子息と十分に遊んであげていなかったのでは…．また，悪いことは悪い，としっかり叱ったでしょうか？

(4) *A friend in need is a friend indeed.*

逆境にいるとき，助けてくれるのが真の友．この文は *in need* と *indeed* が韻を踏むようになっています．*in need* とは逆境とか貧困や窮乏という意味です．

さて，人は生まれて死ぬまで，いったい何人の人と知りあえるのでしょうか？日本人に限っても，1億人を越えているというのに，記憶に残っている人はせいぜい100～300人くらいでしょうか．もちろん，その人の年齢，職業，環境などに大きく左右され，出会いは偶然かも知れませんが，「知り合いである」と言うことはお互いにとても大事なことのように思えます．出会いはどんな時にも訪れます．そして，出会った人との関わりを大事にされることをお勧めします．その中から，何人もの親友と呼べる友が生まれるでしょう．そのようにしていけば，隣人への愛 *affection* が生まれ，さらに友ができ，幸せな生活を送れることでしょう．何か宗教的な話になってしまいましたが，体験談です．

(5) *Nothing venture, nothing have.*

完全な文章で書くと，*If you venture nothing, you will have nothing.* となります．我々技術者は何事にもベンチャー精神を忘れず，失敗を恐れず，まずやってみる，と言うことが重要と言われます．しかし，企業にいる技術者は，いくらこのように *top down* で言われても，会社への貢献などという柵（しがらみ）がついてまわります．ここが辛いところです．「失敗を恐れず」は言葉としては素晴らしいのですが，失敗は許されないのが現状でしょう．現実は，何か成果を出さなければなりません．技術者の皆さん！もし，失敗しても，「失敗は成功のもと」と言いきり，まがんばりましょう．

色々教訓めいた諺（ことわざ）を並べ，著者の意見を入れながら書きましたが，いかがでしょうか？．

3.1.8. 定数変化法

一階線形微分方程式の解法で，ラグランジェ（*J. L. Lagrange*）が考案した方法で「定数変化法」と言う解法をここでご紹介したいと思います．定数なのに変化するという，なんか，キツネにつままれたような感じですが，まあご勘弁ください．

さて，次の非同次一階微分方程式（式 3.1.2-1）

$$\frac{dy}{dx} + f(x)y = g(x) \tag{3.1.8-1}$$

から，また，話を進めます．$g(x) \equiv 0$ である場合は同次線形微分方程式

$$\frac{dy}{dx} + f(x)y = 0 \tag{3.1.8-2}$$

となり，変数分離ができて，その解は，

$$y = Ce^{-\int f(x)dx} \tag{3.1.8-3}$$

でした．さて，ここで，積分定数 C を $C(x)$ として，関数に置き換えます．何故と言われても….まあ，読み進めた後でその答えが分かるでしょう．でもこの考えは，非常に面白い式展開となります．すなわち，

$$y = C(x)e^{-\int f(x)dx} \tag{3.1.8-4}$$

とします．

次に，式 3.1.8-4 の両辺を x で微分して，以下のように，式を変形していきます．

$$\frac{dy}{dx} = \left(\frac{d}{dx}C(x)\right)e^{-\int f(x)dx} + C(x)\left(e^{-\int f(x)dx}\right)\left(-\frac{d}{dx}\int f(x)dx\right)$$
$$= e^{-\int f(x)dx}\left(\frac{d}{dx}C(x)\right) - C(x)f(x)e^{-\int f(x)dx}$$

ですから，上式を式 3.1.8-1 に代入すると，

$$e^{-\int f(x)dx}\frac{d}{dx}C(x) - C(x) \cdot e^{-\int f(x)dx} \cdot f(x) + f(x)y = g(x) \tag{3.1.8-5}$$

となります．さらに，式 3.1.8-5 の y を式 3.1.8-4 で置き換えると，なんと，

$$e^{-\int f(x)dx}\frac{d}{dx}C(x) \underbrace{- C(x) \cdot e^{-\int f(x)dx} \cdot f(x) + f(x)C(x)e^{-\int f(x)dx}}_{} = g(x)$$

となりますから，

> あら，不思議．
> 消えてしまうわね

$$e^{-\int f(x)dx}\frac{d}{dx}C(x) = g(x)$$

と書けます．これを変形して，積分すると，

$$\frac{d}{dx}C(x) = g(x)e^{\int f(x)dx} \Rightarrow \int \frac{d}{dx}C(x) = \int g(x)e^{\int f(x)dx}dx + C$$

$$\therefore \quad C(x) = \int g(x)e^{\int f(x)dx}dx + C$$

と書けます．ここで，$C(x)$ が得られたので，式 3.1.8-4 に代入して，求めたい y は，

3.1. 一階微分方程式

$$y = e^{-\int f(x)dx}\left(\int g(x)e^{\int f(x)dx}dx + C\right) \quad (3.1.8\text{-}6)$$

となります．ということで，式 3.1.7-8 と同じ式になりました．めでたし，めでたし．でも，これまでの偉大な数学者が良くこんな解法を見つけましたね（だから偉大なんですけど…）(⊙_⊙!)．私は感動なんですけど．皆さんはどう思われますか（＾÷＾)？．

同様に，二階の線形微分方程式が定義できます．その一般式は，

$$\frac{d^2y}{dx^2} + P(x)\frac{dy}{dx} + Q(x)y = R(x)$$

という形式であり，例によって，恒等的に $R(x)=0$ である場合，同次の，そうでない場合は，非同次の，二階の線形微分方程式である，といいます．

ここでは，二階の線形微分方程式に関して，これ以上，立ち入らないことにしましょう．皆さんではなく，著者の能力を超えることになり(＾_＾)，グリコ，つまり，お手上げ状態です．詳しく勉強されたい読者は，数学の専門書を見てください．しかしながら，世の中には，易しいだけの本だったり，見るからに最初から難しい本だったりして，手ごろな入門的な本はこの本くらいかも…．なんちゃって (⊙_⊙)．でも，ちょっと安心してください．似たような形式の方程式は後で出てきますよ．

一階線形微分方程式に話しをもどし，例題を見てみましょう．

例題 3.1.8-1 次の微分方程式を解け．

$$\frac{d}{dx}(3y) + xy = \frac{x}{y^2}$$

非常にシンプルな微分方程式ですね～．「3」が微妙でしょ！　この数字 3 は，実は，仕組んでいます．やってみると分かります．この「3」は答えやすいように恣意的に考えた定数です．何か，問題でも？

例題 3.1.8-1 解答

与えられた方程式を変形し，

$$3y^2\frac{dy}{dx} + xy^3 = x \quad \Rightarrow \quad \frac{dy^3}{dx} + xy^3 = x \quad (1)$$

となる．ここで，$\alpha = y^3$ とおくと，

$$\frac{d\alpha}{dx} + \alpha x = x \quad (2)$$

と書ける．ここで，右辺=0 としたときの一般解は，積分定数を C として，

面白いことがおこりまうよ．

$$\frac{d\alpha}{dx} + x\alpha = 0 \quad \Rightarrow \quad \frac{d\alpha}{\alpha} = -xdx \quad \Rightarrow \quad \alpha = ce^{-\frac{x^2}{2}} \quad (3)$$

である．式 2 から

$$\frac{d\alpha}{dx} = x - \alpha x \quad (4)$$

であり，ここで，式 3 の定数 c を x の関数 $c(x)$ とし，式 4 の左辺に代入する．

122

一方，式 4 の右辺の α に式 3 を代入すると，
$$\frac{d}{dx}\left(c(x)e^{-x^2/2}\right) = e^{-x^2/2}\frac{dc(x)}{dx} - xc(x)e^{-x^2/2} = x - xc(x)e^{-x^2/2}$$
であるから，積分定数 C として，積分すれば，

消えます
もとにもどします

$$\frac{d}{dx}c(x) = xe^{x^2/2} \Rightarrow c(x) = \int xe^{x^2/2}dx = e^{x^2/2} + C$$
となり，$y^3 = \alpha(x)$ としていることを踏まえ，この $c(x)$ を，式 3 に代入して，
$$y(x)^3 = \alpha(x) = c(x)e^{-x^2/2} = (e^{x^2/2} + C)e^{-x^2/2} = 1 + Ce^{-x^2/2}$$
すなわち，
$$y^3 = 1 + Ce^{-x^2/2}$$
となる．

しかし，もっと簡単な解答はあります

例題 3.1.8-1 別解答

与えられた方程式を変形し，
$$3y^2\frac{dy}{dx} + xy^3 = x \Rightarrow \frac{dy^3}{dx} + xy^3 = x$$
となる．ここで，$\alpha = y^3$ とおくと（ここまで同じ），
$$\frac{d\alpha}{dx} + x\alpha = x \Rightarrow \frac{d\alpha}{dx} = -x(\alpha - 1)$$
とすれば，変数分離ができていて，
$$\frac{d\alpha}{(\alpha-1)} = -xdx \Rightarrow \ln|\alpha - 1| = -\frac{x^2}{2} + c$$
であるから，
$$\alpha - 1 = Ce^{-x^2/2} \Rightarrow y^3 = 1 + Ce^{-x^2/2}$$
となる

いかがでしょうか？結果はちょっと変な格好ですが，こんな感じでしょうか．C は初期値で決まります．ここまでは良いですね！

もう 1 つ．ちょっと変わった例題をやって見ましょう．でも，ちょっと厄介であり，複雑です．まあ，流し目で，気がるに，読んでみてください．

例題 3.1.8-2

火山体に頂上に向かう垂直な火道があって，火口付近までマグマが満たされている状況を考える．温度と圧力が，マグマ内に含まれている揮発性成分が気泡になる状況であるとしよう．マグマ表面からの深度 h での気泡の分布は $\phi(h)(0 < \phi < 1)$ となっている．その位置におけるマグマの見かけ密度 $\rho_B(h)$ は，
$$\rho_B(h) = (1 - \phi(h))\rho_M + \phi(h)\rho_G(h) \tag{P1}$$
と書ける．ここで，ρ_M および ρ_G は，それぞれ，マグマ内の気泡を除いた密度（一定と仮定）およびマグマ内の気泡の密度（深度 h に依存）である．

3.1. 一階微分方程式

ρ_G は、気体ですから当然、その位置の静水圧の関数であり、気泡の密度とその深度の圧力と比例関係があって、その比例定数を α とし、

$$\rho_G(h) = \alpha\, p(h) \tag{P2}$$

に従うものとする。このとき、深度の関数として圧力 $p(h)$ を、深度の関数である気泡の分布 $\phi(h)$、マグマの密度 ρ_M および重力加速度 g で示せ。

問題文が長いですねえ。じっくり見てください。実は、著者が、火山物理学を研究していたとき、ふと、この問題を解いてみようかと、考え出したら、そうか！ 積分因数法があったなあ、と気が付きました。それが、この例題です。さて、どこから片付けますか。

著者は解答がこれで正しいか不安です、読者も検討してみてください。

例題 3.1.8-2 解答

題意より、深度 h における圧力 $p(h)$ は、0 から h までのマグマ柱の重さと考えて、

$$p(h) = \int_0^h \rho_B(k) g\, dk = g \int_0^h \{(1-\phi(k))\rho_M + \phi(k)\rho_G(h)\} dk$$

ここで、式 P2 を用いると、

$$p(h) = g \int_0^h \{(1-\phi(k))\rho_M + \alpha\phi(k) p(k)\} dk$$

となる。ここで、上式を h で微分すると、

$$\frac{dp}{dh} = g\{(1-\phi(h))\rho_M + \alpha\phi(h)p(h)\} \tag{1}$$

（静水圧 $p(h)$ は、$\rho(h)gh$ を表面から深度 h まで積算した値と考えたのよ。どうかしら？）

$$\therefore\ g\{(1-\phi(h))\rho_M + \alpha\phi(h)p(h)\}dh - dp = 0 \tag{2}$$

となる。上式は、p に関して非同次一階微分方程式になっている。ここで、両辺に積分因数 $F(h)$ を乗する。ただし、以下、式の簡略化のため、(h) を省略する。さて、

$$Fg\{(1-\phi)\rho_M + \alpha\phi p\}dh - F\,dp = 0 \tag{3}$$

（積分定数 $F(h)$ は凄いや～）

となり、このとき、上式が完全微分となるための条件は、

$$\frac{\partial}{\partial p} Fg\{(1-\phi)\rho_M + \alpha\phi p\} = -\frac{dF}{dh} \quad \therefore\ Fg\alpha\phi = -\frac{dF}{dh} \tag{4}$$

$$g\alpha\phi\,dh = -\frac{dF}{F} \quad \therefore\ \ln|F| = -\int g\alpha\phi\,dh$$

$$\therefore\ F = Ce^{q(h)}, \quad q(h) = -g\alpha\int_0^h \phi(\zeta)d\zeta \tag{5}$$

として積分因数 F が求められる。そこで、式 5 を式 2 に適用する。式 2 は、

$$\frac{dp}{dh} = g\{(1-\phi(h))\rho_M + \alpha\phi(h)p(h)\} \Rightarrow \frac{dp}{dh} - g\alpha\phi(h)p(h) = g(1-\phi(h))\rho_M$$

と書ける。したがって、

$$e^{q(h)}\left\{\frac{dp(h)}{dh} - g\alpha\phi(h)p(h)\right\} = e^{q(h)}\{g(1-\phi(h))\rho_M\} \tag{6}$$

である。ここで、式 5 より、

$$q(h) = -g\alpha\int_0^h \phi(\zeta)d\zeta \quad \therefore\ \frac{dq(h)}{dh} = -g\alpha\phi(h) \tag{7}$$

であることを用いれば，式6は，式7を用いて，

$$e^{q(h)}\left\{\frac{dp(h)}{dh}+\frac{dq(h)}{dh}p(h)\right\}=e^{q(h)}\{g(1-\phi(h))\rho_M\} \tag{8}$$

となり，ここで，式8の左辺は，以下の等式，

$$\frac{d}{dh}\left(p(h)e^{q(h)}\right)=e^{q(h)}\frac{dp(h)}{dh}+p(h)e^{q(h)}\frac{dq(h)}{dh}=e^{q(h)}\left(\frac{dp(h)}{dh}+p(h)\frac{dq(h)}{dh}\right) \tag{9}$$

であることを用いると，式8は， ここがミソ！

$$\frac{d}{dh}\left(p(h)e^{q(h)}\right)=e^{q(h)}\{g(1-\phi(h))\rho_M\} \tag{10}$$

と書ける．そこで，$0 \sim h$ で積分すれば，

$$p(h)e^{q(h)}=\rho_M g\int_0^h e^{q(\zeta)}(1-\phi(\zeta))d\zeta+C$$

$$\therefore \quad p(h)=e^{-q(h)}\left(\rho_M g\int_0^h e^{q(\zeta)}(1-\phi(\zeta))d\zeta+C\right) \tag{11}$$

となる．ここで，$h=0$ のとき，大気圧 P_0 となることを考慮して，

$$P_0=p(0)=e^{-q(0)}\left(\rho_M g\int_0^0 e^{q(\zeta)}(1-\phi(\zeta))d\zeta+C\right)=C \tag{12}$$

$$\left(\because \quad q(0)=-g\alpha\int_0^0 \phi(\zeta)d\zeta=0\right)$$

となり，$p(h)$ は，最終的に，

$$p(h)=e^{-q(h)}\left(\rho_M g\int_0^h e^{q(\zeta)}(1-\phi(\zeta))d\zeta+P_0\right) \quad,\quad q(h)=-g\alpha\int_0^h \phi(\zeta)d\zeta \tag{13}$$

ここで，圧力分布で分散した気泡分布 $\phi(h)$ がある場合の，換言すれば，圧力を関数とするマグマの気泡含有量が規定できる場合の，マグマ柱における，任意の位置 h における圧力 $p(h)$ を，マグマ密度を与えることで，計算する式が得られた．

いかがでした？ ややこしかったですね．

では，超やさしい例題で締め括りましょう．でも，なめてかかったら失敗します．気をつけてやってみましょう．もう1つやってみましょう．

例題 3.1.8-3

$dy/dx+(\cos x)y=x$ を定数変化法で解き，解が与式を満たしていることを示せ．

これは，むずかしい？ しかし，この場合は解けます．解答をよく読んでみてください．きっと，なあ〜んだ，となります．さあ，どうぞ！

例題 3.1.8-3 解答

与式 $dy/dx+(\cos x)y=x$ の右辺を0とし，変数分離で y の一般解を求める．

$$\frac{dy}{dx}=-(\cos x)y \Rightarrow \frac{dy}{y}=-(\cos x)dx \Rightarrow \ln|y|=-\int\cos x\,dx+c=-\sin x+c$$

$$y=Ce^{-\sin x} \Rightarrow y=C(x)e^{-\sin x}$$

ここで，C は積分定数である．この C を $C(x)$ にして微分すると，

3.1. 一階微分方程式

$$\frac{dy}{dx} = \frac{d}{dx}\left(C(x)e^{-\sin x}\right) = \frac{dC(x)}{dx}e^{-\sin x} + C(x)(-\cos x)e^{-\sin x}$$

上式を，与式に代入すると，

$$\frac{dC(x)}{dx}e^{-\sin x} - \underbrace{C(x)(\cos x)e^{-\sin x}}_{} + \underbrace{(\cos x)C(x)e^{-\sin x}}_{} = x$$

> あらあら，またまた消えちゃいますね．

$$\therefore \quad \frac{dC(x)}{dx}e^{-\sin x} = x \quad \Rightarrow \quad dC(x) = xe^{\sin x}dx \quad \Rightarrow \quad C(x) = \int xe^{\sin x}dx + C$$

$$\therefore \quad y = \left(\int xe^{\sin x}dx + C\right)e^{-\sin x}$$

と求まる．ここで，C は積分定数である．

ここで，得られた解が与式を満たすことを証明する．解を x で微分すると，

$$\frac{dy}{dx} = \left[\int xe^{\sin x}dx + C\right]'e^{-\sin x} + \left[\int xe^{\sin x}dx + C\right]\left(e^{-\sin x}\right)'$$
$$= xe^{\sin x}e^{-\sin x} - \cos x\left[\int xe^{\sin x}dx + C\right]e^{-\sin x}$$
$$= x - \cos x\left[\int xe^{\sin x}dx + C\right]e^{-\sin x}$$

> あらあら，ここも消えちゃいます

ここで，求めた上式と y を与式に入れると，

$$\frac{dy}{dx} + (\cos x)y = x - \underbrace{\cos x\left[\int xe^{\sin x}dx + C\right]e^{-\sin x}}_{} + \underbrace{(\cos x)\cdot\left[\int xe^{\sin x}dx + C\right]e^{-\sin x}}_{}$$

となり，右辺となる．したがって，

$$\frac{dy}{dx} + (\cos x)y = x \quad \text{の一般解は，} \quad y = \left(\int xe^{\sin x}dx + C\right)e^{-\sin x} \quad Q.E.D$$

よって，題意が証明された．

ということでして，定数変化法について，これで十分理解頂けたと思います．まあ定番の解法ですから以前にお習いになっていらっしゃると思いますが，ここで，さらに，ご確認頂いた，ということでしょうか．

ここで，定数変化法について，少々補足すると，定数変化法は線型の偏微分方程式にも適用することができて，具体的に熱方程式，波動方程式などの線型方程式の非同次方程式が解ける，ということが書かれているばあいがあり，一方で，すべての非同次方程式が解けるとは限らないとも書いている場合もあります．著者は一階微分方程式しか解いたことがありません．それも，定数変化法でとける問題を解いてきた気がします．読者の皆さんで興味あるかたは，是非，いろいろな方程式を解いてみてください．

次項から，特殊ではあるけれど，世の中で，〜の方程式，などと呼ばれている微分方程式を紹介します．もちろん，詳細なことは専門書に任せるとして，どんな方程式なのかぐらいは見てほしいものです．

ここまで，読まれて，いかがでしょう？　納得いたしましたか？　もし，間違いを発見された読者がいらっしゃいましたら，出版社の方に是非ご連絡ください．ホームページか何かで，あるいは，次の版で，訂正させていただきます．

さらに補足します．次のような，関数が複合された，ちょっと複雑な関数：
$$y = f(x) = xe^{\sin x}$$
があって，どんなグラフなのかを描いてみたくないですか？ 単なる興味だけなのですが・・・．x 軸を 0 から 30 まで 0.2 ごとに変化させて，$y = f(x)$ を計算して，グラフを描くと，図 3.1.8-1 ようになります．直線は $y = x$ です．

このように，
$$y = f(x) = xe^{\sin x}$$
は，関数 $y = x$ というトレンドを持って，振動しながら振幅増加を続ける関数であることが分かります．面白いですねえ．グラフを描くと様子が一目瞭然です．

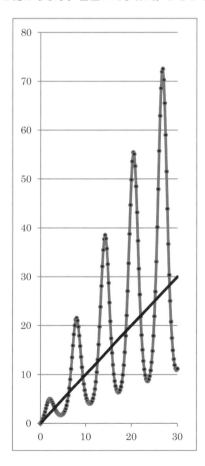

何か面白い関数があったら，グラフを描いてみるという習慣を身に着けると面白い図がみられますよ．例えば，渦巻きとか…．

図 3.1.8-2 は
$$y = x \sin \frac{x}{\pi}$$
を計算してグラフ化したものです．地震の波形のようです．このような形の波形を最小位相の波形と呼ぶことがあります．

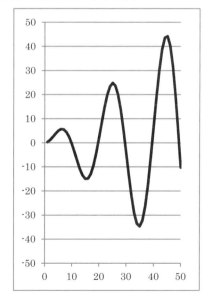

図 3.1.8-1　トレンドと振動を持つ関数　　図 3.1.8-2　振幅と位相に関する関数

3.1. 一階微分方程式

3.1.9. 直交曲線

ある曲線群に直交する曲線群を求めることを，直交曲線（*orthogonal curve*）を求める，と言います．工学で用いる例は，１つの曲線群があった場合，その各曲線に直交する曲線群を求める場合があります．最も身近は例は，等電位線に対して電気力線は互いに直交する曲線群ですので，互いに，直交曲線となっているのです．

ある曲線：
$$f(x,y,c)=0 \tag{3.1.9-1}$$
が与えられている場合，それが，微分方程式
$$y' = g(x,y)$$
で得られるとすると，その曲線上の点 (X,Y) での接線の傾きは，
$$y' = g(X,Y)$$
です．この場合，点 (X,Y) でその接線に直交する曲線の傾きは，
$$y' = -\frac{1}{g(X,Y)} \tag{3.1.9-2}$$
となります．したがって，式 3.1.9-1 で表される曲線群に対する直交曲線の微分方程式は，
$$y' = -\frac{1}{g(x,y)}$$
で，この微分方程式を解けば，直交曲線の方程式が求まることになります．

例えば，
$$f(x,y,c) = y - cx = 0 \tag{3.1.9-3}$$
とする場合，
$$y' = c$$
であり，式 3.1.9-3 から，$c = y/x$ ですから，上式に代入すれば，
$$y' = \frac{y}{x}$$
ですから，直交曲線の微分方程式は，
$$y' = -\frac{x}{y}$$
となります．変数分離して積分しましょう．積分定数を敢て $(1/2)c^2$ とすれば

$$ydy = -xdx \ \Rightarrow\ \frac{1}{2}y^2 = -\frac{1}{2}x^2 + \frac{1}{2}c^2$$

$$x^2 + y^2 = c^2$$

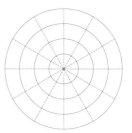

図 3.1.9-1　原点を通る直線と直交曲線

で原点を中心とする同心円群が回答になります．$y = cx$ は原点を通る直線群で，半径方向です．したがって，互いに直交するのは明白です（**図 3.1.9-1**）．

逆に，$x^2 + y^2 = c^2$ の直交曲線は，原点を通る直線群になるのでしょうか？　では，やってみましょう．

$x^2 + y^2 = c^2$ を微分すると，$2x + 2yy' = 0$，したがって，$y' = -x/y$ となります．この傾き直交する曲線群の傾きは，$y' = y/x$ であり，

$$\frac{dy}{dx} = \frac{y}{x} \quad \Rightarrow \quad \frac{dy}{y} = \frac{dx}{x}$$

となりますから，積分して，$\log y = \log x + c$，さらに変形して，$\log y/x = k$（k は積分定数）で，したがって，最終的に直交曲線は $y = Cx$ であり，$x^2 + y^2 = c^2$ の直交曲線は原点を通る直線群になります．ここで，C は $C = e^k$ で，任意の定数です．

例題を見てみましょう．

例題 3.1.9-1
原点を極小点・極大点とする放物線群 $y = cx^2$ について，直交曲線群を求めよ．

さあ，答えはどんな曲線群でしょうか．そうです．楕円群のような気がしませんか？

例題 3.1.9-1 解答

放物線群：
$$y = cx^2 \tag{1}$$

を微分して，
$$y' = 2cx \tag{2}$$

となるので，式 1 から c を求め式 2 に代入すると，
$$y' = \frac{2y}{x} \tag{3}$$

となる．したがって，直交曲線群の微分方程式は
$$y' = -\frac{x}{2y} \qquad 2ydy = -xdx \quad \Rightarrow \quad y^2 = -\frac{1}{2}x^2 + \frac{1}{2}C \tag{4}$$

である．式 4 を変数分離して，積分すると，敢て，積分定数を $(1/2)C$ とすれば，
$$2ydy = -xdx \quad \Rightarrow \quad y^2 = -\frac{1}{2}x^2 + \frac{1}{2}C \tag{5}$$

であり，これを整理して，
$$x^2 + 2y^2 = C \tag{6}$$

が得られる．故に，求める直交曲線群は楕円群である．ここで，C は積分定数である．ということです．簡単でしたね．

図 3.1.9-2 は式 1 と式 6 を表すグラフです．式 1 の c が，0.5，1.0，1.5 である場合，および，式 6 の C が 25，50，100 の場合です．

式 1 の放物線群が式 2 の楕円群と交点に関して，図が小さいのですが，直行している雰囲気は分かるでしょうか．興味のある方は，是非，グラフを書いてみてください．グラフを書くと分かり易いですよ．

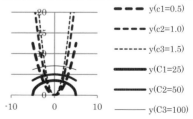

図 **3.1.9-2** 原点を通る直線と直交曲線

3.1. 一階微分方程式

3.1.10. ピカールの逐次近似法

一階線形微分方程式の解法についてはすでにご説明しておりますが，非線形の場合はどうすれば良いでしょうか．まず，思いつく場合は，逐次近似法を用いることですね．逐次近似法は，ご存知のように，逐次，ほんの少しずれた関数値を推定し，さらに，ほんの少しずれた関数値を前の値を用いて推定する方法です．ピカール（E.Picard）[注5] の逐次近似法は以下のように行います．ここでは，

$$y' = f(x, y) \quad , \quad y(x_0) = y_0 \tag{3.1.10-1}$$

であるような微分方程式について考えます．基本式は，次式の積分方程式：

$$y(x) = y_0 + \int_{x_0}^{x} f(p, y(p)) dp \tag{3.1.10-2}$$

で，式 3.1.10-2 を微分すると，式 3.1.10-1 になり，$x = x_0$ のとき，積分は 0 となり，両辺は等価となります．さて，近似方法ですが，

$$y_1(x) = y_0 + \int_{x_0}^{x} f(p, y_0) dp$$

である $y_1(x)$ を求めます．次に，$y_1(x)$ を用いて，

$$y_2(x) = y_0 + \int_{x_0}^{x} f(p, y_1(x)) dp$$

として，$y_2(x)$ を求めます．この作業を，仮に，n 回繰り返すと，

$$y_n(x) = y_0 + \int_{x_0}^{x} f(p, y_{n-1}(x)) dp \tag{3.1.10-3}$$

となります．このように，$y_i(x)(i = 1, \cdots, n)$ を求めていきます．

な〜んて説明では，なにやらさっぱりでしょう．著者もそうです．わかりずらいですね．そこで，以下で，例を見ていただきます．よう〜く，式の変形を見てください．

では，例題を見てみましょう．

例題 3.1.10-1

$y' = y$, $y(0) = 1$ である微分方程式について，変数分離で解を求め，さらにピカールの逐次近似法を適用して比較せよ．

変数分離で解を求めるのは超簡単でしょう！

例題 3.1.10-1 解答

与式から，

$$\frac{dy}{dx} = y \quad \Rightarrow \quad \frac{dy}{y} = dx \quad \Rightarrow \quad \therefore \quad y = Ce^x$$

である．ここで，C は任意の定数である．初期値 $y_0 = y(0) = 1$ により，$1 = Ce^0 = C$ あるから，求める関数 y は，

$$y = e^x$$

である．次に，ピカールの逐次近似法を適用する．ここで，$y' = y(0) = f = e^0 = 1$ ですから，式 3.1.10-3 から，

$$y_1(x) = 1 + \int_0^x 1\,dp = 1 + x$$
$$y_2(x) = 1 + \int_0^x (1+p)\,dp = 1 + x + \frac{1}{2}x^2 = 1 + \frac{1}{1!}x + \frac{1}{2!}x^2$$

である．そこで，正の整数 $n=k$ で，

$$y_k(x) = 1 + x + \frac{1}{2!}x^2 + \cdots + \frac{1}{(k-1)!}x^{k-1} + \frac{1}{k!}x^k$$

が成り立つとすれば，

$$y_{k+1}(x) = 1 + \int_0^x \left(1 + p + \frac{1}{2!}p^2 + \cdots + \frac{1}{(k-1)!}p^{k-1} + \frac{1}{k!}p^k\right)dp$$
$$= 1 + x + \frac{1}{2!}x^2 + \frac{1}{3!}x^3 + \cdots + \frac{1}{k!}x^k + \frac{1}{(k+1)!}x^{k+1}$$

したがって，任意の正の整数 n について

$$y_n(x) = 1 + x + \frac{1}{2!}x^2 + \cdots + \frac{1}{n!}x^n$$

である． $y_n(x)$ の無限項は，式 1.3.5-2 を思い出せば，

$$y_\infty(x) = 1 + \frac{1}{1!}x + \frac{1}{2!}x^2 + \cdots + \frac{1}{n!}x^n + \cdots = \sum_n^\infty \left(\frac{1}{n!}x^n\right) = e^x$$

である．

　このように，この方法によれば，近似式 $y_\infty(x)$ と e^x は一致します．そして，ここで， $x=1$ とすれば，お気づきでしょうけれど，ネイピアの数の式 1.3.5-6 の

$$y_\infty(1) = 1 + \frac{1}{1!} + \frac{1}{2!} + \cdots + \frac{1}{n!} + \cdots = \sum_n^\infty \left(\frac{1}{n!}\right) = e$$

と完全に一致します．

　例題 3.1.10-1 は仕組んだでしょう？と問われるかもしれません．正直申しまして，仕組みました．なぜかと言うと，この素晴らしい問題の定義がネイピアの数に繋がることをお見せしたかったわけです．いかがでしたか？ 予想だにしていませんでしたでしょう．

　いきなりですが，国語の解説です．「だに」は平安時代によく使われた副助詞「だに」は「すら」の意味，室町時代には「すら」に代わったようですが，現代でも使いますし，短歌にも現れるそうです．

　ピカールのように数学が不得意であっても，突然に目覚める読者を期待します．

注5：エミール・ピカール（フランス語では，*Charles Émile Picard,*）（1856 年～1941）は，フランスの数学者です．ピカールはギリシャ語とラテン語に優れましたが，数学は最初は得意でなかったようです．しかし，数学の本を読み突然目覚め，エコール　ノルマルに進み，1871 年に教授資格を得てパリ大学で教えました．その後，トウールズ大学の教授に就任した，という経歴を持っています．

3.1.11. リカッチの微分方程式

リッカチ[注6]の微分方程式を満たすような特殊解が一つでも見つかれば，単純な変数変換によってベルヌーイの微分方程式の形に変換でき，特殊解をもちいて，一般解が計算できることを示します．

x の関数 $P(x), Q(x), R(x)$ があって，

$$\frac{dy}{dx} + P(x) + Q(x)y + R(x)y^2 = 0 \tag{3.1.11-1}$$

の形式を，リカッチ（$Riccati$）の微分方程式と呼ばれています．

ここで，特異解 y_φ がある場合，$y = y_\varphi + \alpha \ (\alpha \neq 0)$ とおいて，式 3.1.11-1 に代入しましょう．そうしますと，

$$\frac{d(y_\varphi + \alpha)}{dx} + P(x) + Q(x)(y_\varphi + \alpha) + R(x)(y_\varphi + \alpha)^2 = 0$$

$$\left(\frac{dy_\varphi}{dx} + P(x) + Q(x)y_\varphi + R(x)y_\varphi^2\right) + \frac{d\alpha}{dx} + \{Q(x) + 2y_\varphi R(x)\}\alpha + R(x)\alpha^2 = 0$$

$$\therefore \ \frac{d\alpha}{dx} + \{Q(x) + 2y_\varphi R(x)\}\alpha + R(x)\alpha^2 = 0 \tag{3.1.11-2}$$

と変形できます．なぜなら，y_φ は式 3.1.11-1 の特異解としたので，式 3.1.11-1 を満たすからです．おっと，これは次項のベルヌーイの方程式ですね．式 3.1.11-2 は，$\alpha \neq 0$ により，

$$\frac{1}{\alpha^2}\frac{d\alpha}{dx} + \{Q(x) + 2y_\varphi R(x)\}\frac{1}{\alpha} + R(x) = 0 \tag{3.1.11-3}$$

と変形し，さらに，，$\xi = 1/\alpha$ とおくと，

$$\frac{d\xi}{dx} = \frac{d}{dx}\left(\frac{1}{\alpha}\right) = -\frac{1}{\alpha^2}\frac{d\alpha}{dx}$$

ですから，式 3.1.11-3 を変形して，

$$\frac{d\xi}{dx} - \{Q(x) + 2y_\varphi R(x)\}\xi = R(x) \tag{3.1.11-4}$$

すなわち，となります．あっ！ 気がつきましたか？ そうです．良く見ると，非線形の微分方程式です．皆さんはもう解けますね．ヒントは，定数変化法の式 3.1.8-1 および式 3.1.8-5 です．そして，求める解は，

$$\xi = \frac{1}{\alpha} = \frac{1}{y - y_\varphi} = e^\beta \left\{\int R(x)e^{-\beta}dx + C\right\}, \quad \beta = \int\{Q(x) + 2y_\varphi R(x)\}dx \tag{3.1.11-5}$$

として得られます．

ただし，この方法は予め１つの特殊解 y_φ を求めておかなければなりません．もうご察しでしょうから，このことは，書かなくてもよかったですね．

注6：リカッチ（$Riccati$，1676~1754）は，リカッティとかリッカチと呼び名がまちまちです．ここでは，リカッチと呼ぶことにします．リカッチはイタリアのベネチア（ベニス）で生まれたイタリアの数学者で，出身校はパドヴァにあるパドヴァ大学です．あまり詳しい経歴は記載されていません．

3.1.12. ベルヌーイの微分方程式

今度は，ベルヌーイ[注7]の微分方程式について紹介します．一般形として，

$$\frac{dy}{dx} + f(x)y = g(x)y^n \quad (n \neq 0, 1) \tag{3.1.12-1}$$

という形式の微分方程式が，ベルヌーイの微分方程式と呼ばれています．この解法は簡単です．$y \neq 0$ であるとして，

$$\frac{1}{y^n}\frac{dy}{dx} + f(x)\frac{1}{y^{n-1}} = g(x) \tag{3.1.12-2}$$

ですから，もう，お分かりでしょうか？ $\xi = 1/y^{n-1}$ とおけば，

$$\frac{d\xi}{dx} = \frac{d}{dx}\left(\frac{1}{y^{n-1}}\right) = \frac{d}{dx}\left(y^{1-n}\right) = \frac{1-n}{y^n}\frac{dy}{dx} = (1-n)\left(\frac{1}{y^n}\frac{dy}{dx}\right)$$

$$\therefore y^n\frac{d\xi}{dx} = (1-n)\frac{dy}{dx} \Rightarrow \frac{dy}{dx} = \frac{1}{1-n}y^n\frac{d\xi}{dx} \tag{3.1.12-3}$$

おお！これはおもしろい！

ですから，式3.1.12-1に代入すると，

$$\frac{1}{1-n}y^n\frac{d\xi}{dx} + f(x)y = g(x)y^n \Rightarrow \frac{1}{1-n}\frac{d\xi}{dx} + f(x)\frac{y}{y^n} = g(x)$$

であり，$\xi = y^{1-n}$ でしたから，

$$\frac{d\xi}{dx} + (1-n)f(x)\xi = (1-n)g(x) \tag{3.1.12-4}$$

となります．あれ？！，式 3.1.12-4 は一階線形微分方程式です．したがって，再び，皆さんはもう解けますね．ヒントは，定数変化法の式 3.1.8-1，すなわち，

$$\frac{dy}{dx} + f(x)y = g(x)$$

で，この一般解が，式 3.1.8-5，すなわち，

$$y = e^{-\int f(x)dx}\left(\int g(x)e^{\int f(x)dx}dx + C\right)$$

でした．このことを用いると，式 3.1.12-4 から，

$$\xi = e^{-\int (1-n)f(x)dx}\left(\int (1-n)g(x)e^{\int (1-n)f(x)dx}dx + C_1\right)$$

となります．ξ を元にもどして，さらに，C_1 を改めて C とかくと，

$$y^{1-n} = e^{-\int (1-n)f(x)dx}\left(\int (1-n)g(x)e^{\int (1-n)f(x)dx}dx + C\right) \tag{3.1.12-5}$$

が一般解になります．さらなる式変形もありますが，ここでやめておきます．

注7：ダニエル・ベルヌーイ（Daniel Bernoulli, 1700 ～1782）は，オランダで生まれ，スイスのバーゼルで亡くなりました．数学者であり物理学者です．出身校はバーゼル大学で，数学のほか，植物学，物理学，医学などを研究しました．著者は，流体力学でのベルヌーイが身近でした．ベルヌーイ（Bernoulli）は流体力学には欠かせない物理学者です．

3.1. 一階微分方程式

3.1.13. クレローの微分方程式

項 3.1.3 で，すでに紹介済みのにクレロー[注8]($Clairaut$)の微分方程式について少々述べます．
$$y = f(y') + y'x \tag{3.1.13-1}$$
のような形式の微分方程式です．上式を x で微分すると，
$$y' = f'(y')y'' + xy'' + y' \;\Rightarrow\; y''(f'(y') + x) = 0 \tag{3.1.13-2}$$
となります．ここで，場合わけをしましょう．

（y' が消えました！）

(1) $f'(y') + x \neq 0$ の場合

式 3.1.13-2 から，$y'' = 0$ でなければなりませんので，$y' = c$（定数）です．したがって，式 3.1.13-1 から，一般解は，
$$y = cx + f(c) \tag{3.1.13-3}$$
と書くことができます．

(2) $f'(y') + x = 0$ の場合

与式（式 3.1.13-1）および
$$f'(y') + x = 0 \tag{3.1.13-4}$$
から y' を消去すると唯一の解が得られます．この場合，特異解が得られ，一般解のグラフの包絡線になります．ここで再び，包絡線が登場です．例題を見ましょう．

例題 3.1.13-1

$(y')^2 - y'x + y = 0$ を解け

例題 3.1.13-1 解答

与式を x で微分すると，
$$2y'y'' - y''x - y' + y' = 0 \;\Rightarrow\; 2y'y'' - y''x = 0$$
$$\therefore\; y''(2y' - x) = 0 \tag{1}$$
となる．ここで，場合わけをする．

（あら！消えるわ）

(1) $y'' = 0$ のとき

$y' = c$（定数）を与式に代入して，
$$y = cx - c^2 \tag{2}$$
が一般解となる．

(2) $2y' - x = 0$ のとき

与式 $(y')^2 - y'x + y = 0$ および $2y' - x = 0$ から y' を消去する．すなわち，
$$y' = x/2 \quad (x/2)^2 - (x/2)x + y = 0 \quad \therefore\; y = x^2/4 \tag{3}$$

上記解答で，式（2）は直線群，式（3）はその包絡線を表しています．実は，もうすでに，**図 3.1.1-1** でその様子は分かっています．ただし，式は符号の違いだけですから，図を x 軸の上下に線対称になります．なんか，面白いですね．2 次関数とその包絡線群が微分方程式で解けるんですね．

注8：アレクシ・クロード・クレロー（Alexis Claude Clairaut）（1713～765）はフランスの数学者であり，また，天文学者，地球物理学者でもありました．、1747 年には三体問題の解についてアカデミーで発表した．地球物理学に関しては，当時，ニュートンの万有引力では十分に説明できなかった月の近点移動の解明をオイラー，ダランベールと争い，最終的にクレローが高次の摂動を考慮することで解決した

3.1.14. ストゥリュム・リュービル型微分方程式

ここで，ストゥリュム・リュービル[注9]（$Sturm\text{-}Liouville$）型微分方程式について，若干お話しましょう．日本語名からして難しそうですね．さて，その一般的な表式は，

$$-\frac{d}{dx}\left(P(x)\frac{dy}{dx}\right)+(Q(x)-\lambda W(x))y=0 \tag{3.1.14-1}$$

です．ここで，$P(x)$，$Q(x)$および$W(x)(>0)$は実数係数を持つ関数で，予め与えられており，特に，$W(x)$は重み関数と呼ばれています．λは未定の定数です．

また，別の定義としては，理学・工学で登場する大部分が，

$$\left[P(x)\frac{d^2}{dx^2}+P'(x)\frac{d}{dx}+Q(x)\right]z(x)-\lambda r(x)z(x)=0 \tag{3.1.14-2}$$

という形式です．ここで，$P'(x)=dP(x)/dx$という意味です．一般的な，二階の微分方程式，

$$p(x)y''+q(x)y'+r(x)y=0 \tag{3.1.14-3}$$

について，$p(x)\equiv 0$でない場合，

$$\frac{d}{dx}\left\{\exp\left(\int\frac{q(x)}{p(x)}dx\right)\frac{dy}{dx}\right\}+\exp\left(\int\frac{q(x)}{p(x)}dx\right)\frac{r(x)}{p(x)}y=0 \tag{3.1.14-4}$$

と変形できます．

さて，Short Rest 5.4「ルジャンドル微分方程式およびベッセル微分方程式」で，また，少々紹介します．ルジャンドル微分方程式やベッセル微分方程式は，ここで紹介するストゥリュム・リュービル型微分方程式になります．

（1）ルジャンドル微分方程式

$$(1-x^2)y''-2xy'+n(n+1)y=0 \tag{3.1.14-5}$$

は，見れば予想ができますが，変形すると，

$$\frac{d}{dx}\{(1-x^2)y'\}+n(n+1)y=0 \quad \text{あるいは} \quad -\frac{d}{dx}\{(x^2-1)y'\}+n(n+1)y=0$$

のようにストゥリュム・リュービル型微分方程式になります．

（2）ベッセル微分方程式

$$x^2y''+xy'+(x^2-\mu^2)y=0 \tag{3.1.14-6}$$

は，xで割れば，

$$\frac{d}{dx}\left(x\frac{dy}{dx}\right)+\left(x-\frac{\mu^2}{x}\right)y=0 \tag{3.1.14-7}$$

のようにストゥリュム・リュービル型微分方程式になります．

このように，ルジャンドル微分方程式もベッセル微分方程式も，ストゥリュム・リュービル型微分方程式に帰着します．面白くないですか？　そうですね．読者のほとんどは現在あるいは将来にこの方程式に直接出会わないかもしれませんね．ここでは，ここまでとします．お疲れ様でした．

注9：式の名は，二人のフランスの数学者 $Jacques\ Charles\ François\ Sturm$ (1803–1855)とフランスの物理学者、数学者の $Joseph\ Liouville$ (1809–1882)の名に因んでいます．量子力学で，時間に依存しないシュレーディンガー方程式を考える場合は役に立ちます．

3.1. 一階微分方程式

Short Rest 13.
「ローレンツ力とフレミングの法則」

　ローレンツ力（*Lorentz force*）は，電磁場（$\mathbf{E}$ と $\mathbf{B}$）がある領域で電荷 q が速度 $\mathbf{v}$ で移動する場合，まず，単純に，電場によるクーロン力 $\mathbf{f}_c = q\mathbf{E}$ と，移動する電荷に働く $\mathbf{f}_m = q\mathbf{v} \times \mathbf{B}$ がベクトル和の力 $\mathbf{F}$，あるいは，電荷 q にかかる力 $\mathbf{F}$，すなわち，ローレンツ力 $\mathbf{F}$ は，

$$\mathbf{F} = \mathbf{f}_c + \mathbf{f}_m = q(\mathbf{E} + \mathbf{v} \times \mathbf{B})$$

と表されます．ここで，電場のことは忘れて，$\mathbf{f}_m = q\mathbf{v} \times \mathbf{B}$ に注目しましょう．

　電線内の電荷の移動，すなわち，定常的な電流が流れているとしましょう．このとき，電線内の電荷 q 全てが断面積 S に垂直に速度 $\mathbf{v}$ で移動しています．ここで，単位体積あたり N 個の電荷があるとき，微小な体積 ΔV 中の電荷の数は $N\Delta V$ であるので，したがって，ΔV に作用する磁気力の総和 $\Delta \mathbf{F}$ は，$\Delta \mathbf{F} = (N\Delta V) q\mathbf{v} \times \mathbf{B}$ で表せることが分かります．これを変形していきます．

$$\Delta \mathbf{F} = (Nq\mathbf{v}) \times \mathbf{B} \Delta V = \mathbf{J} \times \mathbf{B} \Delta V$$

$$\therefore \quad \frac{\Delta \mathbf{F}}{\Delta V} = \mathbf{J} \times \mathbf{B}$$

ここで，$\mathbf{J}$ は電流密度（*electric current*）[A/m²]です．単位体積あたりにかかる磁気力が得られました．さて，微小な長さ Δl とその断面積 S から，微小な $\Delta V = S\Delta l$ であり，$S\mathbf{J}$ はまさに，電流 $\mathbf{I}$ ですから，単位長さあたりにかかる，電流方向に垂直な磁気力 $\mathbf{F}_l$

$$\mathbf{F}_l = \frac{\Delta \mathbf{F}}{\Delta l} = S\mathbf{J} \times \mathbf{B} = \mathbf{I} \times \mathbf{B} \quad \therefore \quad \mathbf{F}_l = \mathbf{I} \times \mathbf{B}$$

が得られます．$\mathbf{F}_l = \mathbf{I} \times \mathbf{B}$ がまさに，フレミング（*Fleming*）の左手の法則になります．おっと，フレミングの**右手**の法則ですか？　実はすでに出てきています．$\mathbf{e} = \mathbf{v} \times \mathbf{B}$ です．

　高校の物理で習ってお分かりの読者は多いとは思いますがちょっと説明します．フレミングの左手の法則は，磁場の方向 $\mathbf{B}$ に交差して電流 $\mathbf{I}$ が流れる場合，電線は，$\mathbf{I}$ 方向から $\mathbf{B}$ 方向に作る平面の交差方向で右ねじが進む方向に力を受ける，という法則です．一方フレミングの右手の法則は，磁場の方向 $\mathbf{B}$ に交差して電線を速度 $\mathbf{v}$ で移動させると，速度 $\mathbf{v}$ 方向から $\mathbf{B}$ 方向に作る平面の交差方向で右ねじが進む方向に起電力が発生するという法則です．

フレミングの左手の法則　　　　　フレミングの右手の法則

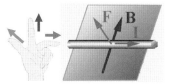
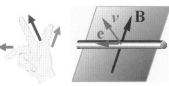

思い出しましたか？

3.2. 二階線形微分方程式

3.2.1. 二階線形微分方程式とは

すでに，一階の同次線形微分方程式は説明しました．今度は二階線形微分方程式 (*second-order linear differential equation*) を考えましょう．

一般的に，変数の二階微分が含まれる微分方程式，すなわち，

$$y'' + f(x)y' + g(x)y = h(x) \tag{3.2.1-1}$$

のように，y''，y'，y が線形 (*linear*) で書ける線形微分方程式を二階線形微分方程式と呼びます．特に，$h(x)$ が，恒等的に 0，すなわち $h(x) \equiv 0$ である場合，式 3.2.1-1 は，

$$y'' + f(x)y' + g(x)y = 0 \tag{3.2.1-2}$$

と書き，同次 (*homogeneous*) であると言います．式 3.2.1-1 で $h(x) \equiv 0$ ではない場合は，式 3.2.1-1 は，非同次 (*inhomogeneous*) であると言います．例えば，

$$y'' + xy' + ax^2 y = 0 \tag{3.2.1-3}$$

は同次で，

$$y'' + xy' + ax^2 y = \log x \tag{3.2.1-4}$$

は非同次です．また，式 3.2.1-1 のような形である式 3.2.1-3 のような形式を線形，式 3.2.1-1 のような形ではない，次のような，

$$yy'' + xy' = 0 \quad , \quad や， \quad yy'' + cy = e^x$$

は，非線形 (*non-linear*) といいます．

確認ですが，y' や y'' は

$$y' = \frac{dy}{dx} \quad , \quad y'' = \frac{d^2 y}{dx^2}$$

であり，

$$y_x = \frac{\partial y}{\partial x} \quad , \quad y_{xx} = \frac{\partial^2 y}{\partial x^2} \quad , \quad y_{xz} = \frac{\partial^2 y}{\partial x \partial z}$$

ということとなります．

なんだか，どんどん面倒になってきたなあ～．「読むだけじゃ分からなくなってきた．よし！頑張ろう，最後まで．

ここでは，同次，非同次，線形，非線形の概念を確認しました．

3.2.2. 二階線形微分方程式

式 3.2.1-1 で表される二階線形微分方程式の解法を説明しましょう．まず，同次二階線形微分方程式を見てみましょう．

式 3.2.1-2 に示しました，同次二階線形微分方程式：

$$y'' + f(x)y' + g(x)y = 0 \tag{3.2.2-1}$$

は線形であり，その解が $\varphi(x)$ であるならば，定数 λ を乗じた $\lambda\varphi(x)$ も解です．また，解が 2 つ $\lambda_1\varphi_1(x)$ および $\lambda_2\varphi_2(x)$ である場合は，$\lambda_1\varphi_1(x) + \lambda_2\varphi_2(x)$ も解となります．

このことを確かめるため，式 3.2.2-1 に $\lambda_1\varphi_1(x) + \lambda_2\varphi_2(x)$ を代入してみましょう．

3.2. 二階線形微分方程式

ここで，$\lambda_1\varphi_1(x)$ および $\lambda_2\varphi_2(x)$ は式 3.2.2-1 の解ですから，

$$\{\lambda_1\varphi_1(x)\}'' + f(x)\{\lambda_1\varphi_1(x)\}' + g(x)\{\lambda_1\varphi_1(x)\} = 0$$
$$\{\lambda_2\varphi_2(x)\}'' + f(x)\{\lambda_2\varphi_2(x)\}' + g(x)\{\lambda_2\varphi_2(x)\} = 0$$

であり，上式 2 式を加えると，

$$\{\lambda_1\varphi_1(x) + \lambda_2\varphi_2(x)\}'' + f(x)\{\lambda_1\varphi_1(x) + \lambda_2\varphi_2(x)\}' + g(x)\{\lambda_1\varphi_1(x) + \lambda_2\varphi_2(x)\} = 0$$

が得られます．上式は微分方程式 3.2.2-1 において $\lambda_1\varphi_1(x) + \lambda_2\varphi_2(x)$ が解であることを示しています．

例えば，微分方程式が

$$y'' + y = 0 \tag{3.2.2-2}$$

である場合，$y = \cos x$ とした場合，$y'' = -\cos x$ であり，また，$y = \sin x$ とした場合，$y'' = -\sin x$ となりますから，$y = \cos x$ および $y = \sin x$ は，式 3.2.2-2 の解であり，整数倍しても解であることや，$y = \cos x + \sin x$ なども解であることは明らかです．

では，例題です．

例題 3.2..-1 $y = x\tan u$ について，$u_{xx} + u_{yy}$ を求めよ．

問題はシンプルですが，なかなかです．ここで，知っておくべき微分は，

$$u = \tan^{-1}(y/x)$$

とし，$p = y/x$ とおくとき，$\tan^{-1} p$ の微分，すなわち，

$$u_p = \frac{\partial}{\partial p}\{\tan^{-1}(p)\} = \frac{1}{1+p^2} \tag{3.2.2-3}$$

が計算できる必要があります．$\tan^{-1} p$ の微分については，高校時代の記憶を辿って，ご自分で考えてみてください．

例題 3.2-1 解答

与式から $u = \tan^{-1}(y/x)$ と変形し，$p = y/x$ とおけば，

$$u_x = \frac{\partial u}{\partial x} = \frac{du}{dp}\frac{\partial p}{\partial x} = \frac{\partial(\tan^{-1} p)}{\partial p}\frac{\partial p}{\partial x} = \frac{1}{1+p^2}\frac{\partial p}{\partial x} = \frac{1}{1+(y/x)^2}\frac{-y}{x^2} = \frac{-y}{x^2+y^2}$$

$$u_y = \frac{\partial u}{\partial y} = \frac{du}{dp}\frac{\partial p}{\partial y} = \frac{\partial(\tan^{-1} p)}{\partial p}\frac{\partial p}{\partial y} = \frac{1}{1+p^2}\frac{\partial p}{\partial y} = \frac{1}{1+(y/x)^2}\frac{1}{x} = \frac{x}{x^2+y^2}$$

であるから，

$$u_{xx} = \frac{\partial u_x}{\partial x} = \frac{\partial}{\partial x}\left(\frac{-y}{x^2+y^2}\right) = \frac{2xy}{(x^2+y^2)^2}$$

$$u_{yy} = \frac{\partial u_y}{\partial y} = \frac{\partial}{\partial y}\left(\frac{x}{x^2+y^2}\right) = \frac{-2xy}{(x^2+y^2)^2}$$

ゆえに，

$$u_{xx} + u_{yy} = 0$$

ちょっと計算しますが，定義通りで解けます．途中あきらめないで計算しましょう．

3.2.3. 特性方程式

定数が係数となっている 2 階同次微分方程式の場合を考えます．その微分方程式を，
$$y'' + ay' + by = 0 \tag{3.2.3-1}$$
とします．ここで，$a(\neq 0)$ および $b(\neq 0)$ は実数定数であり，定義域（x のとりうる範囲）は $(-\infty, \infty)$ としましょう．ここで，y'' を除いた定数の係数の一階微分方程式：
$$ay' + by = 0$$
について，$\lambda = b/a \, (a \neq 0)$ とするならば，C を積分定数とするとき，次式が
$$y' + \lambda y = 0 \quad \Rightarrow \quad y = Ce^{-\lambda x}$$
のように解が求まるのはお分かりでしょう．ここで，例えば，適当な $\lambda = -\phi$ を代入して，
$$y = e^{\phi x} \tag{3.2.3-2}$$
とすれば，式 3.2.3-1 の解になると考え，式 3.2.3-2 を式 3.2.3-1 に代入すると，
$$(e^{\phi x})'' + a(e^{\phi x})' + be^{\phi x} = 0 \quad \Rightarrow \quad (\phi^2 + a\phi + b)e^{\phi x} = 0$$
となります．このとき，$e^{\phi x} > 0$ ですから，
$$\phi^2 + a\phi + b = 0 \tag{3.2.3-3}$$
です．この解が求まれば，式 3.2.3-2 は，式 3.2.3-1 の解となります．ここで，式 3.2.3-3 を式 3.2.3-1 の特性方程式（*characteristc equation*）と呼んでいます．式 3.2.3-3 の解は，皆さんが中学生の時，盛んにやったように，求めればよいのです．言うまでもなく，
$$\phi^+ = \frac{-a + \sqrt{a^2 - 4b}}{2}, \quad \text{および，} \quad \phi^- = \frac{-a - \sqrt{a^2 - 4b}}{2}$$
で，間違えていませんよね．これを使えば，式 3.2.3-1 の解は y^+ および y^- の 2 つあって，$y^+ = C^+ \exp(-\lambda^+ x) = C^+ \exp(\phi^+ x)$ および $y^- = C^- \exp(-\lambda^- x) = C^- \exp(\phi^- x)$，すなわち，
$$y^+ = C^+ \exp\left(\frac{a - \sqrt{a^2 - 4b}}{2}x\right), \quad \text{および，} \quad y^- = C^- \exp\left(\frac{a + \sqrt{a^2 - 4b}}{2}x\right)$$
であり，その和も解です．よく見る，簡単な例として，次の二階同次微分方程式を見ます．
$$y'' + y = 0 \tag{3.2.3-4}$$
の特性方程式は $\phi^2 + 1 = 0$ ですから，$\phi = \pm i$ であり，式 3.2.3-4 の解は，
$$y = e^{ix}\,;\ y = e^{-ix}\quad, \text{したがって，}\quad y = C_1 e^{ix} + C_2 e^{-ix}$$
です．C_1, C_2 は任意の定数です．このように，ϕ は必ずしも実数とは限りません，．

ちなみに，特性方程式は，数列の一般項を求める際にも適用されています．フィボナッチ数列と呼ばれる正数数列：
$$a_{n2} = a_n + a_{n+1} \quad (a_0 = 0, a_1 = 1, n \geq 0)$$
の一般項を求める際に用いられます．ここでは説明しませんが，読者には，ご存知の方がたくさんいらっしゃいますよね！ この一般項は，無理数 $\sqrt{5}$ を含とというおかしな数列です．また．黄金比に関係します．ご存じでしたか？ 黄金比とは，国旗の縦と横の比であったり，巻貝の模様に関係したりします．是非調べてください．

次は，オイラーの微分方程式で，「おいら」ではなく読者への説明です（笑）．

3.2.4. オイラーの微分方程式

オイラー（*Euler*）の微分方程式は，コーシー（*Cauchy*）の微分方程式とも呼ばれます．その一般的な表現形式は，

$$\sum_{i=0}^{n} \phi_i x^i \frac{d^i y}{dx^i} = X(x) \quad \left(\frac{d^0 y}{dx^0} = y\right) \tag{3.2.4-1}$$

です．この解法は特殊です（みんな特殊ですけど…）(^_^)．

(1) $X(x) = 0$ の場合

ここでは，$n=2$ の場合について，説明しましょう．工学では3回微分する y''' はあまり実用的ではないからです（実は，私の能力外）．例として，$\phi_i \Rightarrow A_i$ と置き換えて，

$$A_2 x^2 y'' + A_1 x y' + A_0 y = 0 \tag{3.2.4-2}$$

を考えます．A_2, A_1, A_0 は定数です．$A_2 = 0$ の場合は，簡単です．変数分離が見えていますので省略します．では，$A_2 \neq 0$ の場合はどうでしょう．式 3.2.4-2 を，簡単のために，

$$x^2 y'' + a_1 x y' + a_0 y = 0 \quad ; \quad a_1 = A_1/A_2, \ a_0 = A_0/A_2 \tag{3.2.4-3}$$

と書き直しましょう．この場合，$y = x^k (\neq 0; k > 2)$ とおくと，式 3.2.4-2 は，

$$x^2 \cdot k(k-1)x^{k-2} + a_1 x \cdot k x^{k-1} + a_0 \cdot x^k = 0$$

となります．おっと！ そうです．気がつきましたか！ x^k が共通因子になっています．

$$x^k \{k(k-1) + a_1 k + a_0\} = 0$$

であり，仮定より，$x^k \neq 0$ としているので，すなわち，

$$k(k-1) + a_1 k + a_0 = 0$$

$$\therefore \quad k^2 + (a_1 - 1)k + a_0 = 0 \tag{3.2.4-4}$$

が得られます．これは k について2次方程式ですよね．ちなみに，この方程式を補助方程式（*auxiliary equation*）ということがあります．この2つの根 α, β が $\alpha \neq \beta$ の場合は，解 y は，定義される全ての x について，しかも線形ですから，

$$y = c_\alpha x^\alpha + c_\beta x^\beta \tag{3.2.4-5}$$

と書けます．ここで，c_α, c_β は任意の定数です．

$\alpha = \beta$（重根）を持つ場合は，ちょっと解が変わります．式 3.2.4-4 で重根を持つ条件は，平方完成ができることであり，その条件は，式 3.2.4-4 から，

$$a_0 = \{(a_1 - 1)/2\}^2 \tag{3.2.4-6}$$

であると分かります．当然，式 3.2.4-4 は，

$$k^2 + (a_1 - 1)k + \{(a_1 - 1)/2\}^2 = 0$$

$$\{k + (a_1 - 1)/2\}^2 = 0$$

で，$k = \alpha = \beta = (1 - a_1)/2$ と書けます．この解を $\varphi = (1 - a_1)/2$ とし，$y_1 = x^\varphi$ とかくことにします．ここで，y_1 は式 3.2.4-3 をみたすので，

$$x^2 y_1'' + a_1 x y_1' + a_0 y_1 = 0 \tag{3.2.4-7}$$

と書けます．実は，もう1つ解があります．それを説明しましょう．

もう1つの解を y_2 とすると，y_2 も式 3.2.4-3 の解ですから，

$$x^2 y_2'' + a_1 x y_2' + a_0 y_2 = 0 \tag{3.2.4-8}$$

です．ここで，重根ではない場合は，$y_2 = uy_1$ とおきます．なぜか？って訊かないでください．過去の優秀な先生がそのように見つけたのでしょう．このとき，

$$y_2' = u'y_1 + uy_1'$$
$$y_2'' = u''y_1 + 2u'y_1' + uy_1''$$

ですから，式 3.2.4-8 に代入すると，

$$x^2(u''y_1 + 2u'y_1' + y_1'') + a_1 x(u'y_1 + uy_1') + a_0(uy_1) = 0$$

となります．ここで，u でそろえると，

$$(x^2 y_1)u'' + (2x^2 y_1' + a_1 xy_1)u' + (x^2 y_1'' + a_1 xy_1' + a_0 y_1)u = 0$$

となります．あれ～．第三項，すなわち，u の係数は式 3.2.4-7 から 0 です．したがって，

$$(x^2 y_1)u'' + (2x^2 y_1' + a_1 xy_1)u' = 0 \tag{3.2.4-9}$$

となります．さあ，ここまで来ました．もうちょっとです．$\varphi = (1 - a_1)/2$ により，$a_1 = 1 - 2\varphi$ であり，$y_1 = x^\varphi$，$y_1' = \varphi x^{\varphi-1}$ ですから，式 3.2.4-9 は，

$$(x^2 \cdot x^\varphi)u'' + \{2x^2 \cdot \varphi x^{\varphi-1} + x^{\varphi+1} - 2\varphi x^{\varphi+1}\}u' = 0$$
$$x^{\varphi+2} u'' + x^{\varphi+1} u' = 0 \Rightarrow x^{\varphi+1}(xu'' + u') = 0$$
$$x^{\varphi+1} \neq 0 \quad \therefore \quad xu'' + u' = 0$$

あら！消えるわ

となります．えらく簡単になりましたね．しかも，変数分離が出来ています．上式から，$u' = 1/x$ と求まり，したがって，$u = \ln|x|$ ($x \neq 0$) となり，$y_1 = x^\varphi$，$y_2 = uy_1$ でしたから，したがって，式 3.2.4-2 の解で重根を持つ場合は，y_1 が重根で他の解が y_2 で，

$$y_1 = x^\varphi, \quad y_2 = x^\varphi \ln|x| \quad (x \neq 0, \ \varphi = (1 - A_1/A_2)/2)$$

となります．最終的に解は，線形性を考えると，

$$y = (c_1 + c_2 \ln|x|)x^\varphi \quad (x \neq 0, \ \varphi = (1 - A_1/A_2)/2) \tag{3.2.4-10}$$

と書けます．ここで，c_1, c_2 は任意の定数です．ちなみに，2 つの解は $x = e$ で交差します．

ふ～．ややこしかったですが，何とか読みきってください．あ！ 忘れていませんか？もう 1 つ場合をしなければなりません．実は，一般形は，少々，ややこしいですから，例は，また，$n = 2$ の場合について，説明しましょう．

(2) $X(x) \neq 0$ の場合

式 3.2.4-1 で $\phi_i = A_i$ と置き換え，

$$\sum_{i=0}^{n} A_i x^i \frac{d^i y}{dx^i} = X(x) \quad \left(\frac{d^0 y}{dx^0} = y\right)$$

として

$$x = e^t (>0) \tag{3.2.4-11}$$

とおきます．すなわち，$t = \ln x$（i.e. $\ln = \log_e$）であり，$dx = e^t dt$ です．ここで，

$$x \frac{dy}{dx} = e^t \frac{dy}{dx} = e^t \frac{dt}{dx} \frac{dy}{dt} = e^t e^{-t} \frac{dy}{dt} = \frac{dy}{dt} \tag{3.2.4-12}$$

ですので，

$$D_1 = d/dx, \ D_2 = d^2/dx^2, \cdots, \ D_n = d^n/dx^n, \ T = d/dt$$

とするならば，式 3.2.4-12 は，$x(dy/dx) = dy/dt$ ですから，$xDy = Ty$ と書けます．

141

3.2. 二階線形微分方程式

このとき，一般形で考えて，
$$x^1 D_1 y = Ty$$
$$x^2 D_2 y = T(T-1)y$$
$$\vdots \qquad \vdots$$
$$x^n D_n y = T(T-1)\cdots(T-n+1)y$$
となることを用いれば，式 3.2.4-1 は，T に関する微分方程式になります．
$$A_n T(T-1)\cdots(T-n+1)y + \cdots + A_2 T(T-1)y + A_1 Ty + A_0 y = X(e^t) \qquad (3.2.4\text{-}13)$$
となり，定数係数の T に関する微分方程式になります．と，言われても，なにやら，ちんぷんかんぷん！ですよね！

それでは，具体的に，$n=2$ の場合を考えます．式 3.2.4-13 から，
$$A_2 T(T-1)y + A_1 Ty + A_0 y = X(e^t)$$
であり，ここで，$a_1 = A_1/A_2$ および $a_0 = A_0/A_2$ とし，定義したように，$T = d/dt$ です．

また，簡単のために，係数 A_2^{-1} も含めて右辺を $X(x)$ としましょう．このとき，
$$\frac{d}{dt}\left(\frac{d}{dt}-1\right)y + a_1 \frac{d}{dt}y + a_0 y = X(e^t)$$
ですから，共通項 y で括ると
$$\left(\frac{d^2}{dt^2} + (a_1-1)\frac{d}{dt} + a_0\right)y = X(e^t) \qquad (3.2.4\text{-}14)$$
となります．

一方，$x = e^t$ とするとき，y' は
$$y' = \frac{dy}{dx} = \frac{dy}{dt}\frac{dt}{dx} = \frac{dy}{dt}\frac{1}{\frac{dx}{dt}} = \frac{dy}{dt}\frac{1}{\frac{d}{dt}(e^t)} = \frac{dy}{dt}\frac{1}{e^t} = e^{-t}\frac{dy}{dt} \qquad (3.2.4\text{-}15)$$
であり，y'' は，
$$y'' = \frac{dy'}{dx} = \frac{d}{dx}\left(e^{-t}\frac{dy}{dt}\right) = \frac{d}{dt}\frac{dt}{dx}\left(e^{-t}\frac{dy}{dt}\right) = \frac{d}{dt}\left(e^{-t}\frac{dy}{dt}\right)\frac{dt}{dx}$$
$$= \left(-e^{-t}\frac{dy}{dt} + e^{-t}\frac{d^2 y}{dt^2}\right)e^{-t} = e^{-2t}\left(\frac{d^2 y}{dt^2} - \frac{dy}{dt}\right) \qquad (3.2.4\text{-}16)$$
となります．

それでは，具体的に，$n=2$ の場合を考えます．式 3.2.4-13 から，
$$A_2 x^2 y'' + A_1 xy' + A_0 y = X(x)$$
です．ここで，同様に，$a_1 = A_1/A_2$ および $a_0 = A_0/A_2$ とし，
$$x^2 y'' + a_1 xy' + a_0 y = A_2^{-1} X(x)$$
で，簡単のために，係数 A_2^{-1} も含めて右辺を $X(x)$ としましょう．したがって，
$$x^2 y'' + a_1 xy' + a_0 y = X(x) \qquad (3.2.4\text{-}17)$$
とします．ここで，$x = e^t$ であり，式 3.2.4-15 および式 3.2.4-16 により，式 3.2.4-17 は，

$$\left(e^{t}\right)^{2}\left(e^{-2t}\left(\frac{d^{2}y}{dt^{2}}-\frac{dy}{dt}\right)\right)+a_{1}\left(e^{t}\right)\left(e^{-t}\frac{dy}{dt}\right)+a_{0}y=X\left(e^{t}\right)$$

$$\frac{d^{2}}{dt^{2}}y-\frac{d}{dt}y+a_{1}\frac{d}{dt}y+a_{0}y=X(x)$$

$$\therefore \quad \left(\frac{d^{2}}{dt^{2}}+(a_{1}-1)\frac{d}{dt}+a_{0}\right)y=X\left(e^{t}\right) \tag{3.2.4-18}$$

となり，式 3.2.4-14 と同じ式になりました．これは，次節の二階線形微分方程式です．
　さて，例題を示しましょう．非常に簡単です．y の係数が 1 違いで解が大きく変わります．まあ，ためしに頭の中でやってみてください．

例題 3.2.4-1
　（1）$x^{2}y''-3xy'+3y=0$ の一般解を求めよ．
　（2）$x^{2}y''-3xy'+4y=0$ の一般解を求めよ．

ここでは，係数の違いが 1 なのに一般解が違うという面白い例題です．では，やってみましょう．

例題 3.2.4-1 解答
　$y=x^{k}(\neq 0)$ $(k>2)$ とおき，式 3.2.4-4 は前提とし
（1）式 3.2.4-4 の第 2 項の係数は $-3-1=-4$ であり第 2 項の定数は 3 だから，
　　$k^{2}-4k+3=0 \Rightarrow (k-1)(k-3)=0 \quad \therefore \quad k=1,3$
　　したがって，一般解は，c_{1}, c_{2} を任意の定数として，
　　$y=c_{1}x+c_{2}x^{3}$
（2）式 3.2.4-4 の第 2 項の係数は $-3-1=-4$ であり第 2 項の定数は 4 だから，
　　$k^{2}-4k+4=0 \Rightarrow (k-2)^{2}=0 \quad \therefore \quad k=2$
　　であるから，重根 $k=2$ を持つ．したがって，x^{2} 以外に $x^{2}\ln x$ が解の基本形で，一般解は，c_{1}, c_{2} を任意の定数として，
　　$y=(c_{1}+c_{2}\ln x)x^{2}$

という訳なんですけど，何か，ご不満でも・・・
　しかし，例題 3.2.4-1 で（1）と（2）で，y の係数が 1 違うだけなのねえ．不思議ですね．こんなに違うのですねえ．でも，この答えはあっているのでしょうか．気になるでしょう．じゃ，答えがあっているか，確かめて見ましょう．まず（1）について，
（1）では，与式を f とし，
$$f=x^{2}y''-3xy'+3y=x^{2}(c_{1}x+c_{2}x^{3})''-3x(c_{1}x+c_{2}x^{3})'+3(c_{1}x+c_{2}x^{3})$$
$$=x^{2}\cdot 6c_{2}x-3x(c_{1}+3c_{2}x^{2})+3(c_{1}x+c_{2}x^{3})=(6-9+3)c_{2}x^{3}+(-3+3)c_{1}x=0$$
ですから，解となっていることが確かめられました．
　次は（2）について，与式を g として確かめ計算を進めます．大変ではありませんが，計算ミスをせぬよう，十分注意してください．

3.2. 二階線形微分方程式

$$g = x^2 y'' - 3xy' + 4y$$
$$= x^2(c_1 x^2 + c_2 x^2 \ln x)'' - 3x(c_1 x^2 + c_2 x^2 \ln x)' + 4(c_1 x^2 + c_2 x^2 \ln x)$$
$$= x^2(2c_1 + c_2(2x \ln x + x)') - 3x(2c_1 x + c_2(2x \ln x + x)) + 4(c_1 x^2 + c_2 x^2 \ln x)$$
$$= x^2(2c_1 + c_2(2 \ln x + 3)) - 3x(2c_1 x + c_2(2x \ln x + x)) + 4(c_1 x^2 + c_2 x^2 \ln x)$$
$$= 2c_1 x^2 + 2c_2 x^2 \ln x + 3c_2 x^2 - 6c_1 x^2 - 6c_2 x^2 \ln x - 3c_2 x^2 + 4c_1 x^2 + 4c_2 x^2 \ln x$$
$$= c_1(2x^2 - 6x^2 + +4x^2) + c_2(2x^2 \ln x + 3x^2 - 6x^2 \ln x - 3x^2 + 4x^2 \ln x) = 0$$

というわけで，めでたしめでたし．

でも，なんだか，キツネにつままれたような感じですよね．オイラーもそう！　なんて，冗談を言ってる著者もそうです（笑）．でも，こんな微分方程式の解法もあるんだ，たくさんあるんだ，とご記憶ください．そして，出っくわした微分方程式がどんなタイプなのか，変数分離などの簡単なタイプか，定数変化法で良いのか，積分定数法が良いのか，．．．臨機応変に考えるしかないのです．

3.2.5. 他の微分方程式

このほかに，「ダランベールの微分方程式」あるいは「ラグランジュの微分方程式」という，
$$y = xf(y') + g(y')$$
のように表される方程式がありますが，上式 x で微分し，
$$y' = dy/dx = p$$
とすることで解を得ることができます．また，
$$\frac{d}{dx}\left\{(1-x^2)\frac{dy}{dx}\right\} + n(n+1)y = 0$$
という「ルジャンドル（Legendre）微分方程式」，さらに，1 項が加わった，
$$\frac{d}{dx}\left\{(1-x^2)\frac{dy}{dx}\right\} + \left\{n(n+1) - \frac{m^2}{1-x^2}\right\}y = 0$$
のような形式のルジャンドル陪微分方程式と呼ばれる方程式もあります．

このようにケースバイケースで違った形式の方程式が出てきます．ここでは全部を紹介することはできません．その都度，他の詳しい教科書を参考にされるのも良いかと思います．途中で説明をやめるような感じで，えらい，すんまへん（＾÷＾）．

ウィキペディアでは，数学の専門的な解説が書かれている場合が多く，数学科を出ていない一般の読者だけでなく，著者も内容が理解できない場合があります．いつも，どうして，こんなに難しそうに書くのかな，と思いますが，ウィキペディアの投稿者は，どうだ！わからないだろう！と言っているようで，自分の能力の無さに腹が立ちます．まあ，分かる人はいるのでしょうけれど．．．

Short Rest 14.
「フェルマーの最終定理」

　整数論は面白いのですが，難しいのです．究極の問題の1つは，やはり，フェルマー（*Fermat*）の最終定理でしょう．ピタゴラスの定理のほんのちょっとした拡張ですが，この問題が解かれたのはなんと，つい近年です．次式が，ご存知の，ピタゴラスの定理です．
$$x^2 + y^2 = z^2$$
　フェルマーの最終定理とは，上式の累乗が $n \geqq 3$ を満たす整数は存在しない，という定理です．すなわち，
$$x^n + y^n = z^n \quad n \geqq 3$$
において，これを満たす整数 x, y, z の組はない，という定理です．

　一見，本当？　と疑ってしまうこの定理は，1994年10月アンドリュー・ワイルズ（*Andrew John Wiles*, 1953～）により証明されました．彼はイギリスの数学者です．オックスフォード大学教授（整数論）です．ケンブリッジ大学卒業．大学院でジョン・コーツの指導のもと，日本の数学者の岩澤健吉[*1] の理論と楕円曲線論の研究しました．最終定理の証明に挑んだきっかけは，ケン・リベットが「フライの楕円曲線（＝フェルマーの最終定理の反例）」はモジュラーとはならないことを証明したことを聞き，最終定理を証明するには，日本の数学者の業績谷山・志村予想（すべての有理数体上に定義された楕円曲線はモジュラーであろう．従ってフライの「楕円曲線」は存在しないことを意味する）を解けば良いと気が付いた．アンドリュー・ワイルズは，半安定楕円曲線の谷山・志村予想を証明して，最終定理を証明したのです．しかし，谷山・志村予想について，志村本人は，「『有理数体上の楕円曲線はモジュラー関数で一意化される』という命題を『私の予想』と呼んでおり，谷山が1955年に提案した問題とは無関係だ」，と言っています．谷山は若くして自殺をしているので，真相は著者の知るところにはありません．

　とにかく，その証明は過去3世紀の間に生まれた天才数学者達の作り上げた理論を組み上げた結果として，証明の完成に至った訳です．したがって，フェルマーが証明したというのはフェルマーの思い込み？で，証明は不完全であったろう，と言う説があります．もし，17世紀までの理論でフェルマーが完全に証明できていたのなら，ワイルズの過去に現れた天才達が証明できなかった筈はないと思います．果たして，本当の所はどうだったのでしょうか？　非常に興味あるところです．ちなみに，1601～1665年に生きたフェルマーの時代は，日本ではまさに江戸幕府初期のチャンバラ時代です．日本がなんと数学の世界では原始時代，おっとこれは言い過ぎかも知れませんね，遅れをとっていた，そんな感じですね．しかしながら，アンドリュー・ワイルズの証明の中で，日本の数学者の谷山・志村の理論が重要な位置を占めているということで，おや，いつのまに！，ということで，日本の数学者も素晴らしいと感じます．

[*1] 岩澤健吉（東京帝大理学部数学科卒業．東大助教授から1950年に米国渡航．プリンストン高等研究所，マサチューセッツ工科大学，プリンストン大学を経て1987年帰国．プリンストン大名誉教授．

3.3. ナブラ

ここから，少々，空間微分オペレータ（ナブラ）について，親しんで頂こうと思います．

3.3.1. ナブラとは

項1.4.3でご紹介致しましたが，ナブラ（*nabla*）という言葉を聞いたことのある学生や実際に計算に使っている学生は，工学・理学の学部の高学年や院生くらいなものでしょうか．高度なことを勉強している工業高等専門学校も，その範疇に入るかもしれません．

本書のはじめに微分の基礎とその方法，常微分，全微分や偏微分などをご説明致しました．ここでは，その応用と言いますか，実際に用いる例をご説明したいと思います．

自然科学における「微分」の意味，あるいはその役割は，その場の環境における物理・化学的パラメータの将来を予測するため，それらの変化速度を抽出して解析することであると言えます．例えば，岩石の亀裂における変位の変化からクリープ速度を求め崩壊を予測したり，火山噴火で発生した噴煙の流れる方向を予測したり，工場から流れ出る排水あるいは廃液の中の有害物質について，地盤内の水流データから汚染の広がる分布や速度の状況を予測したり，などの例が挙げられます．

このように，微分方程式を用いて分析し，状況をどういう手段でどのように解決するかを決める，ということは，身の回りに数多くあります．もしかすると，無意識に行っているかもしれません．ちょっと考えてみてはいかがでしょうか．一方，積分は，その影響の全体（積算）を考える場合に用います．すなわち，影響範囲を求めたり，影響の最終的な大きさや広がりなどを推定することになります．

空間のある1地点での物理量の変化は，その点で測定をします．そして，その変化の時間的変化を調べることができます．例えば，温度です．温度はその位置における物理パラメータの1つです．気圧も同様です．しかし，その位置が少しでも異なれば，その値は異なるのが普通です．では，空間的にどのように変化しているのでしょうか．これを調べるには，ある点を基準とした変動しない位置が必要です．さて，ここで，，空間内の変化を考えるため，空間内に直交する xyz 軸を考えましょう．

すでに説明しましたように，ある方向の値の変化はその方向の偏微分で与えられます．そこで，温度 T を例にとって考えましょう．

ある点 P_i の位置で，温度が T_i であるとしましょう．T_i は決まった値，すなわちスカラーです．ここで，点 P_i の極近傍での点 P_{i+1} での温度 T_{i+1} を知りたい，と考えます．xyz 座標系の座標軸を考えますと，温度 T_i の x 軸方向，y 軸方向，z 軸方向のそれぞれの変化率（傾き）と位置のズレ（増分），$\Delta x, \Delta y, \Delta z$ を用いて計算することができそうですね．ちょっと頭で想像してみて下さい．

点 P_i の位置と点 P_{i+1} の位置に関して，$\Delta x, \Delta y, \Delta z$ の位置のずれがあるとき，
$$T_i = T(P_i) = T(x, y, z), \quad T_{i+1} = T(P_{i+1}) = T(x+\Delta x, y+\Delta y, z+\Delta z)$$
と表されます．温度はどのように変わるでしょうか？「どのように変わる」はまさに「微分」の本分なのです．続けましょう．

この場合の温度の変化：$\Delta T = T_{i+1} - T_i$ は，x軸方向，y軸方向，z軸方向のそれぞれの温度勾配，あるいは，増加率：

$$\frac{\partial T}{\partial x}, \frac{\partial T}{\partial y}, \frac{\partial T}{\partial z}$$

に対して，それぞれ，Δx，Δy，Δzをかけて各軸方向における温度変化の寄与を加えあわせることは物理的に正しいと考えられます．このように考えると，

$$\Delta T = \frac{\partial T}{\partial x}\Delta x + \frac{\partial T}{\partial y}\Delta y + \frac{\partial T}{\partial z}\Delta z \qquad (3.3.1\text{-}1)$$

注意：ベクトルの表示に気をつけましょう．ベクトルの書式は立体ボールドで，**p** や **T** のように書き，スカラーと区別します．

と書けることが分かります．また，点P_iから点P_{i+1}に至るベクトルを

$$\Delta \mathbf{p} = (\Delta x, \Delta y, \Delta z) = (p_x, p_y, p_z)$$

と表すとき，ある微小な温度変化ベクトル$\delta \mathbf{T}$について，

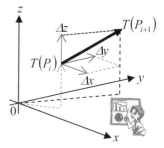

図 **3.3.1-1** 空間データの変化

$$\delta \mathbf{T} = \left(\frac{\partial T}{\partial x}, \frac{\partial T}{\partial y}, \frac{\partial T}{\partial z}\right) = (T_x, T_y, T_z) \qquad (3.3.1\text{-}2)$$

を考えれば，ベクトルの内積の形式を用いて，

$$\delta \mathbf{T} \cdot \Delta \mathbf{p} = T_x p_x + T_y p_y + T_z p_z = \frac{\partial T}{\partial x}\Delta x + \frac{\partial T}{\partial y}\Delta y + \frac{\partial T}{\partial z}\Delta z \qquad (3.3.1\text{-}3)$$

のように式 3.3.1-1 を導出することができます．すなわち，パラメータTが予想域で連続で微分可能であり，図 **3.3.1-1** に示すように，位置が点P_iから点P_{i+1}まで変わるとき，その間でのパラメータTの増分Δx，Δy，Δzがある場合，点P_{i+1}でのTが予想できることを物理的に示しているのです．ここで現れている∇がナブラというベクトルで，

$$\nabla = \left(\frac{\partial}{\partial x}, \frac{\partial}{\partial y}, \frac{\partial}{\partial z}\right) = \mathbf{e}_x \frac{\partial}{\partial x} + \mathbf{e}_y \frac{\partial}{\partial y} + \mathbf{e}_z \frac{\partial}{\partial z} \qquad (3.3.1\text{-}4)$$

であり，著者は，∇を空間微分オペレータと呼ぶことにします．ここで，$\mathbf{e}_x$，$\mathbf{e}_y$，$\mathbf{e}_z$は，それぞれ，x軸，y軸，z軸方向の単位ベクトルであり，したがって，定義により，

$$\begin{aligned}\mathbf{e}_x \cdot \mathbf{e}_y = \mathbf{e}_y \cdot \mathbf{e}_z = \mathbf{e}_z \cdot \mathbf{e}_x = 0 \\ |\mathbf{e}_x| = |\mathbf{e}_y| = |\mathbf{e}_z| = 1\end{aligned} \qquad (3.3.1\text{-}5)$$

です．

さて，ある微小な温度変化ベクトル$\delta \mathbf{T}$（式 3.3.1-2）は，ナブラを用いて，

ナブラは慣れておく必要があります．ここでしっかりその計算方法を覚えてください．こら辺の式が大学の数学らしいですね．

$$\begin{aligned}\delta \mathbf{T} &= \left(\frac{\partial T}{\partial x}, \frac{\partial T}{\partial y}, \frac{\partial T}{\partial z}\right) = (T_x, T_y, T_z) \\ &= \nabla T = \mathbf{e}_x \frac{\partial T}{\partial x} + \mathbf{e}_y \frac{\partial T}{\partial y} + \mathbf{e}_z \frac{\partial T}{\partial z} = \mathbf{e}_x T_x + \mathbf{e}_y T_y + \mathbf{e}_z T_z\end{aligned} \qquad (3.3.1\text{-}6)$$

と書くことができます．ちょっとややこしいんでないかい．そうでもないっしょや，あるいは,，そうでもないべさ（変な北海道弁）．

3.3. ナブラ

さて，式 3.3.1-1 で ∇T と書きましたが，∇ は**図 1.4.2-1** で示した 1 成分の意味を 3 次元に拡張しています．∇T は，スカラー T の三次元的変化率に関する合成ベクトルを表します．そこで，$\nabla T = \mathrm{grad}\, T$ と書く場合があります．grad は *gradation* のことで，物事の少しずつの変化や緩やかな傾斜を意味します．偏微分の定義式のような書き方をすれば，

$$T_x = \frac{\partial T}{\partial x} = \lim_{h \to 0} \frac{T(x+h,y,z) - T(x,y,z)}{h}$$
$$T_y = \frac{\partial T}{\partial y} = \lim_{h \to 0} \frac{T(x,y+h,z) - T(x,y,z)}{h} \qquad (3.3.1\text{-}6)$$
$$T_z = \frac{\partial T}{\partial z} = \lim_{h \to 0} \frac{T(x,y,z+h) - T(x,y,z)}{h}$$

でしょうか．

同様な感じで，$\nabla \cdot \mathbf{p} = \mathrm{div}\, \mathbf{p}$（ベクトル $\mathbf{p}$ の発散），$\nabla \times \mathbf{p} = \mathrm{rot}\, \mathbf{p}$（ベクトル $\mathbf{p}$ の回転）という表現があります．もちろん，$\nabla \cdot \mathbf{p}$ や $\nabla \times \mathbf{p}$ は，それぞれ，ベクトル ∇

$$\nabla = \left(\frac{\partial}{\partial x}, \frac{\partial}{\partial y}, \frac{\partial}{\partial z} \right) = \mathbf{e}_x \frac{\partial}{\partial x} + \mathbf{e}_y \frac{\partial}{\partial y} + \mathbf{e}_z \frac{\partial}{\partial z}$$

とベクトル $\mathbf{p}$ との内積と外積（狭義の意味，本来はベクトル積といいます．以下に，このナブラとベクトルの演算について，物理的な現象との結びつきを紹介します．

ちょっと，練習です．

例題 3.3.1-1

(1) $p(x,y,z) = x^3 + 3y^2 - 6z$ であるスカラー関数について，∇p を計算せよ．

(2) $\mathbf{p}(x^3, 3y^2, 6z) = x^3 \mathbf{e}_x + 3y^2 \mathbf{e}_y - 6z \mathbf{e}_z$ であるベクトルについて，$\nabla \cdot \mathbf{p}$ を計算せよ．

理解度確認です．

例題 3.3.1-1 解答

(1) $\nabla p = \left(\dfrac{\partial(x^3 + 3y^2 - 6z)}{\partial x}, \dfrac{\partial(x^3 + 3y^2 - 6z)}{\partial y}, \dfrac{\partial(x^3 + 3y^2 - 6z)}{\partial z} \right) = (3x^2, 6y, -6)$

あるいは，$\nabla p = 3x^2 \mathbf{e}_x + 6y \mathbf{e}_y - 6 \mathbf{e}_z$

(2) $\nabla \cdot \mathbf{p} = \dfrac{\partial(x^3 + 3y^2 - 6z)}{\partial x} + \dfrac{\partial(x^3 + 3y^2 - 6z)}{\partial y} + \dfrac{\partial(x^3 + 3y^2 - 6z)}{\partial z} = 3x^2 + 6y - 6$

いかがでした．超易しい例題でしたね．しかし，ここで，注意すべきことは，∇ をスカラーに作用させるとベクトルになるのに対して，∇ をベクトルに作用させるとスカラーになるということです．計算間違いをしないようにしてください．右に，5 つのナブラの計算公式をまとめておきます．証明を演習問題にしています．特に，4) の右辺第 2 式に注意してください．そして，是非，後で証明をしておいてください．読者のあなたのために．

ナブラの計算公式

1) $\nabla \cdot (\nabla \phi) = \nabla^2 \phi = \Delta \phi$
2) $\nabla \times (\nabla \phi) = 0$
3) $\nabla \cdot (\nabla \times \mathbf{p}) = 0$
4) $\nabla \times (\nabla \times \mathbf{p}) = \nabla(\nabla \cdot \mathbf{p}) - \nabla^2 \mathbf{p}$
5) $\nabla \cdot (\mathbf{p} \times \mathbf{q}) = \mathbf{q} \cdot \nabla \times \mathbf{p} - \mathbf{p} \cdot \nabla \times \mathbf{q}$

3.3.2. ベクトルの発散・ガウスの定理

多少，ナブラを知っていて，$\nabla \cdot \mathbf{p}$ を $\mathrm{div}\,\mathbf{p}$ と書いてベクトルの発散ということは知っているけれど，何故，「発散」とうのか，あるいは，$\nabla \times \mathbf{p}$ を $\mathrm{rot}\,\mathbf{p}$ と書いてベクトルの「回転」ということは知っているけれど，何故，「回転」とうのか，を知っている人の数はぐっと少なくなります．

ここでは，それを説明しましょう．この説明の内容は，理学・工学では納得のいく説明かもしれませんが，厳密な数学の証明ではありません．そこのところ，ご注意ください．

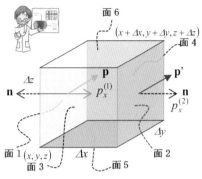

図 **3.3.2-1** 流束ベクトル p と微小な立体

図 **3.3.2-1** に示すように，ある領域内に流れ $\mathbf{p}$ があり，その中に微小な立方体 $\Delta x \Delta y \Delta z\ (\Delta v)$ を考えます．面は 6 面あり，面 3，面 2，面 6 は手前側にあり，面 1 面 4 面 5 は背面にあります．まず，面 1 と面 2 について考えましょう．この 2 面は Δx だけ離れていますから，流束ベクトル $\mathbf{p}$ は $\mathbf{p}'$ に変化しているかもしれません．$p_x^{(1)}, p_y^{(1)}, p_z^{(1)}$ は面 1, 3, 5 に垂直な $\mathbf{p}$ の成分，$p_x^{(2)}, p_y^{(2)}, p_z^{(2)}$ は面 2, 4, 6 に垂直な $\mathbf{p}'$ の成分とします．もちろん，ここで言う面の順番は，流束ベクトル $\mathbf{p}$ が，左下手前から面 1, 3, 5 の交点 (x, y, z) 方向に向かう場合を考えています．同様に，流束ベクトル $\mathbf{p}'$ が，面 2, 4, 6 の交点 $(x + \Delta x, y + \Delta y, z + \Delta z)$ から右上奥へと向かう場合を考えています．

さて，面 1 ($\Delta y \Delta z$) を通り微小な立方体から外側に流れ出る流量 $f_x^{(1)}$ は $p_x^{(1)}$ を用いて

$$f_x^{(1)} = -p_x^{(1)} \Delta y \Delta z \tag{3.3.2-1}$$

と書けます．また，面 2 について考えると，面 2 ($\Delta y \Delta z$) を通り微小な立方体から外側に流れ出る流量 $f_x^{(2)}$ は $p_x^{(2)}$ を用いると，

$$f_x^{(2)} = p_x^{(2)} \Delta y \Delta z \tag{3.3.2-2}$$

となりますが，前述したように，この 2 面は，Δx だけ離れていることを考慮しつつ，式 1.3.5-1 の級数展開を用いて評価することにしますと，余剰項 R_n を入れて，

$$p_x^{(2)} = p_x^{(1)} + \frac{\partial p_x}{\partial x} \Delta x + \frac{1}{2!} \frac{\partial^2 p_x}{\partial x^2} (\Delta x)^2 + \cdots + \frac{1}{(n-1)!} \frac{\partial^{n-1} p_x}{\partial x^{n-1}} (\Delta x)^{n-1} + R_n \tag{3.3.2-3}$$

となります．ここで，物理数学の曖昧処理です．$(\Delta x)^2$ より大きな次数の項は省略できると仮定します．このとき，式 3.3.2-3 は，

$$p_x^{(2)} = p_x^{(1)} + \frac{\partial p_x}{\partial x} \Delta x \tag{3.3.2-4}$$

と書けますので，面 1 と面 2 から外に流出する流量 Δf_x は，式 3.3.2-1，式 3.3.2-2 および式 3.3.2-4 から

$$\Delta f_x = f_x^{(1)} + f_x^{(2)} = -p_x^{(1)} \Delta y \Delta z + \left(p_x^{(1)} + \frac{\partial p_x}{\partial x} \Delta x \right) \Delta y \Delta z = \frac{\partial p_x}{\partial x} \Delta x \Delta y \Delta z \tag{3.3.2-5}$$

3.3. ナブラ

となります.同様に,面3と面4で Δf_y を,,面5と面6で Δf_z を,それぞれ考察しますと,

$$\Delta f_y = \frac{\partial p_y}{\partial y}\Delta x \Delta y \Delta z \quad \text{および} \quad \Delta f_z = \frac{\partial p_z}{\partial z}\Delta x \Delta y \Delta z \tag{3.3.2-6}$$

となりますので,結局,微小な立方体 $\Delta v = \Delta x \Delta y \Delta z$ から流出します全流量 Δf は,式 3.3.2-5 および式 3.3.2-6 を用いて,

$$\begin{aligned}\Delta f &= \Delta f_x + \Delta f_y + \Delta f_z = \frac{\partial p_x}{\partial x}\Delta x \Delta y \Delta z + \frac{\partial p_y}{\partial y}\Delta x \Delta y \Delta z + \frac{\partial p_z}{\partial z}\Delta x \Delta y \Delta z \\ &= \left(\frac{\partial p_x}{\partial x} + \frac{\partial p_y}{\partial y} + \frac{\partial p_z}{\partial z}\right)\Delta x \Delta y \Delta z = (\nabla \cdot \mathbf{p})\Delta v \quad \therefore \quad \frac{\Delta f}{\Delta v} = \nabla \cdot \mathbf{p}\end{aligned} \tag{3.3.2-7}$$

となります.内積 $\nabla \cdot \mathbf{p}$ あるいは div $\mathbf{p}$ について,「発散(divergence)」と呼ぶ物理的な意味は,もうお分かりでしょう.式 3.3.2-7 の最後の式の左辺は単位体積からの流出量であり,流出率あるいは流速と呼ばれる量を表しているのです.

ここで,ある体積 V を持つ閉曲面を考えます.この閉曲面の内部での「ながれ」については微小な体積からの流出と考えれば式 3.3.2-7 で表せますから,したがって,閉曲面からの全流量 f は,式 3.3.2-7 から

$$f = \int_V df = \int_V (\nabla \cdot \mathbf{p})dv \tag{3.3.2-8}$$

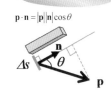

となります.一方,閉曲面を構成する面の微小な面素 Δs に対して垂直に流出する流束 Δq は,$\Delta q = \mathbf{p} \cdot \mathbf{n}\Delta s$ で与えられるので(図 3.3.2-2),閉曲面からの全流量 f は

$$f = \int_S dq = \int_S \mathbf{p}\cdot\mathbf{n}ds \tag{3.3.2-9}$$

図 **3.3.2-2** 面素からの流出

と表すことができます.したがって,式 3.3.2-8 および式 3.3.2-9 から

$$\int_S \mathbf{p}\cdot\mathbf{n}ds = \int_V (\nabla\cdot\mathbf{p})dv \tag{3.3.2-10}$$

が得られました.この式から,面積分と体積積分の交換が可能となります.これは,物理学で重要な定理の1つで,ガウスの定理(*Gauss' law*),または,ガウスの発散定理(*Gauss' divergence theorem*)と呼ばれています.ここで,$\mathbf{n}ds$ は,長さが $\|\mathbf{s}\|$ で,微小面 ds に垂直な単位ベクトルとも言えます.このことから,単に,$\mathbf{n}ds = d\mathbf{s}$ とも表現します.

したがって,式 3.3.2-10 は,

$$\int_S \mathbf{p}\cdot d\mathbf{s} = \int_V (\nabla\cdot\mathbf{p})dv \quad \text{あるいは,} \tag{3.3.2-11}$$

と表現する場合があります(式 2.4.3-6 で,すでに紹介済み).

このガウスの定理を電磁気学で利用しています.ここで,電磁気学におけるガウスの定理を紹介しますと,

$$\int_S \mathbf{D} \cdot d\mathbf{s} = \int_V \rho dv \tag{3.3.2-12}$$

です．ここで，$\mathbf{D}$ は電束密度，ρ は電荷密度です．また，$\mathbf{D} = \varepsilon \mathbf{E}$ であり，ε は誘電率，$\mathbf{E}$ は電場強度です．ここで，式 3.3.2-12 について，$\mathbf{D}$ に $\varepsilon \mathbf{E}$ を代入すると，

$$\int_S (\varepsilon \mathbf{E}) \cdot \mathbf{n} ds = \int_V \rho dv \quad \Rightarrow \quad \int_S \mathbf{E} \cdot \mathbf{n} ds = \frac{1}{\varepsilon} \int_V \rho dv \tag{3.3.2-13}$$

となります．また，式 3.3.2-10（ガウスの定理）により，

$$\int_S \mathbf{E} \cdot \mathbf{n} ds = \int_V \nabla \cdot \mathbf{E} dv \tag{3.3.2-14}$$

> ガウスの定理は物理学では基本中の基本！

ですから，

$$\int_V \nabla \cdot \mathbf{E} dv = \frac{1}{\varepsilon} \int_V \rho dv \tag{3.3.2-15}$$

となり，積分記号をはずせば，

$$\nabla \cdot \mathbf{E} = \frac{\rho}{\varepsilon} \quad \text{あるいは，} \quad \text{div}\, \mathbf{E} = \frac{\rho}{\varepsilon} \tag{3.3.2-16}$$

となります．この式はマックスウェル方程式（*Maxwell equations*）と呼ばれる 4 つの微分方程式の 1 つです．

　このナブラ ∇ の応用などについては，第 4 章第 3 節で，電磁気学に関して，特に，電磁波の伝播を取り上げ，少々詳しくご議論いたします．乞うご期待ください．その他，波動方程式や熱拡散方程式など物理学ではなくてはならない表現方法です．

例題 3.3.2-1　xyz 座標系で，各軸に対する単位ベクトルをそれぞれ $\mathbf{e}_x, \mathbf{e}_y, \mathbf{e}_z$ とし，スカラー関数 $u = u(x, y, z), v = v(x, y, z)$ を要素とする関数 $f(u, v)$ について，

$$\nabla f(u, v) = \frac{\partial f}{\partial u} \nabla u + \frac{\partial f}{\partial v} \nabla v$$

であることを示せ．

例題 3.3.2-1 解答

$$\nabla f(u, v) = \mathbf{e}_x \frac{\partial f}{\partial x} + \mathbf{e}_y \frac{\partial f}{\partial y} + \mathbf{e}_z \frac{\partial f}{\partial z}$$

$$= \mathbf{e}_x \left(\frac{\partial f}{\partial u} \frac{\partial u}{\partial x} + \frac{\partial f}{\partial v} \frac{\partial v}{\partial x} \right) + \mathbf{e}_y \left(\frac{\partial f}{\partial u} \frac{\partial u}{\partial y} + \frac{\partial f}{\partial v} \frac{\partial v}{\partial y} \right) + \mathbf{e}_z \left(\frac{\partial f}{\partial u} \frac{\partial u}{\partial z} + \frac{\partial f}{\partial v} \frac{\partial v}{\partial z} \right)$$

$$= \frac{\partial f}{\partial u} \left(\mathbf{e}_x \frac{\partial u}{\partial x} + \mathbf{e}_y \frac{\partial u}{\partial y} + \mathbf{e}_z \frac{\partial u}{\partial z} \right) + \frac{\partial f}{\partial v} \left(\mathbf{e}_x \frac{\partial v}{\partial x} + \mathbf{e}_y \frac{\partial v}{\partial y} + \mathbf{e}_z \frac{\partial v}{\partial z} \right)$$

$$\therefore \quad \nabla f(u, v) = \frac{\partial f}{\partial u} \nabla u + \frac{\partial f}{\partial v} \nabla v$$

　基本問題でした．思っていたような解答でしたでしょう．

　ここでは「発散」を見てきましたが，もう 1 つ，重要な項目であるベクトルの「回転」について見てみましょう．

3.3. ナブラ

3.3.3. ベクトルの回転・ストークスの定理

ベクトルの「発散」のほかに，ベクトルの回転（*rotation of vector*）あるいは ベクトルの循環（*circulation of vector*）と呼ばれるもうひとつの重要な表式があります．それは，$\nabla \times \mathbf{p}$，rot $\mathbf{p}$ あるいは curl $\mathbf{p}$ というものです．はたして，その実体は，

$$\nabla \times \mathbf{p} = \begin{vmatrix} \mathbf{e}_x & \mathbf{e}_y & \mathbf{e}_z \\ \frac{\partial}{\partial x} & \frac{\partial}{\partial y} & \frac{\partial}{\partial z} \\ p_x & p_y & p_z \end{vmatrix} = \mathbf{e}_x \left(\frac{\partial p_z}{\partial y} - \frac{\partial p_y}{\partial z} \right) + \mathbf{e}_y \left(\frac{\partial p_x}{\partial z} - \frac{\partial p_z}{\partial x} \right) + \mathbf{e}_z \left(\frac{\partial p_y}{\partial x} - \frac{\partial p_x}{\partial y} \right)$$
(3.3.3-1)

と表されます．定義を見ても，問題の「回転」あるいは「循環」などとどう結びつくかは分かりませんよね．そこで，前項「発散」で示したように，数学の厳密性は無いけれど，物理的には以下のように考えれば，少々納得いくかもしれません．

図 3.3.3-1 を見てください．閉曲面 Γ を回るベクトル $\mathbf{p}$ の循環は，

$$\oint_\Gamma p_t ds = \oint_\Gamma \mathbf{p} \cdot d\mathbf{s}$$
(3.3.3-2)

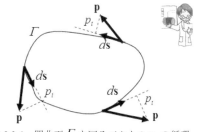

図 3.3.3-1　閉曲面 Γ を回るベクトル $\mathbf{p}$ の循環（接線成分 p_t の線積分）

と書きます．ここで，$\oint$ という見慣れない記号が出てきました．御存知ですか？　これは「閉局面を一周して積分をする」という意味で，時計と反対周りで行います．この積分を周回積分あるいは閉路積分と呼びます．

ここで，すでに図 2.3.3-1 で見ましたように，または，図 3.3.3-2 に示しますように，閉曲面 Γ を3つに分割すると，Γ_1，Γ_2 および Γ_3 の閉局面が作られます．実は，線積分については，分けた個数は，関係ありません．すなわち，ベクトル $\mathbf{p}$ の外周 Γ に接した微小な単位の長さ ds へ与は，ベクトル $\mathbf{p}$ の接線方向の長さ p_t に ds をかけたもので，外周 Γ 分を足し合わせた結果 L_p は，

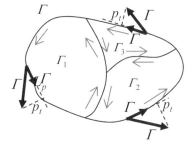

図 3.3.3-2　閉曲面 Γ を回るベクトル $\mathbf{p}$ の線積分

$$L_p = \oint_\Gamma p_t \cdot ds = \oint_\Gamma \mathbf{p} \cdot d\mathbf{s}$$
(3.3.3-3)

となります．さて，Γ_1，Γ_2 および Γ_3 に関しても同様な計算で与えられます．

ここで，分割が n 個あれば，

$$L_p = \sum_{i=1}^{n} \oint_{\Gamma_i} p_t ds$$
(3.3.3-4)

とも書けます．なぜなら，線積分が時計と反対周りに行われるという仮定がありまして，

その仮定のもとに，Γ_i の積分路が接するΓ_kとの共通積分路では反対になり，積分値が相殺しますので，残りの積分路は外周のみとなり，したがって，Γ が $\Gamma_i(i=1,2,\cdots,n)$ で構成されている場合，

$$\oint_\Gamma \mathbf{p}\cdot d\mathbf{s} = \sum_{i=1}^n \oint_{\Gamma_i} \mathbf{p}\cdot d\mathbf{s} \tag{3.3.3-5}$$

が成り立ちます．まっ，当たり前っちゃ～当たり前ですよね（式 2.3.4-12 参照）．そこで，微小に分割された閉曲面を一辺の長さが Δx および Δy である長方形としても一般性は失いません（と考えてください）．図 3.3.3-3 に示しますように（図 2.3.4-1 参照．），閉局面 Γ の回りに沿うベクトル Γ の線積分と分割した微小な複数の全ての長方形を回る線積分の和は同じであることが分かります．

図 3.3.3-3 は，微小な長方形（横 Δx，縦 Δy ）の周りでベクトル場は同じと考えて行う循環の概念を

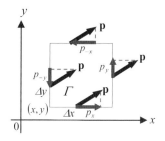

図 3.3.3-3　微小な正方形の周りのベクトル $\mathbf{p}$ の線積分

示しています．ベクトル Γ の長方形の辺に沿う接線成分に辺の長さに乗ずると，その辺に沿う線積分となるので（式 3.3.3-3 あるいは式 3.3.2-5 参照），結局，閉局面 Γ の回りに沿うベクトル Γ の線積分は，右・上方向を＋とし，左・下方向を－として，

$$\oint_\Gamma \mathbf{p}\cdot d\mathbf{s} = p_x \Delta x + p_y \Delta y - p_{-x}\Delta x - p_{-y}\Delta y \tag{3.3.3-6}$$

とすれば良いことになります．ここで，発散でやったように，微小変位に対するテイラー展開による近似を用いて，

$$p_{-x} = p_x + \frac{\partial p_x}{\partial y}\Delta y, \quad p_y = p_{-y} + \frac{\partial p_y}{\partial x}\Delta x \tag{3.3.3-7}$$

と微小距離 Δx や Δy の二乗以上の項を省略します．式 3.3.3-7 を式 3.3.3-6 に代入すれば，

$$\oint_\Gamma \mathbf{p}\cdot d\mathbf{s} = (p_x - p_{-x})\Delta x + (p_y - p_{-y})\Delta y$$

$$= \left(-\frac{\partial p_x}{\partial y}\Delta y\right)\Delta x + \left(\frac{\partial p_y}{\partial x}\Delta x\right)\Delta y = \left(\frac{\partial p_y}{\partial x} - \frac{\partial p_x}{\partial y}\right)\Delta x \Delta y \tag{3.3.3-8}$$

のように書けることが分かります．さあ，ここで，ベクトルの外積を思い出しましょう．ベクトル $\mathbf{a}=(a_x, a_y, a_z)$ および $\mathbf{b}=(b_x, b_y, b_z)$ について

$$\mathbf{a}\times\mathbf{b} = \begin{vmatrix} \mathbf{e}_x & \mathbf{e}_y & \mathbf{e}_z \\ a_x & a_y & a_z \\ b_x & b_y & b_z \end{vmatrix} = \mathbf{e}_x(a_y b_z - a_z b_y) + \mathbf{e}_y(a_z b_x - a_x b_z) + \mathbf{e}_z(a_x b_y - a_y b_x)$$

でしたね．このとき，

$$(\mathbf{a}\times\mathbf{b})_x = a_y b_z - a_z b_y, \quad (\mathbf{a}\times\mathbf{b})_y = a_z b_x - a_x b_z, \quad (\mathbf{a}\times\mathbf{b})_z = a_x b_y - a_y b_x$$

と書くのでした．

3.3. ナブラ

ここで，例えば，表式$(\nabla \times \mathbf{a})_i$はベクトル$\nabla \times \mathbf{a}$の i 成分を表すものとしましょう．このとき

$$\mathbf{a} \Rightarrow \nabla = \left(\frac{\partial}{\partial x}, \frac{\partial}{\partial y}, \frac{\partial}{\partial z}\right), \quad \mathbf{b} \Rightarrow \mathbf{p} = (p_x, p_y, p_z)$$

のように変換すると，

$$\nabla \times \mathbf{p} = \begin{vmatrix} \mathbf{e}_x & \mathbf{e}_y & \mathbf{e}_z \\ \frac{\partial}{\partial x} & \frac{\partial}{\partial y} & \frac{\partial}{\partial z} \\ p_x & p_y & p_z \end{vmatrix} = \mathbf{e}_x\left(\frac{\partial p_z}{\partial y} - \frac{\partial b_y}{\partial z}\right) + \mathbf{e}_y\left(\frac{\partial p_x}{\partial z} - \frac{\partial p_z}{\partial x}\right) + \mathbf{e}_z\left(\frac{\partial p_y}{\partial x} - \frac{\partial p_x}{\partial y}\right)$$

$$= \mathbf{e}_x(\nabla \times \mathbf{p})_x + \mathbf{e}_y(\nabla \times \mathbf{p})_y + \mathbf{e}_z(\nabla \times \mathbf{p})_z \quad (3.3.3\text{-}9)$$

と書けます．したがって，式 3.3.3-8 と式 3.3.3-9 とを比較し，

$$\frac{\partial p_y}{\partial x} - \frac{\partial p_x}{\partial y} = (\nabla \times \mathbf{p})_z \quad (3.3.3\text{-}10)$$

であることが分かります．ここで，閉曲面 Γ があって，面に沿う xy 座標で表すとき，その面に垂直な外向きの座標を z 軸に取ります．$\Delta x \Delta y$ は微小な長方形（面素）の面積になっており，しかも，式 3.3.3-10 の右辺は，$\nabla \times \mathbf{p}$ の z 成分であり，面素 $\Delta x \Delta y$ に対する法線成分と言えます．

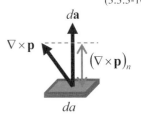

図 **3.3.3-4** 面積ベクトル $d\mathbf{a}$ の概念

ということで，式 3.3.3-8 を任意の閉曲面に対して一般的に書くと，微小な面素 $\Delta x \Delta y$ を Δa と書けば （図 **3.3.3-3** 参照），

$$\oint_\Gamma \mathbf{p} \cdot d\mathbf{s} = \int_S (\nabla \times \mathbf{p})_n \, da \quad (3.3.3\text{-}11)$$

と書けます．S は Γ が囲む任意の曲面の面積です．ここで，図 **3.3.3-4** に示す $d\mathbf{a}$ は長さが da で方向が面 da に垂直であり，一般的に法線ベクトル（*normal vector*）と呼ばれます．

このとき，図 **3.3.3-4** から分かるように，$(\nabla \times \mathbf{p})_n$ は，ベクトル $\nabla \times \mathbf{p}$ の，面素 da に垂直な成分ですから，式 3.3.3-11 の右辺の被積分関数は，$\nabla \times \mathbf{p}$ と $d\mathbf{a}$ との内積となり，したがって，式 3.3.3-11 は

$$\oint_\Gamma \mathbf{p} \cdot d\mathbf{s} = \int_S (\nabla \times \mathbf{p}) \cdot d\mathbf{a} \quad (3.3.3\text{-}12)$$

と書けます．

式 3.3.3-12 は，物理学では重要な式で，ストークス[注10]（*Stokes*）の定理と呼ばれます．ベクトル $\mathbf{p}$ の，曲面 Γ の境界に沿って線積分した結果は，ベクトル場 $\mathbf{p}$ の回転の要素を曲面上で面積分した結果に一致することを示しています．

では，簡単な例題を見てみましょう．

注10：「ストークス」は，アイルランドの数学者，物理学者（流体力学）のジョージ・ガブリエル・ストークス（*George Gabriel Stokes*）の名前です．粘性流体の動粘度を表す c.g.s 系の単位にもこの名が使われています．

3. 微分方程式

例題 3.3.3-1 ベクトル $\mathbf{p}=(p_x, p_y, p_z)$ について，スカラー関数 f との積に関する $\nabla\times(f\mathbf{p})=\nabla f\times\mathbf{p}+f\nabla\times\mathbf{p}$ を証明せよ．

基の話ですができますか？

例題 3.3.3-1 解答

$$\nabla\times(f\mathbf{p})=\mathbf{e}_x\left(\frac{\partial fp_z}{\partial y}-\frac{\partial fp_y}{\partial z}\right)+\mathbf{e}_y\left(\frac{\partial fp_x}{\partial z}-\frac{\partial fp_z}{\partial x}\right)+\mathbf{e}_z\left(\frac{\partial fp_y}{\partial x}-\frac{\partial fp_x}{\partial y}\right)$$

$$=\mathbf{e}_x\left(\frac{\partial f}{\partial y}p_z+f\frac{\partial p_z}{\partial y}-\frac{\partial f}{\partial z}p_y-f\frac{\partial p_y}{\partial z}\right)$$
$$+\mathbf{e}_y\left(\frac{\partial f}{\partial z}p_x+f\frac{\partial p_x}{\partial z}-\frac{\partial f}{\partial x}p_z-f\frac{\partial p_z}{\partial x}\right)$$
$$+\mathbf{e}_z\left(\frac{\partial f}{\partial x}p_y+f\frac{\partial p_y}{\partial x}-\frac{\partial f}{\partial y}p_x-f\frac{\partial p_x}{\partial y}\right)$$

$$=\mathbf{e}_x\left(\frac{\partial f}{\partial y}p_z-\frac{\partial f}{\partial z}p_y\right)+\mathbf{e}_y\left(\frac{\partial f}{\partial z}p_x-\frac{\partial f}{\partial x}p_z\right)+\mathbf{e}_z\left(\frac{\partial f}{\partial x}p_y-\frac{\partial f}{\partial y}p_x\right)$$
$$+f\left\{\mathbf{e}_x\left(\frac{\partial p_z}{\partial y}-\frac{\partial p_y}{\partial z}\right)+\mathbf{e}_y\left(\frac{\partial p_x}{\partial z}-\frac{\partial p_z}{\partial x}\right)+\mathbf{e}_z\left(\frac{\partial p_y}{\partial x}-\frac{\partial p_x}{\partial y}\right)\right\}$$

$$=\begin{vmatrix}\mathbf{e}_x & \mathbf{e}_y & \mathbf{e}_z \\ \frac{\partial f}{\partial x} & \frac{\partial f}{\partial y} & \frac{\partial f}{\partial z} \\ p_x & p_y & p_z\end{vmatrix}+f\begin{vmatrix}\mathbf{e}_x & \mathbf{e}_y & \mathbf{e}_z \\ \frac{\partial}{\partial x} & \frac{\partial}{\partial y} & \frac{\partial}{\partial z} \\ p_x & p_y & p_z\end{vmatrix} \quad \therefore\ \nabla\times(f\mathbf{p})=(\nabla f)\times\mathbf{p}+f(\nabla\times\mathbf{p})$$

ということですが，流れを見ると，定義に従って計算しただけで，何の工夫もしていません．お気付きでしょうか．要は，基本的な展開法で解けます，ということです．

もう1題お付き合いください．

例題 3.3.3-2 ベクトル $\mathbf{P}=\mathbf{x}/\|\mathbf{x}\|$ について，$\mathbf{x}=(x,y,z)$，$\|\mathbf{x}\|=r=\sqrt{x^2+y^2+z^2}$ とするとき，$\nabla\times\mathbf{P}$ を計算せよ．ただし，$\nabla=\mathbf{e}_x(\partial/\partial x)+\mathbf{e}_y(\partial/\partial y)+\mathbf{e}_z(\partial/\partial z)$ を用いてもよい．

簡単な例題で恐縮です．

例題 3.3.3-2 解答

$$\nabla\times\mathbf{P}=\nabla\times\left(\frac{\mathbf{x}}{r}\right)=\left(\nabla\frac{1}{r}\right)\times\mathbf{x}+\frac{1}{r}(\nabla\times\mathbf{x})$$

$$\nabla\frac{1}{r}\times\mathbf{x}=\left\{\mathbf{e}_x\left(\frac{\partial}{\partial x}\frac{1}{r}\right)+\mathbf{e}_y\left(\frac{\partial}{\partial y}\frac{1}{r}\right)+\mathbf{e}_z\left(\frac{\partial}{\partial z}\frac{1}{r}\right)\right\}\times\mathbf{x}=\frac{-\mathbf{x}}{r^3}\times\mathbf{x}=\mathbf{0}$$

$$\frac{1}{r}(\nabla\times\mathbf{x})=\frac{1}{r}\begin{vmatrix}\mathbf{e}_x & \mathbf{e}_y & \mathbf{e}_z \\ \frac{\partial}{\partial x} & \frac{\partial}{\partial y} & \frac{\partial}{\partial z} \\ x & y & z\end{vmatrix}=\mathbf{0}$$

$$\therefore\ \nabla\times\mathbf{P}=\mathbf{0}$$

3.3.4. ナブラの計算

ここでは，ナブラ ∇ に関する演算子の計算方法を示します．スカラー ϕ と，ベクトル $\mathbf{p} = (p_x, p_y, p_z)$ に対して作用させてみましょう．

（1）ナブラの内積

ナブラはベクトルであり，ナブラ同士の内積は，

$$\nabla \cdot \nabla = \left(\mathbf{e}_x \frac{\partial}{\partial x} + \mathbf{e}_y \frac{\partial}{\partial y} + \mathbf{e}_z \frac{\partial}{\partial z} \right) \cdot \left(\mathbf{e}_x \frac{\partial}{\partial x} + \mathbf{e}_y \frac{\partial}{\partial y} + \mathbf{e}_z \frac{\partial}{\partial z} \right) = \frac{\partial^2}{\partial x^2} + \frac{\partial^2}{\partial y^2} + \frac{\partial^2}{\partial z^2} \tag{3.3.4-1}$$

となりますが，これを ∇^2 あるいは Δ と書き，ラプラシアン（*Laplacian*, ラプラス演算子）という特別な名前をもっている微分オペレータで，スカラー演算子であり，ベクトルに作用できます．例えば，

$$\nabla \times (\nabla \times \mathbf{h}) = \nabla(\nabla \cdot \mathbf{h}) - (\nabla \cdot \nabla)\mathbf{h} = \nabla(\nabla \cdot \mathbf{h}) - \nabla^2 \mathbf{h}$$

と書くことができます．

さて，∇ についての演算を少々見て見ましょう．

○スカラー（*scalar*）について

$$\nabla \cdot (\nabla \phi) = \left(\mathbf{e}_x \frac{\partial}{\partial x} + \mathbf{e}_y \frac{\partial}{\partial y} + \mathbf{e}_z \frac{\partial}{\partial z} \right) \cdot \left(\mathbf{e}_x \frac{\partial \phi}{\partial x} + \mathbf{e}_y \frac{\partial \phi}{\partial y} + \mathbf{e}_z \frac{\partial \phi}{\partial z} \right)$$

$$= \frac{\partial^2 \phi}{\partial x^2} + \frac{\partial^2 \phi}{\partial y^2} + \frac{\partial^2 \phi}{\partial z^2} = \left(\frac{\partial^2}{\partial x^2} + \frac{\partial^2}{\partial y^2} + \frac{\partial^2}{\partial z^2} \right) \phi = \Delta \phi \tag{3.3.4-2}$$

> スカラーとベクトルの区別をいつも考えておいてね．

○ベクトル（*vector*）について

$$\nabla(\nabla \cdot \mathbf{p}) = \left(\mathbf{e}_x \frac{\partial}{\partial x} + \mathbf{e}_y \frac{\partial}{\partial y} + \mathbf{e}_z \frac{\partial}{\partial z} \right) \left(\frac{\partial p_x}{\partial x} + \frac{\partial p_y}{\partial y} + \frac{\partial p_z}{\partial z} \right)$$

$$= \mathbf{e}_x \left(\frac{\partial^2 p_x}{\partial x^2} + \frac{\partial^2 p_y}{\partial x \partial y} + \frac{\partial^2 p_z}{\partial z \partial x} \right)$$

$$+ \mathbf{e}_y \left(\frac{\partial^2 p_x}{\partial x \partial y} + \frac{\partial^2 p_y}{\partial y^2} + \frac{\partial^2 p_z}{\partial y \partial z} \right)$$

$$+ \mathbf{e}_z \left(\frac{\partial^2 p_x}{\partial z \partial x} + \frac{\partial^2 p_y}{\partial y \partial z} + \frac{\partial^2 p_z}{\partial z^2} \right) \tag{3.3.4-3}$$

（2）ナブラの外積

ナブラの表記を，式変形で簡略化するため，

$$\nabla = \left(\frac{\partial}{\partial x}, \frac{\partial}{\partial y}, \frac{\partial}{\partial z} \right) = (\nabla_x, \nabla_y, \nabla_z) = \nabla_x \mathbf{e}_x + \nabla_y \mathbf{e}_y + \nabla_z \mathbf{e}_z \tag{3.3.4-4}$$

とする場合があります．以下の式変形で，実際に，使用してみました．このとき，明らかに，記号の交換ができます．すなわち，$\nabla_x \nabla_y = \nabla_y \nabla_x$ です．

この表式を使いますと，例えば，いかの式のように，式が簡単に書けます．

$$\frac{\partial^2}{\partial x^2} = \nabla_x^2, \quad \frac{\partial^2}{\partial x \partial y} = \nabla_x \nabla_y \tag{3.3.4-5}$$

3. 微分方程式

例題 3.3.3-1　ベクトル $\mathbf{p}=(p_x, p_y, p_z)$ について，スカラー関数 f との積に関する $\nabla\times(f\mathbf{p})=\nabla f\times\mathbf{p}+f\nabla\times\mathbf{p}$ を証明せよ．

基の話ですができますか？

例題 3.3.3-1 解答

$$\nabla\times(f\mathbf{p})=\mathbf{e}_x\left(\frac{\partial fp_z}{\partial y}-\frac{\partial fp_y}{\partial z}\right)+\mathbf{e}_y\left(\frac{\partial fp_x}{\partial z}-\frac{\partial fp_z}{\partial x}\right)+\mathbf{e}_z\left(\frac{\partial fp_y}{\partial x}-\frac{\partial fp_x}{\partial y}\right)$$

$$=\mathbf{e}_x\left(\frac{\partial f}{\partial y}p_z+f\frac{\partial p_z}{\partial y}-\frac{\partial f}{\partial z}p_y-f\frac{\partial p_y}{\partial z}\right)$$

$$\quad+\mathbf{e}_y\left(\frac{\partial f}{\partial z}p_x+f\frac{\partial p_x}{\partial z}-\frac{\partial f}{\partial x}p_z-f\frac{\partial p_z}{\partial x}\right)$$

$$\quad+\mathbf{e}_z\left(\frac{\partial f}{\partial x}p_y+f\frac{\partial p_y}{\partial x}-\frac{\partial f}{\partial y}p_x-f\frac{\partial p_x}{\partial y}\right)$$

$$=\mathbf{e}_x\left(\frac{\partial f}{\partial y}p_z-\frac{\partial f}{\partial z}p_y\right)+\mathbf{e}_y\left(\frac{\partial f}{\partial z}p_x-\frac{\partial f}{\partial x}p_z\right)+\mathbf{e}_z\left(\frac{\partial f}{\partial x}p_y-\frac{\partial f}{\partial y}p_x\right)$$

$$\quad+f\left\{\mathbf{e}_x\left(\frac{\partial p_z}{\partial y}-\frac{\partial p_y}{\partial z}\right)+\mathbf{e}_y\left(\frac{\partial p_x}{\partial z}-\frac{\partial p_z}{\partial x}\right)+\mathbf{e}_z\left(\frac{\partial p_y}{\partial x}-\frac{\partial p_x}{\partial y}\right)\right\}$$

$$=\begin{vmatrix}\mathbf{e}_x & \mathbf{e}_y & \mathbf{e}_z \\ \dfrac{\partial f}{\partial x} & \dfrac{\partial f}{\partial y} & \dfrac{\partial f}{\partial z} \\ p_x & p_y & p_z\end{vmatrix}+f\begin{vmatrix}\mathbf{e}_x & \mathbf{e}_y & \mathbf{e}_z \\ \dfrac{\partial}{\partial x} & \dfrac{\partial}{\partial y} & \dfrac{\partial}{\partial z} \\ p_x & p_y & p_z\end{vmatrix} \quad \therefore\ \nabla\times(f\mathbf{p})=(\nabla f)\times\mathbf{p}+f(\nabla\times\mathbf{p})$$

ということですが，流れを見ると，定義に従って計算しただけで，何の工夫もしていません．お気付きでしょうか．要は，基本的な展開法で解けます，ということです．

もう１題お付き合いください．

例題 3.3.3-2　ベクトル $\mathbf{P}=\mathbf{x}/\|\mathbf{x}\|$ について，$\mathbf{x}=(x,y,z)$，$\|\mathbf{x}\|=r=\sqrt{x^2+y^2+z^2}$ とするとき，$\nabla\times\mathbf{P}$ を計算せよ．ただし，$\nabla=\mathbf{e}_x(\partial/\partial x)+\mathbf{e}_y(\partial/\partial y)+\mathbf{e}_z(\partial/\partial z)$ を用いてもよい．

簡単な例題で恐縮です．

例題 3.3.3-2 解答

$$\nabla\times\mathbf{P}=\nabla\times\left(\frac{\mathbf{x}}{r}\right)=\left(\nabla\frac{1}{r}\right)\times\mathbf{x}+\frac{1}{r}(\nabla\times\mathbf{x})$$

$$\nabla\frac{1}{r}\times\mathbf{x}=\left\{\mathbf{e}_x\left(\frac{\partial}{\partial x}\frac{1}{r}\right)+\mathbf{e}_y\left(\frac{\partial}{\partial y}\frac{1}{r}\right)+\mathbf{e}_z\left(\frac{\partial}{\partial z}\frac{1}{r}\right)\right\}\times\mathbf{x}=\frac{-\mathbf{x}}{r^3}\times\mathbf{x}=\mathbf{0}$$

$$\frac{1}{r}(\nabla\times\mathbf{x})=\frac{1}{r}\begin{vmatrix}\mathbf{e}_x & \mathbf{e}_y & \mathbf{e}_z \\ \dfrac{\partial}{\partial x} & \dfrac{\partial}{\partial y} & \dfrac{\partial}{\partial z} \\ x & y & z\end{vmatrix}=\mathbf{0}$$

$$\therefore\ \nabla\times\mathbf{P}=\mathbf{0}$$

3.3. ナブラ

3.3.4. ナブラの計算

ここでは，ナブラ ∇ に関する演算子の計算方法を示します．スカラー ϕ と，ベクトル $\mathbf{p} = (p_x, p_y, p_z)$ に対して作用させてみましょう．

（1）ナブラの内積

ナブラはベクトルであり，ナブラ同士の内積は，

$$\nabla \cdot \nabla = \left(\mathbf{e}_x \frac{\partial}{\partial x} + \mathbf{e}_y \frac{\partial}{\partial y} + \mathbf{e}_z \frac{\partial}{\partial z}\right) \cdot \left(\mathbf{e}_x \frac{\partial}{\partial x} + \mathbf{e}_y \frac{\partial}{\partial y} + \mathbf{e}_z \frac{\partial}{\partial z}\right) = \frac{\partial^2}{\partial x^2} + \frac{\partial^2}{\partial y^2} + \frac{\partial^2}{\partial z^2} \tag{3.3.4-1}$$

となりますが，これを ∇^2 あるいは Δ と書き，ラプラシアン（*Laplacian*, ラプラス演算子）という特別な名前をもっている微分オペレータで，スカラー演算子であり，ベクトルに作用できます．例えば，

$$\nabla \times (\nabla \times \mathbf{h}) = \nabla(\nabla \cdot \mathbf{h}) - (\nabla \cdot \nabla)\mathbf{h} = \nabla(\nabla \cdot \mathbf{h}) - \nabla^2 \mathbf{h}$$

と書くことができます．

さて，∇ についての演算を少々見て見ましょう．

○スカラー（*scalar*）について

スカラーとベクトルの区別をいつも考えておいてね．

$$\nabla \cdot (\nabla \phi) = \left(\mathbf{e}_x \frac{\partial}{\partial x} + \mathbf{e}_y \frac{\partial}{\partial y} + \mathbf{e}_z \frac{\partial}{\partial z}\right) \cdot \left(\mathbf{e}_x \frac{\partial \phi}{\partial x} + \mathbf{e}_y \frac{\partial \phi}{\partial y} + \mathbf{e}_z \frac{\partial \phi}{\partial z}\right)$$

$$= \frac{\partial^2 \phi}{\partial x^2} + \frac{\partial^2 \phi}{\partial y^2} + \frac{\partial^2 \phi}{\partial z^2} = \left(\frac{\partial^2}{\partial x^2} + \frac{\partial^2}{\partial y^2} + \frac{\partial^2}{\partial z^2}\right)\phi = \Delta \phi \tag{3.3.4-2}$$

○ベクトル（*vector*）について

$$\nabla(\nabla \cdot \mathbf{p}) = \left(\mathbf{e}_x \frac{\partial}{\partial x} + \mathbf{e}_y \frac{\partial}{\partial y} + \mathbf{e}_z \frac{\partial}{\partial z}\right)\left(\frac{\partial p_x}{\partial x} + \frac{\partial p_y}{\partial y} + \frac{\partial p_z}{\partial z}\right)$$

$$= \mathbf{e}_x \left(\frac{\partial^2 p_x}{\partial x^2} + \frac{\partial^2 p_y}{\partial x \partial y} + \frac{\partial^2 p_z}{\partial z \partial x}\right)$$

$$+ \mathbf{e}_y \left(\frac{\partial^2 p_x}{\partial x \partial y} + \frac{\partial^2 p_y}{\partial y^2} + \frac{\partial^2 p_z}{\partial y \partial z}\right)$$

$$+ \mathbf{e}_z \left(\frac{\partial^2 p_x}{\partial z \partial x} + \frac{\partial^2 p_y}{\partial y \partial z} + \frac{\partial^2 p_z}{\partial z^2}\right) \tag{3.3.4-3}$$

（2）ナブラの外積

ナブラの表記を，式変形で簡略化するため，

$$\nabla = \left(\frac{\partial}{\partial x}, \frac{\partial}{\partial y}, \frac{\partial}{\partial z}\right) = (\nabla_x, \nabla_y, \nabla_z) = \nabla_x \mathbf{e}_x + \nabla_y \mathbf{e}_y + \nabla_z \mathbf{e}_z \tag{3.3.4-4}$$

とする場合があります．以下の式変形で，実際に，使用してみました．このとき，明らかに，記号の交換ができます．すなわち，$\nabla_x \nabla_y = \nabla_y \nabla_x$ です．

この表式を使いますと，例えば，いかの式のように，式が簡単に書けます．

$$\frac{\partial^2}{\partial x^2} = \nabla_x^2 \quad , \quad \frac{\partial^2}{\partial x \partial y} = \nabla_x \nabla_y \tag{3.3.4-5}$$

〇スカラーについて

$$\nabla \times (\nabla \phi) = \begin{vmatrix} \mathbf{e}_x & \mathbf{e}_y & \mathbf{e}_z \\ \nabla_x & \nabla_y & \nabla_z \\ \nabla_x \phi & \nabla_y \phi & \nabla_z \phi \end{vmatrix}$$

$$= \mathbf{e}_x (\nabla_y \nabla_z - \nabla_z \nabla_y) \phi + \mathbf{e}_y (\nabla_z \nabla_x - \nabla_x \nabla_z) \phi + \mathbf{e}_z (\nabla_x \nabla_y - \nabla_y \nabla_x) \phi = \mathbf{0}$$

$$\therefore \quad \nabla \times (\nabla \phi) = \mathbf{0} \tag{3.3.4-6}$$

〇ベクトルについて

$$\nabla \cdot (\nabla \times \mathbf{p}) = (\mathbf{e}_x \nabla_x + \mathbf{e}_y \nabla_y + \mathbf{e}_z \nabla_z) \begin{vmatrix} \mathbf{e}_x & \mathbf{e}_y & \mathbf{e}_z \\ \nabla_x & \nabla_y & \nabla_z \\ p_x & p_y & p_z \end{vmatrix}$$

$$= \nabla_x (\nabla_y p_z - \nabla_z p_y) + \nabla_y (\nabla_z p_x - \nabla_x p_z) + \nabla_z (\nabla_x p_y - \nabla_y p_x)$$

$$= (\nabla_y \nabla_z - \nabla_z \nabla_y) p_x + (\nabla_z \nabla_x - \nabla_x \nabla_z) p_y + (\nabla_x \nabla_y - \nabla_y \nabla_x) p_z = 0$$

$$\therefore \quad \nabla \cdot (\nabla \times \mathbf{p}) = 0 \tag{3.3.4-7}$$

などが成り立ちます．

ここで，例えば，書式を確認すると，

$$\nabla_x (\nabla_y p_z) = \frac{\partial}{\partial x}\left(\frac{\partial}{\partial y} p_z\right) = \frac{\partial^2 p_z}{\partial x \partial y}, \quad \nabla_x (\nabla_x p_x) = \frac{\partial}{\partial x}\left(\frac{\partial}{\partial x} p_x\right) = \frac{\partial^2 p_x}{\partial x^2}$$

ただし，例えば，$\nabla_x = \mathbf{e}_x (\partial/\partial x)$ としないようにしてください．何故なら，

$$\nabla_x \cdot \nabla_y = \mathbf{e}_x (\partial/\partial x) \cdot \mathbf{e}_y (\partial/\partial y) = 0$$

となってしまいますから．

お分かりですかねえ．分かりますでしょうね．外積は，3×3 の行列式で表され，結果は対称式を与えます．ですから，x, y, z ときたら y, z, x，そのあと，z, x, y というふうに覚えておけば間違いないです．このような式を循環式と呼び，対称式とともに数学の綺麗さを強調します．

対称式は，

$$f(x, y) = f(y, x)$$

　　最も簡単な例： $f(x, y) = x + y$ や $f(x, y) = xy$

循環式は，

　　最も簡単な例： $f(x, y, z) = (x - y)(y - z)(z - x)$

この節で現れた一連の式は，計測技術で，特に，地中レーダの基本式など，電磁気学で頻繁に出てきます．いずれも基本式ですから，良く覚えていただくと，将来，その分野に進まれる方や，すでに進んだ方にとって，必須で有用な携帯公式（著者の造語ですが，意味合いを良く表していると思いませんか？　笑）となるでしょう．

3.3. ナブラ

Short Rest 15.
「自然科学とは」

　孟子が「科に盈ちて後進む」とい言いました．これは，窪地に順を追って知がたまり，溢れ，徐々に流れ出す，というような意味だそうです．したがって，科学は，順に知を積み上げていく，すなわち，その先に進むことで，さらに進んだ，さらに高度な，さらに複雑なことがわかってくる，という意味だと言えるでしょう．孟子の言葉のように，**自然科学**は，ガリレオらが構築した知がニュートンに受け継がれ，さらに，アインシュタインが拡張したわけです．

　アインシュタインの相対性原理は，光の速度が，光以外の電磁波も同じですが，真空中では秒速約 30 万キロメートル（秒速約 18 万 6000 マイル）で，常に一定である，すなわち，観測者が泊まっていても，離れて行っても，向かって行っても，真空中の光の速度は一定である，ということが前提であり，物理学の公理であり，その上に現代物理学の全てが構築されているのです．もし，真空中でも光速が一定でなかったら・・・

　1887 年マイケルソン・モーリーが実験をしました．それは，光の見かけの速度は，地球の運動に影響を受けないことを示しました．「見かけ」というのは，実験が，完全に真空中で行われたわけではなかったからです．

　アインシュタインは，宇宙空間では光速度が唯一変化せず（という仮定が成り立つので＝ここでは敢えてこう書くことにします），特殊相対性理論で，時空（時間の流れと空間の枠組み）は変化する，すなわち，永遠に不変ではない，と考えたのです．そして，時空間を扱うために，

$$\nabla_\mu = \left(\frac{\partial}{\partial t}, \nabla\right) = \left(\frac{\partial}{\partial t}, \frac{\partial}{\partial x}, \frac{\partial}{\partial y}, \frac{\partial}{\partial z}\right)$$

という時空間微分オペレータが登場することになります．そして，時間と空間がお互い関数となり，

$$t' = \frac{t - vx}{\sqrt{1 - v^2}}, \quad x' = \frac{t - vx}{\sqrt{1 - v^2}}, \quad y' = y, \quad z' = z$$

なる座標変換が用いられることになります（上式は，x 方向を考えています）．この変換を，ローレンツ変換と呼んでいます．これで，宇宙論は決着がついたと思われたのですが・・・

　近年，アインシュタインに挑む若き科学者：ジョアオ・マゲイジョが「光速より速い光」と題した本を出しました．アラン・グースやホーキングら，ほとんどの宇宙物理学者が示したインフレーション理論，そして，宇宙はビッグ・バンで始まったという理論は「正しい」，としています．しかし，マゲイジョ氏の言葉を借りれば，ビッグ・バン理論で説明できない問題がいくつか残されている．ビッグ・バンによる現在の宇宙を実現化するには，きわめて特殊な状態が必要で，しかも不安定であり，その状態は到底有り得ないほど特殊である．しかし，誰一人として，問題を解決できる代案を提出していない．自分が思いついたのは，光速変動理論（VSL）である．アインシュタインが言った光速一定に反し，初期宇宙では，光は今より速く伝わったとすると，インフレーション理論は不要となり，問題のいくつかは解決するのである，と述べています．この理論は提案はされ，実験の結果を待っている状況で，彼の理論が正しいか間違っているかは論争中です．

　このように，科学は，つねに新たな挑戦を待ち，さらに進化していこうとしています．たとえ，間違った理論と結論付けられても，なされた議論は，科学にとって，財産となって残ります．皆さんも頑張ってください．

3.4. 偏微分方程式

3.4.1. 偏微分方程式とは
例えば，物理学で重要な二階の線形偏微分方程式（型）のいくつかを紹介しましょう．
(1) 波動方程式（1次元）(*Wave equation*)（双曲型）
弾性波や電磁波の伝播で利用されています．
$$\frac{\partial^2 u}{\partial t^2} = c^2 \frac{\partial^2 u}{\partial x^2} \qquad (3.4.1\text{-}1)$$
(2) 熱方程式（1次元）(*Thermal equation*)（拡散型）
熱伝導や粒子の拡散で利用されています．
$$\frac{\partial u}{\partial t} = c^2 \frac{\partial^2 u}{\partial x^2} \qquad (3.4.1\text{-}2)$$

いろいろあるね．覚える必要はないけど，ここに書いてあることは覚えておいてください．

(3) ラプラス方程式（3次元）(*Laplace equation*)（楕円型）
解は調和関数であり，ディレクレの問題やノイマンの問題で利用されている．
$$\frac{\partial^2 u}{\partial x^2} + \frac{\partial^2 u}{\partial y^2} + \frac{\partial^2 u}{\partial z^2} = (\nabla \cdot \nabla)u = \Delta u = 0 \qquad (3.4.1\text{-}3)$$
(4) ポアソン方程式（3次元）(*Poisson equation*)（楕円型）
電磁気学のポテンシャルなどに利用されている．
$$\frac{\partial^2 u}{\partial x^2} + \frac{\partial^2 u}{\partial y^2} + \frac{\partial^2 u}{\partial z^2} = (\nabla \cdot \nabla)u = \Delta u = f(x, y, z) \qquad (3.4.1\text{-}4)$$
(5) シュレディンガー方程式（*Schrödinger equation*)（その他の型）
見たことが無い式かも知れませんね．量子力学での基礎方程式です．まあ，波動方程式の一種ともいえます．ここで，$\langle \ |$は「ブラ」，$| \ \rangle$は「ケット」と呼びます．
$$i\hbar \frac{\partial |\varphi(r,t)\rangle}{\partial t} = \hat{H}|\varphi(r,t)\rangle \qquad (3.4.1\text{-}5)$$
ここで，$\varphi(\mathbf{r},t)$は波動関数，$\hat{H}$はハミルトニアン$=(\hbar^2/2m)\nabla^2+U(x,y,z)$であり，$\hbar$はディラック定数または換算プランク定数：$1.05\times10^{-34}$ J·s です．

ここで用いた，$\langle \ |$および$| \ \rangle$で表すブラ・ケット記号はベクトル記号で，$\langle \mathbf{a}|$は横ベクトル，$|\mathbf{b}\rangle$は縦ベクトルを表します．したがって，例えば，量子力学での「内積」は$\langle \mathbf{a}|\mathbf{b}\rangle$と書くのです．もちろん，$|\mathbf{a}\rangle\langle \mathbf{b}|$もあります．意味は調べてみてください．お分りの読者も多いでしょう．そうです，行列になります．さて，式 3.4.1-5 の意味は，非常に専門的であり，量子力学では頻繁に出てきます．ここでは，式の形状の紹介に留めます．

ちょっと加筆しますと（これを，追伸とか，PS=Postscript と言います），**図 3.3.1-1** でご説明いたしましたように，∇は，まさに，空間の1点でのスカラーに関して，3次元的（空間的）変化率を表す3成分合成ベクトル・微分（偏微分）オペレータなのです．さて，偏微分方程式を総観しました．ここから，具体的な，偏微分方程式を見てみましょう．

3.4. 偏微分方程式

3.4.2. 偏微分方程式

n 階偏微分方程式というのは，u が独立変数 x, y の関数であるとし，すなわち，関数 f により $u = f(x, y)$ と表すとき，微分演算子を，

$$\xi_x^{(1)} = \frac{\partial}{\partial x} \quad, \quad \xi_x^{(2)} = \frac{\partial^2}{\partial x^2} \quad, \quad \cdots \quad, \quad \xi_x^{(n)} = \frac{\partial^n}{\partial x^n}$$

$$\zeta_y^{(1)} = \frac{\partial}{\partial y} \quad, \quad \zeta_y^{(2)} = \frac{\partial^2}{\partial y^2} \quad, \quad \cdots \quad, \quad \zeta_y^{(n)} = \frac{\partial^n}{\partial y^n}$$

(3.4.2-1)

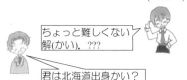

と書くことにすれば，例えば，

$$\xi_x^{(1)} u = \frac{\partial u}{\partial x} \quad, \quad \xi_x^{(2)} u = \frac{\partial^2 u}{\partial x^2} \qquad (3.4.2\text{-}2)$$

と書けます．このとき，n 階偏微分方程式とは，ちょっとややこしいですが，一般的に，

$$\Psi\left(x, y, u, \xi_x^{(1)} u, \zeta_y^{(1)} u, \xi_x^{(2)} u, \xi_x^{(1)} \zeta_y^{(1)} u, \zeta_y^{(2)} u, \cdots\right) = 0 \qquad (3.4.2\text{-}3)$$

と表されます．高位の微分はさらに複雑なので，著者にも分からず，ここでは扱わないこととし，一階偏微分方程式に留めます．工学ではそれでほぼ足りるでしょう．

したがって，簡単のために，$\xi_x^{(1)}$ および $\zeta_y^{(1)}$ を ξ, ζ として，一階偏微分方程式は，

$$\Psi(x, y, u, \xi, \zeta) = 0 \qquad (3.4.2\text{-}4)$$

と表されます（式 3.4.2-3 参照）．一階偏微分方程式には，様々な呼び名の解の形式があります．1 つ目は一般解，2 つ目は完全解，3 つ目は特殊解，4 つ目は特異解です．

偏微分方程式を解けば，定数を含む解が得られます．これが一般解で，その定数に値を入れたのが特殊解で，一般解とは全く違う形式の解を 4 つ目の特異解と考えれば良いでしょう．以下に示す式では，解に表れる積分定数を省略しています．

（1）一般解

一般的に，一般解を求めることは非常に困難なことで，ある条件下（初期条件，境界条件）で解を求めるのが普通です．例として，

1) $(\partial u/\partial y) - (\partial u/\partial x) = 0$ の一般解は，$u = f(x+y)$ です．f は任意の関数
2) $(\partial u/\partial y) + (\partial u/\partial x) = 0$ の一般解は，$u = f(x-y)$ です．f は任意の関数
3) $x(\partial u/\partial y) - y(\partial u/\partial x) = 0$ の一般解は，$u = f(x^2 + y^2)$ です．f は任意の関数
4) $\partial^2 u/\partial x \partial y = 0$ の一般解は，$u(x, y) = f(x) + g(y)$ です．f, g は任意の関数
5) $\partial^2 u/\partial x^2 + \partial^2 u/\partial y^2 = 0$ の一般解は，$u = f(x+y) + g(x-y)$ で，f, g は任意の関数

などを挙げることができます．特に，5) は2次のラプラス方程式であり，

$$u = x^2 - y^2 \quad, \quad u = e^x \sin y \quad, \quad u = \ln(x^2 + y^2)$$

などの特殊解があります．

（2）完全解

式 3.4.2-4 で a, b が独立な任意の定数の場合は，$\Psi(x, y, u, a, b) = 0$ が完全解です．例えば，

$$f\left(\frac{\partial u}{\partial x}, \frac{\partial u}{\partial y}\right) = 0 \qquad (3.4.2\text{-}5)$$

に対して，$f(a,b)=0$ である定数 a,b があって（例題 3.4.2-1 参照），
$$a=\frac{\partial u}{\partial x}, \ b=\frac{\partial u}{\partial y} \quad (3.4.2\text{-}6)$$
とすれば，u は ax の項と by の項があればよいので，
$$u=ax+by+c \quad (3.4.2\text{-}7)$$

は完全解です．ここで，c は任意の定数です．

逆に，完全解（式 3.4.2-7）について，a,b で偏微分すれば，$a=\partial u/\partial x$, $b=\partial u/\partial y$ であり，式 3.4.2-6 となります．式 3.4.2-7 において，b が a の関数である場合，$b=\varphi(a)$ とおいて，
$$u=ax+\varphi(a)y+c$$
これを a で偏微分すると
$$0=x+\varphi'(a)y$$
であり，
$$u=ax+by+c, \ b=\varphi(a), \ x+\varphi'(a)y=0$$
から，a,b を消去すれば，1 つの任意の関数 φ を含んでおり，一般解を与えます．

(3) 特殊解

一般解には任意の定数が含まれます．その任意の定数に特定の数を代入して得られる解を特殊解と呼びます．例えば，初期値などにより，定数が任意ではなくなる場合です．

(4) 特異解

一般解から導出されない，あるいは，一般解には含まれない解を特異解と呼びます．特殊解は一般解の 1 つですが，特異解はまったく違う形式で，一般解で表現できない解です．

さて，例題を見てみましょう．

例題 3.4.2-1
　次式の完全解を求めよ． $\dfrac{\partial u}{\partial x}+\dfrac{\partial u}{\partial y}=\dfrac{\partial u}{\partial x}\cdot\dfrac{\partial u}{\partial y}$

さて，どう攻めますか？　置き換えを使いましょう．

例題. 3.4.2-1 解答
　ある定数 a,b があって，
$$a=\frac{\partial u}{\partial x}, \ b=\frac{\partial u}{\partial y}$$
とすると，問題の式は，$a+b=ab$ であり，$a\neq 1$ として
$$b=\frac{a}{a-1}$$
であるので，完全解は
$$u=ax+\frac{a}{a-1}y+c$$

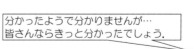

である．ただし，$a(\neq 1), c$ は任意の定数である

3.4. 偏微分方程式

ちょっと，不安ですから，ここで，確かめてみましょう．

$$u = ax + \frac{a}{a-1}y + c$$

ですから，

$$\frac{\partial u}{\partial x} = a \quad \text{および} \quad \frac{\partial u}{\partial y} = \frac{a}{a-1}$$

であり，これらの和（左辺）は，

$$a + \frac{a}{a-1} = \frac{a(a-1)+a}{a-1} = \frac{a^2}{a-1} = a\left(\frac{a}{a-1}\right)$$

あってますね！

で，積（右辺）となっています．

例題 3.4.2-2 次の波動方程式

$$\frac{\partial^2 \varphi}{\partial t^2} = V^2 \frac{\partial^2 \varphi}{\partial x^2}$$

の解が $\varphi(x,t) = f(x - Vt) + g(x + Vt)$ であることを示せ．

例題 3.4.2-2 解答

$$\frac{\partial \varphi}{\partial t} = -V\varphi$$

$$\therefore \frac{\partial^2 \varphi}{\partial t^2} = \frac{\partial}{\partial t}\left(\frac{\partial \varphi}{\partial t}\right) = \frac{\partial}{\partial t}(-V\varphi) = -V\frac{\partial \varphi}{\partial t} = (-V)^2 \varphi = V^2 \varphi$$

$$\frac{\partial \varphi}{\partial x} = \varphi$$

$$\therefore \frac{\partial^2 \varphi}{\partial x^2} = \frac{\partial}{\partial x}\left(\frac{\partial \varphi}{\partial x}\right) = \frac{\partial}{\partial x}\varphi = \varphi$$

であるから，与式の等号が成り立つ．したがって，題意は示された．

ここで，上記の $f(x - Vt)$ や $g(x + Vt)$ の具体的な表式は，地震学では，通常，次のように，角周波数 $\omega (= 2\pi f)$ と波数 $k(= 2\pi/\lambda)$ を用いて，指数関数で表します．

$$A(x,t) = A_0 + \sum_{i=1}^{\infty} A_i \{\exp(-i(\omega_i t - k_i x)) + \exp(-i(\omega_i t + k_i x))\} \tag{3.4.2-8}$$

オイラー公式を思い起こせば，地震波は，様々な周波数，位相を持った三角関数の無限級数で表している，と言えます．ここで，振動に関係ない初期振幅 A_0 を無し，とすれば，

$$\frac{\partial^2 A(x,t)}{\partial t^2} = (-i\omega_i)^2 A(x,t) = -(\omega_i)^2 A(x,t), \quad \frac{\partial^2 A(x,t)}{\partial x^2} = (ik_i)^2 A(x,t) = -(k_i)^2 A(x,t)$$

$$A(x,t) = -(\omega_i)^{-2}\frac{\partial^2 A(x,t)}{\partial t^2} = -(k_i)^{-2}\frac{\partial^2 A(x,t)}{\partial x^2} \Rightarrow \frac{\partial^2 A(x,t)}{\partial t^2} = \left(\frac{\omega_i}{k_i}\right)^2 \frac{\partial^2 A(x,t)}{\partial x^2}$$

このとき，例題 3.4.2-2 の式と比較すると，位相速度，すなわち，地震波が進む速度は

$$V_i = \omega_i / k_i$$

であることが分かります．このように，速度 V は角周波数 ω と波数 k に関係します．

3.4.3. ラグランジェ法

偏微分方程式を解く 1 つの方法に，ラグランジェ法があります．ここで，ラグランジェの偏微分方程式に関する補助方程式が重要です．さて，ラグランジェの偏微分方程式とは，

$$\phi(x,y,z)\frac{\partial z}{\partial x} + \varphi(x,y,z)\frac{\partial z}{\partial y} = \xi(x,y,z) \tag{3.4.3-1}$$

という形式の偏微分方程式で，未知数は $z(x,y)$ です．例えば，室内の点 (x,y) の温度 z を考える，ということです．ここで，ラグランジェの偏微分方程式に関する補助方程式は，

$$\frac{dx}{\phi(x,y,z)} = \frac{dy}{\varphi(x,y,z)} = \frac{dz}{\xi(x,y,z)} \tag{3.4.3-2}$$

と書きます．ここで，連立微分方程式を解いて，一般解が，任意定数を個々に含む形式，

$$P(x,y,z) = C_1 \quad , \quad Q(x,y,z) = C_2 \tag{3.4.3-3}$$

である場合，式 3.4.3-1 の一般解は

$$f(P,Q) = 0 \quad , \text{あるいは，} \quad Q = g(P) \tag{3.4.3-4}$$

で与えられます．ここで，$f(\ )$ および $g(\ )$ は任意の関数です．

と言われても，さっぱりですよね．では，多少詳しく見ていきましょう．

一般的に，合成関数 u が ϕ および φ の関数，すなわち，$u = u(\phi, \varphi)$ であり，ϕ および φ が独立変数 x の関数，i.e. $\phi = \phi(x)$ および $\varphi = \varphi(x)$ である場合，u を x で微分すれば，

$$\frac{du}{dx} = \frac{\partial u}{\partial \phi}\frac{d\phi}{dx} + \frac{\partial u}{\partial \varphi}\frac{d\varphi}{dx} \tag{3.4.3-5}$$

となります．ちなみに，もし，合成関数 u が ϕ および φ の関数であり，ϕ および φ が x および y の関数，i.e. $\phi = \phi(x,y)$ および $\varphi = \varphi(x,y)$ である場合を考えましょう．

u を x のみの関数とみなす場合は，

$$\frac{\partial u}{\partial x} = \frac{\partial u}{\partial \phi}\frac{\partial \phi}{\partial x} + \frac{\partial u}{\partial \varphi}\frac{\partial \varphi}{\partial x} \tag{3.4.3-6}$$

「みなす」という言葉は偏微分を要求しているのよ．

となります．また，u を y のみの関数とみなす場合は，

$$\frac{\partial u}{\partial y} = \frac{\partial u}{\partial \phi}\frac{\partial \phi}{\partial y} + \frac{\partial u}{\partial \varphi}\frac{\partial \varphi}{\partial y} \tag{3.4.3-7}$$

となります．

ここで，独立な変数 η および $\lambda \neq 0$ である関数 λ を用いて，

$$\frac{dx}{d\eta} = \lambda\phi(x,y,z) \quad , \quad \frac{dy}{d\eta} = \lambda\varphi(x,y,z) \quad , \quad \frac{dz}{d\eta} = \lambda\xi(x,y,z) \tag{3.4.3-8}$$

とすれば，式 3.4.3-1 から，

$$\frac{dx}{d\eta}\frac{\partial z}{\partial x} + \frac{dy}{d\eta}\frac{\partial z}{\partial y} = \frac{dz}{d\eta} \tag{3.4.3-9}$$

となります．さあ，ここからです．読者のみなさん頑張ってください．

ここで，x を独立な変数とみなした場合は，関数 λ を消去するため，式 3.4.3-8 の第 2 式を第 1 式で，また，第 3 式を第 1 式で割ることを考えます．その結果は，

3.4. 偏微分方程式

$$\frac{dy}{d\eta}\bigg/\frac{dx}{d\eta}=\frac{dy}{d\eta}\frac{d\eta}{dx}=\frac{dy}{dx}=\frac{\varphi}{\phi} \quad \text{および} \quad \frac{dz}{d\eta}\bigg/\frac{dx}{d\eta}=\frac{dz}{d\eta}\frac{d\eta}{dx}=\frac{dz}{dx}=\frac{\xi}{\phi} \quad (3.4.3\text{-}10)$$

となります．同様に，y を独立な変数とみなした場合は，関数 λ を消去するため，式 3.4.3-8 の第 1 式を第 2 式で，また，第 3 式を第 2 式で割ることを考えます．その結果は，

$$\frac{dx}{d\eta}\bigg/\frac{dy}{d\eta}=\frac{dx}{d\eta}\frac{d\eta}{dy}=\frac{dx}{dy}=\frac{\phi}{\varphi} \quad \text{および} \quad \frac{dz}{d\eta}\bigg/\frac{dy}{d\eta}=\frac{dz}{d\eta}\frac{d\eta}{dy}=\frac{dz}{dy}=\frac{\xi}{\varphi} \quad (3.4.3\text{-}11)$$

です．同様に，z を独立な変数とみなした場合は，関数 λ を消去するため，式 3.4.3-8 の第 1 式を第 3 式で，また，第 2 式を第 3 式で割ることを考えます．その結果は，

$$\frac{dx}{d\eta}\bigg/\frac{dz}{d\eta}=\frac{dx}{d\eta}\frac{d\eta}{dz}=\frac{dx}{dz}=\frac{\phi}{\xi} \quad \text{および} \quad \frac{dy}{d\eta}\bigg/\frac{dz}{d\eta}=\frac{dy}{d\eta}\frac{d\eta}{dz}=\frac{dy}{dz}=\frac{\varphi}{\xi} \quad (3.4.3\text{-}12)$$

となります．上記 3 式，式 3.4.3-10，式 3.4.3-11，式 3.4.3-12 をまとめると，簡単に，

$$\frac{dx}{\phi(x,y,z)}=\frac{dy}{\varphi(x,y,z)}=\frac{dz}{\xi(x,y,z)} \quad (3.4.3\text{-}13)$$

が得られます．式 3.4.3-2（補助方程式）と全く同じ式が導出できました．

では，具体例を示しましょう．最も簡単な偏微分方程式

$$\frac{\partial z}{\partial x}+\frac{\partial z}{\partial y}=1 \quad (3.4.3\text{-}14)$$

を考えます．ここで，補助方程式 3.4.3-2 は，そうですね！ $\phi=\varphi=\xi=1$ ですから，

$$\frac{dx}{1}=\frac{dy}{1}=\frac{dz}{1}$$

ですね．したがって，$dx-dy=0$ および $dy-dz=0$ となります．したがって，定数 α および β を用いて，$x-y=\alpha$，$y-z=\beta$ と書けます．すなわち，式 3.4.3-14 の一般解は，任意の関数 f を用いて

$$f(x-y,\ y-z)=0 \quad (3.4.3\text{-}15)$$

となります．

何か，ピンと来ませんが，これは，項 4.2.3 で説明する波動方程式（式 4.2.3-5）の ϕ に関する二階の偏微分方程式の一般解が，任意の関数 f および g を用いて，

$$\phi(x,t)=f(x-vt)+g(x-vt) \quad (3.4.3\text{-}16)$$

と表されるのに似ています．まだ，読んでいないのでピンと来るわけないですよね．それまで待って，項 4.2.2 を読んでから，また，戻ってみても良いかもしれませんね．

ちなみに，式 4.2.3-5 とは，波動方程式：

$$\frac{\partial^2 \phi}{\partial x^2}=\frac{1}{v^2}\frac{\partial^2 \phi}{\partial t^2}$$

です．2 階の偏微分方程式です．この一般解が，式 3.4.3-16 で表される，ということです．似てませんか？ そうですか・・・似てませんか．

3.4.4. シャルピー法

偏微分方程式を解く 1 つの方法に，シャルピー（$Charpit$）法があります．この説明をする前に，全微分方程式から話をしましょう．

全微分方程式は，，すでに，式 1.5.1-1 で示しました．例えば，3 つの変数 x, y, z の場合，一般的に，

$$f(x,y,z)dx + g(x,y,z)dy + h(x,y,z)dz = 0 \tag{3.4.4-1}$$

という形式の方程式です．

ここで，x, y, z の関数である φ を考えましょう．φ の全微分は，式 1.5.2-4 から，

$$d\varphi = \frac{\partial \varphi}{\partial x}dx + \frac{\partial \varphi}{\partial y}dy + \frac{\partial \varphi}{\partial z}dz \tag{3.4.4-2}$$

と表せます．もし，ζ が x, y, z の任意の関数で，

$$\frac{\partial \varphi}{\partial x} = \zeta \cdot f(x,y,z), \quad \frac{\partial \varphi}{\partial y} = \zeta \cdot g(x,y,z), \quad \frac{\partial \varphi}{\partial z} = \zeta \cdot h(x,y,z) \tag{3.4.4-3}$$

として表すとき，式 3.4.4-1 に ζ を乗じて，

$$\zeta \cdot f(x,y,z)dx + \zeta \cdot g(x,y,z)dy + \zeta \cdot h(x,y,z)dz = 0 \tag{3.4.4-4}$$

とすれば，式 3.4.4-2 の右辺は式 3.4.4-3 を用いれば，式 3.4.4-4 の左辺と同じ式であると考えることができます．このとき，式 3.4.4-3 が成り立つ場合は，

$$d\varphi = 0 \tag{3.4.4-5}$$

ですから，任意の定数 C を用いて，簡単に，

$$\varphi(x,y,z) = C \tag{3.4.4-6}$$

となります．何か狐に抓まれた感じですかね．話は続きます．

式 3.4.4-3 の第 1 式を y で，第 2 式を x で，それぞれ，偏微分すれば，

$$\left.\begin{array}{l}\dfrac{\partial^2 \varphi}{\partial y \partial x} = \dfrac{\partial}{\partial y}(\zeta \cdot f) = \dfrac{\partial \zeta}{\partial y} \cdot f + \zeta \cdot \dfrac{\partial f}{\partial y} \\[2ex] \dfrac{\partial^2 \varphi}{\partial x \partial y} = \dfrac{\partial}{\partial x}(\zeta \cdot g) = \dfrac{\partial \zeta}{\partial x} \cdot g + \zeta \cdot \dfrac{\partial g}{\partial x}\end{array}\right\} \tag{3.4.4-7}$$

です．同様に，式 3.4.4-3 の第 2 式を z で，第 3 式を y で，それぞれ，偏微分すれば，

$$\left.\begin{array}{l}\dfrac{\partial^2 \varphi}{\partial z \partial y} = \dfrac{\partial}{\partial z}(\zeta \cdot g) = \dfrac{\partial \zeta}{\partial z} \cdot g + \zeta \cdot \dfrac{\partial g}{\partial z} \\[2ex] \dfrac{\partial^2 \varphi}{\partial y \partial z} = \dfrac{\partial}{\partial y}(\zeta \cdot h) = \dfrac{\partial \zeta}{\partial y} \cdot h + \zeta \cdot \dfrac{\partial h}{\partial y}\end{array}\right\} \tag{3.4.4-8}$$

です．同様に，式 3.4.4-3 の第 3 式を x で，第 1 式を z で，それぞれ，偏微分すれば，

$$\left.\begin{array}{l}\dfrac{\partial^2 \varphi}{\partial x \partial z} = \dfrac{\partial}{\partial x}(\zeta \cdot h) = \dfrac{\partial \zeta}{\partial x} \cdot h + \zeta \cdot \dfrac{\partial h}{\partial x} \\[2ex] \dfrac{\partial^2 \varphi}{\partial z \partial x} = \dfrac{\partial}{\partial z}(\zeta \cdot f) = \dfrac{\partial \zeta}{\partial z} \cdot f + \zeta \cdot \dfrac{\partial f}{\partial z}\end{array}\right\} \tag{3.4.4-9}$$

です．ここで，式 3.4.4-7，式 3.4.4-8，式 3.4.4-9 から，次の循環式，

3.4. 偏微分方程式

$$\zeta\left(\frac{\partial f}{\partial y}-\frac{\partial g}{\partial x}\right)=g\cdot\frac{\partial \zeta}{\partial x}-f\cdot\frac{\partial \zeta}{\partial y}$$
$$\zeta\left(\frac{\partial g}{\partial z}-\frac{\partial h}{\partial y}\right)=h\cdot\frac{\partial \zeta}{\partial y}-g\cdot\frac{\partial \zeta}{\partial z} \tag{3.4.4-10}$$
$$\zeta\left(\frac{\partial h}{\partial x}-\frac{\partial f}{\partial z}\right)=f\cdot\frac{\partial \zeta}{\partial z}-h\cdot\frac{\partial \zeta}{\partial x}$$

が得られます．ここで，式 3.4.4-10 の第 1 式に h，第 2 式に f，第 3 式に g をそれぞれ乗じ，上下に加えると，なんと，右辺は 0 になります．左辺は，ζ が x, y, z の任意の関数であることから，

$$h\left(\frac{\partial f}{\partial y}-\frac{\partial g}{\partial x}\right)+f\left(\frac{\partial g}{\partial z}-\frac{\partial h}{\partial y}\right)+g\left(\frac{\partial h}{\partial x}-\frac{\partial f}{\partial z}\right)=0 \tag{3.4.4-11}$$

が得られます．この式 3.4.4-11 は，式 3.4.4-1 が式 3.4.4-5 となるための条件であり，このとき，式 3.4.4-1 の解は式 3.4.4-6 となります．このとき，式 3.4.4-11 を積分可能条件（*integrability condition*）という場合があります．ここまでは，以下に記述するための準備です（＾÷＾）．

あれ〜．式 3.4.4-11 の形に見覚えがあるぞ〜．おお，そうです，ナブラ ∇ の登場です．ちなみに，式 3.4.4-11 を少々順番を変えると，

$$f\left(\frac{\partial h}{\partial y}-\frac{\partial g}{\partial z}\right)+g\left(\frac{\partial f}{\partial z}-\frac{\partial h}{\partial x}\right)+h\left(\frac{\partial g}{\partial x}-\frac{\partial f}{\partial y}\right)=0 \tag{3.4.4-12}$$

と書き直ますと，$\nabla=(\nabla_x, \nabla_y, \nabla_z)$ を用いれば，式 3.4.4-12 は

$$f(\nabla_y h-\nabla_z g)+g(\nabla_z f-\nabla_x h)+h(\nabla_x g-\nabla_y f)=0$$

と書けますね．出てきました，ナブラです．ここで，$\boldsymbol{\xi}=(f, g, h)$ とすれば，

$$\begin{vmatrix} f & g & h \\ \nabla_x & \nabla_y & \nabla_z \\ f & g & h \end{vmatrix}=\boldsymbol{\xi}\cdot(\nabla\times\boldsymbol{\xi})=0 \tag{3.4.4-13}$$

ちょっと，横道に行っちゃったようですね．すいません．

となります．ベクトルと外積との内積，すなわち，スカラー三重積となります．これを積分可能条件とする場合があります．

ここから，一般的な偏微分方程式の解法であるシャルピー法に入っていきます．例によって，求める関数を $z=z(x,y)$ としたとき，与えられた関数 f を

$$f(x, y, z, p, q)=0 \tag{3.4.4-14}$$

としましょう．ここで，

$$p=\frac{\partial z(x,y)}{\partial x}, \quad q=\frac{\partial z(x,y)}{\partial y} \tag{3.4.4-15}$$

であり，関数 z の全微分は，

$$dz=\frac{\partial z}{\partial x}dx+\frac{\partial z}{\partial y}dy=pdx+qdy \tag{3.4.4-16}$$

と書けます．これを変形して，

$$pdx+qdy+(-1)dz=0 \tag{3.4.4-17}$$

として積分可能条件を書くと，式 3.4.4-1 と式 3.4.4-17 を比較すると
$$f = p, \quad g = q, \quad h = -1 \tag{3.4.4-18}$$
です．そこで，積分可能条件（式 3.4.4-11）は，
$$p\left(\frac{\partial(-1)}{\partial y} - \frac{\partial q}{\partial z}\right) + q\left(\frac{\partial p}{\partial z} - \frac{\partial(-1)}{\partial x}\right) + (-1)\left(\frac{\partial q}{\partial x} - \frac{\partial p}{\partial y}\right) = 0$$
$$\therefore \quad \frac{\partial q}{\partial x} - \frac{\partial p}{\partial y} + p\frac{\partial q}{\partial z} - q\frac{\partial p}{\partial z} = 0 \tag{3.4.4-19}$$
となります．ここで，p, q を x, y, z の関数で表すため，λ は任意の定数として，
$$\varphi(x, y, z, p, q) = \lambda \tag{3.4.4-20}$$
と表される未知の関数 φ を考えます．唐突で申し訳ありません．訳は以下で説明します．

式 3.4.4-14 および式 3.4.4-20 を，p, q が x, y, z の関数として，x で偏微分し，
$$P = \partial p/\partial x, \quad Q = \partial q/\partial x$$
とおけば，
$$\begin{aligned}
\frac{\partial f}{\partial x} + \frac{\partial f}{\partial p}\frac{\partial p}{\partial x} + \frac{\partial f}{\partial q}\frac{\partial q}{\partial x} = 0 &\Rightarrow \frac{\partial f}{\partial p}P + \frac{\partial f}{\partial q}Q = -\frac{\partial f}{\partial x} \\
\frac{\partial \varphi}{\partial x} + \frac{\partial \varphi}{\partial p}\frac{\partial p}{\partial x} + \frac{\partial \varphi}{\partial q}\frac{\partial q}{\partial x} = 0 &\Rightarrow \frac{\partial \varphi}{\partial p}P + \frac{\partial \varphi}{\partial q}Q = -\frac{\partial \varphi}{\partial x}
\end{aligned} \tag{3.4.4-21}$$
ですね．式 3.4.4-19 の第 1 項 $\partial q/\partial x$ を求めるため，P の項を消去し，Q を求めます．
$$\begin{aligned}
\frac{\partial f}{\partial p}\frac{\partial \varphi}{\partial p}P + \frac{\partial f}{\partial q}\frac{\partial \varphi}{\partial p}Q &= -\frac{\partial f}{\partial x}\frac{\partial \varphi}{\partial p} \\
\frac{\partial f}{\partial p}\frac{\partial \varphi}{\partial p}P + \frac{\partial f}{\partial p}\frac{\partial \varphi}{\partial q}Q &= -\frac{\partial f}{\partial p}\frac{\partial \varphi}{\partial x}
\end{aligned} \tag{3.4.4-22}$$
と書いて，Q，すなわち，$\partial q/\partial x$ は，以下となります．
$$Q = \frac{\partial q}{\partial x} = \left(\frac{\partial f}{\partial p}\frac{\partial \varphi}{\partial x} - \frac{\partial f}{\partial x}\frac{\partial \varphi}{\partial p}\right) \bigg/ \left(\frac{\partial f}{\partial q}\frac{\partial \varphi}{\partial p} - \frac{\partial f}{\partial p}\frac{\partial \varphi}{\partial q}\right) \tag{3.4.4-23}$$

同様に，式 3.4.4-14 および式 3.4.4-20 を，p, q が x, y, z の関数として，y で偏微分し，
$$S = \partial p/\partial y, \quad T = \partial q/\partial y$$
とおけば，
$$\begin{aligned}
\frac{\partial f}{\partial y} + \frac{\partial f}{\partial p}\frac{\partial p}{\partial y} + \frac{\partial f}{\partial q}\frac{\partial q}{\partial y} = 0 &\Rightarrow \frac{\partial f}{\partial p}S + \frac{\partial f}{\partial q}T = -\frac{\partial f}{\partial y} \\
\frac{\partial \varphi}{\partial y} + \frac{\partial \varphi}{\partial p}\frac{\partial p}{\partial y} + \frac{\partial \varphi}{\partial q}\frac{\partial q}{\partial y} = 0 &\Rightarrow \frac{\partial \varphi}{\partial p}S + \frac{\partial \varphi}{\partial q}T = -\frac{\partial \varphi}{\partial y}
\end{aligned} \tag{3.4.4-24}$$
ですね．式 3.4.4-19 の第 2 項 $\partial p/\partial y$ を求めるため，T の項を消去し，S を求めます．
$$\begin{aligned}
\frac{\partial f}{\partial p}\frac{\partial \varphi}{\partial q}S + \frac{\partial f}{\partial q}\frac{\partial \varphi}{\partial q}T &= -\frac{\partial f}{\partial y}\frac{\partial \varphi}{\partial q} \\
\frac{\partial f}{\partial q}\frac{\partial \varphi}{\partial p}S + \frac{\partial f}{\partial q}\frac{\partial \varphi}{\partial q}T &= -\frac{\partial f}{\partial q}\frac{\partial \varphi}{\partial y}
\end{aligned} \tag{3.4.4-25}$$

3.4. 偏微分方程式

と書いて，S，すなわち，$\partial p/\partial y$ は以下となります．
$$S = \frac{\partial p}{\partial y} = \left(\frac{\partial f}{\partial q}\frac{\partial \varphi}{\partial y} - \frac{\partial f}{\partial y}\frac{\partial \varphi}{\partial q}\right) \bigg/ \left(\frac{\partial f}{\partial p}\frac{\partial \varphi}{\partial q} - \frac{\partial f}{\partial q}\frac{\partial \varphi}{\partial p}\right) \tag{3.4.4-26}$$

同様に，式 3.4.4-14 および式 3.4.4-20 を，p, q が x, y, z の関数として，z で偏微分し，$U = \partial p/\partial z, V = \partial q/\partial z$ とおいて，

$$\frac{\partial f}{\partial z} + \frac{\partial f}{\partial p}\frac{\partial p}{\partial z} + \frac{\partial f}{\partial q}\frac{\partial q}{\partial z} = 0 \Rightarrow \frac{\partial f}{\partial p}U + \frac{\partial f}{\partial q}V = -\frac{\partial f}{\partial z}$$

$$\frac{\partial \varphi}{\partial z} + \frac{\partial \varphi}{\partial p}\frac{\partial p}{\partial z} + \frac{\partial \varphi}{\partial q}\frac{\partial q}{\partial z} = 0 \Rightarrow \frac{\partial \varphi}{\partial p}U + \frac{\partial \varphi}{\partial q}V = -\frac{\partial \varphi}{\partial z} \tag{3.4.4-27}$$

ですね．まず，U を求めます．式 3.4.4-27 から，

$$\frac{\partial f}{\partial p}\frac{\partial \varphi}{\partial q}U + \frac{\partial f}{\partial q}\frac{\partial \varphi}{\partial q}V = -\frac{\partial f}{\partial z}\frac{\partial \varphi}{\partial q}$$

$$\frac{\partial f}{\partial q}\frac{\partial \varphi}{\partial p}U + \frac{\partial f}{\partial q}\frac{\partial \varphi}{\partial q}V = -\frac{\partial f}{\partial q}\frac{\partial \varphi}{\partial z} \tag{3.4.4-28}$$

と書いて，U，すなわち，$\partial p/\partial z$ は以下となります．
$$U = \frac{\partial p}{\partial z} = \left(\frac{\partial f}{\partial q}\frac{\partial \varphi}{\partial z} - \frac{\partial f}{\partial z}\frac{\partial \varphi}{\partial q}\right) \bigg/ \left(\frac{\partial f}{\partial p}\frac{\partial \varphi}{\partial q} - \frac{\partial f}{\partial q}\frac{\partial \varphi}{\partial p}\right) \tag{3.4.4-29}$$

次に，V を求めます．式 3.4.4-27 から，

$$\frac{\partial f}{\partial p}\frac{\partial \varphi}{\partial p}U + \frac{\partial f}{\partial q}\frac{\partial \varphi}{\partial p}V = -\frac{\partial f}{\partial z}\frac{\partial \varphi}{\partial p}$$

$$\frac{\partial f}{\partial p}\frac{\partial \varphi}{\partial p}U + \frac{\partial f}{\partial p}\frac{\partial \varphi}{\partial q}V = -\frac{\partial f}{\partial p}\frac{\partial \varphi}{\partial z} \tag{3.4.4-30}$$

と書いて，V，すなわち，$\partial q/\partial z$ は以下となります

$$V = \frac{\partial q}{\partial z} = \left(\frac{\partial f}{\partial p}\frac{\partial \varphi}{\partial z} - \frac{\partial f}{\partial z}\frac{\partial \varphi}{\partial p}\right) \bigg/ \left(\frac{\partial f}{\partial q}\frac{\partial \varphi}{\partial p} - \frac{\partial f}{\partial p}\frac{\partial \varphi}{\partial q}\right) \tag{3.4.4-31}$$

ここで，式 3.4.4-19 に，Q, S, U, V を代入して，整理すれば，ラグランジェの偏微分方程式が得られます．ここで，最終の目的は，p, q を x, y, z の関数として得ることで，ラグランジェの偏微分方程式から求められます．求まった p, q を積分可能な式 3.4.4-17 に代入して，解が求まる，ということになります．

話がややこしかったので，以下にまとめますと，

1) $f(x, y, z, p, q) = 0$，$p = \partial z/\partial x, q = \partial z/\partial y$ に対して，ラグランジェの偏微分方程式に関する補助方程式

$$\frac{dx}{\dfrac{\partial f}{\partial p}} = \frac{dy}{\dfrac{\partial f}{\partial q}} = \frac{dz}{p\dfrac{\partial f}{\partial p} + q\dfrac{\partial f}{\partial q}} = -\frac{dp}{\dfrac{\partial f}{\partial x} + p\dfrac{\partial f}{\partial z}} = -\frac{dq}{\dfrac{\partial f}{\partial y} + q\dfrac{\partial f}{\partial z}}$$

を作成します．

2) これを解いて，p, q について1つ以上の式を導出します．
3) それを，$p = f(x, y, z)$，$q = g(x, y, z)$ で表します．
4) $dz = f(x, y, z)dx + g(x, y, z)dy$ は積分可能ですから，解を得ることができます．
具体的にどんなことをするか例題を見てみましょう．

例題 3.4.4-1　つぎの偏微分方程式を解け．
$$f(x, y, z, p, q) = px + qy - pq = 0, \quad p = \partial z / \partial x, \quad q = \partial z / \partial y, \quad pq \neq 0$$

例題 3.4.4-1　解答
　$\partial f / \partial x = p$，$\partial f / \partial y = q$，$\partial f / \partial z = 0$，$\partial f / \partial p = x - q$，$\partial f / \partial q = y - p$ であるからラグランジェの偏微分方程式に関する補助方程式は，
$$\frac{dx}{x-q} = \frac{dy}{y-p} = \frac{dz}{p(x-q)+q(y-p)} = -\frac{dp}{p} = -\frac{dq}{q}$$
である．第4式および第5式から，任意の定数 α を用いて
$$q = \alpha p$$
と書ける．この式を用いて与式から q を消去すると，
$$p(x + \alpha y - \alpha p) = 0$$
となる．ここで，$p \neq 0$ なので，p, q は
$$p = \frac{x}{\alpha} + y \quad \therefore \quad q = \alpha p = \alpha \left(\frac{x}{\alpha} + y\right) = x + \alpha y$$
であり，式 3.4.4-17 を用いて，
$$\left(\frac{x}{\alpha} + y\right)dx + (x + \alpha y)dy + (-1)dz = 0$$
となる．ここで，
$$xdx = d\left(\frac{x^2}{2}\right), \quad ydy = d\left(\frac{y^2}{2}\right), \quad ydx + xdy = d(xy)$$
であるから，
$$\frac{x}{\alpha}dx + (ydx + xdy) + \alpha ydy - dz = 0 \quad \Rightarrow \quad d\left(\frac{x^2}{2\alpha} + xy + \alpha \frac{y^2}{2} - z\right) = 0$$
したがって，解は，
$$\frac{x^2}{2\alpha} + xy + \frac{\alpha y^2}{2} - z = \beta$$
である．ここで，α および β を任意の定数である．

ということになります．確かめは，答えの式から，まず p を計算し，q を求め，与式代入して，答えが与式を満たしているか，筆記用具を持ってきて試してみてください．簡単ですから，どうぞ．
　いかがでしょうか．ここでは，前項でご紹介しました「ラグランジェの偏微分方程式に関する補助方程式」が重要でした．

3.4. 偏微分方程式

Short Rest 16.
人工衛星を用いた「GNSS」

　GPS という言葉は，アメリカが運用する人工衛星を用いた全地球的な位置観測システム (*Global Positioning Sysytem*)の名前です．実際に GPS で用いられている衛星の名前は *NAVSTAR* (*Navigation Signal Timing and Ranging*)です．高度 20,200km で周期 12 時間で地球を 1 周します．軌道面は 6 で各軌道に 4 基，計 24 基が運用されています．他に，ロシアが運用する GLONASS (ГЛОНАСС – ГЛОбальная НАвигационная Спутниковая Система)や欧州（EU）が運用する GALILEO，中国が運用する北斗，インドがが運用する IRNSS，などが地球の周りを飛んで，航行システムをサポートしています．現在は，GPS とは呼ばず，全地球的航法衛星システム GNSS (*Global Navigation Satellite System*) が主流となっています．

　日本ではと言いますと，準天頂衛星 QZSS (*Quasi-Zenith Satellite System*) を打ち上げています．高度は 32,618～38,950km で上空での高度を高めた楕円形状により，8 の字の地上軌道を描きつつ，衛星が日本上空に長時間留まることができます．すなわち，航行システムで問題となっていた地上で見える人工衛星の数について，改善するようになり，より高精度の位置決めが可能になることが期待されています．

　2000 年 5 月 1 日までは，従来の GPS による測位は，軍事用でしたので，民間運用に対して恣意的に誤差を含める（SA：*Selective Availability*）ようにしていたので，位置決定の分解能は CEP で 20m 以上も有りました．2000 年 5 月 1 日に SA が解除され，分解能は CEP で数 m 以下となり，精度が格段によくなりました．

　測位法には，単独測位と相対測位があります．前者は人工衛星からの信号を受ける計測機械 1 台で測位を行います．精度は数 10m 程度です．4 つ以上の衛星が見えないと位置決定精度が悪くなります．相対測位には，差動測位と干渉測位があり，前者は 2 台の計測機械を用い，1 台の機器の位置が精度良く決まっているのが前提で，他 1 台で移動して差を計算する方法です．干渉測位では，人工衛星からの信号が波であることに注目して，人工衛星からの信号と自分の機器との位相差を計算する方法で，観測時間が数秒以内で，精度は数 cm 以内から数 mm 程度になります．その他，インターネットでのネットワークを用いた，新しい測位法（VRS-GPS 方式や FKP-GPS 方式）があります．GNSS は，カー・ナビゲーションでの利用は勿論のこと，国土交通省 MSAS（MTSAT *Satellite Augmentation System*）として，ロラン C に代わって，航空機や船舶の航行に関するナビゲーションで利用されているほか，土木工事で利用する重機の遠隔操作（無人化施工と呼びます）や，精密さや正確さが要求される位置決めなどに利用されています．しかし，最近，注目を浴びているのが eLORAN で，GPS とは異なり，水中や地下や建物内にも到達し，電波強度も 130 倍強く，混線が少ないメリットがあります．どっちにします？　どっちもですか．

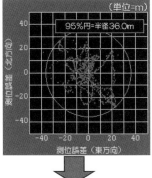

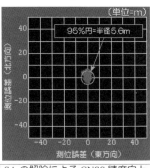

SA の解除による GNSS 精度向上

170

演習問題　第3章

3.1　c を定数とする次の曲線群の直交曲線群を求めよ
　　1) $xy = c$　　2) $y^2 = 2(x+c)$

3.2　c を定数とする円群 $(x-c)^2 + y^2 = c^2$ の直交曲線群を求め，グラフを描け．

3.3　コーシーの微分方程式：$x^2 y'' - xy' + y = 0$ を解け

3.4　コーシーの微分方程式：$x^2 y'' - 5xy' + 9y = 0$ を解け

3.5　式 3.1.11-5 から式 3.1.11-6 を導け．

3.6　位置ベクトルを $\mathbf{r} = (r_x, r_y, r_z)^T$ とするとき，この位置での速度ベクトル $\mathbf{V}$ を求めよ．

3.7　ベクトル $\mathbf{p}(\mathbf{x},t)$ および $\mathbf{q}(\mathbf{x},t)$ について，

1) $\dfrac{d(\mathbf{p} \cdot \mathbf{q})}{dt} = \dfrac{d\mathbf{p}}{dt} \cdot \mathbf{q} + \mathbf{p} \cdot \dfrac{d\mathbf{q}}{dt}$ を証明せよ

2) $\dfrac{d(\mathbf{p} \times \mathbf{q})}{dt} = \dfrac{d\mathbf{p}}{dt} \times \mathbf{q} + \mathbf{p} \times \dfrac{d\mathbf{q}}{dt}$ を証明せよ

3.8　ナブラ ∇ に関する次式を証明せよ．（ただし，ϕ：スカラー；$\mathbf{p}, \mathbf{q}$：三次元ベクトルであるとする）
1) $\nabla \cdot (\nabla \phi) = \nabla^2 \phi = \Delta \phi$
2) $\nabla \times (\nabla \phi) = \mathbf{0}$
3) $\nabla \cdot (\nabla \times \mathbf{p}) = 0$
4) $\nabla \times (\nabla \times \mathbf{p}) = \nabla(\nabla \cdot \mathbf{p}) - \nabla^2 \mathbf{p}$
5) $\nabla \cdot (\mathbf{p} \times \mathbf{q}) = \mathbf{q} \cdot \nabla \times \mathbf{p} - \mathbf{p} \cdot \nabla \times \mathbf{q}$

3.9　ナブラ ∇ に関する上記の 1)〜5) の問題を grad, div, rot の表現を用いて書き換えよ．ただし，∇^2 は Δ と書いてよい．

3.10　2 つのベクトル $\mathbf{a}$ および $\mathbf{b}$ がともに渦が無い場のベクトルならば，すなわち，$\nabla \times \mathbf{a} = \mathbf{0}$ および $\nabla \times \mathbf{b} = \mathbf{0}$ であるならば，$\mathbf{a} \times \mathbf{b}$ の発散は無い，すなわち，$\nabla \cdot (\mathbf{a} \times \mathbf{b}) = 0$ であることを証明せよ．

3.11　偏微分方程式 $x\dfrac{\partial z}{\partial x} + y\dfrac{\partial z}{\partial y} = z$ の一般解を求めよ．

3.12　偏微分方程式 $x^2 \dfrac{\partial z}{\partial x} - xy \dfrac{\partial z}{\partial y} + y^2 = 0$ の一般解を求めよ．

4. 応用

応用

　分かっているつもりでも分からないのが最も基本的なことです．

　微分学や積分学は，17 世紀に生きたアイザック・ニュートン（Isaac Newton, 1642-1727）とゴットフリート・ライプニッツ（Gottfried Wilhelm Leibniz, 1646-1716）によって，先人の成果を踏まえ，今日の微分学や積分学を体系化・確立したことは有名な話です．しかし，主として，物理学・工学の分野に大きく貢献したのはニュートンです．

　ちなみに，ニュートン物理学やマクスウェル電磁気学は，量子力学（現代物理学）に対して，古典物理学と呼ばれます．

　さて，微分・積分，いわゆる，解析学は，数学ではありますが，数学そのものはメインではなく，物理学での利用のほうがメインで，特に物理学法則を扱う「巧，技」であると常々著者は考えています．ニュートン力学から，アインシュタインの相対性原理，そして，量子力学，熱力学など，理学・工学のあらゆる分野は解析学の大きな恩恵を受けていることは，ここで述べるまでも無いでしょう．

　さあ，ここから，微分学や積分学の応用を，分野ごとにいくつかの具体例を説明していきます．しかしながら，理学・工学での微分学や積分学の応用と言っても，その数は膨大です．第 4 章では，その膨大な分野から，著者が説明できそうな例を選んで，すなわち，光学・波動学，電磁気学，力学の各分野で汎用性のある例題を中心に取り上げ，紹介しようと思います．

4. 応用

4.1. 流体力学における分野

4.1.1. トリチェリの法則の利用

図 **4.1.1-1** のようなロートを考えます．円錐の中心軸を含む断面図です．三角形の頂角部分（出水口）の角度は 60 度であり，出水口の形状は円で，その面積を S とします．ここで，最初の水位を $h(t=0)=10\mathrm{cm}$ とします．さて，ここで，$t=0$ で出水口が開けたあと，ロート内が空になる時間を考えます．

とても短い時間 Δt の間に流れ出る水の量を Δq^{OUT}，水の流出速度を V とすると，Δq^{OUT} は，出水口の面積 S に長さ $V\Delta t$ を乗じた円柱の体積を考えれば良いですから，簡単で，

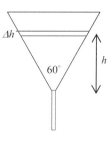

図 **4.1.1-1** ロート

$$\Delta q^{OUT} = SV\Delta t \tag{4.1.1-1}$$

となります．トリチェリの法則（Torricelli's law）に従って，

$$V = p\sqrt{2gh} \tag{4.1.1-2}$$

であるとします．p は収縮乗数（shrinkage factor）と呼ばれており，また，g は重力加速度です．したがって，

$$\Delta q^{OUT} = Sp\sqrt{2gh}\,\Delta t \tag{4.1.1-3}$$

となります．一方，時間 Δt 内に起きるロート内の水の減少量 Δq は，水深 $h(t)$ に微量な減少量 Δh があり，$h(t)$ における円錐の半径を r としますと，水の減少量 Δq は，近似的に円柱の体積であり，符号を考えて，

$$\Delta q = -\pi r^2 \Delta h \tag{4.1.1-4}$$

と書けます．ここで，ロート内の水の減少量 Δq は Δq^{OUT} と同量であると仮定し，ゆえに，

$$\Delta q^{OUT} = Sp\sqrt{2gh}\,\Delta t = \Delta q = -\pi r^2 \Delta h \tag{4.1.1-5}$$

$$\frac{\Delta h}{\Delta t} = -\frac{Sp\sqrt{2gh}}{\pi r^2} \tag{4.1.1-6}$$

です．ここで，ロートの形状から，$r = h\tan 30° = h/\sqrt{3}$ ですから，

$$\frac{\Delta h}{\Delta t} = -\left(\frac{\sqrt{3}}{h}\right)^2 \frac{Sp\sqrt{2gh}}{\pi} = -\frac{3Sp\sqrt{2g}}{h^{1.5}\pi} \tag{4.1.1-7}$$

となります．ここで，変数分離ができていますから，

$$h^{1.5}dh = -\frac{3Sp\sqrt{2g}}{\pi}dt \tag{4.1.1-8}$$

として，積分して，

$$\frac{1}{2.5}h^{2.5} = -\frac{3Sp\sqrt{2g}}{\pi}t + C \tag{4.1.1-9}$$

が得られます．

> 収縮乗数については馴染みがない読者は，流体力学のような教科書で調べてください．

ここで，例によって，C は積分定数です．初期値 $t=0$ で $h=10$ ですから，C を求めますと，

4.1. 流体力学における分野

$$\frac{1}{2.5}h^{2.5} = -\frac{3Sp\sqrt{2g}}{\pi}t + \frac{1}{2.5}10^{2.5} \quad \therefore \quad t = \frac{\pi}{2.5 \times 3Sp\sqrt{2g}}\left(10^{2.5} - h^{2.5}\right)$$

となります．さて，収縮乗数 p は 1766 年ボルダにより 0.6 と提案されています．ロートの出水口の面積を $0.1\,\mathrm{cm}^2$，$g = 980\,\mathrm{cm/s^2}$ としましょう．さあ，ロート内が空になる時間とは，$h=0$ となるまでの時間 t ですから，

$$t_{h=0} = \frac{10^{2.5}\pi}{2.5 \times 3Sp\sqrt{2g}} = \frac{10^{2.5}\pi}{2.5 \times 3 \times 0.1 \times 0.6\sqrt{2 \times 980}} = 49.8 \approx 50 \quad (4.1.1\text{-}10)$$

となり，約 50 秒でロートが空になることが分かりました．時間と出水口の面積は反比例ですから，ちなみに，ロートの出水口の面積を $0.5\,\mathrm{cm}^2$ とすれば，$9.97 \approx 10$ 秒です．当たり前ですが（笑）．

> 収縮乗数 p は 1766 年ボルダにより 0.6 と提案されていますが，系で変化しますので注意

4.1.2. ハーゲン・ポアズイユ流

ハーゲン・ポアズイユ流（Hagen-Poiseuille folw）は，流体力学の中で最も基本的でしかも扱いやすい粘性流で，円管内のどの位置でも流れる方向の速度に変化が無く，換言すれば，乱れも無く，ゆっくり流れる流動形式を意味し，一般的には，層流（laminar flow）と呼ばれます．ちなみに，層流に対する言葉は乱流（turbulent flow）です．粘性流体ですから，当然，管壁に近づくほど流動に伴う摩擦があり，流速は管壁方向ほど減速します．

いきなりで申し訳ありませんが，物理学では，半径 a の円管の半径方向における流速分布 $V(r)$ は，

$$V(r) = \frac{gP}{4\gamma}\left(a^2 - r^2\right) \quad (4.1.2\text{-}1)$$

と書かれています．ここで，g は重力加速度，γ は動粘性係数．動水勾配またはエネルギー勾配，P はエネルギー勾配と呼ばれ，

$$P = \frac{-\delta p}{\rho g L} \quad (4.1.2\text{-}2)$$

です．ただし，ρ は流体の密度，L は管長，δp は管長 L 内の圧力損失です．このとき，管内を流れる流体の流量 Q は，式 4.1.2-1 を半径方向に積分して解が得られます．

$$\begin{aligned}Q &= \int_0^a V(r) \cdot 2\pi r\, dr = \int_0^a \frac{gP}{4\gamma}\left(a^2 - r^2\right) \cdot 2\pi r\, dr \\ &= \frac{\pi gP}{2\gamma}\int_0^a \left(a^2 - r^2\right) r\, dr = \frac{\pi gP}{2\gamma}\left[\frac{a^2}{2}r^2 - \frac{1}{4}r^4\right]_{r=0}^{r=a} = \frac{\pi gP}{8\gamma}a^4\end{aligned} \quad (4.1.2\text{-}3)$$

逆に，式 4.1.2-3 から，動粘性係数 γ は流量 Q が分かっている場合，

$$\gamma = \frac{\pi gP}{8Q}a^4 \quad (4.1.2\text{-}4)$$

として求めることができるわけで，読者はこちらの公式のほうをご存じかもしれませんね．理科の授業で出てきませんでしたか？ 著者は，大学で，水理実験で，層流を実験を，大きなアクリル・イブで行った記憶があります．

4.2. 光・弾性波における分野

4.2.1. フェルマーの最小時間の定理

フェルマーの最小時間の定理とは，光は，最小時間になるように伝播する，というものです．この考えを具体的に考えて見ましょう．モデルは 2 次元です．

図 4.2.1-1 を見てください．x 軸によって異なる媒質 I および媒質 II に分割された平面上において，媒質 I 内の定点 A から媒質 II の定点 B に至る最小時間の軌跡を考える場合，入射角 θ_I および射出角 θ_{II}，媒質 I および媒質 II における移動速度 V_I および V_{II} の間に成立する関係式を導出することを考えます．ただし，単一の媒質内では速度は一定であるとします．また，点 A の座標を (x_A, y_A)，点 B の座標を (x_B, y_B)，点 K は，x 軸上（境界線上）にあり，その座標を $(x, 0)$ とします．このとき，光が点 A から点 K を通り点 B にいたる伝播時間 t を考えますと，簡単な式，$\overline{AK} = L_I$，$\overline{BK} = L_{II}$ とすれば，

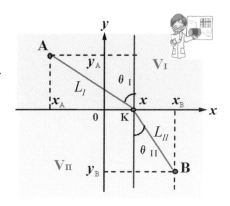

図 4.2.1-1 パラメータ

$$t = \frac{\overline{AK}}{V_I} + \frac{\overline{BK}}{V_{II}} = \frac{L_I}{V_I} + \frac{L_{II}}{V_{II}} = \frac{\sqrt{(x-x_A)^2 + y_A^2}}{V_I} + \frac{\sqrt{(x_B-x)^2 + y_B^2}}{V_{II}} \quad (4.2.1\text{-}1)$$

で表せます．このとき，入射角 θ_I および射出角 θ_{II} について，

$$\sin\theta_I = \frac{x - x_A}{\sqrt{(x-x_A)^2 + y_A^2}}, \quad \sin\theta_{II} = \frac{x_B - x}{\sqrt{(x_B-x)^2 + y_B^2}} \quad (4.2.1\text{-}2)$$

の関係があります．さて，ここで，式 4.2.1-1 の式が最小である場合は，x で微分して極小値を持つ位置を求めればよいのです．なぜなら，式 4.2.1-1 の x が x_A を超えて負の方向に移動すればするほど t は大きくなります．また，その反対に，x が x_B を超えて正の方向に移動すればするほどやはり t は大きくなります．したがって，$x \leq x_A$ の場合や，$x_B \leq x$ の場合では最小となることはできません．というわけで，点 K について，$x_A \leq x \leq x_B$ の間に位置するとき，式 4.2.1-1 の t は最小となることが分かります．まあ，直感で分かりますけれどね．実際，式 4.2.1-1 を x で微分して 0 と置きますと，式 4.2.1-2 により，

$$\frac{dt}{dx} = \frac{x - x_A}{V_I\sqrt{(x-x_A)^2 + y_A^2}} - \frac{x_B - x}{V_{II}\sqrt{(x_B-x)^2 + y_B^2}} = \frac{\sin\theta_I}{V_I} - \frac{\sin\theta_{II}}{V_{II}} = 0$$

$$\therefore \frac{\sin\theta_I}{V_I} = \frac{\sin\theta_{II}}{V_{II}} \quad (4.2.1\text{-}3)$$

となります．このことは，式 4.2.1-3 は，まさに，スネルの法則（Snell's law）です．すなわち，伝播時間 t が最小値を持つならば，スネルの法則が成り立つ必要条件であり，逆に，

4.2. 光・弾性波における分野

スネルの法則は，光が点 A から点 K を通り点 B にいたる伝播時間 t が最小値を持つための十分条件となっているのです．ここで，式 4.2.1-3 を満たす点 K の座標を $(x_K, 0)$ と改めて書くことにします．

折角ですから，式 4.2.1-3 から確認しましょう．

$$\left.\frac{dt}{dx}\right|_{K(x_A)} = \frac{x_A - x_A}{V_I \sqrt{(x - x_A)^2 + y_A^2}} - \frac{x_B - x_A}{V_{II} \sqrt{(x_B - x)^2 + y_B^2}} = -\frac{x_B - x_A}{V_{II} \sqrt{(x_B - x)^2 + y_B^2}} \leq 0$$

$$\left.\frac{dt}{dx}\right|_{K(x_B)} = \frac{x_B - x_A}{V_I \sqrt{(x - x_A)^2 + y_A^2}} - \frac{x_B - x_B}{V_{II} \sqrt{(x_B - x)^2 + y_B^2}} = \frac{x_B - x_A}{V_I \sqrt{(x - x_A)^2 + y_A^2}} \geq 0$$

$$\lim_{x \to +\infty} \frac{dt(x,y)}{dx} = \lim_{x \to +\infty} \left(\frac{x - x_A}{V_I \sqrt{(x - x_A)^2 + y_A^2}} - \frac{x_B - x}{V_{II} \sqrt{(x_B - x)^2 + y_B^2}} \right)$$

$$= \lim_{x \to +\infty} \left(\frac{1 - \dfrac{x_A}{x}}{V_I \sqrt{\left(1 - \dfrac{x_A}{x}\right)^2 + \left(\dfrac{y_A}{x}\right)^2}} - \frac{\dfrac{x_B}{x} - 1}{V_{II} \sqrt{\left(\dfrac{x_B}{x} - 1\right)^2 + \left(\dfrac{y_B}{x}\right)^2}} \right)$$

$$\therefore \lim_{x \to +\infty} \frac{dt(x,y)}{dx} = \frac{1}{V_I} + \frac{1}{V_{II}} > 0$$

ここで，$\hat{x} = -x$ とおけば，

$$\lim_{x \to +\infty} \left(\frac{-\hat{x} - x_A}{V_I \sqrt{(-\hat{x} - x_A)^2 + y_A^2}} - \frac{x_B + \hat{x}}{V_{II} \sqrt{(x_B + \hat{x})^2 + y_B^2}} \right)$$

$$\lim_{x \to -\infty} \frac{dt(x,y)}{dx} = \lim_{\hat{x} \to +\infty} \left(\frac{-1 - \dfrac{x_A}{\hat{x}}}{V_I \sqrt{\left(-1 - \dfrac{x_A}{\hat{x}}\right)^2 + \left(\dfrac{y_A}{\hat{x}}\right)^2}} - \frac{\dfrac{x_B}{\hat{x}} + 1}{V_{II} \sqrt{\left(\dfrac{x_B}{\hat{x}} + 1\right)^2 + \left(\dfrac{y_B}{\hat{x}}\right)^2}} \right)$$

$$\therefore \lim_{x \to +\infty} \frac{dt(x,y)}{dx} = -\frac{1}{V_I} - \frac{1}{V_{II}} < 0$$

となりますから，導関数 dt/dx について，$-\infty < x < x_K$ で負となり，$x_K < x < \infty$ では正で，曲線は下に凸であることが分かります．

次に，K の座標 $(x_K, 0)$ の x_K について述べておきましょう．図 **4.2.1-1** によれば

$L_I \sin\theta_I = x_K - x_A$ ，$L_{II} \sin\theta_{II} = x_B - x_K$

$L_I \cos\theta_I = y_A$ ，$L_{II} \cos\theta_{II} = -y_B$

$\therefore x_K = x_A + y_A \tan\theta_I$ ，$x_K = x_B + y_B \sin\theta_{II}$

となります．この場合，計算をするには，色々な方法があり，得られる情報により方法が変わります．ここでは，入射角・射出角が必要になります．

ここでの計算は高校レベルですから，勿論，良くお分かりのことと思います．

4.2.2. 弾性波波線

弾性波が地盤内を伝播するとき，光と同様に，フェルマーの最小時間の定理に従います．そこで，いきなり，例題です．

例題 4.2.2-1

直線 L によって異なる媒質 I および媒質 II に分割された平面上において，まず，動点が媒質 I から入射角 $\theta_0 : 0 < \theta_0 < (\pi/2)$ で直線 L と交差し，媒質 II で運動するとき，動点の媒質 II で描く軌跡を求めよ．次に，媒質 II 内で直線 L と動点 P との距離に最大値が存在するならばそれを求め，入射時刻からその最大値となるまでの時間を求めよ．また，動点が媒質 II 内で存在するための時間に制限があるならば，それを求めよ．但し，媒質 I および媒質 II における移動速度を，それぞれ，

$$V_I = v, \quad V_{II} = v + \alpha h \quad (\alpha > 0)$$

とし，α は正の定数とする．

この問題は有名で，ご存知の読者も多いことでしょう．

例題 4.2.2-1 解答

座標系を直線 L を x 軸，媒質 I で動点 P が進んで直線 L と交差した点を原点，原点を通って直線 L に垂直な直線で下向きの h 軸を深度軸とし，媒質 II 側を正にとっても一般性は失わない．ここで，仮定は，

$$V_I = v, \quad V_{II} = v + \alpha h \quad (\alpha > 0) \tag{1}$$
$$V_I = V_{II} = v(h=0); \quad V_I \neq V_{II} (h > 0) \tag{2}$$

であるから，$h = 0$ の場合は，

$$\sin\theta_0 / v = \sin\theta / v \quad \therefore \quad \theta_0 = \theta \tag{3}$$

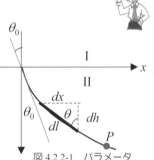

図 4.2.2-1　パラメータ

であり，媒質 I からの入射角と媒質 II で動き出す初期射出角は同じである．媒質 II 内では，速度が初期値 θ_0 から連続的に増加するので，角度 θ も連続的に大きくなる．とりあえず，θ について，

$$0 < \theta_0 < \theta < (\pi/2) \tag{4}$$

の場合を考える．

ここで，動点 P の軌跡における微小な線素 dl を x 成分と h 成分に分けて考える．図にあるように，

$$dx = dh \cdot \tan\theta \tag{5}$$

であり，スネルの法則　$\sin\theta_i / V_i = \sin\theta_{i+1} / V_{i+1}$ を用いれば，

$$V_{II} = (\sin\theta / \sin\theta_0) V_I$$

ですから，したがって，

$$\therefore \quad \frac{d}{d\theta} V_{II} = \frac{d}{d\theta}\left(\frac{\sin\theta}{\sin\theta_0} V_I\right) = \frac{V_I}{\sin\theta_0} \frac{d}{d\theta}\sin\theta = V_I \operatorname{cosec}\theta_0 \cos\theta$$

$$\therefore \quad dV_{II} = V_I \operatorname{cosec}\theta_0 \cos\theta \, d\theta \tag{6}$$

である．ここで，式1により $dV_{II} = \alpha \cdot dh$ および式6から，式5は

177

4.2. 光・弾性波における分野

$$dx = dh \cdot \tan\theta$$
$$= \frac{dV_{II}}{\alpha} \cdot \tan\theta = \frac{\tan\theta}{\alpha} \cdot (V_I \operatorname{cosec}\theta_0 \cos\theta \cdot d\theta)$$
$$= \left(\frac{V_I \operatorname{cosec}\theta_0}{\alpha}\right) \cdot \sin\theta \cdot d\theta$$

となる．ここで，x が 0 から x まで変化するとき θ は θ_0 から θ まで変化するとすれば，

$$x = \int_0^x dx = \int_{\theta_0}^{\theta} \left(\frac{V_I \operatorname{cosec}\theta_0}{\alpha}\right) \cdot \sin\theta \cdot d\theta = \left(\frac{V_I \operatorname{cosec}\theta_0}{\alpha}\right) [-\cos\theta]_{\theta_0}^{\theta}$$
$$\therefore \quad x = \left(\frac{V_I \operatorname{cosec}\theta_0}{\alpha}\right)(\cos\theta_0 - \cos\theta) \tag{7}$$

である．ここで，式1によれば，$V_I + \alpha h > 0$ であり，スネルの法則により，

$$\frac{\sin\theta_0}{V_I} = \frac{\sin\theta}{V_{II}} = \frac{\sin\theta}{V_I + \alpha h} \implies \sin\theta = (V_I + \alpha h)\frac{\sin\theta_0}{V_I} = \left(1 + \frac{\alpha h}{V_I}\right)\sin\theta_0 \tag{8}$$

である．したがって，$\cos\theta\,(>0)$ は，

$$\cos\theta = \sqrt{1 - \sin^2\theta} = \sqrt{1 - \left(1 + \frac{\alpha h}{V_I}\right)^2 \sin^2\theta_0}$$

となる．したがって，式7は，

$$x = \left(\frac{V_I \operatorname{cosec}\theta_0}{\alpha}\right)\left(\cos\theta_0 - \sqrt{1 - \left(1 + \frac{\alpha h}{V_I}\right)^2 \sin^2\theta_0}\right)$$
$$= \left(\frac{V_I \operatorname{cosec}\theta_0}{\alpha}\right)\cos\theta_0 - \left(\frac{V_I \operatorname{cosec}\theta_0}{\alpha}\right)\sqrt{1 - \left(1 + \frac{\alpha h}{V_I}\right)^2 \sin^2\theta_0}$$
$$= \frac{V_I \cot\theta_0}{\alpha} - \left(\frac{V_I}{\alpha \sin\theta_0}\right)\sqrt{1 - \left(1 + \frac{\alpha h}{V_I}\right)^2 \sin^2\theta_0}$$

さらに，根号をはずすために，2乗して，

$$\left(x - \frac{V_I \cot\theta_0}{\alpha}\right)^2 = \left(\frac{V_I}{\alpha \sin\theta_0}\right)^2 \left(1 - \left(1 + \frac{\alpha h}{V_I}\right)^2 \sin^2\theta_0\right)$$
$$= \left(\frac{V_I}{\alpha \sin\theta_0}\right)^2 - \left(\frac{V_I}{\alpha \sin\theta_0}\right)^2 \left(1 + \frac{\alpha h}{V_I}\right)^2 \sin^2\theta_0 = \left(\frac{V_I}{\alpha \sin\theta_0}\right)^2 - \left(h + \frac{V_I}{\alpha}\right)^2$$
$$\therefore \quad \left(x - \frac{V_I \cot\theta_0}{\alpha}\right)^2 + \left(h + \frac{V_I}{\alpha}\right)^2 = \left(\frac{V_I \operatorname{cosec}\theta_0}{\alpha}\right)^2 \tag{9}$$

が得られる．これは円の式で，動点 P の軌跡は，円弧となり，その円について，

$$\text{中心}\quad \left(\frac{V_1}{\alpha}\cot\theta_0,\, -\frac{V_1}{\alpha}\right) \qquad \text{半径}\quad \frac{V_1}{\alpha}\operatorname{cosec}\theta_0 \tag{10}$$

である.
　動点 P の上記の円における軌跡の部分は，$h=0$ とすればよい．したがって，

$$\left(x - \frac{V_I \cot\theta_0}{\alpha}\right)^2 = \left(\frac{V_I \csc\theta_0}{\alpha}\right)^2 - \left(h + \frac{V_I}{\alpha}\right)^2 \bigg|_{h=0} = \left(\frac{V_I \csc\theta_0}{\alpha}\right)^2 - \left(\frac{V_I}{\alpha}\right)^2$$

$$= \left(\frac{V_I}{\alpha}\right)^2 \{(\csc\theta_0)^2 - 1^2\} = \left(\frac{V_I}{\alpha}\right)^2 \left(\frac{1-\sin^2\theta_0}{\sin^2\theta_0}\right) = \left(\frac{V_I}{\alpha}\right)^2 \left(\frac{\cos^2\theta_0}{\sin^2\theta_0}\right)$$

$$\therefore \ \left(x - \frac{V_I \cot\theta_0}{\alpha}\right)^2 = \left(\frac{V_I}{\alpha}\cot\theta_0\right)^2$$

$$\therefore \ x = \frac{V_I \cot\theta_0}{\alpha} \pm \left(\frac{V_I}{\alpha}\cot\theta_0\right) = 0, \ \frac{2V_I}{\alpha}\cot\theta_0$$

したがって，動点の軌跡は，円の式9で，x が

$$0 \leq x \leq 2(V_I/\alpha)\cot\theta_0 \tag{11}$$

の範囲である．

　次に，h に最大値を持つかであるが，動点の軌跡は円弧であり下に凸の場合である．したがって，式11の中点で最深点となるので，最深点の座標は

$$((V_I/\alpha)\cot\theta_0, \ h_{Depth})$$

である．したがって，式9を変形して，

$$\left(h + \frac{V_I}{\alpha}\right)^2 \leq \left(\frac{V_I \csc\theta_0}{\alpha}\right)^2 - \left(\frac{V_I}{\alpha}\cot\theta_0 - \frac{V_I \cot\theta_0}{\alpha}\right)^2 = \left(\frac{V_I \csc\theta_0}{\alpha}\right)^2$$

$$0 < h + \frac{V_I}{\alpha} \leq \frac{V_I \csc\theta_0}{\alpha} \quad \therefore \ h \leq \frac{V_I}{\alpha}(\csc\theta_0 - 1) = h_{Depth} \tag{12}$$

であり，最大値は $(V_I/\alpha)(\csc\theta_0 - 1)$ であり，動点 P の最深点の h 座標である．もちろん，そのときの x 座標は，$(V_I/\alpha)\cot\theta_0$ である．

　最後に，移動時間である．動点 P が最深点まで移動する際に，$0 \leq x \leq (V_I/\alpha)\cot\theta_0$ の範囲で移動時の入射角は，式4から θ から $\pi/2$ までであり，線素 dl に対する時間 dt は，

$$dt = \frac{dl}{V_{II}} = \frac{1}{V_{II}}\frac{dh}{\cos\theta} = \frac{\sin\theta_0}{V_I \sin\theta}\frac{dh}{\cos\theta} = \frac{d\theta}{\alpha \sin\theta} \tag{13}$$

$$\therefore \begin{cases} 1) \ \dfrac{\sin\theta_0}{V_I} = \dfrac{\sin\theta}{V_{II}} \quad \therefore \ \dfrac{1}{V_{II}} = \dfrac{\sin\theta_0}{V_I \sin\theta} \\[1em] 2) \ dV_{II} = V_I \csc\theta_0 \cos\theta \cdot d\theta, \ dV_{II} = \alpha dh \\ \quad \therefore \ \alpha dh = V_I \csc\theta_0 \cos\theta \cdot d\theta \\ \quad \therefore \ \dfrac{dh}{V_I \csc\theta_0 \cos\theta} = \dfrac{\sin\theta_0 dh}{V_I \cos\theta} = \dfrac{d\theta}{\alpha} \end{cases}$$

となる．

　ここで，式9を考えると，動点 P は媒質 II の最深点まで移動し，向きを上方に変えて媒質 I に戻ってくることが分かる．ここで，最深点まで時間を t_m とする．

179

4.2. 光・弾性波における分野

そこで，式 13 について，線素 dl に対する線積分を角度 θ_0 から θ_{Depth} まで，すなわち，$\pi/2$ までを考えれば良いから，

$$t_m = \int_0^{t_m} dt = \int_{\theta_0}^{\pi/2} \frac{d\theta}{\alpha \sin\theta} = \frac{1}{\alpha} \int_{\theta_0}^{\pi/2} \frac{d\theta}{\sin\theta} = \frac{1}{\alpha}\left[\log\tan\frac{\theta}{2}\right]_{\theta=\theta_0}^{\theta=\pi/2}$$

$$= \frac{1}{\alpha}\left(\log\tan\frac{\pi}{4} - \log\tan\frac{\theta_0}{2}\right) = \frac{1}{\alpha}\frac{1}{\log\tan\frac{\theta_0}{2}}$$

というように最深点まで時間を t_m が求められた．

因みに，動点 P が媒質 II の最深点まで移動し，向きを上方に変えて媒質 I に戻ってくる時間は，対象性を考えると，時間は $2t_m$ で良いことが分かる（図 **4.2.2-2** 参照）．

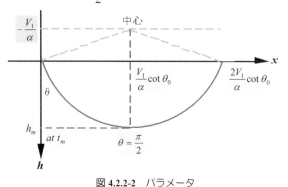

図 **4.2.2-2** パラメータ

ここで，上記の解答の中の式の変形を少々捕捉しておきます．

1) $0 < \theta_0 \leq \theta \leq \frac{\pi}{2}$ のとき，$0 < \tan\frac{\theta_0}{2} < 1$

2) $\dfrac{d}{d\theta}\left(\log\tan\dfrac{\theta}{2}\right) = \dfrac{1}{\tan\dfrac{\theta}{2}} \cdot \sec^2\dfrac{\theta}{2} \cdot \dfrac{1}{2}$

$$= \frac{1}{2}\frac{\cos\dfrac{\theta}{2}}{\sin\dfrac{\theta}{2}}\frac{1}{\cos^2\dfrac{\theta}{2}} = \frac{1}{2\sin\dfrac{\theta}{2}\cos\dfrac{\theta}{2}} = \frac{1}{\sin\theta}$$

3) $\log\tan\dfrac{\pi}{4} = \log 1 = 0$

これで，良いでしょうか？　しかも，途中の式は省略していません．なんと親切な本なんでしょう．と，思いませんか？　普通の数学の本では，こんな書き方はしないでしょうね．

いかがでしたか？　長きにわたる旅でしたが，結果は，地球内部を伝播する自然地震（主として断層で発生する大型地震）の波線理論や人工地震の解析技術の基本で，地震波解析では重要です．

いつも，頑張って読んでもらって，ありがとうございます．お役に立てば幸甚です．

4.2.3. ヘルムホルツ方程式・波動方程式

ここで，ちょっと，見慣れない名前の方程式と表現式を紹介します．

ヘルムホルツ型方程式（または，ヘルムホルツ型微分方程式 *Helmholtz equation*）という微分方程式があります．それは，関数 $f(x)$ があって，関数 $f(x)$ が微分可能である場合で

$$\nabla^2 f(x) + k^2 f(x) = 0 \tag{4.2.3-1}$$

と書けるときに上式はヘルムホルツ方程式と呼ばれます．この式は関数のみならず，ベクトルについても拡張できます．すなわち，

$$\nabla^2 \mathbf{p} + k^2 \mathbf{p} = \mathbf{0} \tag{4.2.3-2}$$

は，ベクトル $\mathbf{p}$ に関する微分方程式です．ただし，右辺は 0（ゼロ）ではなく，$\mathbf{0}$（ゼロベクトル：成分が全て 0 のベクトル）になります．さらに，$k=0$ の場合を，特に，ラプラス方程式と呼びます．$\nabla^2 = \Delta$ とし，スカラー ϕ を用いて，一般的に，

$$\Delta \phi = 0 \tag{4.2.3-3}$$

と書きます．ちなみに，$\Delta (= \nabla^2)$ をラプラシアン（*Lapracian*）と呼びます．

さて，式 4.2.3-1 や式 4.2.3-2 を解く前に，さらに，簡単な式を考えます．それは，

$$\nabla^2 \phi = \frac{1}{v^2} \frac{\partial^2 \phi}{\partial t^2} \tag{4.2.3-4}$$

という式です．さらに，x 成分のみを考えますと，

$$\frac{\partial^2 \phi}{\partial x^2} = \frac{1}{v^2} \frac{\partial^2 \phi}{\partial t^2} \tag{4.2.3-5}$$

です．第 3 章第 1 節 3.1 の序文で紹介しました波動方程式です．この最も簡単な一般解は，

$$\phi(x,t) = f(x - vt) + g(x + vt) \tag{4.2.3-6}$$

です．これは，見ただけで解であることが分かります．この解はダランベール（*d'Alembert*）の解と呼ばれています．波動方程式（式 4.2.3-5）の典型的・基本的な一般解ですから，ご記憶ください．「見ただけで解である」と書きましたが，大丈夫ですか．では，

$$\varphi(x,t) = e^{x - vt} \tag{4.2.3-7}$$

を，式 4.2.3-5 に代入してみましょう．

$$\left. \begin{aligned} \frac{\partial^2 \varphi}{\partial x^2} &= \frac{\partial}{\partial x} \frac{\partial \varphi}{\partial x} = \frac{\partial}{\partial x} \frac{\partial e^{x-vt}}{\partial x} = \frac{\partial}{\partial x} e^{x-vt} = e^{x-vt} \\ \frac{1}{v^2} \frac{\partial^2 \varphi}{\partial t^2} &= \frac{1}{v^2} \frac{\partial}{\partial t} \frac{\partial e^{x-vt}}{\partial t} = \frac{1}{v^2} \frac{\partial}{\partial t} (-v) e^{x-vt} = \frac{1}{v^2} (-v)^2 e^{x-vt} = e^{x-vt} \end{aligned} \right\} \tag{4.2.3-8}$$

となります．したがって，式 4.2.3-7 は式 4.2.3-5 の解であることが分かりました．実は，$\varphi(x,t) = e^{x+vt}$ も式 4.2.3-5 の解であることは式 4.2.3-8 から明らかです．このほか，

$$\varphi(x,t) = \sin(x - vt) + \cos(x + vt) \tag{4.2.3-9}$$

としても，

$$\partial^2 \varphi / \partial x^2 = \partial^2 (\sin(x-vt) + \cos(x+vt)) / \partial x^2 = -\sin(x-vt) - \cos(x+vt) = -\varphi(x,t)$$
$$(1/v^2)(\partial^2 \varphi / \partial t^2) = (1/v^2)(-(-v)^2 \sin(x-vt) - v^2 \cos(x+vt)) = -\varphi(x,t)$$

で同様に，式 4.2.3-9 は式 4.2.3-5 の解であることが分かります．

4.2. 光・弾性波における分野

4.2.4. 畳み込み積分

畳み込み積分（コンボリューション：*convolution*）とは，関数 $f(x)$ をずらしながら $g(x)$ とたしあわせる方法で，その多くの例は，地震のデータ解析で現れます．地震データは時間の関数ですから，ここでは，$f(t)$ と $g(t)$ というように時間の関数を用いましょう．

畳み込み積分の表式は，

$$h(t) = f(t)*g(t) = \int_{-\infty}^{\infty} f(\tau)g(t-\tau)d\tau \qquad (4.2.4\text{-}1)$$

です．*は関数 f および関数 g をコンボルブする，という記号です．コンボルブするとは，畳み込み積分をすることで，その性質として，交換法則，結合法則，分配法則，そして定数倍に関して，

$$f*g = g*f \qquad (4.2.4\text{-}2)$$
$$(f*g)*h = g*(f*h) \qquad (4.2.4\text{-}3)$$
$$f*(g+h) = (f*g)+(f*h) \qquad (4.2.4\text{-}4)$$
$$a(f*g) = (af)*g = f*(ag) \qquad (4.2.4\text{-}5)$$

が証明できます．

ちなみに，畳み込み積分は，画像処理で，エッジの角をとって滑らかにしたり，エッジを強調してシャープにしたりする場合にも利用されています．

さて，地震の話にもどしましょう．地震波にはいろいろな振幅と周波数の波が含まれます．例えば，P波，S波，表面波，その他，どこかで反射した後続波（Coda 波）などです（図 4.2.4-1 参照）．しかし，上述のように，受振した地震記象（地震波形の記録）は，いろいろな波形が重なって，1本の繋がった曲線で表される波形データになります．コンボリューションを絵で表しますと，図 4.2.1-2 になります．式 4.2.4-1 で説明するならば，複数の起振源から到達した波形群（1つの波形トレース）は，基本波形という関数と反射係数列という関数をコンボルブした結果であるといえます．

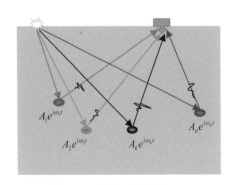
図 4.2.4-1　複数の起振源

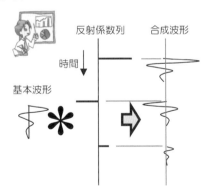
図 4.2.4-2　コンボリューションの概念

$$\sum_{j=0}^{m} f_j \phi_{jk} = \varphi_k \quad (k = 0, 1, \cdots, m \ ; \ m < n) \tag{4.2.5-8}$$

となります．これが，フィルタ f_j $(j = 0, 1, \cdots, m \ ; \ m < n)$ を求める正規方程式です．

さて，ϕ_{jk} は入力波形 a_i の自己相関関数，φ_k は入力波形 a_i と希望波形 b_i との相互相関関数です．ϕ_{jk} は自己相関関数なので偶関数で要素は対象，すなわち，$\phi_{jk} = \phi_{kj}$ であることに注意すれば，行列を用いた表式は，ϕ の対象行列 $\mathbf{\Phi}$ により，

$$\begin{pmatrix} \phi_0 & \phi_1 & \cdots & \phi_m \\ \phi_1 & \phi_0 & \cdots & \phi_{m-1} \\ \vdots & \vdots & \ddots & \vdots \\ \phi_m & \phi_{m-1} & \cdots & \phi_0 \end{pmatrix} \begin{pmatrix} f_0 \\ f_1 \\ \vdots \\ f_m \end{pmatrix} = \begin{pmatrix} \varphi_0 \\ \varphi_1 \\ \vdots \\ \varphi_m \end{pmatrix} \tag{4.2.5-9}$$

のように表されます（物理探査，物理探査学会編を参照）．これを，$\mathbf{\Phi f} = \mathbf{\Lambda}$ とすれば，$\mathbf{f} = \mathbf{\Phi}^{-1} \mathbf{\Lambda}$ であり，したがって，フィルターの要素 f_j $(j = 0, 1, \cdots, m \ ; \ m < n)$ が設計できることになります．あとは，フィルタ $\mathbf{f}$ を用いて，式 4.2.4-1 に示しましたコンボリューション処理により，合成波形が得られることになります．相互相関関数および自己相関関数は次の項で説明しましょう．

さて，本項の冒頭で出てきました「デコンボリューション」について，ここで，波形処理の観点から，少々説明を加えます．ここで，ある長い時間幅を持つ波の繋がりを「波形トレース」と呼び，波形トレースの中に見られる特徴的な孤立波形を単に「波形」と呼ぶことにします．例えば，孤立波形は，P 波とか S 波と呼ばれる波のように考えてください．

デコンボリューション処理の特長は，孤立波形の性質を理解し易くするために行います．例えば，波形トレースに埋もれた特徴的な孤立波形を強調し，抽出したい場合です．そのため，まず，参照波形に対してコンボリューションで置き換えようとする希望波形を設定します．このとき，3 つの方法があります．

① 希望波形として多重反射の波形を選択すれば，デコンボリューションにより，ノイズである多重反射波形を軽減することが出来ます．この処理をプレディクティブ・デコンボリューション（*predictive deconvolution*）と呼んでいます．

② 希望波形を先のとがった三角形とすれば，参照波形を鋭い波形にします．この処理をスパイキング・デコンボリューション（*spiking deconvolution*）と呼んでいます．

③ 希望波形としてデルタ関数のようなパルスを選択すると，波形は理想的には反射系数列となります．この処理をホワイトニング・デコンボリューション（*whitening deconvolution*）と呼んでいます．

というわけです．以上のように波形全体すなわち波形トレースの集合である「波界」の整形を波形解析処理する前に行うことで，処理結果が改善されることになります．この処理のことを「前処理 *preprocessing*」と呼ぶことがあります．

ここでは，地震波信号処理の場合を例に，ウィナー・フィルターによるデコンボリューションについて説明しました．役にたつとよろしいですが．オーストリア発祥のウィンナーコーヒーは頭の疲れを取りますが（笑）

4.2. 光・弾性波における分野

4.2.6. 自己相関関数・相互相関関数

相関関数（*correlation function*）は，相関係数（*correlation cofficient*）とも言いますが，弾性波の波形データに関して例を言うならば，1つの波形トレースがあるとき，相関を自分自身同士で計算する場合は自己相関関数（*auto correlation function*）R_{AUTO} と呼び，一方，2つの波形トレースがあるとき，相関を異なる2つの波形トレース同士で計算する場合は相互相関関数（*cross correlation function*）R_{CROSS} と呼びます．これらの言葉は，統計学でも波形トレースを扱う地震学でも同じです．

もうちょっと，例を見ながら，説明しましょう．相関関数のイメージを図 **4.2.6-1** に示します．波形トレース $\xi(t)$ は，相関を計算する基本となる波形トレースで，波形トレース $\xi(t)$ 自身と相関をとる場合，自己相関関数と呼び，一方，異なる波形トレース $\zeta(t)$ 相関をとる場合は，相互相関関数と呼びます．

「自己」も「相互」も，相関を計算する式は同じで，式 4.2.6-1，すなわち，積分形式を用いるならば，

$$R_{AUTO}(\tau) = \int \xi(t)\xi(t+\tau)dt$$
$$R_{CROSS}(\tau) = \int \xi(t)\zeta(t+\tau)dt$$
(4.2.6-1)

を用います．式 4.2.6-1 を離散データの加算形式で表すと，

$$R_{AUTO}(j) = \sum_{i=0}^{n} \xi_i \xi_{i+j} \quad (-n \leq j \leq n)$$
$$R_{CROSS}(j) = \sum_{i=0}^{n} \xi_i \zeta_{i+j} \quad (-n \leq j \leq n)$$
(4.2.6-2)

となります．

図 **4.2.6-1** から分かるように，「相関をとる」という計算方法は，2つの波形が，どれくらいの時間をずらせば，同じ波形が現れるかを調べる方法と言っても同じです．

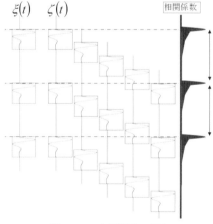

図 **4.2.6-1** 相関関数の概念

Short Rest 17.
「光ファイバーの利用」

　近年，光ファイバーは通信の分野で大量のデータ伝送ができるという長所があり，その長所を生かしたIT関連技術の開発が盛んに行われています．ここで，光ファイバーがこのような状況になった経緯をまず説明し，また，その別の用途について述べたいと思います．光ファイバーが実際に用いられるようになったのは1950年代に入ってからで，それは医療の分野で始まりました．光ファイバーによる伝送では，当時の光損失は数千dB／kmというもので，一般的に使用できるものではなかったからです．1966年になって，光が透過する媒体であるガラス内の不純物を取り除くことで光の吸収が非常に小さくなることが発見され，光通信による長距離伝送の可能性が出てきました．光の透過性の検証というは，光が物質を透過しその光輝度の割合が0.5になる距離として行われます．ちなみに，窓ガラスの場合は15cm，光学ガラスの場合は15m程度です．1970年には，20dB/kmという光ファイバーが開発されました．1972年には，ETLOF(*ElectroTechnology Laboratory Optical Fiber*)という石英をコアとして用いる技術が日本で開発されました．その後，1976年に波長1.2μmの赤外線で0.47dB／km，さらに，1979年には，波長1.55μmで0.2dB／kmという低損失の光ファイバーが開発されました．

　現在では，光ファイバーは，光通信における長距離，しかも，大容量のデータ伝送のために欠かせない媒体として多用されています．そのため，光ファイバーの品質管理が必須となり，様々な検査手法が開発され利用されています．その技術の中で，発光された光パルスに対するブリルアン散乱光（*Brillouin Scattering Light*）を用いた歪分布測定機能（BOTDR: *Brillouin Optical Time Domain Reflectometer*）や，損失分布測定機能（COTDR: *Coherent Optical Time Domain Reflectometer*）などが開発され，光ファイバーの破断点や破断予知などを検出する技術として利用されています．特に，BOTDR法と言われる光ファイバー歪みセンシング技術は，1本の光ファイバーを数kmにわたって，長期間，その線全体の歪み分布が監視できるという技術です．その原理は，歪みが発生した光ファイバーの部分で反射光が生成され，それを捉えて光の往復時間から歪みの発生場所を計算し，また，発光した光パルスと反射光のスペクトルの違いから歪みの大きさを測定するというものです．この方法によれば，1本の計測線で，距離分解能1m以上，歪み測定限界100μStrain以上で測定ができます．その初期の利用例として，ヨットなどの造船メーカーがNTTの協力で船体損傷検出システムを開発したことが挙げられます．また，鉄道総研と三菱重工業はトンネル変状検知実験で，模擬トンネル供試体を作成して，BOTDR法により，トンネル内の損傷位置の特定が可能であることを実証しました．ちなみに，著者は，BOTDR方式により，トンネル工事で場所打ちコンクリートに発生した亀裂を46日後に検知しました．現在では，トンネル内部変形や地滑り地形や岩盤崩落現場の監視など幅広く利用されています．

　このほか，FBG（*Fiber Bragg Grating*）法というのがあります．その原理は，光ファイバー内部に光が反射するように，1cm程度の幅の中に一定間隔の反射・透過格子（スリット）を多数配置し，その部分で歪みを受けると，反射光の波長が変化するという性質を利用するものです．この方法によれば，1本の計測線に20〜30箇所に測定部（スリット部）を設けることができ，距離分解能1cm，歪み測定限界が数μStrainで測定ができます．このように，BOTDR法は，精度はそこそこであるが.広い範囲での歪み分布が測定でき，一方，FBG 法は精度は歪み電気式ゲージ並であるが，測定箇所が離散的でしかも数に限りがある，ということで，両者は互いに補間するような測定法になっている，と言えるでしょう．2000年代に入って，さらに，高度化し，計測はBOTDR法のようで，精度はFBGやひずみゲージと同等であるというPPP-BOTDA法も実用化されています．

4.3. 電磁気学における分野

4.3.1. 電磁波の基礎方程式

電磁波（electro-magnetic wave）とは，電場と磁場が直交しながら進むエネルギー波と言って良いでしょう．すなわち，電場と磁場は別々ではなく対なのです．この電場と磁場の伝播を記述する方程式をマックスウェル方程式（Maxwell equations）と呼びます．

電磁気学は様々な実験を繰り返し，空中における実験結果について，マックスウェルが次のようにまとめました：

1) 任意の閉曲面を貫く流束 **D** は，その内部の電荷 ρ に比例する．
2) 任意の曲面の周りの電場 **E** の循環は，その表面を通る **B** の流束の時間変化に等しい．
3) 任意の閉曲面に対する **B** の流束はない（ゼロ）．
4) 任意の曲面の周りの **H** の循環は，その表面を通る **E** の流束 **D** の時間変化とその表面を通る電流の流束 **J** を定数で除した値の和に比例する．

通常の入門書はここから始まるはずです．しかし，皆さんは∇については，もう既にご存知です．良かった．したがって，話を進めることができます，よね．マックスウェル方程式を真空中だけでなく，一般的な式で書くと以下のようになります．

$$\nabla \cdot \mathbf{D} = \rho \tag{4.3.1-1}$$

$$\nabla \times \mathbf{E} = -\frac{\partial \mathbf{B}}{\partial t} \tag{4.3.1-2}$$

$$\nabla \cdot \mathbf{B} = 0 \tag{4.3.1-3}$$

$$\nabla \times \mathbf{H} = \mathbf{J} + \frac{\partial \mathbf{D}}{\partial t} \tag{4.3.1-4}$$

ここで，ρ，**J**，**H**，**D**，**E**，**B** は，それぞれ，電荷密度（electric charge density）[C/m3]，電流密度（electric current density）[A/m2]，磁界強度（磁場強度）（magnetic field strength）[AT/m]，電束密度（electric flux density）[C/m2]，電界強度（電場強度）（electric field strength）[V/m]，磁束密度（magnetic flux density）[T]であり，前者2つは電磁場の源になり，後者4つは電磁界（electromagnetic field）を表します．また，

$$\mathbf{D} = \varepsilon \mathbf{E} \tag{4.3.1-5}$$

$$\mathbf{B} = \mu \mathbf{H} \tag{4.3.1-6}$$

$$\mathbf{J} = \mathbf{J}_0 + \sigma \mathbf{E} \tag{4.3.1-7}$$

ここで，係数 ε，μ，σ は，それぞれ，媒質の誘電率（dielectric constant）[F/m]，媒質の透磁率（magnetic permiability）[H/m]，導電率（electric conductivity）[S/m]（比抵抗の逆数）と呼ばれます．また，$\mathbf{J}_0$ は電流のわき出しを表します．また，真空中の誘電率を ε_0 とすれば，$\varepsilon = \varepsilon_0 \varepsilon_r$ であり，ε_r を比誘電率と言います．一方，真空中の誘磁率を μ_0 とすれば，$\mu = \mu_0 \mu_r$ であり，μ_r を比透磁率と言います．ここで，真空中の光速 c は，

$$c = 1/\sqrt{\varepsilon_0 \mu_0}$$

です．

さて，一般に，コンクリートや岩盤の内部のような地盤探査では，岩盤内には電荷が存在しないので $\rho = 0$，電流のわき出しが無いので $\mathbf{J}_0 = \mathbf{0}$ と仮定できます．また，ε，μ，σ は一定と考えられます．ここで，式 4.3.1-1～式 4.3.1-4 を書き換え，電場 $\mathbf{E}$ および磁場 $\mathbf{H}$ で整理すると，以下のようになります．まず，式 4.3.1-1 は，

$$\nabla \cdot \mathbf{D} = \rho \quad \Rightarrow \quad \nabla \cdot (\varepsilon \mathbf{E}) = \rho = 0 \quad \Rightarrow \quad \nabla \cdot \mathbf{E} = 0 \quad (\because \ \varepsilon \neq 0) \tag{4.3.1-8}$$

となります．また，次に式 4.3.1-2 は，

$$\nabla \times \mathbf{E} = -\frac{\partial \mathbf{B}}{\partial t} \quad \Rightarrow \quad \nabla \times \mathbf{E} = -\frac{\partial (\mu \mathbf{H})}{\partial t} \quad \Rightarrow \quad \nabla \times \mathbf{E} = -\mu \frac{\partial \mathbf{H}}{\partial t} \tag{4.3.1-9}$$

となります．さらに，式 4.3.1-3 は，

$$\nabla \cdot \mathbf{B} = 0 \quad \Rightarrow \quad \nabla \cdot (\mu \mathbf{H}) = 0 \quad \Rightarrow \quad \nabla \cdot \mathbf{H} = 0 \tag{4.3.1-10}$$

そして，最後に，式 4.3.1-4 は，

$$\nabla \times \mathbf{H} = \mathbf{J} + \frac{\partial \mathbf{D}}{\partial t} \quad \Rightarrow \quad \nabla \times \mathbf{H} = (\mathbf{J}_0 + \sigma \mathbf{E}) + \frac{\partial (\varepsilon \mathbf{E})}{\partial t}$$

$$\Rightarrow \quad \nabla \times \mathbf{H} = \sigma \mathbf{E} + \varepsilon \frac{\partial \mathbf{E}}{\partial t} \quad (\because \ \mathbf{J}_0 = \mathbf{0}) \tag{4.3.1-11}$$

となります．

さて，ここから，電磁波の伝播に関する重要な式を導出していきます．まず，式 4.3.1-11 の両辺を時間で微分して式 4.3.1-9 用いて変更すると，

$$\nabla \times \frac{\partial}{\partial t} \mathbf{H} = \sigma \frac{\partial}{\partial t} \mathbf{E} + \varepsilon \frac{\partial}{\partial t} \frac{\partial \mathbf{E}}{\partial t} \quad \Rightarrow \quad \nabla \times \frac{\partial \mathbf{H}}{\partial t} = \sigma \frac{\partial \mathbf{E}}{\partial t} + \varepsilon \frac{\partial^2 \mathbf{E}}{\partial t^2}$$

$$\Rightarrow \nabla \times \left(-\frac{1}{\mu} \nabla \times \mathbf{E}\right) = \sigma \frac{\partial \mathbf{E}}{\partial t} + \varepsilon \frac{\partial^2 \mathbf{E}}{\partial t^2} \Rightarrow -\frac{1}{\mu} \nabla \times (\nabla \times \mathbf{E}) = \sigma \frac{\partial \mathbf{E}}{\partial t} + \varepsilon \frac{\partial^2 \mathbf{E}}{\partial t^2}$$

ですが，，ここでベクトルの演算公式 $\nabla \times (\nabla \times \mathbf{a}) = \nabla (\nabla \cdot \mathbf{a}) - \nabla^2 \mathbf{a}$ を思い出しましょう．これを用います．すなわち，$\mathbf{a} \Rightarrow \mathbf{E}$ と置き換えて考え，さらに，式 4.3.1-8 により，

$$\nabla \times (\nabla \times \mathbf{E}) = \nabla (\nabla \cdot \mathbf{E}) - (\nabla \cdot \nabla) \mathbf{E} = -\Delta \mathbf{E} \quad (\because \ \nabla \cdot \mathbf{E} = 0)$$

ですから，

$$\nabla^2 \mathbf{E} = \sigma \mu \frac{\partial \mathbf{E}}{\partial t} + \varepsilon \mu \frac{\partial^2 \mathbf{E}}{\partial t^2} \tag{4.3.1-12}$$

が得られます．この式は重要です．しかも，$\mathbf{H}$ が式中にありません．

磁場 $\mathbf{H}$ は，やはり，式 4.3.1-10 を使えば，

$$\nabla \times (\nabla \times \mathbf{H}) = \nabla (\nabla \cdot \mathbf{H}) - \nabla^2 \mathbf{H} = -\Delta \mathbf{H} \quad (\because \ \nabla \cdot \mathbf{H} = 0)$$

ですから，式 4.1.3-12 と全く同じ式

$$\nabla^2 \mathbf{H} = \sigma \mu \frac{\partial \mathbf{H}}{\partial t} + \varepsilon \mu \frac{\partial^2 \mathbf{H}}{\partial t^2} \tag{4.3.1-13}$$

になります．と言っても信用できませんよね．では，やってみましょう．

式 4.3.1-11 の両辺に $\nabla \times$ を作用させると，

4.3. 電磁気学における分野

$$\nabla \times (\nabla \times \mathbf{H}) = \nabla \times \left(\sigma \mathbf{E} + \varepsilon \frac{\partial \mathbf{E}}{\partial t} \right) \Rightarrow -\nabla^2 \mathbf{H} = \sigma(\nabla \times \mathbf{E}) + \varepsilon \frac{\partial (\nabla \times \mathbf{E})}{\partial t}$$

ですから，式 4.3.1-9 を用いれば，

$$-\nabla^2 \mathbf{H} = \sigma \left(-\mu \frac{\partial \mathbf{H}}{\partial t} \right) + \varepsilon \frac{\partial}{\partial t} \left(-\mu \frac{\partial \mathbf{H}}{\partial t} \right)$$

すなわち，式 4.3.1-13 と同じ式が得られます．今度は，$\mathbf{E}$ が式の中にありません．このように，式 4.3.1-12 と式 4.3.1-13 から，$\mathbf{E}$ と $\mathbf{H}$ は同じ方程式で支配されていることが分かります．納得いきましたか？ このことは，$\mathbf{E}$ と $\mathbf{H}$ が同じ伝播状況であることを意味しています．

電磁波の伝播についてもう少し考えることにしましょう．なぜなら，磁場 $\mathbf{H}$ は電場 $\mathbf{E}$ とは，全く同じ形式の微分方程式で記述されているので，その解も全く同じ形をしていることとなり，その状況も同じとなることが分かっているからです．物理，いや，自然は，なんと，華麗でシンプルなことか，とお思いにはなりませんでしょうか？

というわけで，式 4.3.1-12 についての一般解として，$\mathbf{X}$ 方向に進み，初期電場強度が $\mathbf{E}_0$ である進行場 $\mathbf{E}$ を考えれば十分なことが分かります．さて，進行場 $\mathbf{E}$ とは何でしょうか？ また，式 4.3.1-12 や式 4.3.1-13 で表される微分方程式の解はどんなものなのでしょうか？

その解を求めるために，ここで，少々の準備をしたいと思います．

4.3.2. 電磁波の伝播

さて，式 4.3.1-12 から話をしましょう．式 4.3.1-12 の一般解として，

$$\mathbf{E} = \mathbf{E}_0 \exp\{i(k\mathbf{x} - \omega t)\} \quad (\mathbf{E}_0 = \|\mathbf{E}_0\|) \tag{4.3.2-1}$$

としましょう．この解を式 4.3.1-12 に代入してみますと，

$$\nabla^2 \mathbf{E} = \sigma\mu \frac{\partial \mathbf{E}}{\partial t} + \varepsilon\mu \frac{\partial^2 \mathbf{E}}{\partial t^2}$$

$$\Rightarrow \nabla^2 \mathbf{E} = \nabla^2 (\mathbf{E}_0 \exp\{i(k\mathbf{x} - \omega t)\}) = (ik)^2 \mathbf{E} = -k^2 \mathbf{E}$$

$$\Rightarrow \sigma\mu \frac{\partial \mathbf{E}}{\partial t} + \varepsilon\mu \frac{\partial^2 \mathbf{E}}{\partial t^2}$$

$$= \sigma\mu \frac{\partial}{\partial t} (\mathbf{E}_0 \exp\{i(k\mathbf{x} - \omega t)\}) + \varepsilon\mu \frac{\partial^2}{\partial t^2} (\mathbf{E}_0 \exp\{i(k\mathbf{x} - \omega t)\})$$

$$= \sigma\mu(-i\omega)\mathbf{E} + \varepsilon\mu(-i\omega)^2 \mathbf{E} = (-i\omega\sigma\mu - \varepsilon\mu\omega^2)\mathbf{E}$$

ですから，

$$-k^2 \mathbf{E} = (-i\omega\sigma\mu - \varepsilon\mu\omega^2)\mathbf{E}$$

が得られます．したがって，

$$k^2 = i\omega\sigma\mu + \varepsilon\mu\omega^2 \tag{4.3.2-3}$$

とするならば，式 4.3.2-2 は，

$$\nabla^2 \mathbf{E} = \sigma\mu \frac{\partial \mathbf{E}}{\partial t} + \varepsilon\mu \frac{\partial^2 \mathbf{E}}{\partial t^2} \Rightarrow \nabla^2 \mathbf{E} + k^2 \mathbf{E} = \mathbf{0} \tag{4.3.2-4}$$

4. 応用

となる、ということです。おお、なんと、前項 4.2.3 で、半ば強制的に（笑）、式 4.2.3-2 でご紹介いたしましたヘルムホルツ型微分方程式（*Helmholtz equation*）です。ここで、式 4.3.2-3 によれば、k は少なくとも虚数部がなければなりません。そこで、k を複素数とし、

$$k = \alpha + i\beta \quad (\alpha > 0, \beta > 0) \tag{4.3.2-5}$$

とおくことにします。どうしてでしょう。

式 4.3.2-5 を式 4.3.2-1 に代入すると、

$$\mathbf{E} = \mathbf{E}_0 e^{i(k\mathbf{x}-\omega t)} = \mathbf{E}_0 e^{i\{(\alpha+i\beta)\mathbf{x}-\omega t\}} = \mathbf{E}_0 e^{-\beta\mathbf{x}} e^{i(\alpha\mathbf{x}-\omega t)} \tag{4.3.2-6}$$

と書けますが、この式の $\exp(-\beta\mathbf{x})$ は、波動伝播における電磁波振幅の減衰項に対応しています。式 4.3.2-6 の残りの部分を $f(\mathbf{x})$ とすれば、

$$f(\mathbf{x}) = \exp\{i(\alpha\mathbf{x}-\omega t)\} = \exp\left\{i\alpha\left(\mathbf{x}-\frac{\omega}{\alpha}t\right)\right\} = \exp\{i\alpha(\mathbf{x}-Vt)\} \tag{4.3.2-7}$$

と書けます。ここで、$V = \omega/\alpha$ で、波動伝播における位相速度（*phase velocity*）です。ここで、α は波動の波数（*wave number*）、ω は角周波数（*angular frequency*）と呼ばれ、$2\pi f$ で表され、その f は波動の周波数（*frequency*）で、周期（*period*）T の逆数です。そして、これらの関係は、

$$V = \omega/\alpha = (2\pi f)/(2\pi/\lambda) = f\lambda = \lambda/T \tag{4.3.2-8}$$

という有名な波動伝播の位相速度の式であり、電磁波だけでなく弾性波の伝播でも上式は共通です。ここで、λ は波数で、1 秒間に含まれる波（*wavelet*）の数です。

ここで、式 4.3.2-5 を式 4.3.2-3 に代入し、α や β の具体的な表式を計算しましょう。

$$(\alpha + i\beta)^2 = i\omega\sigma\mu + \varepsilon\mu\omega^2 \Rightarrow \alpha^2 + i2\alpha\beta - \beta^2 = i\omega\sigma\mu + \varepsilon\mu\omega^2$$

ですから、実部と虚部を比較すれば、

$$\alpha^2 - \beta^2 = \varepsilon\mu\omega^2 \quad , \quad 2\alpha\beta = \omega\sigma\mu \tag{4.3.2-9}$$

となり、実数 α と β を未知数とする方程式になります。さて、式 4.3.2-9 の第 2 式から、$\beta = \omega\sigma\mu/2\alpha$ とし、式 4.3.2-9 の第 1 式に代入しますと、

$$\alpha^2 - (\omega\sigma\mu/2\alpha)^2 = \varepsilon\mu\omega^2 \Rightarrow 4(\alpha^2)^2 - 4\varepsilon\mu\omega^2(\alpha^2) - (\omega\sigma\mu)^2 = 0$$

であり、当然、$\alpha > 0 \Rightarrow \alpha^2 > 0$ ですから、

$$\alpha^2 = \frac{1}{8}\left(4\varepsilon\mu\omega^2 + \sqrt{(4\varepsilon\mu\omega^2)^2 + 4\cdot 4(\sigma\mu\omega)^2}\right) = \frac{1}{2}\left(\varepsilon\mu\omega^2 + \sqrt{(\varepsilon\mu\omega^2)^2 + (\sigma\mu\omega)^2}\right)$$

$$= \frac{\varepsilon\mu\omega^2}{2}\left(1 + \sqrt{1 + \left(\frac{\sigma\mu\omega}{\varepsilon\mu\omega^2}\right)^2}\right) = \frac{\varepsilon\mu\omega^2}{2}\left(1 + \sqrt{1 + \left(\frac{\sigma}{\varepsilon\omega}\right)^2}\right)$$

$$\therefore \quad \alpha = \frac{\varepsilon\mu\omega^2}{2}\sqrt{\sqrt{1 + \left(\frac{\sigma}{\varepsilon\omega}\right)^2} + 1} \quad (\because \alpha > 0) \tag{4.3.2-10}$$

続いて、β について、式 4.3.2-9 から

$$\beta^2 = \alpha^2 - \varepsilon\mu\omega^2 = \frac{\varepsilon\mu\omega^2}{2}\left(1 + \sqrt{1 + \left(\frac{\sigma}{\varepsilon\omega}\right)^2}\right) - \varepsilon\mu\omega^2$$

4.3. 電磁気学における分野

$$= \frac{\varepsilon\mu\omega^2}{2}\sqrt{1+\left(\frac{\sigma}{\varepsilon\omega}\right)^2} - \frac{\varepsilon\mu\omega^2}{2} = \frac{\varepsilon\mu\omega^2}{2}\left(\sqrt{1+\left(\frac{\sigma}{\varepsilon\omega}\right)^2} - 1\right)$$

$$\therefore \quad \beta = \omega\sqrt{\frac{\varepsilon\mu}{2}}\sqrt{\sqrt{1+\left(\frac{\sigma}{\varepsilon\omega}\right)^2} - 1} \quad (\because \quad \beta > 0) \tag{4.3.2-11}$$

このように，α および β が，それぞれ，式 4.3.2-10 および式 4.3.2-11 として求まりました．とは言え，これらの表式は複雑ですよね．そこで，これらの式が，どの程度，簡略化できるかを考えてみましょう．

そこで，$\sigma/\varepsilon\omega$ についての評価を考えます．パラメータについて確認しましょう．σ, ε, ω は，それぞれ，物質の導電率，誘電率，角周波数です．ε は物質の誘電率です．物質の誘電率 ε の真空の誘電率 ε_0 に対する比を比誘電率 ε_r（$\varepsilon_r = \varepsilon/\varepsilon_0$）と呼んでいます．比誘電率 ε_r の値は 10^2 以下で，真空の誘電率 ε_0 は，8.85×10^{-12} であり，ε は 10^{-9} 程度になります．ω については，すでに説明しましたように，$\omega = 2\pi f$ で，CWレーダーを除けば，レーダーで使用されている周波数 f は，概ね $(0.3～3) \times 10^9$ Hz です．したがって，以下に示す $\sigma/\varepsilon\omega$ の計算では，$\omega = 2\pi f \approx 10^9$ Hz とします．

ここで，大雑把な計算をします．表 4.3.2-1 にその計算のパラメータを示します．これらの値は正確ではありませんが，オーダー的な（数字の桁に関しての）概算として用いるには十分でしょう．

表 4.3.2-1　各種パラメータ

		比抵抗 ρ = 導電率 σ の逆数		比誘電率 ε_r	
		概値域	設定値	概値域	設定値
金属	銅	1.7×10^{-8}	10^{-7}	$> 10^2$	10^2
	鉄	9.8×10^{-8}		$> 10^2$	
水	真水	$\sim 10^2$	10^2	81	10^2
	イオン水	~ 10		81	
媒質	地盤	$\geq 10^3$	10^3	10～30	10^2
（乾燥）	岩盤	$\geq 10^3$		4～20	

さて，表 4.3.2-1 の「設定値」を用いて，$\sigma/\varepsilon\omega$ を計算してみましょう．
（1）金属類
$$\sigma/\varepsilon\omega = 10^7/(10^{-9} \cdot 10^9) = 10^7 \gg 1$$
（2）その他
$$\sigma/\varepsilon\omega = 10^{-3}/(10^{-9} \cdot 10^9) = 10^{-3} \ll 1$$

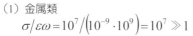

となります．式 4.3.2-10 や式 4.3.2-11 では，2乗で効いてきますので，以下のように近似ができます．

(1) の場合は，

$$\alpha = \beta = \omega\sqrt{\frac{\varepsilon\mu}{2}}\sqrt{\sqrt{\left(\frac{\sigma}{\varepsilon\omega}\right)^2 + 1} \pm 1} = \omega\sqrt{\frac{\varepsilon\mu}{2}}\sqrt{\frac{\sigma}{\varepsilon\omega}}\sqrt{\sqrt{1 + \frac{1}{\left(\frac{\sigma}{\varepsilon\omega}\right)^2}} \pm \frac{1}{\left(\frac{\sigma}{\varepsilon\omega}\right)}}$$

$$\therefore \quad \alpha = \beta \approx \omega\sqrt{\frac{\varepsilon\mu}{2}}\sqrt{\frac{\sigma}{\varepsilon\omega}} = \sqrt{\frac{\omega\mu\sigma}{2}} \tag{4.3.2-12}$$

となります．ここで，ちょっと，また，重要な寄り道をします．

　金属などに電磁波が垂直入射した場合，電磁波は全反射しそうですが，そうではなく，実は，表皮効果（*skin effect*）と言うのがあって，その進入深度を δ と書いて表皮深度（*skin depth*）と呼び，δ くらいは対象の部材の中に入り，それ以深は振幅が急激に減少するということが分かっています．それは，まさに，式 4.3.2-6 に関係するのです．

　この表皮深度は，入射する電磁波の振幅が $1/e$ になる深度とされています．式 4.3.2-6 で振幅増減に関わるファクターは，$\exp(-\beta\mathbf{x})$ ですが，ここでは，簡単に，ベクトル $\mathbf{x}$ を δ で置き換えることにしますと，$e^{-\beta\delta} = e^{-1}$ ですから，表皮深度 δ は

$$\delta = \beta^{-1} = \sqrt{\frac{2}{\omega\mu\sigma}} \tag{4.3.2-13}$$

となります．

(2) の場合は，α と β は異なる値となります．

$$\alpha = \omega\sqrt{\frac{\varepsilon\mu}{2}}\sqrt{\sqrt{\left(\frac{\sigma}{\varepsilon\omega}\right)^2 + 1} + 1} \approx \omega\sqrt{\frac{\varepsilon\mu}{2}}\sqrt{1 + \frac{1}{2}\left(\frac{\sigma}{\varepsilon\omega}\right)^2 + 1}$$

$$= \omega\sqrt{\varepsilon\mu}\sqrt{1 + \frac{1}{4}\left(\frac{\sigma}{\varepsilon\omega}\right)^2} \approx \omega\sqrt{\varepsilon\mu}\left(1 + \frac{1}{8}\left(\frac{\sigma}{\varepsilon\omega}\right)^2\right) \approx \omega\sqrt{\varepsilon\mu}$$

と書けます．これは，

$$\sqrt{\left(\frac{\sigma}{\varepsilon\omega}\right)^2 + 1} = 1 + \frac{1}{2}\left(\frac{\sigma}{\varepsilon\omega}\right)^2 + O(0) \approx 1 + \frac{1}{2}\left(\frac{\sigma}{\varepsilon\omega}\right)^2 \quad \left(\because \quad \frac{\sigma}{\varepsilon\omega} \ll 1\right) \tag{4.3.2-14}$$

を用いて，ほとんど 0 である項を省略することで近似しています．

　α についてもう少し話を続けます．地盤内では $\mu_r \approx 1$ と仮定でき，式 4.3.2-8 は，式 4.3.2-14 を用いると，

$$V = \frac{\omega}{\alpha} \approx \frac{\omega}{\omega\sqrt{\varepsilon\mu}} = \frac{1}{\sqrt{\varepsilon_0\varepsilon_r\mu_0\mu_r}} \approx \frac{1}{\sqrt{\varepsilon_r}}\frac{1}{\sqrt{\varepsilon_0\mu_0}} = \frac{c}{\sqrt{\varepsilon_r}} \tag{4.3.2-15}$$

と書き直すことができます．ここで，c は光速で，$c = 1/\sqrt{\varepsilon_0\mu_0} = 30\,\mathrm{cm/nsec}$ ，あるいは，$3 \times 10^5\,\mathrm{km/s}$ です．ちなみに，地球の赤道はほぼ $40{,}000\,\mathrm{km}$ ですから，光は，地球を 1 秒間で 7.5 回まわります．

4.3. 電磁気学における分野

4.3.3. 電磁波の反射と場の直交性

ここでは，電磁波が境界面に垂直に入射下場合の反射係数と透過係数を考えて見ましょう．議論の仮定として，電磁波が伝播する媒体は完全誘電体，あるいは，絶縁体で，したがって，導電率 σ は 0 としましょう．その場合，式 4.3.1-12 および式 4.3.1-13 は，

$$\nabla^2 \mathbf{E} = \varepsilon\mu \frac{\partial^2 \mathbf{E}}{\partial t^2} \tag{4.3.3-1}$$

$$\nabla^2 \mathbf{H} = \varepsilon\mu \frac{\partial^2 \mathbf{H}}{\partial t^2} \tag{4.3.3-2}$$

となります．この表式は，式 3.4.1-1 ですでに出ています．最も基本的な波動方程式です．また，波動伝播速度（位相速度）（>0）は，式 4.3.2-15 に示したように，

$$V = \sqrt{1/\varepsilon\mu} \tag{4.3.3-3}$$

です．式 4.3.3-1 と式 4.3.3-2 は全く同じ表現形式ですから，$\mathbf{E}$ も $\mathbf{H}$ も同じ速度で伝播することが分かります．すなわち，

$$\nabla^2 \mathbf{E} = \frac{1}{V^2} \frac{\partial^2 \mathbf{E}}{\partial t^2} \quad , \quad \nabla^2 \mathbf{H} = \frac{1}{V^2} \frac{\partial^2 \mathbf{H}}{\partial t^2}$$

と書けるのです．そして，導電率 σ は 0 とする場合，すなわち，金属を含まない，地盤や岩盤では，式 4.3.1-9 および式 4.3.1-11 から，

$$\nabla \times \mathbf{E} = -\mu \frac{\partial \mathbf{H}}{\partial t} \quad , \quad \nabla \times \mathbf{H} = \varepsilon \frac{\partial \mathbf{E}}{\partial t} \tag{4.3.3-4}$$

となります．ここから，単位ベクトル $\mathbf{e}_x, \mathbf{e}_y, \mathbf{e}_z$ を用いると，話は，少々具体的になります．z 方向にだけ進む電磁波を考える場合は，x および y で微分したものは 0 としてよいので，式 4.3.3-4 から書き出す（章末問題）と，$\mathbf{E} = (E_x, E_y, E_z)$, $\mathbf{H} = (H_x, H_y, H_z)$ とすれば，

$$-\mathbf{e}_x \frac{\partial E_y}{\partial z} + \mathbf{e}_y \frac{\partial E_x}{\partial z} = -\left(\mathbf{e}_x \mu \frac{\partial H_x}{\partial t} + \mathbf{e}_y \mu \frac{\partial H_y}{\partial t} + \mathbf{e}_z \mu \frac{\partial H_z}{\partial t} \right)$$

$$-\mathbf{e}_x \frac{\partial H_y}{\partial z} + \mathbf{e}_y \frac{\partial H_x}{\partial z} = \mathbf{e}_x \varepsilon \frac{\partial E_x}{\partial t} + \mathbf{e}_y \varepsilon \frac{\partial E_y}{\partial t} + \mathbf{e}_z \varepsilon \frac{\partial E_z}{\partial t}$$

となり，ここで，$\mathbf{e}_x, \mathbf{e}_y, \mathbf{e}_z$ は一次独立であることに注意して，

$$\frac{\partial E_y}{\partial z} = \mu \frac{\partial H_x}{\partial t}, \quad \frac{\partial E_x}{\partial z} = -\mu \frac{\partial H_y}{\partial t}, \quad \mu \frac{\partial H_z}{\partial t} = 0$$

$$\frac{\partial H_y}{\partial z} = -\varepsilon \frac{\partial E_x}{\partial t}, \quad \frac{\partial H_x}{\partial z} = \varepsilon \frac{\partial E_y}{\partial t}, \quad \varepsilon \frac{\partial E_z}{\partial t} = 0 \tag{4.3.3-5}$$

と整理することができます．

ちなみに，$a\mathbf{e}_x + b\mathbf{e}_y + c\mathbf{e}_z = \mathbf{0}$ を満たすのが，$a = b = c = 0$ のときに限られるとき，ベクトル $\mathbf{e}_x, \mathbf{e}_y, \mathbf{e}_z$ は，一次独立であるといいます．

式 4.3.1-8 および式 4.3.1-10 から，x および y で微分したものは 0 としてよいので，$\nabla \cdot \mathbf{E}$ および $\nabla \cdot \mathbf{H}$，すなわち，

$$\nabla \cdot \mathbf{E} = \frac{\partial E_x}{\partial x} + \frac{\partial E_y}{\partial y} + \frac{\partial E_z}{\partial z} = 0 \quad \text{および} \quad \nabla \cdot \mathbf{H} = \frac{\partial H_x}{\partial x} + \frac{\partial H_y}{\partial y} + \frac{\partial H_z}{\partial z} = 0$$

において，

$$\frac{\partial E_x}{\partial x} = \frac{\partial E_y}{\partial y} = 0 \quad \text{および} \quad \frac{\partial H_x}{\partial x} = \frac{\partial H_y}{\partial y} = 0$$

のようにできます．したがって，

$$\frac{\partial E_z}{\partial z} = \frac{\partial H_z}{\partial z} = 0$$

であることが分かります．ここで，式 4.3.3-5 において，E_z および H_z は定数であることが分かりますが，実は，z 方向の成分を持たないので，$E_z = H_z = 0$ としてよいのです．

ここで，電磁波が z 方向の正の方向に速度 V で伝播する場合，式 4.3.3-1 に示しました波動方程式の一般解は

$$E_x = f(z - Vt), \quad E_y = g(z - Vt), \quad V = 1/\sqrt{\varepsilon\mu} \tag{4.3.3-6}$$

ですが，式 4.3.3-5 で，

$$\frac{\partial H_x}{\partial z} = \varepsilon \frac{\partial E_y}{\partial t} = -\varepsilon V \frac{\partial E_y}{\partial z} = -\sqrt{\frac{\varepsilon}{\mu}} \frac{\partial E_y}{\partial z} \tag{4.3.3-7}$$

$$\frac{\partial H_y}{\partial z} = -\varepsilon \frac{\partial E_x}{\partial t} = \varepsilon V \frac{\partial E_x}{\partial z} = \varepsilon \frac{1}{\sqrt{\varepsilon\mu}} \frac{\partial E_x}{\partial z} = \sqrt{\frac{\varepsilon}{\mu}} \frac{\partial E_x}{\partial z} \tag{4.3.3-8}$$

となりますから、微分記号をはずすと、

$$H_y = \sqrt{\frac{\varepsilon}{\mu}} E_x \quad \text{および} \quad H_x = -\sqrt{\frac{\varepsilon}{\mu}} E_y \tag{4.3.3-9}$$

ですから，

$$\mathbf{E} = (E_x, E_y, E_z), \quad \mathbf{H} = (H_x, H_y, H_z)$$

および，

$$E_z = H_z = 0 \tag{4.3.3-10}$$

に注意して，式 4.3.3-7 および式 4.3.3-10 から，内積をとれば，

$$\mathbf{E} \cdot \mathbf{H} = E_x H_x + E_y H_y + E_z H_z = E_x \left(-\sqrt{\frac{\varepsilon}{\mu}} E_y\right) + E_y \left(\sqrt{\frac{\varepsilon}{\mu}} E_x\right) + 0 \cdot 0 \tag{4.3.3-11}$$

$$\therefore \quad \mathbf{E} \cdot \mathbf{H} = 0$$

です．

$\mathbf{E} \cdot \mathbf{H} = 0$ は，図 4.3.3-1 のように，電場 $\mathbf{E}$ と磁場 $\mathbf{H}$ が直交していることを意味します．位相速度も同じ値です（**図 4.3.3-1** 参照）．

さらに，電場 $\mathbf{E}$ と磁場 $\mathbf{H}$ の大きさを比べましょう．式 4.3.3-8 および式 4.3.3-10 から，$\|\mathbf{H}\|$ に対する $\|\mathbf{E}\|$ の比を計算します．

図 4.3.3-1 直交する $\mathbf{E}$ と $\mathbf{H}$ のイメージ

4.3. 電磁気学における分野

$$\frac{\|\mathbf{E}\|}{\|\mathbf{H}\|} = \frac{\sqrt{E_x^2 + E_y^2 + E_z^2}}{\sqrt{H_x^2 + H_y^2 + H_z^2}} = \frac{\sqrt{E_x^2 + E_y^2 + E_z^2}}{\sqrt{\left(-\sqrt{\frac{\varepsilon}{\mu}}E_y\right)^2 + \left(\sqrt{\frac{\varepsilon}{\mu}}E_x\right)^2 + H_z^2}}$$

$$= \sqrt{\frac{\mu}{\varepsilon}}\frac{\sqrt{E_x^2 + E_y^2}}{\sqrt{E_x^2 + E_y^2}} = \sqrt{\frac{\mu}{\varepsilon}} \quad \therefore \quad \frac{\|\mathbf{E}\|}{\|\mathbf{H}\|} = \sqrt{\frac{\mu}{\varepsilon}} \qquad (4.3.3\text{-}12)$$

のように計算できます．式 4.3.3-11 の最後の式は，各媒質ごとに成り立ちます．すなわち，媒質 i の中では

$$\sqrt{\varepsilon_i}\|\mathbf{E}_i\| = \sqrt{\mu_i}\|\mathbf{H}_i\| \qquad (4.3.3\text{-}13)$$

という結果となったわけです．対象式のような綺麗な表式ですね．

4.3.4. 電磁波の反射と透過

電磁波は，媒質の異なる，すなわち，比誘電率の変化する面で，振幅（強度）を変化させて，反射したり透過したりします．ここでは，どの程度，どんな風に，振幅が変化するかを，若干述べてみます．

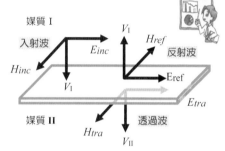

図 4.3.4-1 $\mathbf{E}$ と $\mathbf{H}$ の入射・反射・透過のイメージ

図 4.3.4-1 を見てください．電磁波の垂直に入射（添字の inc）する場合，垂直に反射波（添字の ref），透過波（添字の tra）が，それぞれ発生します．電場 $\mathbf{E}$ から磁場 $\mathbf{H}$ へと右ネジが進む方向を電磁波の進行方向です．伝播速度が，媒質 I では V_I，媒質 II では V_II であるとしましょう．また，以下にある比誘電率 ε や透磁率 μ についての添字も同様の意味を持つとします．ここで，電場の強さ（振幅）を $\|\mathbf{E}\| = E$，磁場の強さ（振幅）を $\|\mathbf{H}\| = H$ と書くことにします．

電磁波 E_{inc} が入射したとき，反射波と透過波の振幅は，それぞれ，E_{ref}, E_{tra} となり，

$$E_{ref} = RE_{inc} \qquad (4.3.4\text{-}1)$$

と書いて R を反射係数（Reflection Coefficient），

$$E_{tra} = TE_{inc} \qquad (4.3.4\text{-}2)$$

と書いて T を透過係数（Transmission Coefficient）と呼んでいます．

さて，前項から，$H = \left(\sqrt{\varepsilon/\mu}\right)E$ とい関係を用いて，さらに，図 4.3.4-1 を参照して，入射・反射・透過の一連の波動の連続性を書き下すと，

$$E_{inc} + E_{ref} = E_{tra} \quad , \quad H_{inc} - H_{ref} = H_{tra} \qquad (4.3.4\text{-}3)$$

となりますが，ここで，

$$H_{inc} = \left(\sqrt{\varepsilon/\mu}\right)E_{inc}, H_{ref} = \left(\sqrt{\varepsilon/\mu}\right)E_{ref}, H_{tra} = \left(\sqrt{\varepsilon/\mu}\right)E_{tra} \qquad (4.3.4\text{-}4)$$

を用いれば，$E_{inc} \neq 0$ が仮定できますから，式 4.3.4-3 の第一式に式 4.3.4-4 を代入すれば，

$$\left(\sqrt{\varepsilon_\mathrm{I}/\mu_\mathrm{I}}\right)E_{inc} - \left(\sqrt{\varepsilon_\mathrm{I}/\mu_\mathrm{I}}\right)E_{ref} = \left(\sqrt{\varepsilon_\mathrm{II}/\mu_\mathrm{II}}\right)E_{tra}$$

$$\left(\sqrt{\varepsilon_\mathrm{I}/\mu_\mathrm{I}}\right)E_{inc} - \left(\sqrt{\varepsilon_\mathrm{I}/\mu_\mathrm{I}}\right)E_{ref} = \left(\sqrt{\varepsilon_\mathrm{II}/\mu_\mathrm{II}}\right)\left(E_{inc} + E_{ref}\right)$$
$$E_{inc}\left(\sqrt{\varepsilon_\mathrm{I}/\mu_\mathrm{I}} - \sqrt{\varepsilon_\mathrm{II}/\mu_\mathrm{II}}\right) = E_{ref}\left(\sqrt{\varepsilon_\mathrm{I}/\mu_\mathrm{I}} + \sqrt{\varepsilon_\mathrm{II}/\mu_\mathrm{II}}\right)$$

で反射係数は，

$$R = \frac{E_{ref}}{E_{inc}} = \frac{\sqrt{\varepsilon_\mathrm{I}/\mu_\mathrm{I}} - \sqrt{\varepsilon_\mathrm{II}/\mu_\mathrm{II}}}{\sqrt{\varepsilon_\mathrm{I}/\mu_\mathrm{I}} + \sqrt{\varepsilon_\mathrm{II}/\mu_\mathrm{II}}} \tag{4.3.4-5}$$

と求まります．さらに，式 4.3.4-3 から，

$$1 + E_{ref}/E_{inc} = E_{tra}/E_{inc} \quad\Rightarrow\quad T = E_{tra}/E_{inc} = 1 + R = 1 + \frac{\sqrt{\varepsilon_\mathrm{I}/\mu_\mathrm{I}} - \sqrt{\varepsilon_\mathrm{II}/\mu_\mathrm{II}}}{\sqrt{\varepsilon_\mathrm{I}/\mu_\mathrm{I}} + \sqrt{\varepsilon_\mathrm{II}/\mu_\mathrm{II}}}$$

ですので，T は，

$$T = \frac{2\sqrt{\varepsilon_\mathrm{I}/\mu_\mathrm{I}}}{\sqrt{\varepsilon_\mathrm{I}/\mu_\mathrm{I}} + \sqrt{\varepsilon_\mathrm{II}/\mu_\mathrm{II}}} \tag{4.3.4-6}$$

（反射係数や透過係数は探査で最重要なパラメータです）

となります．地盤探査やコンクリート内部調査では，地盤内の透磁率を $\mu_\mathrm{I} = \mu_\mathrm{II} = 1$ としても良く，電磁レーダー計測では，反射係数を R，および透過係数を T を，

$$R = \frac{\sqrt{\varepsilon_\mathrm{I}} - \sqrt{\varepsilon_\mathrm{II}}}{\sqrt{\varepsilon_\mathrm{I}} + \sqrt{\varepsilon_\mathrm{II}}} \quad,\quad T = \frac{2\sqrt{\varepsilon_\mathrm{I}}}{\sqrt{\varepsilon_\mathrm{I}} + \sqrt{\varepsilon_\mathrm{II}}} \tag{4.3.4-7}$$

として解析します．ちなみに，式 4.3.4-7 から考えると，表 4.3.2-1 を考えて，少々水分の多い地盤内の比誘電率を $\varepsilon_\mathrm{I} = 36$（単にルートが開ける）とすれば，地盤内にある空洞部分（$\varepsilon_\mathrm{II} = 1$）との境界面では，

$$R = \frac{\sqrt{36} - \sqrt{1}}{\sqrt{36} + \sqrt{1}} = \frac{5}{7} > 0$$

であり，入射波形と同じ反射波形が得られます

しかしながら，地盤内にある空洞に水がある場合，表 4.3.2-1 より $\varepsilon_\mathrm{II} = 81$ なので，

$$R = \frac{\sqrt{36} - \sqrt{81}}{\sqrt{36} + \sqrt{81}} = -\frac{3}{15} = -\frac{1}{5} < 0$$

となり，また，コンクリート内部（$\varepsilon_\mathrm{I} = 4$）に鉄筋（$\varepsilon_\mathrm{II} = +\infty$）がある場合，$R \approx -1$ となりますので，コンクリート内の鉄筋から強い反射波を捉えることができる，というわけです．

$R > 0$ の場合は，入射波の位相と反射波の位相（波形の形）は同じですが，$R < 0$ の場合は，入射波の位相と反射波の位相は反対（逆位相：波形の反転）になります．この性質を用いて，地盤内空洞調査やコンクリート内鉄筋調査が行われています．

4.3.5. 電磁波のエネルギー

電磁波の伝播とは，電場と磁場が一体となって空間を伝わる現象です．そして，電磁波は，振動ではなく，エネルギーを運ぶ現象です．電磁波の運ぶエネルギーとは，電場 **E** のエネルギーおよび磁場 **H** のエネルギーを加えたものと考えることができます．

さて，電場 **E** のエネルギー U_E および磁場 **H** のエネルギー U_H は，

$$U_\mathrm{E} = \frac{1}{2}\iiint_V \varepsilon\mathbf{E}\cdot\mathbf{E}\,dxdydz \quad および \quad U_\mathrm{H} = \frac{1}{2}\iiint_V \mu\mathbf{H}\cdot\mathbf{H}\,dxdydz \tag{4.3.5-1}$$

4.3. 電磁気学における分野

で表されます．この場合，$dxdydz$ は対象の微小な体積 dv を表します．ここで，dv は単位体積と考えても良いでしょう．式 4.3.5-1 の導出などに関してはここで説明しませんので専門書をご参照ください．ここでは，高校で習った物理で出てきた力学の運動エネルギーを思い出してください．質量 m，速度 v で移動する物体の持つ運動エネルギー U_K は，

$$U_K = \frac{1}{2}mv^2$$

と表されると習いました．大学では，基本概念は同じですが，単位体積の質量 ρ であり，速度 $\mathbf{V}$ で移動する物体（体積＝V）の持つ運動エネルギー U_K は，微小な体積 $dxdydz$ すなわち，dv により，大学の数学らしく（笑），

$$U_K = \frac{1}{2}\iiint_V \rho\mathbf{v}\cdot\mathbf{v}\,dxdydz = \frac{1}{2}\iiint_V \rho\mathbf{v}\cdot\mathbf{v}\,dv$$

と書きます．式 4.3.5-1 と良く似ていますでしょう．電磁波のある領域 V の全体の持つエネルギー U_V は，式 4.3.5-1 の 2 式を加えた，

$$U_V = U_\mathbf{E} + U_\mathbf{H} = \frac{1}{2}\iiint_V (\varepsilon\mathbf{E}\cdot\mathbf{E})dxdydz + \frac{1}{2}\iiint_V (\mu\mathbf{H}\cdot\mathbf{H})dxdydz \tag{4.3.5-2}$$

と書くことができます．ここで，式 4.3.5-1 を，単位体積当たりで書くと，

$$^\Delta U_\mathbf{E} = \frac{1}{2}(\varepsilon\mathbf{E}\cdot\mathbf{E}) \quad \text{および} \quad ^\Delta U_\mathbf{H} = \frac{1}{2}(\mu\mathbf{H}\cdot\mathbf{H})$$

なります．そこで，電磁波の単位体積当たりの全エネルギー $^\Delta U$ は，上式の和であり，式 4.3.1-5 および式 4.3.1-6 から変形すると，

$$^\Delta U = {}^\Delta U_\mathbf{E} + {}^\Delta U_\mathbf{H} = \frac{1}{2}(\varepsilon\mathbf{E}\cdot\mathbf{E} + \mu\mathbf{H}\cdot\mathbf{H}) = \frac{1}{2}(\mathbf{D}\cdot\mathbf{E} + \mathbf{B}\cdot\mathbf{H}) \tag{4.3.5-3}$$

となります．ここで，上式を t で微分して，エネルギーの時間変化を考えます．

ここで，唐突ですが，外積に関するベクトル公式（演習問題　第 3 章）

$$\nabla\cdot(\mathbf{p}\times\mathbf{q}) = \mathbf{q}\cdot\nabla\times\mathbf{p} - \mathbf{p}\cdot\nabla\times\mathbf{q} \tag{4.3.5-4}$$

ここで，$\mathbf{p}, \mathbf{q}$ は三次元ベクトルです．この式 4 で，$\mathbf{p} \to \mathbf{E}$，$\mathbf{q} \to \mathbf{H}$ として，式 4.3.5-4 に代入すると

$$\nabla\cdot(\mathbf{E}\times\mathbf{H}) = (\nabla\times\mathbf{E})\cdot\mathbf{H} - \mathbf{E}\cdot(\nabla\times\mathbf{H}) \tag{4.3.5-5}$$

である．ここで，電流の湧き出し $\mathbf{J}_0$ が無い場合を考えて，$\mathbf{J}\cdot\mathbf{E} = \sigma\mathbf{E}\cdot\mathbf{E}$ であり，さらに，式 4.3.1-2 および式 4.3.1-4 から，

$$\frac{\partial\mathbf{D}}{\partial t} = \nabla\times\mathbf{H} - \mathbf{J}, \quad \frac{\partial\mathbf{B}}{\partial t} = -\nabla\times\mathbf{E} \tag{4.3.5-6}$$

です．式 4.3.1-1 から式 4.3.1-4 を踏まえながら，式 4.3.5-3 を時間微分しますと，

$$\frac{\partial^\Delta U}{\partial t} = \frac{\partial}{\partial t}\left(\frac{1}{2}(\varepsilon\mathbf{E}\cdot\mathbf{E} + \mu\mathbf{H}\cdot\mathbf{H})\right)$$

$$= \frac{1}{2}\left(\frac{\partial}{\partial t}(\varepsilon\mathbf{E})\cdot\mathbf{E} + \varepsilon\mathbf{E}\cdot\frac{\partial}{\partial t}\mathbf{E}\right) + \frac{1}{2}\left(\frac{\partial}{\partial t}(\mu\mathbf{H})\cdot\mathbf{H} + \varepsilon\mathbf{H}\cdot\frac{\partial}{\partial t}\mathbf{H}\right)$$

$$= \varepsilon \frac{\partial \mathbf{E}}{\partial t} \cdot \mathbf{E} + \mu \frac{\partial \mathbf{H}}{\partial t} \cdot \mathbf{H} = \frac{\partial \mathbf{D}}{\partial t} \cdot \mathbf{E} + \frac{\partial \mathbf{B}}{\partial t} \cdot \mathbf{H} = (\nabla \times \mathbf{H} - \mathbf{J}) \cdot \mathbf{E} + (-\nabla \times \mathbf{E}) \cdot \mathbf{H}$$

$$= (\nabla \times \mathbf{H}) \cdot \mathbf{E} - \mathbf{E} \cdot \mathbf{J} - (\nabla \times \mathbf{E}) \cdot \mathbf{H} = -\nabla \cdot (\mathbf{E} \times \mathbf{H}) - \mathbf{J} \cdot \mathbf{E}$$

$$\therefore \quad \nabla \cdot (\mathbf{E} \times \mathbf{H}) + \frac{\partial^{\Delta} U}{\partial t} = -\mathbf{E} \cdot \mathbf{J} \qquad (4.3.5\text{-}7)$$

式 4.3.5-5 を参照してください．

ということになります．式 4.3.5-7 を電磁波のエネルギー保存式と呼びます．

さて，式 4.3.5-7 を導出する途中の式

$$\frac{\partial^{\Delta} U}{\partial t} = -\nabla \cdot (\mathbf{E} \times \mathbf{H}) - \mathbf{E} \cdot \mathbf{J} \qquad (4.3.5\text{-}8)$$

がありました．この式は時間とともに流出するエネルギーを表しています．言うまでもなく，左辺は単位体積当たりの電磁波のエネルギーの時間変化です．右辺の第 2 項は電磁波が電流に与える「ジュール熱の発生に伴うエネルギー損失」に相当すると考えられます．もし，対象領域内に電流が存在しない場合は $\mathbf{J} = \mathbf{0}$ であり，この項はなくなります．右辺の第一項は，考えている領域の単位体積 dv からのエネルギー流出を表していると言えます．ここで，$\mathbf{E} \times \mathbf{H}$ について，

$$\mathbf{S} = \mathbf{E} \times \mathbf{H} \qquad (4.3.5\text{-}9)$$

とかいて，$\mathbf{S}$ をポインティング・ベクトル（Pointing vector）と呼びます．$\mathbf{S}$ の向きは，$\mathbf{E}$ および $\mathbf{H}$ に直交し，図 **4.3.3-1** に示しましたように，右手系（$\mathbf{E}$ から $\mathbf{H}$ に向かってねじる右ネジの進行方向）であり，電磁波が進む方向に向いています．何か，エネルギー流って感じがしませんか？ しませんか (T_T)．

4.3.6. 電磁波速度の補正

この媒質を伝播する電磁波の速度 V_r は，式 4.3.2-15 により計算できます．電磁レーダーを用いた計測ではこの速度が重要です．

実際に計算してみましょう．例えば，岩盤の比誘電率 ε_r を 4 とすると，岩盤内の伝播速度 V_r は 15 cm/nsec ですし，コンクリートの比誘電率 ε_r を 9 とすると，コンクリート内の伝播速度は 10 cm/nsec ですし，水の比誘電率 ε_r は 81 ですので，水中内部の速度 V_r は 3.3 cm/nsec とりなります．

このように，電磁波の伝播する媒質の比誘電率で電磁波の速度が決まり，レーダー探査による走時と速度で，対象物の深度が決まります．したがって，精度良く結果を得るには，精度良く求められた比誘電率が必要です．そこで，既知の境界面の深度 L，例えば，ボーリングにより得られた層境界の深度データと往復走時 t があれば，

$$V_r = \frac{2L}{t}$$

を用いて，速度のキャリブレーションができます．したがって，速度 V_r の測定値から，

$$\varepsilon_r = \left(\frac{c}{V_r}\right)^2 = \left(\frac{ct}{2L}\right)^2 \qquad (4.3.6\text{-}1)$$

4.3. 電磁気学における分野

とすれば，媒質の比誘電率 ε_r が推定できます．ここで，c は光の速度です．他の位置での探査でもキャリブレーションした電磁波の速度を用いれば，精度良く調査ができます．

さて，キャリブレーションの例を少々示します．図 4.3.6-1 の上図・下図では，ともに，左図は測定波形の補正前（未処理）のカラーコンターです．ここで，左側の図内で反射イメージをマウスでクリックします．次に，図 4.3.6-1 のように，ボーリング柱状図（帯状の表示部）の境界をマウスでクリックします．これで，反射イメージが自動修正され，ボーリング柱状図の境界に合わせるように反射イメージの深度が修正されます．ここで，ボーリング柱状図の境界深度と電磁波の往復の走時から，式 4.3.6-1 により，電磁波の速度（＝媒質の比誘電率）を求めることができます．

ここで，図を見て，気になった読者はいませんか．そうです．波形見えないのとコンターが複雑ではなく反射は綺麗な双曲線であることです．さあ，この不思議な表示は，将来，電磁レーダー研究者・技術者になって専門書を見て分かります．ここでは，説明しません．

例えば，コンクリート内部の調査では，単純な波形が多く，図 4.3.6- のように，埋設された鉄筋からの反射波が確認できます．実際の地盤電磁波探査では，多くの反射物があり，それが混ざり合って複雑な記録となります．カラーコンターは多少反射データをきれいに見せます．反射波形は，たとえば，山-谷-山，あるいは，谷-山-谷の波の連続した線画ですが，例えば，図 4.3.6-4 の 2 つのボックス内の左側のように，振幅に対応して，谷に白～青，山に白～赤などを色付して表示します．計測記録を表示する場合は，表示が複雑になるので，カラーコンターをレーダーの移動の単位に対する幅で，図 4.3.6-3 の 2 つのボックス内の右側のような帯にして表示します．色のパターンは反射係数の正負（式 4.3.4-7 参考）により決まります．

ちょっと説明が，専門的過ぎましたね（笑）．

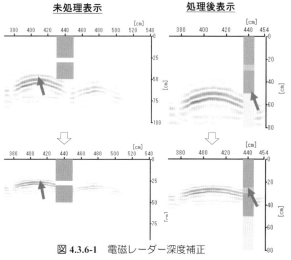

図 4.3.6-1　電磁レーダー深度補正

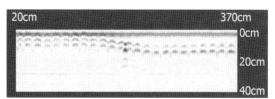

図 4.3.6-223　電磁レーダーコンクリート内部反射データ

図 4.3.6-3　波形（左）・カラーコンター（右）

Short Rest 18.
「GIS」

お約束通り，ここで，GIS について書きましょう．GIS とは，Geographical Information System の略で，一般的に，地理情報システムと呼ばれます．最近，GIS は，地理情報科学 Geospatial Information Science と呼ばれるようになってきました．

いずれにしても，階層構造を持つ，RDB（Relational Database）にまとめられた大量のデータがあり，この地理空間データを解析し，表示するシステムが GIS です．

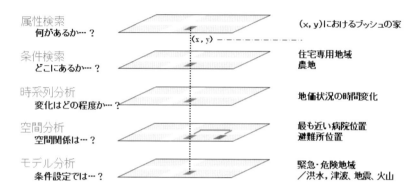

データのモードとして，ラスターデータとベクトルデータに分類されます．ともに良い特長が有って，使い分けて利用します．

地図はメッシュコードによって整理されています．第 1 次地域区画は，80 km 四方で 20 万分の 1 の地図と呼び，この 4 分割は，20 km 四方で 5 万分の 1 の地図といいます．第 2 次地域区画は，10 km 四方で 2 万 5 千分の 1 の地図といいます．第 3 次地域区画は，1 km 四方の地図となります．

GIS の利用を挙げるならば，
 (1) **ITCS**：高度交通管制システム　Integrated Traffic Control Systems
 (2) **AMIS**：交通情報提供システム　Advanced Mobile Information Systems
 (3) **TUMSY**：東京ガス　Total Utility Mapping System
 (4) 地震ハザードマップ
 (5) 火山ハザードマップ
 (6) 地震情報 WEB 配信システム
 (7) 液状化地図マップ
 (8) 地震被害予測システム
 (9) 顧客分布図
など，多方面での利用が行われています．

4.4. 力学・熱学の分野

4.4.1. 質量，重心

質量がそれぞれ，$m_i (i=1,2,\cdots,n)$ である質点が空間に点在している，すなわち，各質点が座標 $(x_i,y_i,z_i)(i=1,2,\cdots,n)$ を持っているとします．この質点系の全質量 M は，

$$M = \sum_{i=1}^{n} m_i \tag{4.4.1-1}$$

と書けます．当たり前ですね．その質点系の重心 (X,Y,Z) について，

$$X = \frac{1}{M}\sum_{i=1}^{n} m_i x_i, \quad Y = \frac{1}{M}\sum_{i=1}^{n} m_i y_i, \quad Z = \frac{1}{M}\sum_{i=1}^{n} m_i z_i \tag{4.4.1-2}$$

で計算されます．

このとき，密度を $\rho_i(x_i,y_i,z_i)(i=1,2,\cdots,n)$ で与えられている場合を考えましょう．密度は単位体積あたりの質量と定義されています．ちなみに，例として，地球上で重量と言う場合は，密度と体積の積に重力加速度を乗じた値を言います．したがって，地球上では位置により，重力加速度が異なることから，値として，同じ質量であっても，重量は異なり，その数値も大きな重力加速度が乗される分大きくなります．話を戻します．

さて，式 4.4.1-1 や式 4.4.1-2 を積分形式で表現しましょう．全体積 V を

$$V = \iiint dv = \iiint dxdydz \tag{4.4.1-3}$$

で表すならば，微小なキューブ $dx \cdot dy \cdot dz (= dv)$ の重量は，$\rho dxdydz$ ですから，質点系の全重量 M は，

$$M = \iiint_V \rho dv \tag{4.4.1-4}$$

と書けます．また，重心の座標は，

（密度に体積をかけると重量になりますよね！）

$$X = \iiint_V x\rho(x,y,z)dv, \quad Y = \iiint_V y\rho(x,y,z)dv, \quad Z = \iiint_V z\rho(x,y,z)dv \tag{4.4.1-5}$$

と書けます．

4.4.2. 慣性モーメント

物体が，その位置から r だけ離れた点を中心に，角速度（*anguler velocity*）ω で円運動する場合，物体の速度 v は，$v=r\omega$ であることは高校で習いましたでしょう．物体の速度が時間変化する場合には，$\alpha = dv/dt$ と書いて，α を加速度と言いますね．そこで，ニュートン力学では，物体にかかる力を遠心力 f と呼び，$f=m\alpha$ と書きます．すなわち，

$$f = m\frac{dv}{dt} = m\frac{d}{dt}(r\omega) = mr\frac{d\omega}{dt} = mr\dot{\omega} \tag{4.4.2-1}$$

であり，特に，$d\omega/dt$ あるいは $\dot{\omega}$ を角加速度（*anguler acceleration*）と呼んでいます．

懐かしい高校の物理ではありませんか．

さて，オイラーの運動方程式で，物体が，角加速度 $d\omega/dt$ で，運動する場合，トルク (*torque*) T を，中心からの距離 r および遠心力 f を乗じて，

$$T = r \cdot f = r \cdot mr\frac{d\omega}{dt} = \left(mr^2\right)\frac{d\omega}{dt} \tag{4.4.2-2}$$

と表します．ここで，mr^2 を慣性モーメント（*moment of inertia*）I と呼び，上記運動方程式で，角加速度 $d\omega/dt$ のトルク T に対する比例定数として定義される物理定数です．オイラーの運動方程式はこの式と同じではない場合や，流体力学でも同じオイラーの運動方程式があります．必要に応じて，いろいろ調べてみてください．

さて，前項と同様，質量がそれぞれ，$m_i(i=1,2,\cdots,n)$ である質点が空間に点在している，すなわち，各質点が座標 $(x_i,y_i,z_i)(i=1,2,\cdots,n)$ を持っているとします．このとき，x 軸のまわりの慣性モーメント I_x，y 軸のまわりの慣性モーメント I_y，z 軸のまわりの慣性モーメント I_z，は，

$$I_x = \sum_{i=1}^{n} m_i\left(y_i^2 + z_i^2\right), \quad I_y = \sum_{i=1}^{n} m_i\left(z_i^2 + x_i^2\right), \quad I_z = \sum_{i=1}^{n} m_i\left(x_i^2 + y_i^2\right) \tag{4.4.2-3}$$

であり，積分形式では，微小なキューブ $dx \cdot dy \cdot dz (= dv)$ の重量は，$\rho dxdydz$ ですから，

$$I_x = \iiint_V \left(y^2 + z^2\right)\rho dv, \quad I_y = \iiint_V \left(z^2 + x^2\right)\rho dv, \quad I_z = \iiint_V \left(x^2 + y^2\right)\rho dv$$

と表すことができます．

例題を見てみましょう．

例題 4.4.2-1

断面の面密度が ϕ である長さ l の棒がある．(1)棒の全質量 M，x 軸の原点を棒の端点にしたときの，(2)重心の位置の x 座標，(3)中点を通り棒に垂直な z 軸の周りの慣性モーメント I を求めよ．

基本問題ですね．

例題 4.4.2-1 解答

(1) $M = \int_0^\ell \phi dx = \phi \int_0^\ell dx = \phi \ell$　　全質量は，$\phi \ell$

(2) $X = \dfrac{1}{M}\int_0^\ell x\phi dx = \dfrac{\phi}{\phi \ell}\left[\dfrac{x^2}{2}\right]_0^\ell = \dfrac{\ell}{2}$　　x 軸の座標は　$\ell/2$，

(3) $I = \int_{-\ell/2}^{\ell/2} x^2 \phi dx = \phi \int_{-\ell/2}^{\ell/2} x^2 dx = \phi \cdot \left[\dfrac{x^3}{3}\right]_{-\ell/2}^{\ell/2} = \dfrac{\phi \ell^3}{12}$　　慣性モーメントは $\phi \ell^3 / 12$

皆さんなら大丈夫．できましたでしょう（＾÷＾）．

今度は，熱の拡散に関する微分方程式の話です．ちょっと，長たらしくて，分かりずらいかもしれませんが，さ～と，読み進めてください．熱に関係した仕事に従事されている読者は読むだけで，さらりと，確認してください．

203

4.4. 力学・熱学の分野

4.4.3. 一次元熱方程式

等方均質な物質があって，その物質の熱伝導率が $\kappa(>0) [\text{Wm}^{-1}\text{K}^{-1}]$ (*thermal conductivity*) であり，時刻 t ，位置 (x,y,z) で，内部温度 $T(x,y,z,t)$ からの熱流束密度（速度）を
$$\mathbf{H} = (h_x, h_y, h_z)$$
とするとき，熱いほうから冷たいほうに放熱される熱は，上記 κ と温度勾配 ∇T により，
$$\mathbf{H} = -\kappa \nabla T \tag{4.4.3-1}$$
で与えられます．これは，フーリエの法則（*Fourier's law*）と呼ばれています．∇T は，時には，$\text{grad}\, T$ と書いて，まさに，グラーディエント（*gradient* 勾配）を意味します．式 4.4.3-1 を見ても分かりますように，κ は大きいほど熱が逃げていくことになります．κ は，カーボンなどで 3000 以上，アルミで 235 程度，水で 0.6 程度，空気で 0.024 程度となります．例として，パソコン内で高熱になる CPU の過熱を防ぐため，熱を外部に放射する放熱板がありますが，熱伝導率の高いアルミ製である場合があります．また，北海道の住宅で二重窓となっているのは，窓と窓の間に，熱伝導率の低い空気を挟むことで，冬期，窓からの熱の流出（あるいは，冷気の侵入）を防いでいるのです．

さて，簡単のため，x 軸方向のみを考えましょう．式 4.4.3-1 で x 軸方向の温度勾配を $\partial T/\partial x$ あるいは $\nabla_x T$ と書けます．ただし，T は場所 x と時刻 t の関数で，$T(x,t)$ と表します．ここで，x 軸方向の任意の領域を (X_1, X_2) とします．この領域内の熱伝導率をその空間分布を考えて $\kappa(x)$ とします．また，任意の領域 (X_1, X_2) 内の微小区間を (x_1, x_2) としましょう．ただし，$X_1 < x_1$ ，$x_2 < X_2$ です．この区間 (X_1, X_2) の x_1 の位置で外側に放出する熱流出量 $h_x(x_1)$ ，x_2 の位置で外側に放出する熱流出量 $h_x(x_2)$ は，それぞれ，熱流の方向も考えて，
$$h_x(x_1) = -\kappa(x_1)\nabla_x T(x_1, t), \quad \text{および}, \quad h_x(x_2) = \kappa(x_2)\nabla_x T(x_2, t) \tag{4.4.3-2}$$
と書けます．このとき，区間 (x_1, x_2) から流れ出る熱量 $h_x(x_1) + h_x(x_2)$ は，式 4.4.3-2 の両式を加算した値になり，原始関数を用いて，積分形で書けば，
$$h_x(x_1) + h_x(x_2) = -\kappa(x_1)\nabla_x T(x_1, t) + \kappa(x_2)\nabla_x T(x_2, t)$$
ですが，これは，
$$h_x(x_1) + h_x(x_2) = \int_{x_1}^{x_2} \frac{\partial}{\partial x}\left(\kappa(x)\frac{\partial T}{\partial x}\right) dx \tag{4.4.3-3}$$
と書けます．一方，物質の比熱（単位質量を単位温度上げる熱量；$\text{J} \cdot kg^{-1} \cdot K^{-1}$）を $c_T(x)$ とし，$\rho(x)$ を密度とすると，$T(x,t)$ で，区間 (x_1, x_2) から流れ出る熱量 $Q(x)$ は，
$$Q(x) = \int_{x_1}^{x_2} \rho(x) c_T(x) T(x,t) dx \tag{4.4.3-4}$$
であり，その時間的変化は，区間 (x_1, x_2) から流れ出る熱量に等しいので，
$$\frac{\partial}{\partial t}Q(x) = \frac{\partial}{\partial t}\int_{x_1}^{x_2} \rho(x) c_T(x) T(x,t) dx = \int_{x_1}^{x_2} \frac{\partial}{\partial x}\left(\kappa(x)\frac{\partial T}{\partial x}\right) dx \tag{4.4.3-5}$$
です．この式は，区間 (x_1, x_2) 以外の区間でも成り立ちます．また，密度 ρ ，比熱 c_T ，熱伝導率 κ が材質中，空間的に，および，時間的に，一定であると仮定できるとします．

これは物理的に妥当な仮定です．このとき，式 4.4.3-5 は簡単になって，

$$\frac{\partial}{\partial t}T(x,t) = \frac{\kappa}{\rho c_T}\frac{\partial^2}{\partial x^2}T(x,t) \tag{4.4.3-6}$$

と書くことができます．さらに，これまで一次元で考えてきましたが，三次元では，そうです，あのナブラの登場です．すなわち，

$$\frac{\partial}{\partial t}T(\mathbf{x},t) = \frac{\kappa}{\rho c_T}\nabla^2 T(\mathbf{x},t) \quad (\mathbf{x}=(x,y,z)) \tag{4.4.3-7}$$

と書け，3次元に拡張できます．あのラプラシアンを用いれば，

$$\frac{\partial T}{\partial t} = c^2 \Delta T \tag{4.4.3-8}$$

とも書けます．ここで，

$$T=T(\mathbf{x},t), \quad \mathbf{x}=(x,y,z), \quad c^2=\kappa/\rho c_T \tag{4.4.3-9}$$

です．式 4.4.3-8 は，熱方程式 (*heat equation*) と呼ばれる式です．特に，式 4.4.3-9 の $\kappa/\rho c_T$ は熱拡散率 (*heat diffusivity*)，温度伝導率 (*temperature conductivity*)，温度拡散率 (*temperature diffusivity*) など色々呼び名があります．

さて，熱方程式は，波動方程式に似て非なる式です．すなわち，左辺が時間の一階の微分になっています．したがって，解は，波動方程式とは解が異なります．どんな解なのか，わくわくしませんか？

では，境界条件や初期条件を与えて，熱方程式を解いて見ましょうか．ここでは，両端が $x=0$ および $x=\ell$ である長さ $\ell(\neq 0)$ の棒を考えることにしましょう．すなわち，変数は位置 x と時間 t で，全ての t において，温度が

$$T(0,t)=T(\ell,t)=0 \tag{4.4.3-10}$$

としましょう．これが境界条件です．その時，$x=0$ での温度を表す，与えられた関数 $f(x)$ を導入して，初期温度とします．すなわち，

$$T(x,0)=f(x) \tag{4.4.3-11}$$

とします．まず，境界条件を満足する解を変数分離で求めることからはじめます．

$$T(x,t)=F(x)G(t) \tag{4.4.3-12}$$

という形式の解が得られると仮定し，これを式 4.4.3-8 に代入すると，

$$F(x)\frac{\partial G(t)}{\partial t} = c^2 \frac{\partial^2 F(x)}{\partial x^2}G(t) \tag{4.4.3-13}$$

これを変数分離するため，$c^2 F(x)G(t)$ で両辺を割ると，

$$\left(\frac{\partial G(t)}{\partial t}\right)\Big/\left(c^2 G(t)\right) = \left(\frac{\partial^2 F(x)}{\partial x^2}\right)\Big/F(x) \tag{4.4.3-14}$$

です．さて，この式の値は定数（$=\lambda$）であることが明白です．どうしてでしょう？　なぜなら，左辺は t の関数であり，右辺は x の関数なので，例えば，もし，一定でないとすると，左辺で t を変化させると左辺の値は変化しますが，一方，右辺は x の関数で，t の関

数ではないので，値は変化しないので矛盾します．逆も同様です．したがって，ここで，式 4.4.3-14 から，

$$\frac{\partial G(t)}{\partial t} = \lambda c^2 G(t) \tag{4.4.3-15}$$

$$\frac{\partial^2 F(x)}{\partial x^2} = \lambda F(x) \tag{4.4.3-16}$$

と書けますね．ここで，式 4.4.3-15 で，$G(t)$ を考えます．恒等的に $G(t)=0$ とすれば，恒等的に，$T(x,t)=F(x)G(t)=0$ ですから，これも熱方程式 4.4.3-8 の解であることは自明であり間違いないわけですが，その他の解を求めたいですよね．そこで，$G(t)$ は恒等的に 0 ではない，すなわち，$G(t) \neq 0$ としましょう．この場合，式 4.4.3-10 の条件から，

$$\begin{aligned}&\text{恒等的に，} \quad T(0,t) = F(0)G(t) = 0 \quad \therefore \quad F(0) = 0 \\ &\text{恒等的に，} \quad T(\ell,t) = F(\ell)G(t) = 0 \quad \therefore \quad F(\ell) = 0\end{aligned} \tag{4.4.3-17}$$

でなければなりません．ここから，恒等的に $G(t) \neq 0$ という前提で，λ について考えます．

$\lambda = 0$ のとき，式 4.4.3-16 から，$F''(x) = 0$ ですから，$F'(x) = a$（a は定数），したがって，$F(x) = ax + b$（a, b は定数）となります．式 4.4.3-17 から，$F(0) = b = 0$ となります．また，$F(\ell) = a\ell = 0$，したがって，$\ell \neq 0$ ですから $a = 0$ であり，恒等的に，$F(x) = 0$ となってしまいます．したがって，この場合，恒等的に，$T(x,t) = F(x)G(t) = 0$ です．

次に $\lambda \neq 0$ のときを考えます．$\lambda > 0$ のとき，$\lambda = k^2 > 0$（$k \neq 0$）としましょう．このとき式 4.4.3-16 から，解は，A, B を積分定数として，

$$F(x) = Ae^{kx} + Be^{-kx}$$

となります．しかし，式 4.4.3-17 から，

$$\begin{aligned}F(0) &= A + B = 0 \\ F(\ell) &= Ae^{k\ell} - Ae^{-k\ell} = A\left(e^{k\ell} - e^{-k\ell}\right) = 0\end{aligned} \tag{4.4.3-18}$$

であり，式 4.4.3-18 の第 2 式が恒等的に 0 なるには $A=0$ でなければならず，したがって，式 4.4.3-18 の第 1 式から $B=0$ が得られ，$F(x)=0$ となりますので，この場合も，常に $T(\ell,t) = F(\ell)G(t) = 0$ になります．ここにおいて，$\lambda \geq 0$ では，$T(\ell,t) = 0$ であることが分かります．

最後に，$\lambda < 0$ の場合はどうでしょう？ ここで，$\lambda = -k^2 < 0$（$k \neq 0$）とすれば，$\lambda < 0$ ですね．このとき，式 4.4.3-15 および式 4.4.3-16 は，

$$\frac{\partial G(t)}{\partial t} + k^2 c^2 G(t) = 0 \tag{4.4.3-19}$$

$$\frac{\partial^2 F(x)}{\partial x^2} + k^2 F(x) = 0 \tag{4.4.3-20}$$

となります．さて，式 4.4.3-20 の一般解は

$$F(x) = A\cos kx + B\sin kx \tag{4.4.3-21}$$

であることはご存知ですよね．

さあ，また，例によって，定数 A, B の評価をしましょう．

常に $G(t) \neq 0$ という前提なので,例によって,式 4.4.3-17 によれば,式 4.4.3-21 から
$$F(0) = A\cos 0 + B\sin 0 = A = 0 \quad \therefore \quad F(\ell) = B\sin k\ell = 0 \tag{4.4.3-22}$$
となりますが,$B = 0$ ならば,恒等的に $F(x) = 0$ になりますので,$B \neq 0$ の場合を考えます.この場合,式 4.4.3-22 から
$$\sin k\ell = 0 \quad \text{すなわち,} \quad k\ell = n\pi \quad \therefore \quad k = n\pi/\ell \tag{4.4.3-23}$$
であり,ここで,$n = 1, 2, \cdots$ です.ただし,$k = k_n$ として,$\lambda_n = -k_n^2 = -(n\pi/\ell)^2$ であることが条件になります.このとき,
$$F_n(x) = B\sin(k_n x) = B\sin\left(\frac{n\pi}{\ell}x\right) \tag{4.4.3-24}$$
と書けば,式 4.4.3-17 を満たします.式 4.4.3-23 の k_n について,式 4.4.3-19 の一般解は,
$$G_n(t) = C_n \exp(-\xi_n^2 t) \quad \left(\xi_n = \frac{cn\pi}{\ell}\right) \tag{4.4.3-25}$$
です.ここで,C_n は定数です.最終的な解は,式 4.4.3-24 および式 4.4.3-25 により,
$$T_n(x,t) = F_n(x)G_n(t) = C_n \sin\left(\frac{\xi_n}{c}x\right)\exp(-\xi_n^2 t), \quad \xi_n = k_n c = \frac{cn\pi}{\ell} \tag{4.4.3-26}$$
という形の離散的な式になります.

さて,残っているのは,式 4.4.3-11 を満たす $f(x)$ を求めることです.ここで,
$$T(x,t) = \sum_{n=1}^{\infty} T_n(x,t) = \sum_{n=1}^{\infty} C_n \sin\left(\frac{n\pi}{c}x\right)\exp(-\xi_n^2 t) \quad \left(\xi_n = \frac{cn\pi}{\ell}\right)$$
という無限級数を考えます.そこで,式 4.4.3-11 から,
$$T(x,0) = \sum_{n=1}^{\infty} C_n \sin\left(\frac{n\pi}{c}x\right) = f(x)$$

このように,式 4.4.3-26 は,式 4.4.3-8 で表される熱方程式の解です.いかがでしたか? ややこしいですね.でも,念のため,もう 1 回読み直してみてください.分かりますよ,きっと.たぶん.おそらく.

4.4.4. 力学と波動論

自然地震としての弾性波の発生は,局所的に蓄積されたひずみ(strain)の解放によるとされています.図 **4.4.4-1** に示すように,広域の応力状況に従って,多くの局所ひずみが解放されながら大きな広がりとなり,それが面となります.それを断層(fault)と呼んでいます.東北地方太平洋沖地震(2011.3.11,気象庁発表で M=9.0)の場合は,断層の大きさが,200km×600km,200km×400km,100km×400km というように,様々に評価されています.いずれにしましても,広範囲な断層面が一瞬

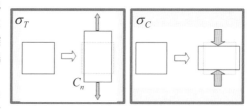

図 **4.4.4-1** 引張応力 σ_T と圧縮応力 σ_C

4.4. 力学・熱学の分野

のうちに動いた訳ではありません．局所的に蓄積されたひずみの領域が，段階的に動いたと考えられています．すなわち，微小破壊に始まり，ひずみが伝播し，新たな微小破壊を発生させる，まるで，原子力爆弾のようです．部分的に高速で断層が生成され，その断層における地盤の移動により，ひずみ空間の変形が伝播し，さらに断層が形成される，といった現象だったのです．ちなみに，地盤のひずみの解放速度，すなわち，地盤の破壊速度は *rupture velocity* と呼ばれています．

さて，ひずみとは何でしょう．そして，そのパートナー（対のごとき存在）として，応力（*stress*）が現れます．ここでは，説明を簡単にするため，長い角柱の部材を考えます．

部材の長手方向の両端に $-P$ [N]の力（すなわち，P の引張り力）を加えます．角柱の断面積を S [m²] とします．このとき，単位面積当たりの力を引張 (*tension*) 応力 σ_T (*tensile stress*) と呼びます：$\sigma_T = P/S$ [N/m²]．そして，角柱が壊れる寸前の引張応力を部材の引張強度（*tensile strength*）と呼び，引張強度の大きい部材を高強度（*high strength*），小さい部材を低強度（*low strength*）という場合があります．

その反対に，長い角柱の部材の両端に力をおしつける場合は，圧縮（*compression*）応力（*compressive stress*）σ_C [N/m²]と呼び，角柱が壊れる寸前の圧縮応力を部材の圧縮強度（*compressive strength*）と呼びます．

ここで，ひずみ（*strain*）について紹介します．矩体の長さ L が変化して，ΔL（変形量，変位）だけ長くなり，幅が小さくなる引張応力による場合，$\varepsilon_T = \Delta L/L$ と書いて，ε_T を引張ひずみ（*tensile strain*），一方，ΔL（変形量，変位）だけ短くなり，幅が大きくなる圧縮応力による場合，ε_C と書いて圧縮ひずみ（*compressive strain*），とそれぞれ呼びます．

さあ，これで基本を学ぶ準備が出来ました．以下に，弾性波を発生させる力学を少々紹介したいと思います．

まず，以下の式で現れる i,j,k,l は，三次元空間の直交軸 1, 2, 3 のいずれかであるとしましょう．ここでは，等方均一体を考えますので，1軸，2軸，3軸は，x 軸，y 軸，z 軸と考えてください．単に Σ を用いるため数字を使います．

さて，弾性体があって，内部の点 $P_0(x_i)$ の変位ベクトルを $\mathbf{u}_0(u_i)$ と書くことにします．点 P_0 の極近傍にある点 $P(x_i + \Delta x_i)$ での変位ベクトル $\mathbf{u}$ の成分表示は，

$$\mathbf{u} = \left\{ u_i + \sum_j \left(\partial u_i / \partial x_j \right) \Delta x_j \right\} \tag{4.4.4-1}$$

と書けます．ここで，$\partial u_i/\partial x_j$ は点 P_0 から点 P への変化率を表すと考えられます．

このあたり，何か，ナブラの説明に似ていますね．物理で考えるのは，微小近傍との関連を表す微分方程式からはじまるので，道理ですね．さて，ここで，

$$\frac{\partial u_i}{\partial x_j} = \varepsilon_{ij} - \varsigma_{ij} \tag{4.4.4-2}$$

ただし，

$$\varepsilon_{ij} = \frac{1}{2}\left(\frac{\partial u_j}{\partial x_i} + \frac{\partial u_i}{\partial x_j} \right), \quad \varsigma_{ij} = \frac{1}{2}\left(\frac{\partial u_j}{\partial x_i} - \frac{\partial u_i}{\partial x_j} \right) \tag{4.4.4-3}$$

である ε_{ij} および ς_{ij} を考えます．このとき，

$$\varepsilon_{ij}=\frac{1}{2}\left(\frac{\partial u_j}{\partial x_i}+\frac{\partial u_i}{\partial x_j}\right)=\frac{1}{2}\left(\frac{\partial u_i}{\partial x_j}+\frac{\partial u_j}{\partial x_i}\right)=\varepsilon_{ji} \quad \varepsilon_{ii}=\frac{1}{2}\left(\frac{\partial u_i}{\partial x_i}+\frac{\partial u_i}{\partial x_i}\right)=\frac{\partial u_i}{\partial x_i} \tag{4.4.4-4}$$

$$\varsigma_{ij}=\frac{1}{2}\left(\frac{\partial u_j}{\partial x_i}-\frac{\partial u_i}{\partial x_j}\right)=-\frac{1}{2}\left(\frac{\partial u_i}{\partial x_j}-\frac{\partial u_j}{\partial x_i}\right)=-\varsigma_{ji} \quad \varsigma_{ij}+\varsigma_{ji}=0 \quad \varsigma_{ii}=0 \tag{4.4.4-5}$$

です．何やら，対象行列と交代行列の関係に似ていますよね．このようにすれば，変位ベクトル **u** の発散 $\operatorname{div}\mathbf{u}=\varPhi$ および回転 $\operatorname{rot}\mathbf{u}=\varTheta$ は

$$\operatorname{div}\mathbf{u}=\varPhi=\sum_i\frac{\partial u_i}{\partial x_i}=\sum_i\varepsilon_{ii} \quad , \quad \operatorname{rot}\mathbf{u}=\varTheta=2(\varsigma_{32},\varsigma_{31},\varsigma_{12})^T \tag{4.4.4-6}$$

と表せます．ここで，T は転置を意味し，列ベクトルであることを示しています．
当然ですが，ε_{ii} は，x_i 軸方向の伸びを表しており，一方，$\varepsilon_{ij(i\neq j)}$ は，$x_k(k\neq i,j)$ 軸方向の変形を表し，ς_{ij} は $x_k(k\neq i,j)$ 軸の周りの回転成分になっています．ここで，以下の式で表すときの $\varXi_{ij}$ はひずみ偏差テンソル（*deviatoric strain tensor*）と呼ばれます．

$$\varXi_{ij}=\varepsilon_{ij}-\frac{1}{3}\varPhi\delta_{ij} \quad ,\text{ただし，}\quad \delta_{ij}=\begin{cases}1\ (i=j)\\0\ (i\neq j)\end{cases} \tag{4.4.4-7}$$

さて，弾性体内部で座標変換により $\varepsilon_{ij}=0$ とできます．このときの ε_{ii} を主ひずみ（*principal strain*），主ひずみ座標軸方向をひずみの主軸（*principal axis of strain*）と呼びます．
ここで，弾性体内部の x_i 軸に垂直な一面を考えます．その面に正のほうから与えている三成分の応力を p_{i1},p_{i2},p_{i3} とするとき，p_{ii} を法線応力（*normal stress*），他を剪断応力（*shear stress*; 接線応力: *tangential stress*），とそれぞれ呼ばれます．p_{ij} は応力テンソル（*stress tensor*）と呼ばれ，対称（$p_{ij}=p_{ji}$）です．ひずみと同様に，座標系を適当に取れば，$p_{ij}=0\ (i\neq j)$ とすることができます．そのとき，p_{ii} を主応力（principal stress）と呼びます．$P=(1/3)\sum_i p_{ii}$ は座標系に依存せず，

$$\varPi_{ij}=p_{ij}-P\delta_{ij}$$

と書いて，$\varPi_{ij}$ は応力偏差テンソル（*stress deviatoric tensor*）と呼ばれます．

0 ここまで，式を貯めてきましたが，さて，何をしようとしているか分かる人，手を挙げて！おっと，皆さん正解です．そうです，ひずみと応力の関係を考えているのです．ここで，ひずみ ε_{ij} と応力 p_{kl} の間で，ひずみが小さい場合，すなわち，弾性領域の範囲で，

$$p_{k\ell}=\sum_i\sum_j A_{ijk\ell}\varepsilon_{ij}$$

が成立すると考えましょう．$A_{ijk\ell}$ は係数で $81(=3^4)$ 個の値で構成されます．このうち，p_{ij} や ε_{ij} などの対象性，等方性（*isotropy*）を考慮すると，結局，独立な係数は 2 つで，

$$A_{ijkl}=\lambda\delta_{ij}\delta_{kl}+\mu(\delta_{ik}\delta_{jl}+\delta_{il}\delta_{jk}) \tag{4.4.4-8}$$

となり，ここで，λ,μ は有名なラメの定数（*Lame's constant*）であり，特に，μ は剛性率（*rigidity*）です．この場合，応力テンソルは，

$$p_{ij}=\lambda\varPhi\delta_{ij}+2\mu\varepsilon_{ij} \tag{4.4.4-9}$$

となります．

209

4.4. 力学・熱学の分野

さて，ここで，等方弾性体を考える場合，ひずみ偏差テンソルと応力偏差テンソルの関係は，

$$\Pi_{ij} = 2\mu \Xi_{ij} \qquad (4.4.4\text{-}10)$$

となることが証明できます．

ラメの定数 λ, μ と，ポアソン比（*Poisson's ratio*）σ，ヤング率（*Young's modulus*）E，体積弾性率 κ （*bulk modulus*）など岩盤力学と関連付けられています．そして，それらの関係式は，

$$\sigma = \frac{\lambda}{2(\lambda + \mu)} \qquad (4.4.4\text{-}11)$$

$$E = \frac{\mu(3\lambda + 2\mu)}{\lambda + \mu} = 2\mu(1 + \sigma) \qquad (4.4.4\text{-}12)$$

$$\kappa = \lambda + \frac{2}{3}\mu \qquad (4.4.4\text{-}13)$$

です．ちなみに，弾性波速度 V_P および V_S と，ポアソン比，ヤング率，体積弾性率，剛性率との関係は

$$\sigma = \frac{V_P^2 - 2V_S^2}{2(V_P^2 - V_S^2)} \qquad (4.4.4\text{-}14)$$

$$E = 3\kappa \frac{V_S^2}{V_P^2 - V_S^2}$$

$$\kappa = \rho\left(V_P^2 - \frac{4}{3}V_S^2\right)$$

$$\mu = \rho V_S^2 \qquad (4.4.4\text{-}17)$$

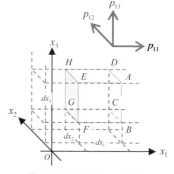

図 4.4.4-2　微小キューブ

と書けます．ここで，ρ は弾性波が伝播する媒質の密度（*density*）です．やっと，ここまできましたね．もう少しです．

図 4.4.4-2 に示すように，弾性体内部に1辺 dx_i の微小なキューブがあって，

$$\begin{aligned} AE = DH = CG = BF &= dx_1 \\ AD = BC = FG = EH &= dx_2 \\ AB = DC = HG = EF &= dx_3 \end{aligned} \qquad (4.4.4\text{-}18)$$

としますと，x_1 軸方向に垂直な微小な面 EFGH と面 ABCD に作用する x_1 軸方向の応力の差は，同様に，x_2 軸方向に垂直な微小な面 ABFE と面 DCGH に作用する x_1 軸方向の応力の差，x_3 軸方向に垂直な微小な面 AEHD と面 EFGC に作用する軸 x_1 方向の応力の差は，それぞれ，

$$\frac{\partial p_{11}}{\partial x_1}dx_1 dx_2 dx_3, \quad \frac{\partial p_{12}}{\partial x_2}dx_1 dx_2 dx_3, \quad \frac{\partial p_{13}}{\partial x_3}dx_1 dx_2 dx_3$$

で表されます．密度を ρ とすれば，dx_1 方向の運動方程式は，

$$\rho \frac{\partial^2 u_1}{\partial t^2} = \sum_j \frac{\partial p_{1j}}{\partial x_j} \qquad (4.4.4\text{-}19)$$

となります．

x_2 軸方向に垂直な微小な面に対する応力 p_{12}, p_{22}, p_{32}，また，x_3 軸方向に垂直な微小な面に対する応力 p_{13}, p_{23}, p_{33} について，同様に考えれば，結局，

$$\rho \frac{\partial^2 u_i}{\partial t^2} = \sum_j \frac{\partial p_{ij}}{\partial x_j} \tag{4.4.4-20}$$

となります．ここで，式 4.4.4-4 および式 4.4.4-9 を用いて変形すれば，

$$\rho \frac{\partial^2 u_i}{\partial t^2} = (\lambda + 2\mu) \frac{\partial \Phi}{\partial x_i} + \mu \nabla^2 u_i \tag{4.4.4-21}$$

と書けます．あるいは，ベクトルで書けば，

$$\rho \frac{\partial^2 \mathbf{u}}{\partial t^2} = (\lambda + 2\mu) \nabla \Phi + \mu \nabla^2 \mathbf{u}$$

$$\therefore \rho \frac{\partial^2 \mathbf{u}}{\partial t^2} = (\lambda + 2\mu) \nabla \nabla \cdot \mathbf{u} - \mu \nabla \times \nabla \times \mathbf{u}$$

あるいは，$\nabla \Phi$ を $\operatorname{grad} \Phi$，$\nabla \cdot \mathbf{u}$ を $\operatorname{div} \mathbf{u} (= \Phi)$，$\nabla \times \mathbf{u}$ を $\operatorname{rot} \mathbf{u} (= \Theta)$ として用いれば，

$$\rho \frac{\partial^2 \mathbf{u}}{\partial t^2} = (\lambda + 2\mu) \operatorname{grad} \operatorname{div} \mathbf{u} - \mu \operatorname{rot} \operatorname{rot} \mathbf{u} \tag{4.4.4-22}$$

となります．式 4.4.4-6 を参考に，式 4.4.4-22 の両辺に div および rot を作用させて，$\mathbf{u}$ を消去してまとめると，

$$\rho \frac{\partial^2 \Phi}{\partial t^2} = (\lambda + 2\mu) \nabla^2 \Phi \tag{4.4.4-23}$$

$$\rho \frac{\partial^2 \Theta}{\partial t^2} = \mu \nabla^2 \Theta \tag{4.4.4-24}$$

となります．ここで，式 3.1.1-2 で示したように，Φ は，速度 $\sqrt{(\lambda + \mu)/\rho}$ で伝播する V_P に関する波動方程式の解であり，Θ は，速度 $\sqrt{\mu/\rho}$ で伝播する V_S に関する波動方程式の解です．いかがでしたか？ 今回，途中証明していない部分は，演習問題にしましょう．

力学への応用として，質点系も問題があります．最後の少々触れておきます．簡単な例は，バネ計りの問題でしょう．天井に固定したバネ計りに質量 m のおもりをつるしたら，伸びが x で釣り合ったとすると，（他から力が加わらないと仮定），$mg = kx$ で釣り合うことは高校物理で習ったと思います．この釣り合いの位置から y だけ下に引っ張った後手をゆっくりと離すと，おもりは上下振動します．この振動で，理想的に摩擦力がない場合は，

$$m\ddot{y} + ky = 0$$

という微分方程式が成り立ちます．ここで，$\ddot{y}$ は上下に振動する際のおもりの加速度（時間で 2 回微分）です．また，この質点系にダッシュポットを接続すると，それによる振動幅の減衰がおもりの速度 $\dot{y}$ に比例する場合，その比例定数を λ とすれば，質点系の運動を表す微分方程式は，

$$m\ddot{y} + \lambda \dot{y} + ky = 0$$

となります．さらに，いろいろ考えてみてください．自分のために．

Short Rest 19.
「地震のアスペリティ」

　本節で，力学と波動論を 4.4.4 で述べましたので，補足の意味で，自然地震について，少々，ここで述べておこうと思います．

　自然地震は，断層で発生する，という概念が今の地震学を支えています．しかしながら，同じ断層であっても，断層の動き方の違いで，様々な地震動を発生させます．そもそも，地震の規模（マグニチュード）の定義はその地震動の性質から様々に定義され，その１つは，地震の発生に関わった断層領域（面積）S，その断層の動いた長さ D，その領域の剛性率 μ で決まる地震モーメント M_O により決めるモーメント・マグニチュード M_W であり

$$M_W = (\log M_O - 9.1)/1.5 \quad (M_O = \mu SD)$$

と定義され，明らかなように，断層の動き方の違いで，同じ M_W でも，地震動そのものが変わることになります．

　東北地方太平洋沖地震（2011.3.11 発生）も，地震学者の調査によれば，広範囲な断層面が一瞬のうちに動いたのではなく，小分けされて，動いたとされています．素人が考えても，200km×600km もの断層が一気に動くとは考えにくいことですよね．広範囲な断層では，断層面が動きやすい部分と動きにくい部分が存在する，という，あくまでも定性的な地震発生モデルが，特に，長期的地震予知の観点から議論されるようになってきました．それが，アスペリティの概念の根幹です．

　語学的には，アスペリティ（asperity）とは，「ざらざら」した，あるいは，「でこぼこ」した，という意味です．1981 年に地震学者金森博雄博士によって提唱された，地震学で言う「アスペリティ・モデル」とは，断層面や割れ目で，固着が強く，動きにくいモデル領域のことであり，このモデル領域では「カップリングが強い」と言い，その結合が破壊されると大きな地震が起こることになります．

　地震空白域という言葉があります．以前に大きな地震が発生したが，最近その領域は地震が発生せず，その周りの領域ではそこそこ地震が発生している場合に使います．すなわち，周りにはカップリングが弱い断層があり，地震の起こっていない部分ではカップリングが強く，大地震が発生する可能性が高い，と考えたのです．

　著者は，地震空白域の概念とアスペリティの概念とは，地震の発生頻度の意味で同じであり，この概念をモデルとして，断層面の物理的な考察を少々加えて具現化したに過ぎない，と考えます．同じことについて説明方法を変えた，と言っても良いでしょう．いずれの場所も大きな地震が起きそうな場所であることに変わりはないのだから．

　ちなみに，アスペリティの位置，形状，大きさや，アスペリティにおいてすべる量は，地震の大きさなどを決める重要な要件となることは言うまでもないことです．同じアスペリティがほぼ一定の時間間隔で滑って地震を起こすと仮定したモデルを，「固有地震モデル」と呼んでいます．この考えは，地震発生の長期予測評価などにも取り入れられています．

4.5. 幾何学の分野

4.5.1. 直交曲線群

微分方程式
$$f(x, y, y') = 0 \qquad (4.5.1\text{-}1)$$
の一般解を表す曲線の集合があって，その曲線集合と角度 θ で交わる曲線集合を，ここで，仮に，θ 交差曲線群と呼ぶことにしますと，その一般解をあらわす微分方程式は，
$$f\left(x, y, \frac{y' - \tan\theta}{1 + y'\tan\theta}\right) = 0 \qquad (4.5.1\text{-}2)$$
で表されます．特に，$\theta = 90°$ である直交曲線群の一般解を与える微分方程式は，
$$f\left(x, y, -\frac{1}{y'}\right) = 0 \qquad (4.5.1\text{-}3)$$
となります．なんのことやら分かりませんね．

では，例題を見てみましょう．

例題 4.5.1-1

$y^2 = cx \ (c \neq 0)$ の直交曲線群を求めなさい．

まず，式 4.5.1-1 の y' を式 4.5.1-3 に代入するために，y' を求める必要がありますね．

例題 4.5.1-1 解答

与式を x で微分すると，$2yy' = c$ なので，定数 c を消去するため，定数 c を与式に入れて，
$$y^2 = 2xyy' \ \Rightarrow \ y(y - 2xy') = 0$$
となり，　解は $y = 0$，$y - 2xy' = 0$ から求まる．

1) $y = 0$ の場合

与式が x 軸に対称な双曲線群だから，直交曲線群は $x = 0$ であり，明らかに直交していることは自明である．

2) $y - 2xx' = 0$ の場合，直交曲線群は
$$y = \left(-\frac{1}{y'}\right)2x \ \Rightarrow \ 2x + yy' = 0$$
であるから，
$$2x\,dx + y\,dy = 0$$
で，積分して，$2 \cdot \frac{1}{2}x^2 + \frac{1}{2}y^2 = c$

すなわち，$\therefore \ 2x^2 + y^2 = C$

グラフを書いてみました．右図は，y（実線）は $y = \pm\sqrt{cx}$ で，y^*（鎖線）は $y^* = \pm\sqrt{C - 2x^2}$ です．互いに直行しているように見えますか？ちなみに，y のグラフは定義域が $x > 0$ です．一方，y^* のグラフは定義域が $-\sqrt{C/2} < x < \sqrt{C/2}$ です．

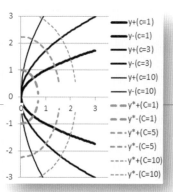

4.5. 幾何学の分野

実に, 面白いではありませんか? 皆さん, 気を良くして, もう 1 つ, やってみますかね. えっ, もう嫌だって! そう言わず, 頑張って!

> **例題 4.5.1-2**
> 法線の長さが, その切片の長さに等しい曲線は円となることを示せ.

明らかなことは, XY 座標系で, 曲線での接点 $P(x,y)$ における接線は,
$$Y - y = y'(X - x)$$
ですから, 法線は,
$$Y - y = -(y')^{-1}(X - x)$$
であることはお分かりでしょう. では, 解答を見てみましょう.

> **例題 4.5.1-2 解答**
> 曲線での接点 $P(x,y)$ における接線は $Y - y = y'(X - x)$ なので, 点 $P(x,y)$ における法線 ℓ は $Y - y = -(y')^{-1}(X - x)$ で与えられる. したがって, 法線 ℓ が x 軸と交わる点を $Q(x_c, 0)$ とすれば, x 切片 x_c は,
> $$0 - y = -(y')^{-1}(x_c - x) \quad \Rightarrow \quad x_c = x + yy'$$
> であるから, $Q(x_c, 0)$ と $P(x,y)$ との距離 d は
> $$d = \sqrt{(x_c - x)^2 + (0 - y)^2} = \sqrt{(yy')^2 + y^2}$$
> また, 仮定から, x 切片の長さは $x + yy'$ である. したがって,
> $$(yy')^2 + y^2 = (x + yy')^2$$
> である. これを展開して,
> $$(yy')^2 + y^2 = (x + yy')^2 \quad \Rightarrow \quad (yy')^2 + y^2 = x^2 + 2xyy' + (yy')^2$$
> $$\therefore \quad y^2 = x^2 + 2xyy'$$
> となる. ここで, $z = y^2$ とおくと,
> $$\frac{dz}{dx} = \frac{d}{dx}(y^2) = 2y\frac{dy}{dx} = 2yy'$$
> であるから,
> $$z = x^2 + x\frac{dz}{dx} \quad \Rightarrow \quad \frac{dz}{dx} - \frac{z}{x} = x$$
> である. これは, 線形微分方程式である. したがって, 定数変化法の公式: 式 3.1.8-6 から,
> $$z = e^{\int \frac{dx}{x}} \left(\int (-x) e^{-\int \frac{dx}{x}} dx + C \right)$$
> と書ける. ここで, C は積分定数であり,
> $$e^{\int \frac{dx}{x}} = e^{\log|x|} = |x|, \quad e^{-\int \frac{dx}{x}} = e^{-\log|x|} = |x|^{-1} > 0$$
> である. ここで, x について場合分けをする.
>
> 1) $x > 0$ の場合,
> $$z = y^2 = x\left(\int (-x)\frac{1}{x} dx + C \right) = -x^2 + Cx \quad \Rightarrow \quad x^2 - Cx + y^2 = 0$$

ここで, 法線の傾きを書くとき「−」を忘れないように!

となる．
2) $x < 0$ の場合,
$p = -x > 0$ とすると，$dp = -dx$ であるから，
$$z = y^2 = (-p)\left(\int p\left(-\frac{1}{p}\right)(-dp) + C\right) = (-p)\left(\int 1 dp + C\right) = -p^2 - Cp$$
ここで，p を $-x$ に戻すと，
$$z = y^2 = -(-x)^2 - C(-x) = -x^2 + Cx \Rightarrow x^2 - Cx + y^2 = 0$$
3) $x = 0$ の場合
$$y^2 = x^2 + 2xyy' \Rightarrow y^2 = 0 \therefore y = 0$$
だから，1) や 2) の場合にふくまれる．

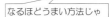
なるほどうまい方法じゃ

1) および 2) から，同じ式が得られ，
$$x^2 - Cx + y^2 = 0 \Rightarrow \left(x - \frac{C}{2}\right)^2 + y^2 = \left(\frac{C}{2}\right)^2$$
という円の方程式になる．ここで，C は任意の定数である．

　話の流れはお判りでしょうか．結果は，円の方程式になります．どうです？ 「点 $P(x, y)$ におけるある曲線の法線は」という言葉から始まりましたが，意外な展開だったのではないでしょうか．いかがでしょう．疲れましたか？ 著者は疲れました．ん？ でも，続けます．もうちょっと易しい例題があります．

例題 4.5.1-3　接線の y 切片が xy^2 である曲線を求めよ．

　例題 4.5.1-2 の問題に似てますが，答えを想像してください．

例題 4.5.1-3　解答
　曲線での接点 $P(x, y)$ における接線は $Y - y = y'(X - x)$ であり，その接線の y 切片 y_c は $X = 0$ の場合だから，$y_c = -xy' + y$ であり，仮定より，$y_c = xy^2$ であるから，
$$y_c = y - xy' = xy^2$$
$$\therefore y - x\frac{dy}{dx} = xy^2 \Rightarrow \frac{ydx - xdy}{y^2} = xdx \Rightarrow \int \frac{ydx - xdy}{y^2} = \int xdx$$
積分して，
$$\therefore \frac{x}{y} = \frac{x^2}{2} + C = \frac{x^2 + 2C}{2} \quad \left(\because d\left(\frac{x}{y}\right) = \frac{ydx - xdy}{y^2}\right)$$
あるいは，
$$y = \frac{2x}{x^2 + 2C}$$
ここで，C は任意の定数である．

　というわけでございます．いかが，お感じになりましたか？ θ 交差曲線群だの，直交曲線群だの，高校では聞きなれない話で，以後，お目にかからない読者は多いと思います．むしろ，光学系の読者は次項に興味があるでしょう．この項はこれで終了ですが，いつも書くように，詳しく知りたい読者は専門書をご覧ください．著者はこれで逃げます（笑）．

4.5. 幾何学の分野

4.5.2. パラボラ・アンテナの問題

さて，ここで，まとめの意味で，微分も積分も使って解く問題に挑戦してみましょう．これから説明しようとしていることは，実は，身の周りで，お目にかかる「パラボラ」アンテナの問題です．BSアンテナを見ても分かりますように，パラボラ・アンテナは，*Parabolic Antenna* のことで，平行に入射する衛星電波を焦点に集めるための回転放物面である反射器と，その焦点に置かれたアンテナ素子（輻射器）で構成されるアンテナ機器です．

ここでは，話を簡単にするために2次元で説明することにします．図 4.5.2-1 を見てください．何故，電波や光

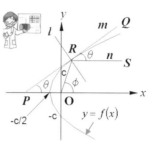

図 4.5.2-1　平行線と焦点

が，パラボラ・アンテナに平行に入射すると焦点 O に集まるのか，逆に，焦点 O から出る電波や光が反射器で反射するとき平行線となる，とはどういうことなのか，また，反射器の形は放物線に見えますが，どうなのでしょうか？　微分・積分で考えてみましょう．

図 4.5.2-1 に示した点 $R(x, y)$ に，x 軸に平行に入射した光線 n は，反射器を模擬した関数 $y = f(x)$ の点 R における接線 m で反射し，焦点 O に集中するとします．ここで，x 軸に平行な光線 n が，x 軸と一致する場合は，焦点 O に直接入射するのでこの場合は除きましょう．したがって，接線 m と x 軸となす角を $\theta (\neq 0)$ とします．

さて，直線 n は x 軸平行ですから，$\angle RPO = \angle QRS = \theta$（同位角）であり，直線 l は直線 $PQ(=m)$ に対して垂直な補助線です．ここで，反射点 R において，鏡の反射と同じであり，入射角=反射角ですから，$\angle ORP = \angle SRQ = \theta$ であり，角度 ϕ は

$$\phi(=\angle ROx) = \angle RPO + \angle ORP = 2\theta$$

となります．したがって，点 $R(x, y)$ について，直線 OR の傾きを考えますと，

$$\frac{y}{x} = \tan\phi = \tan 2\theta = \frac{2\tan\theta}{1-\tan^2\theta}$$

です．一方，接線 m の傾きが関数 y の導関数ですから，次式となります．

$$\tan\theta = \frac{dy}{dx} = y'$$

したがって，

$$\frac{y}{x} = \frac{2y'}{1-(y')^2} \quad \Rightarrow \quad y\{1-(y')^2\} = 2xy' \quad \Rightarrow \quad y\left\{\frac{1}{y'} - y'\right\} = 2x$$

と変形し，$u = \tan\theta = y'$ とおくと，

$$y\left(\frac{1}{u} - u\right) = 2x \tag{4.5.2-1}$$

であり，上式を y で微分すると，

$$\left(\frac{1}{u} - u\right) + y\left(-\frac{1}{u^2} - 1\right)\frac{du}{dy} = 2\frac{dx}{dy} = \frac{2}{y'} = \frac{2}{u}$$

なかなか気がつきませんがここがポイントでしょうか！

$$\left(-\frac{1}{u}-u\right)+y\left(-\frac{1}{u^2}-1\right)\frac{du}{dy}=0$$
$$\therefore\quad u\left(1+\frac{1}{u^2}\right)+y\left(1+\frac{1}{u^2}\right)\frac{du}{dy}=0$$
$$\therefore\quad \left(1+\frac{1}{u^2}\right)\left(u+y\frac{du}{dy}\right)=0$$

$u^2>0$ に注意して！

となります．ここまで，大丈夫ですか？ いきなり難しくなったと思うかもしれませんが，内容を読むとそうでもないことに気がつきます．目で追っていけますよね！

　ここで，最後の式で，第一項目は，$u(=\tan\theta)$ は実数であることに間違いはなく，0 にはなりません．したがって，$1+1/u^2>0$ により

$$u+y\frac{du}{dy}=0$$

という簡単な式になってしまいます．ここまでは，微分を使いました．今度は積分です．

$$u+y\frac{du}{dy}=0 \ \Rightarrow\ \frac{dy}{y}+\frac{du}{u}=0 \ \Rightarrow\ \int\frac{dy}{y}+\int\frac{du}{u}=C$$
$$\therefore\quad \log y+\log u=C \quad yu=c$$
（4.5.2-2）

ここで，C および c は積分定数です．ふ〜っ．さあさあ，あとは，最終段階です．

　式 4.5.2-2 を用いて式 4.5.2-1 を変形していきましょう．

$$y\left(\frac{1}{u}-u\right)=2x \ \Rightarrow\ y\left(\frac{y}{c}-\frac{c}{y}\right)=2x \ \Rightarrow\ \frac{y^2}{c}-c=2x$$
$$\therefore\quad y^2=2cx+c^2$$

となります．ここで，c は任意の定数です．

パラボラ・アンテナ

　これが求める式で，まさに，放物線の式となっています．図 **4.5.2-1** では，この式をグラフ化して示しています．式 4.5.2-3 で，$y=0$ とすれば，$x=-c/2$ が得られ，放物線が x 軸上の点 $(-c/2,0)$ で頂点となることが分かります．また，$x=0$ とすれば，y 軸上の点 $(0,\pm c)$ で交差することが分かります．c によって，パラボラ・アンテナの開き具合が決まることを付け加えておきます．

　このように，パラボラ・アンテナの反射器の形状は，放物線ではなく，放物面 (*paraboloid*) と呼ぶべきでしょう．ウィキペディアには，「平面幾何学において放物線とは，準線 (*directrix*) と呼ばれる直線 L と，その上にない焦点 (*focus*) と呼ばれる一点 F が与えられるとき，準線 L と焦点 F とをともに含む唯一の平面 π 上の点 P であって，P から焦点 F への距離 PF と等しい距離 $\overline{PQ}$ を持つような準線 L 上の点 Q が存在するようなものの軌跡として定義される平面曲線である。」と書かれています．また，放物線の性質として，互いに直行する接線の交点が準線となる曲線である，とも言えます．ここで注意すべきは，放物線は懸垂曲線（カテナリー曲線）とは似て非なる曲線である，ということを付け加えておきましょう．ここで，懸垂曲線に興味のある方は調べてみてください．専門書などに掲載されています．

4.5. 幾何学の分野

4.5.3. 球の表面積や体積

最後に，球の表面積 S や体積 V について求めて見ましょう．半径 r の球の表面積と体積は，

$$V = \frac{4\pi r^3}{3}, \quad S = 2\pi r^2 \quad (4.5.3\text{-}1)$$

であることは皆さんよくご存知でしょう．「何をいまさら」でしょうが，しかし，何故？，言われると，体積は何とかできますが表面積はちと難しいのです．式の導出，できますか？ 最近の学生は「むずい！」というかもしれませんね．「かし」が消えたのです．「菓子」を盗んだのは誰だ？…（笑）…もとに戻しましょう．

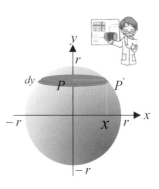

図 **4.5.3-1** 球の体積

まず，球の体積です．線分 PP' （図 **4.5.3-1** 参照）を y 軸の周りで水平回転し dy だけ下げて，厚さ dy の円盤を作ることを考えます．線分 PP' を y 軸の下方に移動させると，円盤半径が大きくなっていきます．したがって，線分 PP' $(=r)$ は，P' の位置，すなわち，x の位置の関数ですから，円盤の面積も x の関数になりますので，$S(x) = \pi x^2$ と書きます．また，点 P' は円盤の周上にあるので，$x^2 + y^2 = r^2$ が成り立ちます．すなわち，円盤を微小な厚さ dy の円柱と考えるわけです．

さあ，ここで，定積分です．球の体積を V とすると，

ここでの計算では，$y = \sin x$ として変数変換しても出来ますね！

$$V = \int_{-r}^{r} S(x)dy = \int_{-r}^{r} (\pi x^2) dy = \pi \int_{-r}^{r} (r^2 - y^2) dy$$
$$= 2\pi \int_{0}^{r} (r^2 - y^2) dy = 2\pi \left[yr^2 - \frac{1}{3}y^3 \right]_0^r = 2\pi \left(r^3 - \frac{1}{3}r^3 \right) = \frac{4\pi r^3}{3} \quad (4.5.3\text{-}2)$$

ということで，めでたく，皆さんご存知の球の公式が得られました．非常に物理的な求め方であるように感じませんでしょうか？「身の上（3分の）心配（4π）ある（r）ので参上（r^3）」などと覚えた読者もいらっしゃるかと思います．

さて，今度は，球の表面積です．う～，むずい（またですか？）．まず，関数に沿う微小線分の長さを ds（ここでは，小文字 s は長さです．面積ではありませんのでご注意を！）とします．図 **4.5.3-2** を見てください．一般的には，x 軸の周りを回転した回転体の断面を表す関数 $f(x)$ の微小線分 ds について，x 軸の周りを回転した時の輪切りした微小な面積 $2\pi f(x) ds$ を，点 $A(x_a, y_a)$ から点 $B(x_b, y_b)$ まで集めると，回転した時の軌跡部分の面積が求まることが分かります．もちろん，y 軸に平行な面は求まりません．必要な場合は，$\pi (y_a)^2$ および $\pi (y_b)^2$ を加えれば良いでしょう．

したがって，一般的には，回転体の表面積 S は，

$$S = \int_{(A)}^{(B)} 2\pi f(x) ds, \quad \text{または，} \quad S = \int_{(A)}^{(B)} 2\pi y \, ds \quad (4.5.3\text{-}3)$$

で求めます．

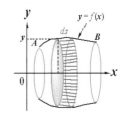

図 **4.5.3-2** 表面積の計算

図 **4.5.3-3** に示すように，x の微小変化 dx に対する y の微小変化 dy について，ピタゴラスの定理から，
$$(ds)^2 = (dx)^2 + (dy)^2 \quad \therefore \quad ds = \sqrt{(dx)^2 + (dy)^2}$$

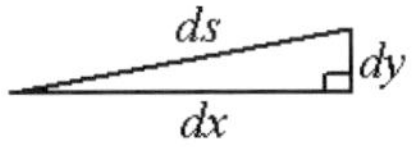

図 **4.5.3-3** 微小線分 ds の長さ

ですので，式 4.5.3-3 は，
$$S = \int_{(A)}^{(B)} 2\pi y \, ds = \int_{(A)}^{(B)} 2\pi y \sqrt{(dx)^2 + (dy)^2} = \int_{(A)}^{(B)} 2\pi y \sqrt{1 + \left(\frac{dy}{dx}\right)^2} \, dx \quad (4.5.3\text{-}4)$$
のように，線積分では，おなじみの式となることが分かります．

式 4.5.3-4 により，x 軸の周りの回転から球の表面積を求めてみましょう．まず，
$$\frac{dy}{dx} = \frac{d}{dx}\sqrt{r^2 - x^2} = \frac{1}{2}\frac{1}{\sqrt{r^2 - x^2}}\frac{d}{dx}(-x^2) = -\frac{x}{\sqrt{r^2 - x^2}} = -\frac{x}{y}$$
あるいは，$x^2 + y^2 = r^2$ を x で微分すると，
$$2x + 2y\frac{dy}{dx} = 0 \quad \therefore \quad \frac{dy}{dx} = -\frac{x}{y} \quad (4.5.3\text{-}5)$$
となります．ですから，
$$S = 2\pi \int_{-r}^{r} y\sqrt{1 + \left(\frac{dy}{dx}\right)^2} \, dx = 2\pi \int_{-r}^{r} y\sqrt{1 + \left(-\frac{x}{y}\right)^2} \, dx$$
$$= 2\pi \int_{-r}^{r} \sqrt{x^2 + y^2} \, dx = 2\pi r \int_{-r}^{r} dx = 2\pi r(r - (-r)) = 4\pi r^2 \quad (4.5.3\text{-}6)$$

さて，式 4.5.3-6 は x 軸の周りの回転を考えましたが，今度は y 軸の周りの回転を考えましょう．図 **4.5.3-4** に示しましたように，$2\pi x$ に対して ds を点 B から点 A まで半球分を集めます．円盤の面積は，その時の x 座標を用いると，$2\pi x$ で，帯の面積は $2\pi x ds$ となりますね．また，x 座標は，点 A ($x=0$) から，点 B ($x=r$) までですから，したがって，球の表面積 S は，半球分の 2 倍なので，
$$S = 2\int_0^r 2\pi x \, ds$$
と書けます．計算を続けますと，
$$S = 4\pi \int_0^r x \, ds = 4\pi \int_0^r x\sqrt{(dx)^2 + (dy)^2}$$
$$= 4\pi \int_0^r x\sqrt{1 + \left(\frac{dy}{dx}\right)^2} \, dx \quad (4.5.3\text{-}7)$$

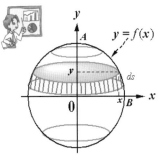

図 **4.5.3-4** 球の表面

となり，ここで，式 4.5.3-5 を式 4.5.3-7 に代入して，
$$S = 4\pi \int_0^r x\sqrt{1 + \left(-\frac{x}{y}\right)^2} \, dx = 4\pi \int_0^r x\sqrt{\frac{x^2 + y^2}{y^2}} \, dx = 4\pi \int_0^r x\frac{r}{y} \, dx$$
$$= 4\pi r \int_0^r \frac{x}{\sqrt{1 - x^2}} \, dx = 4\pi r^2 \quad (4.5.3\text{-}8)$$

4.5. 幾何学の分野

というわけで，式 4.5.3-6 と同じ球の表面積を求める式が得られました．納得いただけましたでしょうか．これは，高校数学ですでに習っているでしょう．まあ，確認の意味でかきました．

> 球の体積，表面積はこんな方法で計算できるのです．もっと簡単な，円の面積と円周の長さはどこかに書いてありますよ．
> ところで，いつも思うのですが，幾何学に対する丸みを帯びた形状の計算では必ずといって良いほど「π」が活躍しますね．どうしてでしょうかね〜？

4.5.4. 曲率半径

曲率半径ってっ聞いたことはありませんか． xy 直交座標系で，曲線 $y = f(x)$ 上の点 P および点 Q があって，線分 $\overline{PQ}$ が微小で，しかも，半径 R の円 O の円弧であるという近似が成り立つ場合，半径 R をその曲線のその部分の曲率半径と呼びます．さて，図 4.5.4-1 に示す文字を使えば

$$R = \overline{OP} = \overline{OQ}$$

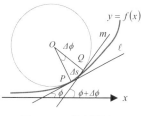

図 4.5.4-1　曲率半径

という状況です．ここで，円 O の点 P における接線を ℓ，点 Q における接線を m とし，接線 ℓ および m が x 軸と交わる角度を，それぞれ，ϕ および $\phi + \Delta\phi$ とすれば，

$$\angle POQ = \Delta\phi$$

ですから，

$$R\Delta\phi = \Delta s \Rightarrow R = \frac{\Delta s}{\Delta \phi} \quad , \quad ds = \sqrt{dx^2 + dy^2} = \sqrt{1 + \left(\frac{dy}{dx}\right)^2}\,dx \quad (4.5.4\text{-}1)$$

と書けることが分かります．ここで，$\Delta\phi$ を十分小さくしたもの，すなわち，

$$R = \lim_{\Delta\phi \to 0} \frac{\Delta s}{\Delta \phi} = \frac{ds}{d\phi} \tag{4.5.4-2}$$

とした場合を改めて，曲率半径ということにします．定義から，また，$\Delta\phi$ の増分を考え，

$$\tan\phi = \frac{dy}{dx} \quad , \quad \tan(\phi + \Delta\phi) = \frac{dy}{dx} + \frac{d}{dx}\left(\frac{dy}{dx}\right)dx = \frac{dy}{dx} + \frac{d^2 y}{dx^2}dx \tag{4.5.4-3}$$

と書けることが分かります．

$$\tan(\phi + \Delta\phi) = \frac{\tan\phi + \tan(\Delta\phi)}{1 - \tan\phi \tan(\Delta\phi)} \approx \frac{\tan\phi + d\phi}{1 - \tan\phi\, d\phi} = \frac{(dy/dx) + d\phi}{1 - (dy/dx)d\phi} \tag{4.5.4-4}$$

さて，上式から $d\phi$ を求めます．

$$\tan(\phi + \Delta\phi) = \frac{dy}{dx} + \frac{d^2 y}{dx^2}dx = \frac{(dy/dx) + d\phi}{1 - (dy/dx)d\phi} \quad , \quad d\phi = \frac{(dy/dx)^2}{1 + (dy/dx)^2}dx \tag{4.5.4-5}$$

ですから，$dxd\phi \approx 0$ として，式 4.5.4.-1, 式 4.5.4.-2, 式 4.5.4.-5 から，

$$R = \frac{ds}{d\phi} = \frac{\left\{1 + (dy/dx)^2\right\}^{\frac{3}{2}}}{(dy/dx)^2} \tag{4.5.4-6}$$

という曲率半径 R を求める式が得られます．

4. 応用

4.6. スペクトルとフィルター

4.6.1. スペクトルの概念

読者は，スペクトルとかフィルターとか聞いたことがありますでしょう．スペクトルというと，読者は何を思い浮べますか？ 太陽光で言えば虹ですかね．太陽光は「ホワイト」と呼ばれます．光の三原色から言うと全部の色（波長）が一度に見えることで透明あるいは白であるためそういわれるのです．

（吹き出し）Åはオングストロームと読むか〜．うむ．

虹は平行に入ってきた太陽光が，空中の水滴の中で屈折し，水中で波長による速度の違いが発生し，屈折角も異なるので，（長波長＝約 8000Å）赤⇒橙⇒黄⇒緑⇒青⇒藍⇒紫（短波長＝約 4000Å）のように分離され，7色に見えるのが虹です．ご存知でしょう．実際は，各色の間にも連続して色がありますが，7色が際立っています．この太陽光の分離は，1666 年ニュートンが発見しました．これをスペクトルと呼びます．スペクトルを解析することをスペクトル解析（*spectral analysis*）と呼びます．そのまんまですが…．

スペクトル解析は地震波の解析を行う学者にとっては日常茶飯事の処理法です．フィルターも同様です．フィルターとは，「茶漉し」のようなものです．後述しますが，地震波に含まれる周波数成分のうち，不必要な部分（例えば，低周波ノイズや高周波ノイズなど）を取り除くことを「フィルターをかける」（*filtering*）と言います（**図 4.6.1-1** 参照）．

ここでは，地震波を例にとり，スペクトルおよびフィルターの概略を紹介したいと思います．専門書としては，「スペクトル解析」などの本があり，詳細はそちらをご覧ください．

実は，地震波も光と同様で，様々な周期の波が重なり合って振動が形成されているのです．周波数を f とし，角周波数 ω について，$\omega_i = 2\pi f_i$ と書くとき，時間ごとに，また，周波数ごとに変化する振幅 $A_i(t)$ および様々な周波数 f_i で振動する位相項 $\exp(i\omega t)$ （$i = \sqrt{-1}$）（振動子とも言う）により，地震の波形データは，

$$w(t) = \sum_{i=1}^{N} A_i(t) e^{i\omega t} \quad (4.6.1\text{-}1)$$

と書けます．

位相項はオイラー公式により，

$$e^{i\theta} = \cos\theta + i\sin\theta \quad (4.6.1\text{-}2)$$

の如く，三角関数に展開できます．位相とは三角関数の変数部分を表します．

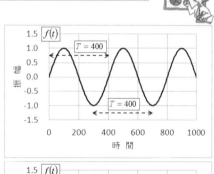
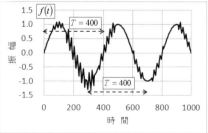

図 4.6.1-1　正弦波とノイズ

4.6. スペクトルとフィルター

まさに、これは、コンボリューションです。記録上、地震波が記録されていない部分（時刻 $t_{-\infty} \sim t_{0-\varepsilon}$）も $A_i(t_{-\infty} \sim t_{0-\varepsilon}) = 0$（$t_{0-\varepsilon}$は地震波到達時刻寸前の時間）と考えれば、全ての周波数で地震波を表すことが出来るからです。

さて、前置きはこれくらいにして、スペクトルの話にもどしましょう。

1）ゼロ・クロッシング法によるスペクトル（*spectrum*）解析

地震波に関する最も単純と考えられるスペクトルは、ゼロ・クロッシング法です。地震波の記録を地震記象（*seismogram*）と呼びます。最も単純化した波形は正弦波（*sinusoidal* あるいは *sin-wave*）でしょう。$\sin(\omega t)$のωは角周波数とよび $\omega = 2\pi f$ です。すなわち、

$$\sin(\omega t) = \sin(2\pi f t) = \sin\left(2\pi \frac{t}{T}\right) \qquad (4.6.1\text{-}3)$$

です。すなわち、$\sin(\omega t)$は周波数 f、あるいは、周期$T(=1/f)$で振動する波です。このとき、$\sin(\omega t)$は、$t = 0, T/2, T, 3T/2, \cdots$ の場合に 0 となります。図 4.6.1-1 の上図に示しますように、ノイズのない正弦波は、$t = 200$（=T/2）、$t = 400$（=T）、$\cdots$ の位置にゼロ・クロッシングがあります。

このとき、2 回目のゼロ・クロッシングのTは周期です。地震波は、もっと多くの周波数の異なる周期の波の集まりとモデル化されていますから、例えば、、計測した T について、ΔTのような増分幅（例えば、$T_i \sim T_i + \Delta T$）でクラスわけをし、各クラスに入る個数を求める方法があります。まさに、周波数のヒストグラムです。このクラス分けを頻度スペクトル解析と呼び、その個数は頻度スペクトル密度と呼ぶことができます。この方法では、図 4.6.1-1 の下図のように、高周波成分が多少あっても、本来の周期が選べます。

2）ピーク法によるによるスペクトル解析

図 4.6.1-1 で波形の山と山あるいは谷と谷は、共に波の周期を表しているので、（1）と同様に頻度スペクトルを作成することができます。しかし、この場合は、自動処理を行うと、図 4.6.1-1 の下図に示す、波形のぎざぎざまでカウントされ、同じ波形でも、ゼロ・クロッシング法に比べて、頻度スペクトルが高周期側にずれる傾向を持つ特徴があります。まあ、十分妥当な予想です。

3）確率密度法によるスペクトル解析

ちょっと耳慣れない名前です。名前からして、ここで確率論がでてきました。「確率と聞いただけで身の毛がよだつ」読者は多いのではないでしょうか。私もそうです…（＾÷＾）。

さて、解析はコンピュータの中で行われますから、波形データは離散データとなります。ちなみに、計測は、通常、電圧の変化を示すアナログ信号で受け取りますが、コンピュータに取り込むにはデジタル・データとしなければなりません。このアナログ・データをデジタル・データにサンプ

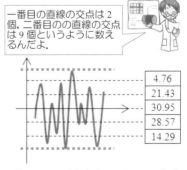

図 4.6.1-2 確率密度スペクトルの概念

リングすることを A/D 変換と呼びます．このサンプリング（データ取得時間間隔）はサンプリング周波数というパラメータと呼ぶ場合があります．これは，1秒間のアナログ・データ（アナログ波形）から何個のデータを取り込むかを示すものです．サンプリング周波数が大きいほど密にデータのサンプリングができますが，あまり大きくするとデジタル・データの量が膨大になります．かと言って，あまり小さくすると表示したとき波形になりません．ご注意ください．本書の趣旨からすると余計な話でした．元い！　話を本題にもどします．

さて，デジタル化されたデータ（振幅データ）をいくつかのクラスに分けて評価します．クラスを振幅値を-1 から 1 の間とするため，振幅の絶対値をとり，その最大値で振幅データ全部を割ります．このことを，規格化（*normalize*）とよび，規格化して値域 [-1, 1] に入るようにした振幅を相対振幅（*relative amplitude*）と呼びます．横軸を相対振幅，縦軸を頻度で表したグラフを確率密度スペクトル分布表示と呼びます．

図 **4.6.1-2** に確率密度スペクトルの概念図を示します．数字は横線が波形を過ぎる回数（交点）を各クラス（例では，5 クラス）で求め，その総数で規格化し，100 をかけた値であり，5 クラスの総和は 100 になります．この数字が，確率密度スペクトルで，横軸に相対振幅，縦軸に確率密度スペクトルとして表示すれば，確率密度スペクトル分布表示となるのです．

さて，横軸に相対振幅，縦軸に確率密度スペクトルを描くとき，波形がランダムな波である場合は，そのグラフは，ガウス分布になります．ガウス分布（*Gaussian distribution*）とは，サンプルの平均値を $\bar{x}$ とし，標準偏差を σ とした場合，ガウス分布に従う確率密度関数 $p(x)$ は，

$$p(x) = \frac{1}{\sqrt{2\pi\sigma^2}} \exp\left(-\frac{(x-\bar{x})^2}{2\sigma^2}\right) \quad (4.6.1\text{-}4)$$

で与えられます．ガウス分布で，平均値が $\bar{x}=0$ で，標準偏差の二乗が $\sigma^2=1$ である場合は，正規分布（*normal distribution*）と呼ばれ，すなわち，確率密度関数が，

$$p(x) = \frac{1}{\sqrt{2\pi}} \exp\left(-\frac{x^2}{2}\right) \quad (4.6.1\text{-}5)$$

と書かれる方式は標準正規分布あるいは基準正規分布と呼ばれています．

もっと解かりづらいのは t 分布で，その確率密度関数は，自由度 n の関数であり，

$$p(x|n) = \frac{\Gamma\left(\frac{n+1}{2}\right)}{\sqrt{n\pi}\cdot\Gamma\left(\frac{n}{2}\right)\left(1+\frac{x^2}{n}\right)^{\frac{n+1}{2}}} \quad (4.6.1\text{-}6)$$

でして，ここで，$\Gamma()$ はガンマ関数です．

「解かりづらい」と書きましょう
「解かりずらい」は間違いです．お気を付け下さいまし．

色々な表式が出てきました．何だか分かんね〜，という方は，統計学の専門書にはもっと詳しく解説されていますから，そちらで参照してください．

ここまでが基礎概念で，実際利用されている方法と微分・積分の話に移りましょう．

4.6. スペクトルとフィルター

4.6.2. 弦の振動

フーリエ級数の基本は，数学者フーリエ（Fourier）が最初に提言したのではありません．両端が固定された弦の振動の関数（信号）を正弦波や余弦波の和として表せる，と最初に考えたのはベルヌーイ（D.Bernoulli）です．

というわけで，例えば，ギターやバイオリンのように，両端を固定し，張力を与えた後の長さ ℓ の（これ以上は微小しか伸びない）弦について，任意の位置 x における任意の時刻 t の微小な上下変位 $u(x,t)$ を考えて見ましょう．例によって，任意の位置 x と微小な位置の離れた位置 $x+\varDelta x$ について，1本の弦の上の微小に位置が異なる2点における弦の張力は，物理的に，釣り合っていなければなりません．ここで，張力はその位置での弦の接線方向です（図 4.6.2-1 参照）．

まず，水平方向の釣り合いを考えます．位置 x および位置 $x+\varDelta x$ での接線の張力と水平方向に対する角度を，それぞれ，T_x，$T_{x+\varDelta x}$，θ_x，$\theta_{x+\varDelta x}$ とします（図 4.6.2-1 参照）．このとき，釣り合いの方程式は，方向まで考えると

$$(-T_x)\cos(\theta_x + \pi) = T_{x+\varDelta x} \cos\theta_{x+\varDelta x} = T_0$$

ですから

$$T_x \cos\theta_x = T_{x+\varDelta x} \cos\theta_{x+\varDelta x} = T_0 \quad (4.6.2\text{-}1)$$

です．T_0 は，張力が同じであるということを強調する定数です．

図 4.6.2-1 弦の張力の概念

次に，垂直方向の釣り合いを考えます．仮に，位置 x は位置 $x+\varDelta x$ よりも垂直方向では低いとします．この場合，

$$\begin{aligned}&(-T_x)\sin(\theta_x + \pi) + T_{x+\varDelta x} \sin\theta_{x+\varDelta x} \\ &= -T_x \sin\theta_x + T_{x+\varDelta x} \sin\theta_{x+\varDelta x} = \rho\varDelta x \frac{\partial^2 u}{\partial t^2}\end{aligned} \quad (4.6.2\text{-}2)$$

と表されます．ニュートン力学で言うと，式 4.6.2-2 の左辺は力 F であり，式 4.6.2-2 の右辺の係数 $\rho\varDelta x$ は質量 m で，残りは加速度 α で，形式として $F=m\alpha$ にほかなりません．

さて，式 4.6.2-1 および式 4.6.2-2 から，

$$\frac{-T_x \sin\theta_x}{T_x \cos\theta_x} + \frac{T_{x+\varDelta x} \sin\theta_{x+\varDelta x}}{T_{x+\varDelta x} \sin\theta_{x+\varDelta x}} = -\tan\theta_x + \tan\theta_{x+\varDelta x} = \frac{\rho\varDelta x}{T_0}\frac{\partial^2 u}{\partial t^2} \quad (4.6.2\text{-}3)$$

が得られます．ここで，$-\tan\theta_x$ および $\tan\theta_{x+\varDelta x}$ は，位置 x および位置 $x+\varDelta x$ における接線の傾きに相当します．したがって，式 4.6.2-3 について，

$$\tan\theta_x = \left.\frac{\partial u}{\partial x}\right|_x, \quad \tan\theta_{x+\varDelta x} = \left.\frac{\partial u}{\partial x}\right|_{x+\varDelta x}$$

です．したがって，式 4.6.2-3 は

$$-\left(\frac{\partial u}{\partial x}\right)_x + \left(\frac{\partial u}{\partial x}\right)_{x+\varDelta x} = \frac{\rho\varDelta x}{T_0}\frac{\partial^2 u}{\partial t^2}$$

であり，左辺の順序を変えて，$\varDelta x$ で割れば，どうなりますか？　そうです！　偏微分公式そのものになりそうでしょう？！　実際，左辺の順序を変えて，$\varDelta x$ で割れば，

$$\frac{1}{\Delta x}\left[\left.\frac{\partial u}{\partial x}\right|_{x+\Delta x} - \left.\frac{\partial u}{\partial x}\right|_{x}\right] = \frac{\rho}{T_0}\frac{\partial^2 u}{\partial t^2}$$

が得られます。ここで，偏微分の定義により，$\Delta x \to 0$ とすれば，右辺は関係ないですが，左辺は x に関する一階偏微分のさらに偏微分になりますから，結局

$$\frac{\partial^2 u}{\partial x^2} = \frac{\rho}{T_0}\frac{\partial^2 u}{\partial t^2}, \text{ あるいは, } \frac{\partial^2 u}{\partial t^2} = \xi^2 \frac{\partial^2 u}{\partial x^2}, \quad \xi = \sqrt{\frac{T_0}{\rho}} \tag{4.6.2-4}$$

という一次元波動方程式が得られます。やっとここまで着ました。ふ〜。ここまで，理解度はいかがでしょうか？

　さあ，さらに話をすすめて，式 4.6.2-4 の解を求めてみましょう。式 4.6.2-4 の第 2 式からはじめましょう。すなわち，

$$\frac{\partial^2 u}{\partial t^2} = \xi^2 \frac{\partial^2 u}{\partial x^2} \tag{4.6.2-5}$$

であり，あらためて言うと，$u(x,t)$ は弦の任意の位置 x における任意の時刻 t の変位を表しています。境界条件は，言うまでも無く，全ての時刻 t で，

$$u(0,t) = u(\ell,t) = 0 \tag{4.6.2-6}$$

ですね。また，弦の任意の位置 $0 \leq x \leq \ell$ での初期変位 $u(x,0)$ および初期速度 $\dot{u}(x,0)$ は，

$$u(x,0) = \phi(x) \tag{4.6.2-7}$$

$$\dot{u}(x,0) = \left.\frac{\partial u}{\partial t}\right|_{t=0} = \varphi(x) \tag{4.6.2-8}$$

としましょう。ここで，式 2.3.5-2 を応用します。$u(x,t)$ を

$$u(x,t) = \phi(x) \cdot \varphi(t) \tag{4.6.2-9}$$

のように，分離して考えることにします。したがって，この場合，

$$\frac{\partial^2 u(x,t)}{\partial x^2} = \phi''(x)\varphi(t), \quad \frac{\partial^2 u(x,t)}{\partial t^2} = \phi(x)\ddot{\varphi}(t) \tag{4.6.2-10}$$

となります。この辺が，偏微分のパワーでしょうか？　もちろん，$\phi''(x)$ は変数 x に関する二階微分を表し，同様に，$\ddot{\varphi}(t)$ はトゥドットと呼び，時間 t に関する二階微分を表します。ここで，式 4.6.2-10 を式 4.6.2-5 に代入して，$\xi^2 \phi(x)\varphi(t)$ で割ると，

$$\phi(x)\ddot{\varphi}(t) = \xi^2 \phi''(x)\varphi(t) \Rightarrow \frac{\phi(x)\ddot{\varphi}(t)}{\xi^2\phi(x)\varphi(t)} = \frac{\xi^2\phi''(x)\varphi(t)}{\xi^2\phi(x)\varphi(t)} \quad \therefore \quad \frac{\ddot{\varphi}(t)}{\xi^2\varphi(t)} = \frac{\phi''(x)}{\phi(x)}$$

となり，面白い形になります。すなわち，変数 t の関数の比と変数 x の関数の比が一定ということになりました。ここで，その比を λ とすると，

$$\frac{\ddot{\varphi}(t)}{\xi^2\varphi(t)} = \frac{\phi''(x)}{\phi(x)} = \lambda \tag{4.6.2-11}$$

ですから，結局，

$$\phi''(x) - \lambda\phi(x) = 0 \tag{4.6.2-12}$$

$$\ddot{\varphi}(t) - \lambda\xi^2\varphi(t) = 0 \tag{4.6.2-13}$$

というようになります。ここから，微分方程式の解法に入っていきます。

4.6. スペクトルとフィルター

式 4.6.2-12 および式 4.6.2-13 から，全ての時刻 t について，
$$u(0,t) = \phi(0)\varphi(t) = 0, \quad u(\ell,t) = \phi(\ell)\varphi(t) = 0 \tag{4.6.2-14}$$
であるように $\phi(x)$ および $\varphi(t)$ を考えましょう．

1) $\varphi(t)=0$ の場合　定義域 $0 \leq x \leq \ell$ の全てで，$u(x,t)=0$ となります．
2) $\varphi(t)>0$ の場合　$\phi(0)=0$ かつ $\phi(\ell)=0$ であり，
   (a) $\lambda=0$ のとき，$\phi''(x)=0$ なので，$\phi(x)$ はたかだか x の一次式です．そこで，適当な定数 p, q により $\phi(x)$ の一般解は，$\phi(x)=px+q$ と表され，式 4.6.2-14 により，
   $$\phi(0) = p \times 0 + q = 0 \quad \therefore \quad q=0$$
   $$\phi(\ell) = p \times \ell + 0 = 0 \quad \therefore \quad p=0 \quad (\because \ \ell>0)$$
   ですから，$p=q=0$ となり，$\phi(x)=0$ であり，$u(x,t)=0$ が得られます．
   (b) $\lambda>0$ のとき $\lambda = k^2 (>0, \neq 0)$ とおきますと，式 4.6.2-12 から，
   $$\phi''(x) - k^2 \phi(x) = 0$$
   ですから，$\phi(x)$ の一般解は，$\phi(x) = C^+ e^{kx} + C^- e^{-kx}$（$C^+, C^-$ は定数）となりますが，
   $$\phi(0) = C^+ + C^- = 0$$
   $$\phi(\ell) = C^+ e^{k\ell} + C^- e^{-k\ell} = C^+ e^{k\ell} - C^+ e^{-k\ell} = C^+ (e^{k\ell} - e^{-k\ell}) = 0$$
   であり，$\pm k\ell \neq 0$ であることから，$C^+ = 0$，したがって，$C^+ = C^- = 0$ であり，$\phi(x) = 0$ となり，同様に，$u(x,t)=0$ が得られます．
   (c) $\lambda<0$ のとき，$\lambda = -k^2 (<0, \neq 0)$ とおけば，
   $$\phi''(x) + k^2 \phi(x) = 0 \tag{4.6.2-14}$$
   です．この一般解は，
   $$\phi(x) = C^C \cos kx + C^S \sin kx$$
   であり，式 4.6.2-14 から，
   $$\phi(0) = C^C \cos 0 + C^S \sin 0 = C^C = 0, \quad \phi(\ell) = C^S \sin k\ell = 0$$
   ですから，ここで，$C^S = 0$ ならば，結局，$u(x,t)=0$ となります．$C^S \neq 0$ なら $\sin k\ell = 0$ となります．このとき，$k\ell = n\pi$，または，$k = n\pi/\ell$（n は整数）なります．$C^S = 1$ とすれば，式 4.6.2-14 から，$\phi(x)$ は，n の関数として，
   $$\phi_n(x) = \sin\left(\frac{n\pi}{\ell} x\right) \tag{4.6.2-15}$$
   が得られます．ここで，負の整数であっても $\sin$ は奇関数ですから，表現は変わりません．このとき，$\lambda = -k^2 = -(n\pi/\ell)^2$ ですから，
   $$-\lambda \xi^2 = k^2 \xi^2 = (\xi n\pi/\ell)^2$$
   ですから，$\alpha_n = \xi n\pi/\ell$ とおくと，式 4.6.2-13 は，
   $$\varphi''(t) + \alpha_n^2 \varphi(t) = 0$$
   ですから，この一般解は，係数 Ψ_n および係数 Ψ_n^* を用いて，
   $$\varphi_n(t) = \Psi_n \cos \alpha_n t + \Psi_n^* \sin \alpha_n t \tag{4.6.2-16}$$
   となります．

最終的に，式 4.6.2-15 および式 4.6.2-16 から，式 4.6.2-9 の解は，

$$u_n(x,t) = \phi_n(x)\varphi_n(t) = \sin\left(\frac{n\pi}{\ell}x\right)\left(\Psi_n \cos\alpha_n t + \Psi_n^* \sin\alpha_n t\right) \quad (4.6.2\text{-}17)$$

という離散的な解となります．ここで，$\alpha_n = \xi n\pi/\ell$ であり，$\xi = \sqrt{T_0/\rho}$ です．

さて，式 4.6.2-17 の sin 関数により $u_n(x,t)$ は $x = \ell/n, 2\ell/n, \cdots, (n-1)\ell/n$ で 0 になります．このため，式 4.6.2-17 を固有関数（*eigenfunction*），α_n を固有値（*eigenvalue*）と呼びます．すなわち，弦の分割数 n が，弦の動かない位置を表し，$n=1$ のとき，$x=\ell$，$n=2$ のとき，$x=\ell/2$，…，というように弦に不動点が発生し，弦はこの不動点の両側で反対方向に振動します．

ちなみに，固有値といえば，線形代数で，行列 $\mathbf{A}$ について，$|\mathbf{A} - \lambda\mathbf{E}| = 0$ を満たす λ も固有値と呼ばれます．

このように，式 4.6.2-17 が式 4.6.2-4 の解であり，式 4.6.2-5 は線形で同次ですから，その n について足し合わせた解もやはり解です．したがって，$u(x,t)$ は無限級数として，

$$u(x,t) = \sum_{n=1}^{\infty} u_n(x,t) = \sum_{n=1}^{\infty} \phi_n(x)\varphi_n(t) = \sum_{n=1}^{\infty} \sin\left(\frac{n\pi}{\ell}x\right)\left(\Psi_n \cos\alpha_n t + \Psi_n^* \sin\alpha_n t\right)$$

のような形式で表すことができます．

どうでしたか？ たぶん読むだけでは分からなかった読者もいるでしょう．弦の話だっただけに，ちょっとゲンなりでしょうか？ 何やら，式ばかりで恐縮です．しかし，ともあれ，数学の本ですから・・・

でもそれでも最後まで読んでいただいたので十分と思います．ここで，追い討ちをかけるようで申し訳ないのですが，弦の振動の議論があるのだったら，面の振動の話が有ってもおかしくないですね．

弦の振動の場合，式 4.6.2-5 であるような 1 次元波動方程式が基本となる式になります．しかるに，面の振動に関するは，と言えば，2 次元波動方程式：

$$\frac{\partial u^2}{\partial t^2} = c^2\left(\frac{\partial u^2}{\partial x^2} + \frac{\partial u^2}{\partial y^2}\right)$$

が基本となる方程式になります．これ以上，深入りはしません．

3 次元の波動方程式で最も簡潔に書く波動方程式は，ナブラ ∇ を用いて，

$$\frac{\partial u^2}{\partial t^2} = c^2 \nabla u^2 \quad (4.6.2\text{-}16)$$

となることが容易に予想できます．実際，身近にある例としては，3 次元的に伝播する地震波や電磁波の伝播はその適用分野の 1 つです．将来，地球物理研究者，特に，地震波など（例えば，図 4.6.2-2）を取り扱う研究者になりたい読者は知識として必須の方程式です．ちなみに，図 4.6.2-2 の「P」「S」は，それぞれ，P 波と S 波の初動を示し，その初動時刻の差を PS 時間と呼んでいます．

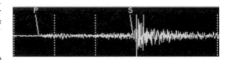

図 4.6.2-2 典型的な地震波形

4.6. スペクトルとフィルター

4.6.3. フーリエ変換
1）フーリエ変換とは

　フーリエ変換（*Fourier transform*）は，波形処理（信号処理）で重要であることは，この項 4.6.3 を読もうという皆さんは良くご存知ですよね．時間領域で信号 $w(t)$ を周波数領域で表すと $W(f)$ となるとしましょう．時間領域での信号とは，波形データが時間の流れと共に変わる振幅のことで，一方，周波数領域での信号とは，波の中にどんな周波数の波が含まれ，その波ごとに変化する位相のことです．分かりづらい説明で恐縮です．(-_-)

　さて，このとき，時間領域で信号 $w(t)$ と周波数領域で見た $W(f)$ との関係は，

$$W(f) = \int_{-\infty}^{\infty} w(t) e^{-i2\pi f t} dt \qquad (4.6.3\text{-}1)$$

と書いて，右辺をフーリエ積分（*Fourier integral*）と呼び，$W(f)$ を $w(t)$ のフーリエ変換と呼びます．ここで，$i = \sqrt{-1}$ です．さて，ここで，フーリエ逆変換は

$$w(t) = \int_{-\infty}^{\infty} W(f) e^{i2\pi f t} df \qquad (4.6.3\text{-}2)$$

と書けます．式 4.6.3-2 が式 4.6.3-1 の逆変換であることを確かめるため，

$$w(t) = \int_{-\infty}^{\infty} W(f') e^{i2\pi f' t} df' \qquad (4.6.3\text{-}3)$$

として式 4.6.2-1 に代入してみましょう．

$$\begin{aligned}
W(f) &= \int_{-\infty}^{\infty} w(t) \exp(-i2\pi f t) dt \\
&= \int_{-\infty}^{\infty} \left(\int_{-\infty}^{\infty} \Phi(f') \exp(i2\pi f' t) df' \right) \exp(-i2\pi f t) dt \\
&= \int_{-\infty}^{\infty} \int_{-\infty}^{\infty} \Phi(f') \exp(i2\pi f' t) \exp(-i2\pi f t) dt df' \\
&= \int_{-\infty}^{\infty} \int_{-\infty}^{\infty} \Phi(f') \exp\{i2\pi t(f' - f)\} df' dt
\end{aligned}$$

となります．ここで，

$$\begin{aligned}
\int_{-\infty}^{\infty} \exp\{i2\pi t(f'-f)\} dt &= \lim_{p \to \infty} \int_{-p}^{p} \exp\{i2\pi t(f'-f)\} dt \\
&= \lim_{p \to \infty} \left\{ \frac{\exp\{i2\pi(f'-f)p\} - \exp\{i2\pi(f'-f)(-p)\}}{i2\pi(f'-f)} \right\} \\
&= \lim_{p \to \infty} \left\{ \frac{\cos\{2\pi(f'-f)p\} + i\sin\{2\pi(f'-f)p\} - [\cos\{2\pi(f'-f)p\} - i\sin\{2\pi(f'-f)p\}]}{i2\pi(f'-f)} \right\} \\
&= \lim_{p \to \infty} \left\{ \frac{i2\sin\{2\pi(f'-f)p\}}{i2\pi(f'-f)} \right\} = \lim_{p \to \infty} \left\{ \frac{\sin\{2\pi(f'-f)p\}}{\pi(f'-f)} \right\} = \delta(f'-f)
\end{aligned}$$

となりますから，

$$\therefore \quad W(f) = \int_{-\infty}^{\infty} \Phi(f')\delta(f'-f)df' = \Phi(f)$$

であり，式 4.6.3-2 が式 4.6.3-1 の逆変換であることが確かめられました．ここで，

$$\delta(x) = \lim_{p\to\infty}\left(\frac{\sin(2\pi fp)}{\pi f}\right) \tag{4.6.3-4}$$

という公式（式 2.3.6-7 参照）を用いています．Green 関数では，式 2.4.4-5 では

$$\delta(x) = \frac{1}{2\pi}\int_{-\infty}^{\infty} e^{-ikx}dk \tag{4.6.3-5}$$

を，すでに紹介しています．また，正規分布の密度関数の σ を無限にするという

$$\delta(x) = \lim_{\sigma\to\infty}\left\{\frac{1}{\sqrt{2\pi}\sigma}\exp\left(-\frac{x^2}{2\sigma^2}\right)\right\} \tag{4.6.3-6}$$

という定義もあります．

2）フーリエスペクトル

フーリエ変換を角周波数で行う場合は，

$$\omega = 2\pi f \iff d\omega = 2\pi df \iff df = d\omega/2\pi$$

であり，したがって，フーリエ変換（式 4.6.3-1）と逆変換（式 4.6.3-2）は，

$$W(\omega) = \int_{-\infty}^{\infty} w(t)e^{-i\omega t}dt \iff w(t) = \frac{1}{2\pi}\int_{-\infty}^{\infty} W(\omega)e^{i\omega t}d\omega \tag{4.6.3-7}$$

となります．係数の対象性を考え，

$$W(\omega) = \frac{1}{\sqrt{2\pi}}\int_{-\infty}^{\infty} w(t)e^{-i\omega t}dt \iff w(t) = \frac{1}{\sqrt{2\pi}}\int_{-\infty}^{\infty} W(\omega)e^{i\omega t}d\omega \tag{4.6.3-8}$$

と書く場合も有ります．

スペクトル解析で求めることができるのは，振幅スペクトル $|W(\omega)|$ と位相スペクトル $\arg W(\omega)$（arg は *argument* の略で偏角のこと）であり（図 **4.6.4-1** 参照），

$$W(\omega) = a(\omega) + ib(\omega) \quad (a(\omega), \; b(\omega) \text{は実数}) \tag{4.6.3-9}$$

と書くとき，

$$|W(\omega)| = \sqrt{a(\omega)^2 + b(\omega)^2}$$
$$\theta(\omega) = \arg W(\omega) = \tan^{-1}(b(\omega)/a(\omega)) \tag{4.6.3-10}$$

です．また，$|W(\omega)|^2$ をパワースペクトルといいます．

ちなみに，

$$W(\omega) = \int_{-\infty}^{\infty} w(t)e^{-i\omega t}dt = \int_{-\infty}^{\infty} w(t)(\cos\omega t - i\sin\omega t)dt \tag{4.6.3-11}$$

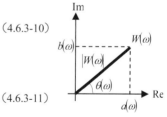

図 **4.6.4-1** スペクトル

ですから，$a(\omega)$ および $b(\omega)$ は，

$$a(\omega) = \int_{-\infty}^{\infty} w(t)\cos\omega t\, dt \qquad b(\omega) = -\int_{-\infty}^{\infty} w(t)\sin\omega t\, dt \tag{4.6.3-12}$$

となります．

4.6. スペクトルとフィルター

3) フーリエ変換の特性

ここで，フーリエ変換の特性を列挙します．一般的に，$f(t)$ のフーリエ変換を $F(\omega)$，すなわち，

$$F(\omega) = \int_{-\infty}^{\infty} f(t)e^{-i\omega t}dt$$

とします．このとき，

$$F(\omega) = \int_{-\infty}^{\infty} f(t)e^{-i\omega t}dt = \int_{-\infty}^{\infty} f(t)\cos\omega t\, dt - i\int_{-\infty}^{\infty} f(t)\sin\omega t\, dt$$

まとめておこう！

となり，このとき，以下の特性を有します．

① 線形正　　$f_1(t) \leftrightarrow F_1(\omega), f_2(t) \leftrightarrow F_2(\omega)$
　　　　　　$\Leftrightarrow \quad a_1 f_1(t) + a_2 f_2(t) \leftrightarrow a_1 F_1(\omega) + a_2 F_2(\omega)$ 　　(4.6.3-13)
② 対象性　　$f(t) \leftrightarrow F(\omega) \quad \Leftrightarrow \quad F(t) \leftrightarrow 2\pi f(-\omega)$ 　　(4.6.3-14)
③ 時間伸縮性　$f(at) \quad \Leftrightarrow \quad (1/|a|)F(\omega/a)$ 　　(4.6.3-15)
④ 時間推移性　$f(t-t_0) \quad \Leftrightarrow \quad F(\omega)\exp(i\omega t_0)$ 　　(4.6.3-16)
⑤ 周波数推移性　$F(\omega-\omega_0) \quad \Leftrightarrow \quad f(t)\exp(i\omega_0 t)$ 　　(4.6.3-17)
⑥ 時間微分　　$d^n f(t)/dt^n \quad \Leftrightarrow \quad (i\omega)^n F(\omega)$ 　　(4.6.3-18)
⑦ 周波数微分　$(-it)^n f(t) \quad \Leftrightarrow \quad d^n F(\omega)/d\omega^n$ 　　(4.6.3-19)
⑧ 共役性　　$f^*(t) = \text{conj}\, f(t) \Rightarrow f(t) \leftrightarrow F(\omega) \Leftrightarrow f^*(t) \leftrightarrow F^*(\omega)$ 　　(4.6.3-20)

4.6.4. FFT

地震波などの信号処理でアナログ・データをフーリエ変換しようとする場合，電気的な処理で行う機器がありますが，モニターに電気信号を表示する，あるいは，ペンレコーダ書かせる，にとどまり，高度で複雑な処理をするのは困難です．しかし，アナログ・データをデジタル・データに変換すること（A/D変換）で処理が可能となります．

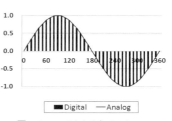

図 4.6.4-1　Digital と Analog

デジタル・データのフーリエ変換を行う際に用いるのが FFT（*Fast Fourier Transform*）です．FFT とはフーリエ変換をデジタルデータ（波形データの離散データ）に対して行う数学モデルです．ただし，データ数が 2 の累乗 2^n であるという解析に関する制限が付きます．昨今の PC レベルで，高速でフーリエ変換が簡単に行うことができるようになりました．デジタル・データとなった信号は，振幅データとその時間間隔になります．時間間隔はサンプリングレートと言います．図 4.6.4-1 にアナログ・データとデジタル・データの違いを描きました．縦棒がデジタル・データで，sin の波線がアナログデータで，横軸が時刻，縦軸が振幅を表します．デジタル・データは $(t_i, A(t_i))$ のように 2 次元ベクトルと考えられます．これを解析するとき，$e^{i\omega t}$ のような振動子として，フーリエ級数として扱うのです．

4.6.5. フィルターオペレーション

線形である方程式は、フィルターオペレーションであるといってもよいでしょう。何を言っているか分かりませんね。例えば、一次方程式、

$$y = ax + b$$

は、概念的には、$ax + b = y$ であり、x に a

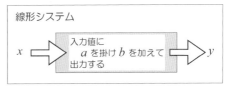

図 4.6.5-1 線形システム

を掛け、b を加えて出力する、ということが線形システム理論として考えられます（図 4.6.5-1 参照）。このように考えると、数学のほとんどの計算は線形システムでのオペレーションと考えられますね。いかにも、流れ作業（line 作業）のようです。

前述のように、フィルターとは、「茶漉し」のようなもので、「フィルターをかける」とは、「茶漉し」をする行為であり、必要な情報や値を得ることです。例えば、地震信号波形を考えたとき、スペクトル解析では、高周波のノイズや低周波ノイズの状況を把握し、フィルターをかけて、地震信号波形内に含まれる重要な情報である本来の地震波形を取り出す作業を行います。例として、電磁レーダーについて考えると、地中探査用レーダーは、中心周波数（発信信号の卓越周波数）は 350MHz から 400MHz が標準的です。したがって、反射信号の 350MHz から 400MHz あたりが反射データで、重要な波群は、それ以下でもなく、それ以上でもありません。したがって、例えば、波形データにかけるフィルターは、0〜300 MHz は通さず、300〜500 MHz は通し、500 MHz 以上は通さないフィルターを設計することにします。このようなフィルターは一般的にバンドパス・フィルター（Band Pass Filter）と呼ばれています（図 4.6.5-2 参照）。すなわち、図 4.6.5-2 で、横軸は周波数であり、縦軸は振幅スペクトルを表し、その透過部分と遮断部分をそれぞれ上・下の破線で示しています。例えば、図に示しましたハイカット・ローパスのフィルターは、波に含まれる周波数の高い成分は振幅を減少させ、波に含まれる周波数の低い成分は残す、という波形処理をします。

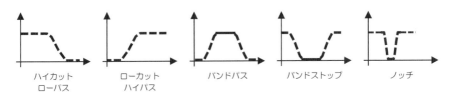

図 4.6.5-2 フィルターの種類

図 4.6.5-3 では、実際の例として、電磁レーダーで計測した波形データを取り上げます。上部にオリジナル（未処理）データおよびフィルターをかけた波形データ、下部に、未処理波形の振幅スペクトルおよびバンドパス・フィルターをかけた後の振幅スペクトルを示します（図 4.6.5-4 参考）。

4.6. スペクトルとフィルター

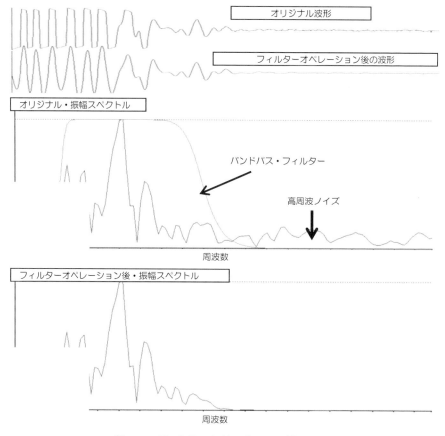

図 4.6.5-3 フィルターオペレーションの例

バンドパス・フィルターのほかに図 4.6.5-2 に書かれているいろいろなフィルタがあるんだ．ハイカットはローパスとも呼び，高周波成分の除去し，ローカットはハイパスとも呼び，低周波成分の除去をします．また，ノッチフィルターは，指定した周波数成分近傍のみを除去すんだ．わかる？　例えば，地震波っていろんな周波数の sin 波の重なりであるとし，∧∧∧（低周波）とか〰〰（高周波）が重なっているんだよ．しかも，振幅の違いもあるんだ．図を見て！　項 4.6.1 も見て！　参考に図 4.6.5-4 も見て！

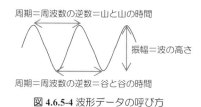

図 4.6.5-4 波形データの呼び方

4.6.5. フィルターオペレーション

線形である方程式は、フィルターオペレーションであるといってもよいでしょう。何を言っているか分かりませんね。例えば、一次方程式、

$$y = ax + b$$

は、概念的には、$ax+b=y$ であり、x に a

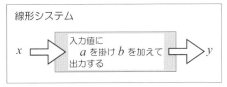

図 4.6.5-1 線形システム

を掛け、b を加えて出力する、ということが線形システム理論として考えられます（図 4.6.5-1 参照）。このように考えると、数学のほとんどの計算は線形システムでのオペレーションと考えられますね。いかにも、流れ作業（line 作業）のようです。

前述のように、フィルターとは、「茶漉し」のようなもので、「フィルターをかける」とは、「茶漉し」をする行為であり、必要な情報や値を得ることです。例えば、地震信号波形を考えたとき、スペクトル解析では、高周波のノイズや低周波ノイズの状況を把握し、フィルターをかけて、地震信号波形内に含まれる重要な情報である本来の地震波形を取り出す作業を行います。例として、電磁レーダーについて考えると、地中探査用レーダーは、中心周波数（発信信号の卓越周波数）は 350MHz から 400MHz が標準的です。したがって、反射信号の 350MHz から 400MHz あたりが反射データで、重要な波群は、それ以下でもなく、それ以上でもありません。したがって、例えば、波形データにかけるフィルターは、0〜300 MHz は通さず、300〜500 MHz は通し、500 MHz 以上は通さないフィルターを設計することにします。このようなフィルターは一般的にバンドパス・フィルター（*Band Pass Filter*）と呼ばれています（図 4.6.5-2 参照）。すなわち、図 4.6.5-2 で、横軸は周波数であり、縦軸は振幅スペクトルを表し、その透過部分と遮断部分をそれぞれ上・下の破線で示しています。例えば、図に示しましたハイカット・ローパスのフィルターは、波に含まれる周波数の高い成分は振幅を減少させ、波に含まれる周波数の低い成分は残す、という波形処理をします。

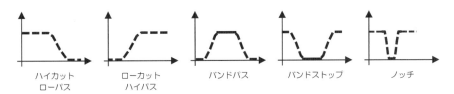

図 4.6.5-2 フィルターの種類

図 4.6.5-3 では、実際の例として、電磁レーダーで計測した波形データを取り上げます。上部にオリジナル（未処理）データおよびフィルターをかけた波形データ、下部に、未処理波形の振幅スペクトルおよびバンドパス・フィルターをかけた後の振幅スペクトルを示します（図 4.6.5-4 参考）。

4.6. スペクトルとフィルター

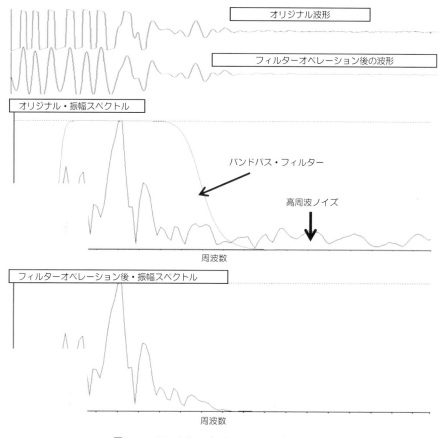

図 4.6.5-3 フィルターオペレーションの例

バンドパス・フィルターのほかに図 4.6.5-2 に書かれているいろいろなフィルタがあるんだ。ハイカットはローパスとも呼び，高周波成分の除去し，ローカットはハイパスとも呼び，低周波成分の除去をします．また，ノッチフィルターは，指定した周波数成分近傍のみを除去すんだ．わかる？ 例えば，地震波っていろんな周波数の sin 波の重なりであるとし，⌒⌒⌒（低周波）とかWW（高周波）が重なっているんだよ．しかも，振幅の違いもあるんだ．図を見て！ 項 4.6.1 も見て！ 参考に図 4.6.5-4 も見て！

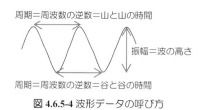

図 4.6.5-4 波形データの呼び方

Short Rest 20.
「電磁波による健康障害」

　電磁波の脅威をご紹介いたします．「生活と自治」2003年3月号に「電磁波過敏症」の記事があります．その概要を以下に書きます．

　2002年4月に発足した「電磁波被害者クラブ」に参加した数十人の被害者を含め，電磁波による健康障害を訴える人が増加しています．頭痛，吐き気，目まい，記憶力低下，動悸，痰，不眠，しびれ，腰痛，精神不安定，など深刻な症状が指摘されていますが，電力会社や携帯電話会社は「電磁波による証拠がない」と無視しました．しかしながら，2012年あたりから日本ではほとんど出されなかった「電磁波過敏症」の診断書が医療機関から相次いで出されたのです．

　1つの例は，マンションの最上階に1990年に引っ越して居住していた住民が，1998年にPHSアンテナが屋上に建てられた時期から，頭痛や吐き気など体調を崩し，さらに2002年2月に携帯電話用の大きな電源装置が部屋の真上に建てられた時を同じくして，症状がさらに悪化して2時間ほどで目が覚め，心臓が締めつけられるよう，頭痛もひどく，脳が萎んでいく感じがしたそうです．神経学的検査により，中枢神経・自律神経機能障害が認められ，この方に下された診断書は「3～6ヶ月の安静と加療を要する」というものでした．京都大学工学部で測定した電磁波は，極低周波で25ミリガウスの強度でした．NTTドコモは，その数値はあり得ないと，一点張りでした．

　携帯電話は，メールの閲覧では数十ミリガウス程度ですが，メールの送信時や通話時は500ミリガウスを越えています．したがって，ペースメーカーをつけている方への影響や，特に，細胞が急激に増加しつつある胎児や乳児への影響が心配されています．さらに，使用している周波数が2.45GHzで，電子レンジで用いている周波数とほぼ同じです．携帯電話では，ワット数は小さいですが長時間使用すると耳の辺りが暖かくなる原因が見えてきます．

　リニア新幹線はコイルに電気を流したときにできる磁石を用いて，例えば，N極とN極による反発力で作動します．このとき，リニア新幹線の外側では，4～5ガウス（4000～5000ミリガウス）以上という異常に強力な電磁波が発生します．安全基準の数千倍以上と言うことになります．とんでもなく大きな量です．また，「電磁波過敏症」という言葉も定着してきました．電磁波過敏症は金属イオンが体内に蓄積しやすい体質の人がかかりやすく，潜在的な患者も相当いるという医師もいます．

　このように，電磁波の人間に対する影響の度合いは，その周波数，電磁場強度，体質など色々なファクターによりますが，何某かの影響があることは明白であります．著者は，すぐカッとなり，あるいは，訳の分からない理由で人を殺傷したりする人は，全部がそうとは言えませんが，パソコン，ゲーム，携帯電話からの電磁波に影響を受けた精神障害（中枢神経・自律神経機能障害）を持つ人ではないか，と思ったりします

　環境庁の全国疫学調査では，4ミリガウスの住宅環境で小児白血病が2倍になる，との結果がでています．また，スウェーデン・デンマークなどでは2ミリガウスを限界基準として，送電線の下に幼稚園や小学校の建設を禁止しています．

演習問題　第4章

4.1　4.1.1 のロートの問題で，ロートの出水口の面積が 5 倍になった場合，ロート内の水がなくなるまでの時間を求めよ．

4.2　光の速度がそれぞれ V_I，V_II（$V_\mathrm{I} > V_\mathrm{II}$）である水平に無限広がる上下二層 L_I，L_II があって，それらの境界面 Ω に垂直な断面 Ψ を考え，その交線方向を x 軸とし，L_I 側を y 軸の正方向とするとき，レーザー光原が L_I 内の点 P$(-x_P, y_P)$ にあって（$x_P > 0, y_P > 0$），L_II 内にある点 Q$(x_P, -y_P)$ にうまく照射するためには x 軸上のどの点に向けて照射すればよいか．ただし，点 P,Q,R は同じ断面 Ψ の中にあり，求める点を R$(x,0)$ として求めよ．

4.3　$u = e^{-t} \sin x$ や $u = e^{-t} \cos x$ は熱方程式の解であることを示せ．

4.4　地上から垂直に発射されたロケットが地球から脱出する最小の初速度を求めよ．ただし，他の星や山からの万有引力や空気抵抗は無視する．
（ヒント：地球の半径を R とするとき，地球中心から半径方向で r の距離に位置する物体の加速 $\alpha(r)$ は，$\alpha(r) = -gR^2/r^2$ である．）

4.5　半径 r，密度 ρ の球がある．球の中心を原点として，全質量 M を求めよ．
（ヒント：極座標を用いる．$M = \int_0^{2\pi}\int_0^{\pi}\int_0^{a}(P)\rho r^2 dr \sin\theta\, d\theta\, d\phi$ の式中の P を考える）

4.6　式 4.4.4-20 を変形し，式 4.4.4-21 を導出せよ．

4.7　$\mathrm{div}\,\mathbf{u} = \Phi$，$\mathrm{rot}\,\mathbf{u} = \Theta$ を用いて，式 4.4.4-23 および式 4.4.4-24 を導出せよ．

4.8　式 4.5.4-6 を証明せよ．

4.9　$u(x,t) = \phi(x+ct) + \varphi(x-ct)$ が波動方程式 $\dfrac{\partial^2 u}{\partial t^2} = c^2 \dfrac{\partial^2 u}{\partial x^2}$ の解であることを示せ．
この $u(x,t)$ はダランベールの解として知られている．

4.10　$u = (x,y) = (r\cos\theta, r\sin\theta)$ のように極座標に変換する場合，$\partial u/\partial x$，$\partial u/\partial y$，$\partial^2 u/\partial x^2 + \partial^2 u/\partial y^2$ を極座標で表せ．

4.11　$\exp\left(\int \dfrac{dx}{x}\right) = x$ であることを示せ．

4.12　式 4.6.3-13 から式 4.6.3-20 で表されるフーリエ変換の特性を証明せよ．

5. 数値解析法

数値解析法

　分かっているつもりでも分からないのが最も基本的なことです.
　さて,解析的に解けない微分方程式は,特に工学で,数値解析で解くのが普通となってきました.これは,コンピュータの計算能力の高度化・高速化によるお蔭であると言うほかはありません.そこで,ここでは,数値解析(*Numerical Analysis*)でよく使われる方法をいくつか紹介したいと思います.
　しかしながら,申し訳ありませんが,著者は全く使ったことの無い方法ばかりなので,ここで取り上げることに悩みましたが,しかし,紹介だけはしておいたほうが,皆さんが数値解析について調べるためのキーワードにもなると考え,ここで,敢えて,取り上げることにしました.前述のように,ここでは,紹介程度に留め,詳しい説明は専門書を参考にしてください.

5.1. オイラー・コーシー法

オイラー・コーシー法（*Euler-Cauchy method*）は，
$$y' = f(x, y), \quad y(x_0) = y_0 \tag{5.1-1}$$
である常微分方程式の初期値問題を逐次近似法で解く方法の1つです．この方法は簡単ですが，誤差が大きい，と言われています．

実際の手順ですが，まず，第0番目の近似解 $y(x_0) = y_0$（初期値）からはじめます．第1の近似解は，$y(x+h)$ です．ここで，関数の $y(x)$ のテーラー展開

$$y(x+h) = y(x) + hy'(x) + \frac{h^2}{2}y''(x) + \cdots \tag{5.1-2}$$

を考えます．式 5.1-2 から，

$$y(x+h) = y(x) + hf + \frac{h^2}{2!}f' + \frac{h^3}{3!}f'' + \cdots \tag{5.1-3}$$

と書き直すことができます．ここで，

$$y' = f(x, y(x)), \quad y'' = f'(x, y(x)), \quad y''' = f''(x, y(x)), \cdots \tag{5.1-4}$$

という意味です．オイラー・コーシー法では，式 5.1-3 で，$h^k \, (k \geq 2) \approx 0$ であるとして，式 5.1-3 により，近似式を，

$$y(x+h) \approx y(x) + hf \tag{5.1-5}$$

としましょう．初期値問題の常套手段で，$y_0 = y(x_0)$ を求める解の初期値とし，
$$y_1 = y_0 + hf(x_0, y_0)$$
で第1番目の近似値が求まります．さらに，
$$y_2 = y_1 + hf(x_1, y_1)$$
を計算し，第2番目の近似値を得ます．ここで，$y_2 = y(x+2h)$ という意味です．これを繰り返すことで，最良の近似値を推定します．一般的には，

$$y_n = y_{n-1} + hf(x_{n-1}, y_{n-1}) \quad (y_{n-1} = y(x+(n-1)h)) \tag{5.1-6}$$

で，あるいは，

$$y_n = y_0 + h\sum_{i=1}^{n} f(x_{i-1}, y_{i-1}) \tag{5.1-7}$$

として求まります．

実際，繰り返しは，値が定常になったら中止します．ここで，h は計算の精度の要求で変更され，要求性能により，0.1 や 0.2 あるいは，0.01 など適切に設定する必要があります．

もう少し精度を上げるため，修正版があります．それは，y_{i+1}^{Pre} という予測値を前もって，

$$y_{i+1}^{\text{Pre}} = y_i + hf(x_i, y_i)$$

で計算し，

こういうのを，逐次近似と呼ぶのよ．

$$y_{i+1} = y_i + \frac{h}{2}\{f(x_i, y_i) + f(x_{i+1}, y_{i+1}^{\text{Pre}})\} \tag{5.1-8}$$

で計算する方法です．

5.2. ニュートン法

ニュートン法（*Newton method*）は，方程式の解を求める逐次近似法です．
ここに，最も一般的な2次の関数
$$ax^2 + bx + c = 0 \quad (a \neq 0)$$
があります．上式を $f(x)$ とおいて，
$$f(x) = ax^2 + bx + c$$

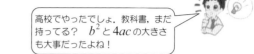

とするとき，$f(x)=0$ の解は，高校で習って覚えているように，$a \neq 0$ ですから，解は，
$$x = \frac{-b \pm \sqrt{b^2 - 4ac}}{2a} \tag{5.2-1}$$

ですよね．しかし，関数 $f(x)$ が連続で微分可能であっても，複雑な場合は解析的に解が求まらない場合があります．関数 $f(x)$ が微分可能であって，値域の最小値が負で，最大値が正である場合，最小値と最大値の間で少なくとも1つ実根を持ちます．この実根の x 座標を x_0 とします．x_0 が求める解の初期値となります．次の近似値 x_1 は，x_0 における関数の接線と x 軸との交点として求めます．ここで，接線の傾きの角度を θ とすれば，
$$\tan\theta = \frac{f(x_0)}{x_0 - x_1} = f'(x_0)，\text{ すなわち，} x_1 = x_0 - \frac{f(x_0)}{f'(x_0)}$$

です．これを繰り返すことで，実根を推定する方法です．n 回繰り返す場合は，
$$x_n = x_{n-1} - \frac{f(x_{n-1})}{f'(x_{n-1})} \quad (n = 1, 2, \cdots, n) \tag{5.2-2}$$
で，あるいは，
$$x_n = x_0 - \sum_{i=1}^{n} \frac{f(x_{i-1})}{f'(x_{i-1})} \quad (n = 1, 2, \cdots, n) \tag{5.2-3}$$
で，近似値が得られます．

例えば，
$$f(x) = x^3 + x - 1 \tag{5.2-4}$$
は，$f(0) = -1$ で $f(1) = 1$ ですから，$0 < x < 1$ で，少なくとも1つの実根を，間違いなく持ちます．このとき，
$$f'(x) = 3x^2 + 1 \tag{5.2-5}$$
です．分かりますよね．高校の数学でも習ったような気がしますが，いかがでしょう？ ちなみに，式 5.2-4 をグラフに描くと右図のようになります

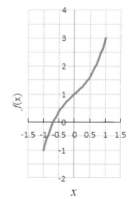

近似値の実計算は，演習問題にしますので，存分に楽しんでください．

ちょっとここで，Short Rest で休憩します．

5.2. ニュートン法

Short Rest 21.
「ソナタ，交響曲，交響詩」

　管弦楽の花形はなんと言っても交響曲（symphony）ですね．交響曲は，はじめから4楽章形式ではなかったようです．なんと，「交響曲は管弦楽にために書かれた多楽章形式のソナタ（sonata）」というように音楽辞典に書いてあります．では「ソナタ」とは，どんな構成でしょうか．
　ソナタは，イタリア語で「鳴り響く」という動詞のsonareに由来するそうで，ソナタ形式は
　①提示部：2つの主題が提示され，第1主題は主調で，第2主題は第1主題の調とは調が異なる
　②展開部：提示部の第1主題を中心に派生させる（転調や変奏など）
　③再現部：主として第2主題の再現が行われる
という3楽章で構成されます．①の前に「序奏」があったり，③の後に「コーダ」が付加される場合があります．
　ハイドンやモーツァルトらの交響曲は，その起源が，ルネッサンスと古典派に挟まれた1600〜1750ころのバロックにおける急－緩－急の形式であることに由来します．特に，ハイドンが1765年作曲した交響曲第30番は，3楽章構成として知られています．
　その後，サンマルティーらによりメヌエットなどの形式の第3楽章（あるいは，第2楽章の場合：例えば，ハイドンが1771年から1772年に作曲した交響曲第44番「悲しみ」）が加わり，4楽章形式が一般的になりました．一般的には，
　①アレグロやビバーチェ，
　②アンダンテやラルゴ，
　③メヌエットやスケルツォ，
　④アレグロやプレッツォ，
という速さを基調にした構成です．さらに，5楽章構成があります．ベートーベンが1808年に完成させた，あの有名な，交響曲第6番「田園」です．これは古典派の交響曲としては異例の5楽章構成です．
　「田園」のように，名前のついた交響曲を標題音楽と呼びますが，「田園」には，さらに，各楽章にも呼び名がついていまして，
　①田舎に着いたときの愉快な感情の目覚め　　allegro F-dur
　②小川のほとりの情景　　　　　　　　　　　andante F-dur
　③田舎の人々の楽しい集い　　　　　　　　　allegro F-dur
　④雷雨，嵐　　　　　　　　　　　　　　　　allegro F-dur
　⑤牧歌，嵐の後の喜ばしい感謝の気持ち　　　allegrette F-dur
となっています．
　一方，交響詩（symphonic poem）は，管弦楽によって，詩的あるいは絵画的な内容を表そうとする楽曲をさし，第1楽章のみの形式が主です．ラベルのボレロが有名ですよね？
　ソナタには分かるカノン！？（笑）

238

5.3. ルンゲ・クッタ法

　ドイツの数学者 C.Runge および M.W.Kutta によるルンゲ・クッタ法（*Runge-Kutta method*）は，常微分方程式の，精度の良い近似解を求める方法として，実際良く使われています．式の考慮する次数で，2 次，3 次，4 次の近似式の種類があります．まずは，2 次のアルゴリズムからご紹介しましょう．特に，次に述べる，項 5.3.1 に現れるホイン Heun 法については別途専門書でご確認くだされればと存じます．

5.3.1. 2 次のルンゲ・クッタ法

　常微分方程式

$$y' = f(x, y) , \quad y(x_0) = y_0 \tag{5.3.1-1}$$

これは有名な近似法ですわよ．

について，ルンゲ・クッタ法を説明します．
　さて，$\lambda_1, \varphi_1, \lambda_2, \varphi_2$ を定数とし，微細変化 h について 3 次以上の項を $O(h^3)$ にまとめ

$$y(x+h) = y(x) + h\lambda_1 \varphi_1 + h\lambda_2 \varphi_2 + O(h^3) \tag{5.3.1-2}$$

ただし，$\varphi_1 = f(x, y)$，$\varphi_2 = f(x+hs, y+ht\varphi_1)$ とすると，式 5.3.1-2 で行う近似は $\lambda_1, \varphi_1, \lambda_2, \varphi_2$ を如何に設定するかの問題になります．
　ここで，φ_2 について 2 変数のテーラー展開を行うと，

$$\begin{aligned}\varphi_2 &= f(x,y) + hs\frac{df(x,y)}{dx} + ht\varphi_1 \frac{df(x,y)}{dy} + O(h^2) \\ &= f(x,y) + hs\frac{df(x,y)}{dx} + htf(x,y)\frac{df(x,y)}{dy} + O(h^2)\end{aligned} \tag{5.3.1-3}$$

となりますので，式 5.3.1-3 を式 5.3.1-2 代入して，

$$y(x+h) = y(x) + h\lambda_1 f(x,y) +$$
$$h\lambda_2 \left(f(x,y) + hs\frac{df(x,y)}{dx} + htf(x,y)\frac{df(x,y)}{dy} + O(h^2) \right) + O(h^3)$$
$$\therefore \quad y(x+h) = y(x) + h(\lambda_1 + \lambda_2)f(x,y)$$
$$+ h^2\lambda_2\left(s\frac{df(x,y)}{dx} + tf(x,y)\frac{df(x,y)}{dy}\right) + O(h^3) \tag{5.3.1-4}$$

となります．ここで，$h \cdot O(h^2) + O(h^3)$ をあらためて，$O(h^3)$ と書きます．また，

$$y(x+h) = y(x) + hy'(x) + \frac{1}{2}h^2 y''(x) + O(h^3) \tag{5.3.1-5}$$

ですから，

$$y'(x) = f(x,y), \quad y''(x) = \frac{d}{dx}y'(x) = \frac{d}{dx}f(x,y) + f(x,y)\frac{d}{dy}f(x,y)$$

により，式 5.3.1-5 を書き直すと，

5.3. ルンゲ・クッタ法

$$y(x+h) = y(x) + hf(x,y)$$
$$+ \frac{1}{2}h^2\left(\frac{d}{dx}f(x,y) + f(x,y)\frac{d}{dy}f(x,y)\right) + O(h^3) \quad (5.3.1\text{-}6)$$

となります．そこで，式 5.3.1-4 と 5.3.1-6 と比較すると，

$$\lambda_1 + \lambda_2 = 1, \quad \lambda_2 s = \lambda_2 t = \frac{1}{2} \quad (5.3.1\text{-}7)$$

であることが分かります．特に，$\lambda_1 = \lambda_2 = 1/2$，および，$s = t = 1$ の場合をホイン法と呼ぶ場合があります．したがって，式 5.3.1-2 の $\lambda_1, \varphi_1, \lambda_2, \varphi_2$ が設定できました．

このとき，

$$y(x+h) = y(x) + h\varphi_1 + h\frac{1}{2}(\varphi_2 - \varphi_1) = y(x) + \frac{h}{2}(\varphi_1 + \varphi_2) \quad (5.3.1\text{-}8)$$

です．したがって，まとめると，ホイン法によれば，$O(h^3)$ は無視して，

$$\left.\begin{array}{l} y_0 = y(x_0 = 0) \\ \varphi_1(i) = f(x_i, y_i(x_i)) \quad (= y'(x_i)) \\ \varphi_2(i) = f(x_i + h, y_i + h\varphi_1(i)) \\ y_i = y_{i-1} + \dfrac{h}{2}(\varphi_1(i) + \varphi_2(i)) \end{array}\right\} \quad (5.3.1\text{-}9)$$

で近似解が得られることになります．

ここまでどうでしょう．ちょっとややこしいですが，大丈夫ですね．今度は，3 次です．

5.3.2. 3 次のルンゲ・クッタ法

3 次のルンゲ・クッタ法では，式 5.3.1-2 に対応して，微細変化 h について，

$$y(x+h) = y(x) + h\lambda_1\varphi_1 + h\lambda_2\varphi_2 + h\lambda_3\varphi_3 + O(h^4) \quad (5.3.2\text{-}1)$$

が近似式になります．したがって，

$$\varphi_1 = f(x, y),$$
$$\varphi_2 = f(x + hs, y + ht\varphi_1),$$
$$\varphi_3 = f(x + hp, y + hq\varphi_1 + hr\varphi_2)$$

として，定数 $\lambda_1, \lambda_2, \lambda_3, s, t, p, q, r$ を求めることになります．2 次のルンゲ・クッタ法のように計算すると，最終的に，

$$\lambda_1 + \lambda_2 + \lambda_3 = 1, \quad \lambda_2 s + \lambda_3 p = 1/2, \quad \lambda_2 t + \lambda_3(q+r) = 1/2$$
$$\lambda_2 s^2 + \lambda_3 p^2 = 1/3, \quad \lambda_2 st + \lambda_3 p(q+r) = 1/3, \quad \lambda_2 s^2 + \lambda_3(q+r)^2 = 1/3 \quad (5.3.2\text{-}2)$$
$$\lambda_3 sq = \lambda_3 tq = 1/6$$

となります．ここで，Kutta が選んだ数字が，

$$\lambda_1 = \lambda_3 = 1/6, \quad \lambda_2 = 2/3, \quad s = t = 1/2, \quad p = 1, \quad q = 2, \quad r = -1 \quad (5.3.2\text{-}3)$$

となります．

したがって，まとめると，常套手段である「$O(h^4)$ は無視」して，近似計算をすることになります．はたして，その実態は，

$$y_0 = y(x_0 = 0)$$
$$\varphi_1(i) = f(x_i, y_i(x_i)) \quad (= y'(x_i))$$
$$\varphi_2(i) = f\left(x_i + \frac{h}{2}, y_i + \frac{h}{2}\varphi_1(i)\right)$$
$$\varphi_3(i) = f(x_i + h, y_i + h(2\varphi_2(i) - \varphi_1(i)))$$
$$y_i = y_{i-1} + \frac{h}{6}(\varphi_1(i) + 4\varphi_2(i) + \varphi_3(i))$$
(5.3.2-4)

で近似解が得られることになります.

5.3.3. 4次のルンゲ・クッタ法

4次のルンゲ・クッタ法は良く使われる方法でしょう. 精度も優れているといわれています. ここでは, 計算を省略して, 結果だけを示します. ただし, 前項と同様に, 微細変化 h を用いて,

$$y(x+h) = y(x) + h\lambda_1\varphi_1 + h\lambda_2\varphi_2 + h\lambda_3\varphi_3 + h\lambda_4\varphi_4 + O(h^5) \tag{5.3.3-1}$$

であり, 2次と同様な式変形によって, まとめると, $O(h^5)$ は無視して,

$$y_0 = y(x_0 = 0)$$
$$\varphi_1(i) = f(x_i, y_i(x_i)) \quad (= y'(x_i))$$
$$\varphi_2(i) = f\left(x_i + \frac{h}{2}, y_i(x_i) + \frac{h}{2}\varphi_1(i)\right)$$
$$\varphi_3(i) = f\left(x_i + \frac{h}{2}, y_i(x_i) + \frac{h}{2}\varphi_2(i)\right)$$
$$\varphi_4(i) = f(x_i + h, y_i(x_i) + h\varphi_3(i))$$
$$y_i = y_{i-1} + \frac{h}{6}(\varphi_1(i) + 2\varphi_2(i) + 2\varphi_3(i) + \varphi_4(i))$$
(5.3.3-2)

で近似解が得られることになります.

ルンゲ・クッタなんて変な名前ですが, 冒頭で述べましたが, 1900年頃に数学者カール・ルンゲ (*Carl David Tolme Runge*) とマルティン・クッタ (*Martin Wilhelm Kutta*) によって発展された方法で, 名前は, 実は, 実話ですが (笑), 2人の名前がその名の由来です.

ちなみに, シンプソンの数値積分,

$$y_i = \frac{1}{6}\left\{f(x_i) + 4f\left(x_i + \frac{h}{2}\right) + f(x_i + h)\right\} \tag{5.3.3-3}$$

と似ていますのはなぜでしょう? 実は, 世の中にちょっと定義の違うシンプソンの式がありますので, ご注意ください. $x_{i+2} - x_{i+1} = x_{i+1} - x_i = h/2$ である場合は, 真ん中の点は中点と考えて

$$y_i = \frac{h}{6}f(x_i) + \frac{4h}{6}f(x_{i+1}) + \frac{h}{6}f(x_{i+2}) \tag{5.3.3-4}$$

という書き方もあります.

5.4. FEM と BEM

　有限要素法（*finite element method*）は，FEM と略して呼ばれることが多いとてもポピュラーな数値解析法です．解析的に解けない微分方程式について数値的に解く方法で，構造工学，構造力学で利用がされています．計算領域を設定し，その領域を分割して「要素」とし，隣り合う要素同士の力学的関係を用いて，微分方程式を近似的に解きます．

　境界要素法（*boundary element method*）は，BEM と略して呼ばれ，応用数学の分野から発展した経緯もあって，境界積分方程式法（BIEM: *boundary integral eequation method*）と呼ばれる方法があります．さらに，電磁気学の電磁波の「場」の解析に利用されており，この場合は，モーメント法（MOM: *method of moments*）とも呼ばれています．FEM も BEM もともに，代表点を設定し，小領域で求める解を簡単な関数を用いて近似することは同じですが，BEM では，境界に関数を適用し，代表点では関数の値とその境界にある代表点での接線の法線方向の傾きを求めます．

　いずれの近似方法も，その詳細を説明するには，本 1 冊以上を必要とするほど量が多いので，したがって，ここでは紹介のみに止め，十分な説明はしませんし，できません．実は，詳しくは知らない著者の単なる言い訳です（＾÷＾）．しかし，紹介だけは，と思い記載しました．

　恐れ入りますが，詳細はそれぞれの専門書をご覧ください．

5.5. カルマン・フィルター

　ブリタニカ国際大百科事典には，カルマン・フィルターについて，「誤差の共分散を求めることによりモデルの状態を評価する手法」で，時空間的におけるデータの整合をとるように予測するアルゴリズムで構成されています，と書かれています．このアルゴリズムは重要で，需要も多い計算方法です．是非，調べてみてください．

　例えば，気象庁では，数値予報をもとにして，降水確率，気温，最大風速などについて作成するために使用しており，予め求められた回帰式の係数をリアルタイム・データで修正することによって最適な予測をしています．それでも，予想がはずれることはありますが...　身近な例は，カー・ナビゲーションです．加速度や衛星データから自分の位置の誤差を計算しています．

　キーワードは，観測量と誤差，共分散，状態量予測（推定）と更新，カルマンゲインなどでしょうか．

参考書　ウィキペディアで紹介しているのは以下の文献（一部）です．
1) Steffen L. Lauritzen, *Thiele: Pioneer in Statistics*, Oxford University Press, 2002. ISBN 0-19-850972-3.
2) Bryson, A. E.; Frazier, M. (1963). *Smoothing for linear and nonlinear systems*. pp. 353-364.
3) Bierman, G.J. (1973). "Fixed interval smoothing with discrete measurements". *International Journal of Control* **8**: 65-75.

Short Rest 22.
「ルジャンドル微分方程式およびベッセル微分方程式」

　ルジャンドル（Legendre,A.M.）微分方程式やベッセル（Bessel，F.W.）微分方程式があります．ルジャンドル微分方程式は球体に関する問題，ベッセル微分方程式は円筒に関する問題で使われます．詳しく説明はできませんが，微分方程式の形式と解については，数学辞典などにも出ていますが理工学では重要ですので，忘れないよう，敢えて，ここに紹介します．

1）ルジャンドル微分方程式

　ルジャンドル微分方程式は，一般的に，
$$(1-x^2)y'' - 2xy' + n(n+1)y = 0$$
という形式です．この解は，

> おそらく，多くの読者はこのような関数とは一切関係ないでしょうね．でも，知識は邪魔せず，むしろ，宝です．

$$P_n(x) = \sum_{i=0}^{n}(-1)^i \frac{(2n-2i)}{2^n i!(n-i)!(n-2i)i} x^{n-2i}$$

です．上式をルジャンドル関数あるいはルジャンドル多項式と呼びます．

2）ベッセル微分方程式

　ベッセル微分方程式は，一般的に，
$$x^2 y'' + xy' + (x^2 - \mu^2)y = 0$$
という形式です．この解は，
$$J_\mu(x) = x^\mu \sum_{i=0}^{\infty} \frac{(-1)^i x^{2i}}{2^{2i+\mu} i! \Gamma(\mu-i+1)}$$

です．上式をベッセル関数あるいはμ次の第1種のベッセル多項式と呼びます．ここで，μが整数ならば，$\mu=1,2\cdots$について，$J_{-\mu}(x)=(-1)^\mu J_\mu(x)$であり$J_\mu(x)$と$J_{-\mu}(x)$は従属である，といいます．$\mu$が整数でないならば，全ての$x \neq 0$に対するベッセル微分方程式の一般解は，$y(x) = \alpha J_\mu(x) + \beta J_{-\mu}(x)$です．ここで，$\alpha, \beta$は定数です．

3）ガンマ関数

　ところで，主題とは離れますが，以下をご紹介します．
$$\Gamma(x) = \int_0^\infty e^{-\phi} \phi^{x-1} d\phi \quad (x>0)$$

と書いて，ガンマ関数と呼びます．ここで，ガンマ関数には，
$$\Gamma(x+1) = \int_0^\infty e^{-\phi} \phi^x d\phi = \left[-e^{-\phi}\phi^x\right]_0^\infty + x\int_0^\infty e^{-\phi}\phi^{x-1}d\phi = x\Gamma(x) \quad \therefore \Gamma(x+1) = x\Gamma(x)$$

という関係があるので，xが整数$n(n=1,2,\cdots)$である場合，上式から，簡単に，
$$\Gamma(n) = (n-1)!$$

ということが分かり，ガンマ関数は階乗関数$n!$の一般化と考えられます．

　この ShortRest では short rest できませんね（笑）．

演習問題　第 5 章

5.1　オイラー・コーシー法により，以下の微分方程式の近似解を $n=10$ まで求めよ．また，微分方程式を解析的に解いて，近似値と関数値との比較表を作成せよ．
(1)　$y'=y$, $y(0)=1$, $h=0.1$　である微分方程式
(2)　$y'=x+y$, $y(0)=1$, $h=0.2$　である微分方程式
(3)　$y'=1+y^2$, $y(0)=1$, $h=0.1$　である微分方程式

5.2　ニュートン法により，式 5.1-4：$f(x)=x^3+x-1$, の実根を，式 5.1-5：$f'(x)=3x^2+1$, を用いて，$n=5$ まで計算し，実根の近似値を求めよ．

5.3　ルンゲ・クッタ法により，$y'=1+y^2$, $y(0)=0$ である微分方程式を $h=0.1$ として，解析的に解いて，近似値と関数値との比較表を作成せよ．

5.4　FEM と BEM の原理を調べ，その違いを明確にせよ．

5.5　カルマン・フィルターの原理を調べ，事例を考えよ．

索　引

A

A／D 223
amicable number...............105
anguler acceleration..........202
anguler velocity 202
anticyclone..........................46
AR（Augmented Reality） 52
arithmetic mean 58
auto correlation function..186
auxiliary equation 140
AVR（Augmented Virtual
　Reality） 52
axios..2

B

Band Pass Filter................231
BEM...................................242
Bernoulli...................133, 224
Bessel, F.W. 243
BIEM 242
BOTDR 187
boundary element method242
boundary integral eequation
　method 242
bounded 6
bulk modulus.....................210

C

Cauchy...............................140
CEP....................................170
characteristc equation......139
Charpit 165
circulation of vector..........152
Clairaut 109, 110, 134
compression.......................208
compressive strain 208
compressive strength 208
compressive stress.............208
congruence...........................39
convergence.......................3, 4
convolution 182
Coriolis force.......................46
correlation cofficient.........186
correlation function 186
COTDR 187
cross correlation function.186
cyclone 46

D

d'Alembert 181
deconvolution 183
definite integral..................69
delta function 96
density...............................210
derivative............................16
deviatoric strain tensor....209
dielectric constant............188
difference...............................7
differential equation 117
differentiate.........................16
differentiation 2
divergence....................4, 150
division 7

E

eigenfunction....................227
eigenvalue 227
electric charge density 188
electric conductivity.........188
electric current 136
electric current density....188
electric field strength........188
electric flux density..........188
electromagnetic field........188
electro-magnetic wave......188
ellipse................................112
ETLOF...............................187
Euler..................................140
Euler-Cauchy method 236
explicit function..................12

F

fault 207
FBG 187
FEM 242
Fermat...............................145
filtering.............................221
finite element method......242
first-order linear differential
　equation 108
Fleming.............................136
Fourier integral................228
Fourier transform 228
Fourier's law..................204
frequency..........................191

G

Gauss' Law 150
Gaussian distribution 223
general solution................108
Global Positioning Sysytem
　......................................170
GLONASS 170
GNSS.................................170
GPS....................................170
grad 148
gradation 148
gradient.............................204
green function 98

H

Hagen-Poiseuille folw 174
half life 115
head mounted display........52
heat diffusivity.................205
heat equation 205
heaviside function..............13
Helmholtz equation..181, 191
Heun..................................239
high strength....................208
high-pressure 46
HMD....................................52
homogeneous............ 117, 137

I

implicit function................ 12
impulse function 96
increment 63
inhomogeneous......... 117, 137
integer part of x.................29
integrability condition 166
integral constant................71
integral part of x 29
integrand............................71
Integrating Factor............ 118
integration..........................69
integration by parts 78
integration constant...........70
isocline..............................109
isotropy.............................209

K

Kronecker delta..................54

245

索 引

L

Lagrange............................121
Lame's constant.............209
laminar flow 174
Laplace equation 108, 159
Laplacian 156
Lapracian 181
least squares method 57
Leibniz...............................172
limit 3
line integral 90
linear 137
Lorentz force.....................136
low strength......................208
lower limit 6
low-pressure 46

M

magnetic field strength....188
magnetic flux density.......188
magnetic permiability......188
Maxwell equations ...151, 188
mean value theorem...........85
method of moments..........242
modular 39
mod 関数 39
MOM..................................242
moment of inertia.............203
MTSAT...............................170
multiplication 7

N

nabla..................................146
Napier's constant..............34
Navigation Signal Timing
  and Ranging.................170
NAVSTAR..........................170
Newton...............................172
Newton method 237
Newton's law of cooling....114
non-linear 137
n-order linear differential
  equation 108
normal distribution 223
normal equation 60
normal shadow 116
normal stress....................209
normal vector....................154
normalize...........................223

O

ordinary diffferential
  equation 108

orthogonal curve................128

P

parabolic antenna 216
partial..................................40
partial differentiation 40
partial diffferential equation
 108
particular solution............108
perfect number 105
period................................191
phase velocity 191
Picard 130
Pointing vector 199
Poisson..............................100
Poisson equation 159
Poisson's ratio.................210
PPP-BOTDA......................187
predictive deconvolution .183, 185
primitive function 69
principal axis of strain 209
principal strain..................209
Pythagorean theorem..........62

Q

Q.E.D. 39
quasiamicable number.....105

R

reductive absurdity 7
Reflection Coefficient 196
regression coefficient..........58
regression line 57, 58
relative amplitude.............223
Riccati...............................132
Riemann integrability........83
Riemann integral 83
rotation of vector..............152
RR (Real-Real)....................52
Runge-Kutta method........239
rupture velocity................208

S

Satellite Augmentation
  System 170
scalar 156
Schrödinger equation........159
second-order linear
  differential equation....137
Seismic Front 72
seismogram 222

Selective Availability........170
separation of variables.....112
shear stress 209
single(one)-valued function
 109
singular solution 108
sinusoidal 222
sin-wave 222
skin depth.........................193
skin effect 193
slowness 54
Snell's law......................175
sociable number 105
spectral analysis 221
spectrum...........................222
spiking deconvolution 183, 185
standard deviation.............58
Stokes................................154
strain........................207, 208
stress.................................208
stress tensor 209
stress deviatoric tensor....209
Sturm-Liouville.................135
sum..7

T

tangential stress 209
telexistance 52
temperature conductivity 205
temperature diffusivity....205
tensile strain 208
tensile stress 208
tension..............................208
thermal conductivity 114, 204
Thermal equation.............159
torque 203
Torricelli's law 173
total differential..................47
total product notation 38
total summation notation ..38
transcendental number......34
Transmission Coefficient .196
turbulent flow 174

U

unit step function...............13
upper limit...........................6

V

vector.................................156
vector function 53
VR (Virtual Reality) 52

索 引

VSL 158

W

wave equation.................108
Wave equation 159
wave field......................183
wave number 191
Weierstrass の定理 6
whitening deconvolution.183, 185
Wiener filter 183

Y

Young's modulus............210

あ

圧縮 208
圧縮ひずみ......................208

い

位相スペクトル 229
位相速度 191
位置ベクトル....................54
一階線形微分方程式 108
一価関数.........................109
一点投射法..........................3
一般解.............108, 109, 160
インパルス関数................96

う

ウィナー・フィルタ 183
有界 6

え

ε-δ法 3

お

オイラー 140
オイラー・コーシー法.......236
オイラー公式.....................35
応力 208
応力偏差テンソル...........209
温度拡散率......................205
温度伝導率......................205

か

回帰係数 58, 59
回帰直線 57, 58

回帰平面ー............................57
階線形微分方程式.............108
ガウス記号 29
ガウスの定理 150
ガウス分布 223
鉤股弦 62
角速度 202
確率密度法 222
確率密度スペクトル 223
陰関数 12
下限 6
火山フロント (Volcanic Front)
....72
加速度ベクトル 54
角加速度 202
カルマン・フィルター......242
慣性モーメント 203
完全数 105
完全微分方程式.................47
ガンマ関数 243

き

規格化 223
基準正規分布 223
境界積分方程式法............242
境界要素法 242
極限 3

く

グラーディエント............204
グリーン関数 98, 104
クレロー 134
クレロー 109, 110
クロネッカー・デルタ.......54

け

下界 6
原始関数............................69

こ

高気圧 46
高強度 208
光速変動理論 158
合同 39
光年 65
公理 2
コーシー 140
コーシー・リーマン..........45
固有関数...........................227
固有値 227
コリオリ力 46
コンボリューション.........182

婚約数 105

さ

差 7
最小時間 175
最小二乗法.........................57
三角関数.............................24

し

自己相関関数 186
地震記象 222
地震フロント....................72
指数関数.............................27
磁束密度 188
磁場強度 188
社交数 105
シャルピー......................165
周期 191
収束 4
周波数 191
重力加速度 202
主ひずみ..........................209
シュレディンガー方程式..159
循環式 157
準天頂衛星 170
商 7
上限 6
小数 2
少数 2
少数 2
振幅スペクトル 229

す

スカラー 156
ストゥリュム・リュービル135
ストークス......................154
スネルの法則 175
スパイキング・デコンボリュー
ション 183, 185
スペクトル 222
スペクトル解析 221
スローネス........................54
スローネス・ベクトル.......54

せ

正規分布 223
正規方程式.........................60
正弦波 222
積 7
積分 69
積分因数 118
積分可能条件 166

247

索 引

積分定数......................70, 71
接線応力..........................209
ゼロ・クロッシング法......222
線形................................137
線積分......................90, 153
全増分..............................47
剪断応力..........................209
全微分........................47, 48
全微分可能......................48
全微分方程式..................47

そ

相加平均..........................58
相関関数........................186
相関係数........................186
相互相関関数................186
総乗記号..........................38
総積記号..........................38
相対振幅........................223
増分..................................63
層流................................174
総和記号..........................38
速度ベクトル..................54

た

対称式............................157
大数..................................2
対数関数..........................27
体積................................218
体積弾性率....................210
楕円................................112
多重積分..........................94
畳み込み積分................182
縦ベクトル......................54
ダランベール................181
ダランベールの解........234
単位ステップ関数..........13
断層................................207

ち

超越数..............................34
直交曲線........................128
直交座標系......................50

つ

常微分方程式................108

て

低気圧..............................46
低強度............................208
定積分..............................69

デコンボリューション......183
デルタ関数....96, 98, 100, 103
テレイグジスタンス............52
電荷密度........................188
電磁界............................188
電磁波............................188
電束密度........................188
転置行列..........................59
電場強度........................188
電流密度..............136, 188

と

透過係数........................196
導関数..............................16
同次......................117, 137
同次方程式....................117
透磁率............................188
導電率............................188
等方性............................209
特異解....108, 109, 110, 160
特殊解..................108, 160
特殊相対性理論............158
特性方程式....................139
トリチェリの法則..........173
トルク............................203

な

内積...147, 150, 154, 156, 195
等傾線..................109, 110
∇..147
ナブラ..............43, 146, 147

に

二階線形微分方程式....137
二項定理..........................21
二重積分..........................94
ニュートン....................172
ニュートンの冷却法則....114
ニュートン法................237

ね

ネイピアの数..................34
熱拡散率........................205
熱伝送率........................114
熱伝導率........................204
熱方程式..............159, 205

は

ハーゲン・ポアズイユ流...174
背理法................................7
波界................................183

波数................................191
発散........................4, 150
波動方程式..........108, 159
パラボラ・アンテナ......216
パワースペクトル..........229
半減期............................115
反射係数........................196
バンドパス・フィルター...231

ひ

ピーク法........................222
ピカール........................130
光時..................................65
光日..................................65
光秒..................................65
光分..................................65
ひずみ..................207, 208
ひずみの主軸................209
ひずみ偏差テンソル....209
被積分関数......................71
非線形............................137
ピタゴラスの定理..........62
ビッグ・バン................158
引張................................208
引張強度........................208
引張ひずみ....................208
非同次..................117, 137
微分..................................2
積分可能..........................47
微分係数..........................16
微分する..........................16
微分方程式....................117
比誘電率........................192
標準正規分布................223
標準偏差..........................58
表皮効果........................193
表皮深度........................193
表面積............................218

ふ

フィルター..........221, 231
フーリエ積分................228
フーリエの法則............204
フーリエ変換................228
フーリエ変換の特性....230
ブール代数........................2
フェルマー....................145
フェルマーの最小時間の定理
....................................175
不定積分..........................69
部分積分法......................78
部分的............................40
プレディクティブ・デコンボリ
ューション..........183, 185

索 引

フレミング..........................136
不連続..................................4

へ

平均値の定理...............48, 85
平方完成............................11
ベクトル..........................156
ベクトル関数.....................53
ベクトルの外積...............153
ベクトルの回転...............152
ベクトルの循環...............152
ベクトルの発散...............149
ベッセル微分方程式..135, 243
ヘビサイド関数..................13
ベルヌーイ...............133, 224
ベルヌーイ........................29
ヘルムホルツ型...............181
ヘルムホルツ型微分方程式181, 191
変数分離..........................112
変動..................................49
偏微分..............................40
偏微分方程式...........108, 159

ほ

ポアソン..........................100
ポアソン比......................210
ポアソン方程式...............159
ホイン..............................239
ポインティング・ベクトル199
ホイン法..........................240
法線応力..........................209
法線影..............................116
法線ベクトル..................154

補助方程式........140, 163, 169
ホワイトニング・デコンボリューション...............183, 185

ま

マイケルソン・モーリー...158
マックスウェル方程式......151, 188

み

密度..................................210

め

メルセンヌ数 105

も

モーメント法...................242

や

ヤング率..........................210

ゆ

友愛数..............................105
有限要素法......................242
誘電率..............................188

よ

陽関数................................12
横ベクトル........................54

ら

ライプニッツ...................172
ラグランジェ..................121
ラグランジェ法...............163
ラグランジュの公式..........48
ラプラシアン..........156, 181
ラプラス方程式.......108, 159
ラメの定数......................209
乱流................................174

り

リーマン可積分..................83
リーマン積分....................83
リーマン和......................83
リカッチ..........................132

る

ルジャンドル微分方程式..135, 243
ルンゲ・クッタ法.....239, 240, 241

れ

連続....................................4

ろ

ローレンツカ...................136

わ

和..7
ワイルズ..........................145

249

謝辞

本書をまとめる上で，世の中に数多くある数学専門書やインターネットに掲載されている情報を参考にさせて頂きました．数学専門書の著者やインターネット掲載者の皆様にお礼を申し上げるとともに，敬意を表します．また，元海上保安庁技術・国際課長土出昌一様，東京工業大学廣瀬壮一教授，古川陽助教にはグリーン関数など多くの貴重なご意見・ご指摘をいただきました．紙面ではございますが，ここで、深く感謝の意を表します．

著者
今井　博　（いまい　ひろし）

略歴
1978年3月　北海道大学理学部地球物理学科卒
1978年4月　東京大学大学院理学系研究科地球物理専門課程　修士課程
1980年4月　東京大学大学院理学系研究科地球物理専門課程　博士課程
1983年3月　博士号取得
1998年3月　技術士（応用理学）取得
2017年7月　現在
　　　　　　土木系コンサルタント会社物理探査業務に従事
　　　　　　早稲田大学　空間情報学　非常勤講師
　　　　　　昭和薬科大学　環境科学概論　元非常勤講師
　　　　　　土木学会地盤工学委員会火山工学研究小委員会　委員長
　　　　　　エンジニアリング協会　探査技術研究会　委員長

主な著書
「読むだけでわかる数学再入門　上・下」　山海堂
「耐震技術のはなし」（一部執筆）日本実業出版
「火山とつきあうQ＆A 99」（一部執筆および編集）　土木学会
「火山工学入門」（一部執筆および編集）　土木学会
「火山工学入門　応用編」（編集）　土木学会
「時空間情報学」共著　インデックス出版
「読むだけでわかる数学再入門　線形代数編」準備中　インデックス出版

読むだけでわかる数学再入門―微分・積分編

2017年12月25日　第1刷発行

著　者　今井　博
発行者　田中壽美
発行所　インデックス出版
　　　　mail：info@index-press.co.jp
　　　　〒191-0032　東京都日野市三沢1-34-15
　　　　TEL (042)595-9102
　　　　FAX (042)595-9103

Printed in Japan　ISBN978-4-901092-84-5